免费提供光盘

UG NX 8.5 注射模具设计实例精讲

主编　路英华　张向荣　熊运星

机 械 工 业 出 版 社

本书是以企业一线生产的模具为实例，详细介绍了使用 UG NX 和 HB_MOULD 进行注射模具设计的方法和应用技巧，主要内容包括注射模具设计的基础知识、单分型面侧浇口注射模具设计实例精讲、双分型面注射模具设计实例精讲、推板脱模机构注射模具设计实例精讲、反向进料注射模具设计实例精讲和滑块与斜推杆注射模具设计实例精讲。本书深入浅出、选例典型、针对性强、操作步骤详细。免费下载光盘包括：设计任务文件、设计结果文件和设计任务的动画教学文件。网址：http//www.cmpbook.com

本书适用于从事注射模具生产制造的工程技术人员、大中专院校相关专业的师生和 UG NX 注射模具设计相关培训的师生学习参考。

图书在版编目（CIP）数据

UG NX 8.5 注射模具设计实例精讲/路英华，张向荣，熊运星主编. —北京：机械工业出版社，2014.11
ISBN 978-7-111-48374-8

Ⅰ.①U… Ⅱ.①路…②张…③熊… Ⅲ.①塑料模具-计算机辅助设计-应用软件 Ⅳ.①TQ320.5-39

中国版本图书馆 CIP 数据核字（2014）第 248330 号

机械工业出版社（北京市百万庄大街 22 号 邮政编码 100037）
策划编辑：林春泉 责任编辑：张沪光
版式设计：赵颖喆 责任校对：张莉娟 任秀丽
责任印制：刘 岚
北京京丰印刷厂印刷
2015 年 1 月第 1 版 · 第 1 次印刷
184mm×260mm · 20.25 印张 · 495 千字
0 001—3 000 册
标准书号：ISBN 978-7-111-48374-8
定价：58.00 元

前　言

UG（Unigraphics）NX是Siemens PLM Software公司出品的一个产品工程解决方案，它为用户的产品设计及加工过程提供了数字化造型和验证手段。UG NX针对用户的虚拟产品设计和工艺设计的需求，提供了经过实践验证的解决方案。UG NX是集CAD/CAE/CAM一体的三维参数化软件，是当今世界最先进的计算机辅助设计、分析和制造软件，广泛应用于航空、航天、汽车、造船、通用机械和电子等工业领域。

本书全面详细地介绍了使用UG NX和HB_MOULD进行注射模具设计的解决方案，综合设计和生产实际相结合。本书的特点如下：

模拟实际工厂的生产流程，以“任务驱动”的方式进行编写。

实例丰富、结合实际、突出技巧。涉及UG NX软件的多种功能命令和注射模具结构的特点，先结合简单的实例进行介绍，然后再通过较复杂的实例详细讲解，让读者通过循序渐进的学习过程较为深入地理解模具设计是如何实现的。

适用性强：本书按照企业需求进行编写的，通过大量的实例讲解了UG NX分型的方法，重点讲解了手动分型的思路和方法，真正满足了企业的实际需求。

本书给出的实际模具设计的经验技巧和应注意的问题，均出自具有多年模具设计和制造经验的工程师之手。读者通过学习他们所讲述的模具开发流程，可以获得事半功倍的成效。

本书共分7章，第1章主要介绍了塑料模具设计的基础知识，通过学习让读者掌握模具设计的专业理论知识；第2章主要介绍了UG NX和HB_MOULD常用的基本功能及应用方法；第3章主要介绍了单分型面侧浇口注射模具——灯罩模具设计，通过学习让读者全面理解单分型面侧浇口注射模具设计思路和技巧；第4章主要介绍了双分型面注射模具——接收器下盖模具设计，通过学习让读者全面理解双分型面注射模具的设计思路和技巧，并进一步掌握UG NX和HB_MOULD功能的综合应用；第5章主要介绍了推板脱模机构注射模具——汽车上空气滤清器盖模具设计，通过学习让读者全面理解推板脱模机构注射模具的设计思路和技巧；第6章主要介绍了反向进料注射模具设计，通过学习让读者拓展模具设计的思路；第7章主要介绍了滑块与斜推杆注射模具设计，通过一模出两件不同结构的产品，让读者学习滑块和斜推杆机构的注射模具设计，并进一步提升UG NX和HB_MOULD功能的综合应用能力和技巧。

本书的大部分案例都可以到出版社网站上进行下载，网址：http//www. cmpbook. com。

本书由路英华、张向荣、熊运星任主编，李方园、汪建武、梁蓓等参与了编写。在编写过程中还得到了华宝模具教学工厂、宁波真和电器有限公司和浙江工商职业技术学院众多技术人员和老师的技术支持和指导，在此表示衷心的感谢！

在本书编写过程中，编者力求精益求精，但书中难免存在一些不足之处，敬请广大读者批评指正。

作者

2014. 10

目　　录

第1章 注射模具设计基础

本章着重介绍了注射模具设计的基础知识，主要包括常用塑料材料及性能、塑料制品结构及工艺性、常用模具结构及基本类型、模具设计流程等内容。目的是使读者对注射模具设计理论知识部分有一个概括性的了解，并且提供部分理论参考。

本章要点

- 塑料的类型及性能
- 注射制品及结构
- 注射成型工艺
- 注射模具的典型结构
- 注射模具设计的基本流程

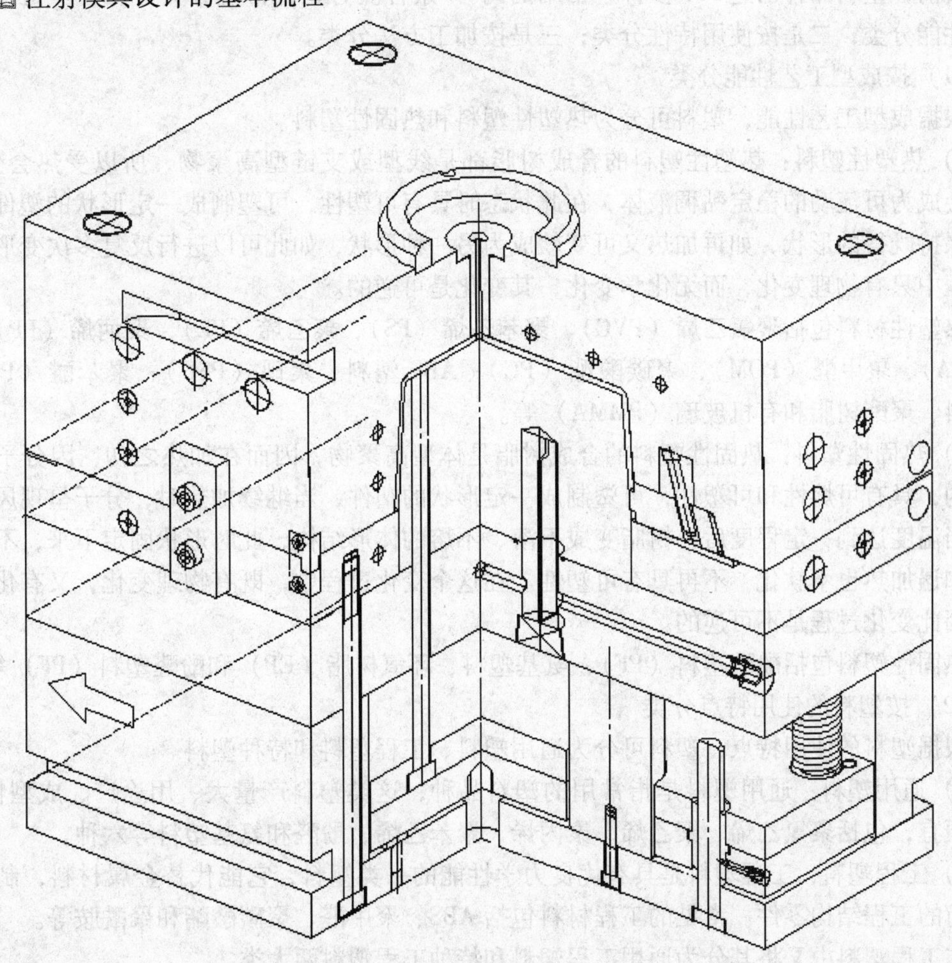

1.1 常用塑料的性能

人们常说的塑料，是对所有塑料品种的统称，它的应用很广泛，因此分类方法也各有不同。按用途大体可以分为通用塑料和工程塑料两大类。通用塑料如聚乙烯（PE）、聚丙烯（PP）、聚苯乙烯（PS）、改性聚苯乙烯（例如 SAN、HIPS）、聚氯乙烯（PVC）等，这些是日常使用最广泛的材料，性能要求不高，成本低。工程塑料是指一些具有机械零件或工程结构材料等工业品质的塑料。其力学性能、电气性能、对化学环境的耐受性、对高温、低温的耐受性等方面都具有较优越的特点，在工程技术上甚至能取代某些金属或其他材料。常见的有 ABS、聚酰胺（简称 PA，俗称尼龙）、聚碳酸酯（PC）、聚甲醛（POM）、有机玻璃（PMMA）、聚酯树脂（如 PET、PBT）等，前四种工程塑料发展最快，为国际上公认的四大工程塑料。

1.1.1 塑料的种类

1. 塑料的分类

目前，塑料品种已达 300 多种，常用的约 40 余种。有三种常规分类方法：一是按成型工艺性能分类；二是按使用特性分类；三是按加工方法分类。

（1）按成型工艺性能分类

根据成型工艺性能，塑料可分为热塑性塑料和热固性塑料。

1）热塑性塑料：热塑性塑料的合成树脂都是线型或支链型高聚物，所以受热会变软，甚至会成为可流动的稳定黏稠液体，在此状态时具有可塑性，可塑制成一定形状的塑件，冷却后保持既得的形状，如再加热又可变软成为另一种形状，如此可以进行反复多次变形。这一过程中只有物理变化，而无化学变化，其变化是可逆的。

热塑性材料包括聚氯乙烯（PVC）、聚苯乙烯（PS）、聚乙烯（PE）、聚炳烯（PP）、尼龙（PA）、聚甲醛（POM）、聚碳酸酯（PC）、ABS 塑料、聚砜（PSU）、聚苯醚（PPO）、氟塑料、聚酯树脂和有机玻璃（PMMA）等。

2）热固性塑料：热固性塑料的合成树脂是体型高聚物，因而在加热之初，因分子呈线型结构，具有可熔性和可塑性，可塑制成一定形状的塑件，当继续加热时，分子呈现风状结构，当温度达到一定程度后，树脂变成不溶、不熔的体形结构，此时形状固定下来，不再变化。如遇加热也不软化，不再具有可塑性。在这个变化过程中，既有物理变化，又有化学变化，因此变化过程是不可逆的。

热固性塑料包括酚酸塑料（PF）、氨基塑料、环氧树脂（EP）和酚醛塑料（PF）等。

（2）按塑料的使用特点分类

根据塑料的使用特点，塑料可分为通用塑料、工程塑料和特种塑料。

1）通用塑料：通用塑料是指常用的塑料品种，这类塑料产量大、用途广、成型性好，价格便宜，包括聚氯乙烯、聚乙烯、聚丙烯、聚苯乙烯、酚醛和氨基塑料等六种。

2）工程塑料：工程塑料是具有优良力学性能的一类塑料，它能代替金属材料，制造承受载荷的工程结构零件。常见的工程材料包括 ABS、聚甲醛、聚碳酸酯和聚酰胺等。

在工程塑料中又将其分为通用工程塑料和特种工程塑料两大类。

通用工程塑料包括聚酰胺、聚甲醛、聚碳酸酯、改性聚苯醚、热塑性聚酯、超高分子量聚乙烯和甲基戊烯聚合物等。

特种工程材料又有交联型和非交联型之分。交联型的有聚氨基双马来酰胺和耐热环氧树脂等；非交联型的有聚酰亚胺和聚醚酮等。

3）特种塑料：特种塑料一般是指具有某一方面特殊性能的塑料，用于特殊需求场合。常见的有氟塑料和有机硅等。

（3）按加工方法分类

根据各种塑料不同的成型方法，可以分为膜压、层压、注射、挤出、吹塑、浇铸塑料和反应注射塑料等多种类型。

膜压塑料多为物性的加工性能与一般固性塑料相似的塑料；层压塑料是指浸有树脂的纤维织物，经叠合、热压而结合成为整体的材料；注射、挤出和吹塑塑料多为物性和加工性能与一般热塑性塑料相类似的塑料；浇铸塑料是指能在无压或稍加压力的情况下，倾注于模具中能硬化为一定形状制品的液态树脂混合料，如 MC 尼龙等；反应注射塑料是用液态原材料加压注入膜腔内，使其反应、固化为一定形状制品的塑料，如聚氨酯等。

2. 塑料的性能

塑料性能主要是指塑料在成型工艺过程中所表现的成型特性。在模具的设计过程中，要充分考虑这些因素对塑件的成型过程和成型效果的影响。

（1）成型收缩

塑料注射成型的过程是在较高温度下将熔融的熔料注入型腔内，固化、冷却后成型。塑件自模具中取出冷却至室温后，发生尺寸收缩，这种性能称为收缩性。

塑料制件的收缩不仅与塑料本身的热胀冷缩性质有关，而且还与模具结构及成型工艺条件等因素有关，故将塑料制件的收缩通称为成型收缩。收缩性的大小以收缩率表示，即单位长度塑件收缩量的百分数。

设计模具型腔尺寸时，应按塑件所使用的塑料的收缩率给予补偿，并在塑件成型时调整好模温、注射压力、注射速度及冷却时间等因素，以控制零件成型后的最终尺寸。

热塑性塑料由熔融态到凝固态，都要发生不同程度的体积收缩。而结晶型塑料一般比无定型塑料表现出更大的收缩率和收缩范围，且更容易受成型工艺的影响。结晶型塑料的收缩率一般在 1.0% ~3.0%，而无定型塑料的收缩率在 0.4% ~0.8%。对于结晶型塑料，还应考虑其后收缩，因为它们脱模以后在室温下还可以后结晶而继续收缩，后收缩量随制品厚度和环境温度而定，越厚收缩越大。常用塑料的成型收缩率见表 1-1。

表 1-1　常见塑料的成型收缩率

塑料名称	收缩率(%)	塑料名称	收缩率(%)
HDPE	1.5 ~3.5(2.0) *	POM	1.8 ~2.6(2.0) *
LDPE	1.5 ~3.0(1.5) *	PA6	0.7 ~1.5
PP	1.0 ~3.0(1.5) *	PA66	1.0 ~2.5
GPPS	0.4 ~0.8(0.5) *	SPVC	1.5 ~2.5(2.0) *
HIPS	0.4 ~0.6(0.5) *	TPU	1.2 ~2.0(1.6) *
ABS	0.4 ~0.7(0.5) *	PMMA	0.5 ~0.7(0.5) *
PC	0.5 ~0.7(0.5) *	PBT	1.3 ~2.2(1.6) *

注：带“*”号的参数为推荐值。

(2) 流动性

塑料的流动性是指在成型过程中，塑料熔体在一定的温度和压力作用下填充模腔的能力。

流动性差的塑料在注射成型时不易填充模腔，易产生缺料，在塑料熔体的汇合处不能很好地熔接而产生接痕，这些缺陷会导致零件报废。反之，若材料的流动性太好，注射时易产生溢料飞边和流延现象。浇注系统的形式、尺寸、布置，包括型腔的表面粗糙度、浇道截面厚度、型腔形式、排气系统和冷却系统等模具结构对塑料的流动性有着重要影响。

热塑性塑料按流动性可分为以下三类：

1) 流动性好的有尼龙、聚乙烯、聚苯乙烯、聚丙烯、醋酸纤维等；

2) 流动性一般的有 ABS、有机玻璃、聚苯醛、聚氯醚；

3) 流动性差的有聚碳酸酯、硬聚氯乙烯、聚苯醚、氟塑料。

(3) 取向和结晶

取向是由于各向异性导致的塑料在各个方向上收缩不一致的现象。影响取向的因素主要有塑料品种、塑件壁厚和温度等。除此之外，模具的浇口位置、数量和断面大小对塑件的取向方向、取向程度和各个部位的取向分子情况有重大影响，是模具设计中必须重视的问题。

结晶是指塑料中树脂大分子在空间呈现有序排列现象，影响结晶的主要因素有塑料的类型、添加剂、模具温度和冷却速度。结晶率对于塑料的性能有重要的影响，因此在模具设计和塑件成型过程中应注意。

(4) 吸湿性

吸湿性是指塑料对水分的亲疏程度。在成型加工过程中，当塑料的水分含量超过一定的限度时，水分在高温料筒中变为气体，促使塑料高温分解，导致成型缺陷。根据吸湿性，塑料大致可以分为两类：一类是具有吸湿或黏附水分倾向的塑料，如聚酰胺、聚碳酸酯、ABS 和聚苯醚等；另一类是吸湿或黏附水分极少的塑料，如聚乙烯和聚丙烯等。

(5) 热敏性

某些热稳定性差的塑料在高温下受热时间长、浇口截面过小或剪切作用大时，料温增高就容易发生变色、降解、分解的倾向，塑料的这种特性称为热敏性。为防止热敏性塑料出现过热分解现象，可采取加入稳定剂、合理选择设备、合理控制成型温度和成型周期、及时清理设备等措施。另外，也可以采取给模具表面镀铝、合理设计模具的浇注系统等措施。

1.1.2 常用塑料材料

1. 聚乙烯

聚乙烯（Polyethylene，简称 PE）是塑料中产量最大的、日常生活中使用最普通的一种，特点是质软、无毒、价廉、加工方便。

聚乙烯比较容易燃烧，燃烧时散发出石蜡燃烧味道，火焰上端呈黄色、下端呈蓝色，熔融滴落，离火后能继续燃烧。

目前大量使用的 PE 主要有 HDPE 和 LDPE 两种。

(1) HDPE、LDPE 的性能

HDPE（低压高密度聚乙烯，俗称硬性软胶）分子结构中支链较少，其最突出的性能是电绝缘性优良，耐磨性、不透水性、抗化学药品性都较好，在 60℃下几乎不溶于任何溶剂；

耐低温性良好，在 -70℃时仍有柔软性。缺点主要是耐骤冷、骤热性较差、机械强度不高、热变形温度低。

HDPE 主要用来制作吹塑瓶子等中空制品，其次用作注射成型，制作周转箱、旋塞、小载荷齿轮、轴承、电气元件支架等。

LDPE（高压低密度聚乙烯，俗称软胶）分子结构之间有较多的支链，易于透气透湿，有优良的电绝缘性能和耐化学性能，柔软性、伸长率、耐冲击性、透光率比 HDPE 好。其缺点是机械强度稍差、耐热性能较差、不耐光和热老化。

大量用作挤塑包装薄膜、薄片、包装容器、电线电缆包皮和软性注射、挤塑件。

（2）HDPE 和 LDPE 的性能相同点

1）吸水率较低，成型加工前可以不进行干燥处理。

2）聚乙烯为剪敏性材料，黏度受剪切速率的影响更明显。

3）收缩率较大且方向性明显，制品容易翘曲变形。

4）由于聚乙烯是结晶型聚合物它的结晶均匀程度直接影响到制品密度的分布。所以，要求模具的冷却水布置尽可能均匀，使密度均匀才能保证制品尺寸和形状的准确度。

（3）模具设计时应注意的问题

1）聚乙烯分子有取向现象，这将导致取向方向的收缩率大于垂直方向的收缩率而引起的翘曲、扭曲变形，以及对制品性能产生的影响。为了避免这种现象，模具设计时应注意浇口位置的确定和收缩率的选择。

2）聚乙烯质地柔软光滑，易脱模，对于侧壁带浅凹槽的制品，可采取强行脱模的方式进行脱模。

3）由于聚乙烯流动性较好，排气槽的深度应控制在 0.03mm 以下。

2. 聚丙烯

聚丙烯（Polypropylene，简称 PP，俗称百折软胶）属于结晶型高聚物，有着质轻、无毒、无味的特点，而且还具有耐腐蚀、耐高温、机械强度高的特点。注射用的聚丙烯树脂为白色、有蜡状感的颗粒。

聚丙烯容易燃烧，火焰上端呈黄色，下端呈蓝色，冒少量黑烟并熔融滴落，离火后能继续燃烧，散发出石油味。

聚丙烯大致分为单一的聚丙烯均聚体和改进冲击性能的乙烯-丙烯共聚体两种。共聚的聚丙烯制品其耐冲击性比均聚聚丙烯有所改善。

（1）主要优点

1）由于在熔融温度下流动性好，成型工艺较宽，且各向异性比 PE 小，故特别适于制作各种形状简单的制品，制品的表面光泽、染色效果、外伤痕留等方面优于 PE。

2）通用塑料中，PP 的耐热性最好。其制品可在 100℃下煮沸消毒，适于制成餐具、水壶等及需要进行高温灭菌处理的医疗器械。热变形温度为 100 ~ 105℃，可在 100℃以上长期使用。

3）屈服强度高，有很高的弯曲疲劳寿命。用 PP 制作的活动铰链，在厚度适当的情况下（如 0.25 ~ 0.5mm），能承受 7000 万次的折叠弯曲而未有大的损坏。

4）密度较小，为目前已知的塑料中密度最小的品种之一。常见塑料的密度范围见表 1-2。

表 1-2 常见塑料密度范围

塑料名称	密度范围	塑料名称	密度范围
HDPE	0.94～10.965	POM	1.41～1.43
LDPE	0.91～0.925	PA6	1.12～1.15
PP	0.90～0.91	PA66	1.15
GPPS	1.04～1.06	SPVC	1.16～1.35
HIPS	1.04～1.05	TPU	1.2
ABS	1.04～1.06	PMMA	1.17～1.20
PC	1.2	PBT	1.26～1.30

（2）主要缺点

1）由于是结晶型聚合物，成型收缩率比无定型聚合物如 PS、ABS、PC 等大。成型时尺寸又易受温度、压力、冷却速度的影响，会出现不同程度的翘曲、变形，厚薄转折处易产生凸陷，因而不适于制造尺寸精度要求高或易出现变形缺陷的产品。

2）刚性不足，不宜作受力机械构件。特别是制品上的缺口对应力十分敏感，因而设计时要避免尖角缺口的存在。

3）耐候性较差，在阳光下易受紫外线辐射而加速塑料老化，使制品变硬开裂、染色消退或发生迁移。

（3）设计模具时应注意的问题

1）成型收缩率大，选择浇口位置时应满足熔体以较平衡的流动秩序充填型腔，确保制品各个方向的收缩一致。

2）带铰链的制品应注意浇口位置的选择，要求熔体的流动方向垂直于铰链的轴心线。

3）由于 PP 的流动性较好，排气槽深度不可超过 0.03mm。

3. 聚苯乙烯

聚苯乙烯（Polystyrene，简称 PS、GPS，俗称通用级 PS 或硬胶）是一种无定型透明的热塑性塑料，先由苯与乙烯加成得乙苯，再由乙苯制得苯乙烯，最后由苯乙烯加聚反应得聚苯乙烯。化学结构式如下：

聚苯乙烯容易燃烧，火焰为橙黄色，浓黑烟炭束，软化、起泡，散发出苯乙烯单体味。

（1）主要优点

1）光学性能好：其透光率达 88%～92%，可用作一般透明或滤光材料器件，如仪表、收录机上的刻度盘、电源指示灯、自行车尾灯的透光外罩等。

2）易于成型加工：因其比热低、熔融黏度低、塑化能力强、加热成型快，故模塑周期短。而且成型温度和分解温度相距较远，可供选择范围广，加之结晶度低、尺寸稳定性好，被认为是一种标准的工艺塑料。

3）着色性能好：PS 表面容易上色、印刷和金属化处理，染色范围广，注射成型温度可以调低，能适应多种耐温性差的有机颜料的着色，可制出色彩鲜艳明快的制品。

（2）主要缺点

1）其最大的缺点是性脆易裂：因其抗冲击强度低，在外力作用下易于产生银纹屈服而使材料表现为性脆易裂，制件仅能在较低的负载使用；耐磨性也较差，在稍大的摩擦碰刮作用下很易拉毛。

2）耐热温度较低：其制品的最高连续使用温度仅为60℃～80℃，不宜制作盛载开水和高热食品的容器。

3）此外，PS 的热胀系数大，热承载力较差，嵌入螺母、螺钉、导柱、垫块之类金属元件的塑料制品，往往在嵌接处出现裂纹。

4）成型加工工艺要求较高：虽然 PS 透明、易于成型，但如果加工工艺不善，将带来不少问题，例如 PS 制品老化现象较明显，长时间光照或存放后，会出现混浊和发黄、PS 对热的敏感性很大，很易在不良的受热受压加工环境中发生降解。

（3）PS 的改性

为了改善 PS 强度较低、不耐热、性脆易裂的缺点，以 PS 为基质，与不同单体共聚或与共聚体、均聚体共混，可制得多种改性体。例如，高抗冲聚苯乙烯（HIPS）、苯烯腈-苯乙烯共聚体（SAN）等。HIPS 它除了具有聚苯乙烯易于着色、易于加工的优点外，还具有较强的韧性和冲击强度、较大的弹性。SAN 具有较高的耐应力开裂性以及耐油性、耐热性和耐化学腐蚀性。

（4）设计模具时应注意的问题

1）PS 的热胀系数与金属相差较大，在 PS 制品中不宜有金属嵌件，否则当环境温度变化时，制品极易出现应力开裂现象。

2）因 PS 性脆易裂，故制品的壁厚应尽可能均匀，不允许有缺口、尖角存在，厚薄相连处要用较大的圆弧过渡，以避免应力集中。

3）为防止制品因脱模不良而开裂或增加内应力，除了选择合理的脱模斜度外，还要有较大的有效顶出面积、有良好的顶出同步性。

4）PS 对浇口形式无特殊要求，仅要求在浇口和制品连接处用较大的圆弧过渡，以免在去浇口时损伤制品。

4. ABS

ABS（Acrylonitrile-Butadiene-Styrene）俗称超不碎胶，是一种高强度改性 PS，ABS 本色为浅象牙色，不透明，无毒无味，属于无定型塑料。黏度适中，它的熔体流动性和温度、压力都有关系，其中压力的影响要大一些。

ABS 树脂是一种缓慢燃烧的材料，燃烧时火焰呈黄色，冒黑烟，气味特殊，在继续燃烧时不会熔融滴落。

（1）主要优点

1）综合性能比较好：机械强度高；抗冲击能力强，低温时也不会迅速下降；缺口敏感性较好；抗蠕变性好，温度升高时也不会迅速下降；有一定的表面硬度，抗抓伤；耐磨性好，摩擦系数低。

2）电镀性能好，受温度、湿度、频率变化影响小。

3）耐低温达 -40℃。

4）耐酸、碱、盐、油、水。

5）可以用涂漆、印刷、电镀等方法对制品进行表面装饰。

6）较小的收缩率，较宽的成型工艺范围。

（2）主要缺点

1）不耐有机溶剂，会被溶胀，也会被极性溶剂所溶解。

2）耐候性较差，特别是耐紫外线性能不好。

3）耐热性不够好，普通 ABS 的热变形温度仅为 95 ~ 98℃。

（3）ABS 的改性

ABS 能与其他许多热塑性或热塑性塑料共混，可改进这些塑料的加工和使用性能。如将 ABS 加入 PVC 中，可提高其冲击韧性、耐燃性、抗老化和抗寒能力，并改善其加工性能；将 ABS 与 PC 共混，可提高抗冲击强度和耐热性；以甲基丙烯酸甲酯替代 ABS 中丙烯腈组分，可制得 MBS 塑料，即通常所说的透明 ABS。综上所述，ABS 是一类较理想的工程塑料，为各行业所广为采用。航空、造船、机械、电气、纺织、汽车、建筑等制造业都将 ABS 作为首选非金属材料。

（4）设计模具时应注意的问题

为防止在充模过程中出现排气不良、灼伤、熔接缝等缺陷，要求开设深度不大于 0.04mm 的排气槽。

5. 聚碳酸酯

聚碳酸酯（Polycarbonate，简称 PC，俗称防弹玻璃胶）常指双酚 A 型聚碳酸酯，它性能优越，不仅透明度高、冲击韧性极好，而且耐蠕变，使用温度范围宽，电绝缘性、耐候性优良，无毒。

聚碳酸酯的结晶倾向较小，没有准确的熔点，一般认为属于无定形塑料。流动性较差，冷却速度较快，制品易产生应力集中。它的流变性很接近牛顿型流体，它的黏度主要受温度影响。

聚碳酸酯可缓慢燃烧，火焰呈黄色，黑烟炭束，熔融起泡，散发出特殊花果臭，离火后慢慢熄灭。

（1）主要优点

1）机械强度高：其冲击强度是热塑性塑料中最高的一种，比铝、锌还高，号称“塑料金属”；弹性模量高，受温度影响极小；抗蠕变性能突出，即使在较高温度、较长时间下蠕变量也十分小，优于 POM；其他如韧性、抗弯强度、拉伸强度等亦优于 PA 及其他一般塑料。PC 的低温机械强度是十分可贵的。所以在较宽的温度范围内，低温抗冲击能力较强，耐寒性好，脆化温度低达 -100℃。

2）热性耐气候性优良：PC 的耐热性比一般塑料都高，热变形温度为 135 ~ 143℃，长期工作温度达 120 ~ 130℃，是一种耐热环境的常选塑料。其耐候性也很好，有人做过实验，将 PC 制件置于气温变化大的室外，任由日晒雨淋，三年后仅仅是色泽稍黄，性能仍保持不变。

3）成型精度高，尺寸稳定好：成型收缩率基本固定在 0.5% ~ 0.7%，流动方向与垂直方向的收缩基本一致。在很宽的使用温度范围内尺寸可靠性高。

（2）主要缺点

1）自身流动性差，即使在较高的成型温度下，流动亦相对缓慢。

2）在成型温度下对水分极其敏感，微量的水分即会引起水解，使制件变色、起泡、破裂。

3）抗疲劳性、耐磨性较差、缺口效应敏感。

（3）综合性能

PC 优良的综合性能使其在机械、仪器仪表、汽车、电器、纺织、化工、食品等领域都占据着重要地位。制成品有食品包装、餐饮器具、安全帽、泵叶、外科手术器械、医疗器械、高级绝缘材料、齿轮、车灯灯罩、高温透镜、窥视孔镜、电器连接件和镭射唱片、镭射影碟等。

（4）设计模具时应注意的问题

PC 制品与设计模具除了遵循一般塑料制品与模具的设计原则外，还需注意以下几点：

1）由于 PC 的流动性较差，所以流道系统和浇口的尺寸都应较大，优先采用侧浇口、扇形浇口、护耳式浇口。

2）由于熔体黏度较大，要求型腔的材料比较耐磨。

3）熔体的凝固速度较快，流动的不平衡对充填过程影响明显。为了防止滞流，型腔应该获得较好的充填秩序。

4）PC 对缺口较为敏感，要求制品壁厚均匀一致，尽可能避免锐角、缺口的存在，转角处要用圆弧过渡，圆弧半径不小于 1.5mm。

5）为防止在成型过程中出现排气不良的现象，需开设深度小于 0.04mm 的排气孔槽。

6. 聚甲醛

聚甲醛（Polyoxymethylene，简称 POM，俗名赛钢）是一种没有侧链、高密度、高结晶度的线型聚合物，聚有优异的综合性能。这种材料最突出的特性是具有高弹性模量，表现出很高的硬度和刚性。

POM 是一种结晶型塑料，熔融状态下具有良好的流动性，其表观黏度主要受剪切速率影响，是一种剪敏性材料，按分子链化学结构不同，聚甲醛可分为均聚和共聚两种。均聚物的密度、结晶度、机械强度等较高，共聚物的热稳定性、成型加工性、耐酸碱性较好。

聚甲醛容易燃烧，火焰上端呈黄色、下端呈蓝色，并熔融滴落，散发出强烈的刺激性甲醛味和鱼腥臭，离火后能继续燃烧。

（1）主要优点

1）POM 具有良好的耐疲劳性和抗冲击强度，适合制造受周期性循环载荷的齿轮类制品。

2）耐蠕变性好：与其他塑料相比，POM 在较宽的温度范围内蠕变量较小，可用作密封零件。

3）耐磨性能好：POM 具有自润滑性和低摩擦系数，该性能使它可用作轴承、转轴。

4）耐热性较好：在较高温下长期使用力学性能变化不大，均聚 POM 的工作温度在 100℃，共聚 POM 可在 114℃。

5）吸水率低：成型加工时，对水分的存在不敏感。

（2）主要缺点

1）凝固速度快：制品容易产生皱纹、熔接痕等表面缺陷。

2）收缩率大：较难控制制品的尺寸精度。

3）加工温度范围较窄、热稳定性差：即使在正常的加工温度范围内受热稍长，也会发生聚合物分解。

(3) 设计模具时应注意的问题

1) 在熔融态时，凝固速度快、结晶度高、体积收缩大，为满足正常的充填和保压，要求浇口尺寸大一些，且流动平衡性好一些。

2) 刚性好而韧性不足，弧形浇口不适合于POM，以防浇口断裂而无法正常脱模。

3) 为防止POM分解而腐蚀型腔，型腔材料应该选用耐腐蚀的材料。

4) POM熔体流动性较好，为防止排气不良、熔接痕、灼伤变色等缺陷，要求模具开设良好的排气槽，深度不超过0.02mm，宽度在3mm左右。

1.2 塑料制品（塑件）的结构工艺性

1.2.1 注射工艺对塑件结构的要求

塑件产生收缩凹陷、气烘、困气、变形、烧焦等工艺性问题，与塑件的局部制品壁厚、浇口设置、冷却等因素影响有关。分析塑件结构的工艺性应从以下几方面进行。

1. 壁厚

塑料制品壁厚首先取决于使用要求，但是成型工艺对壁厚也有一定要求，塑件壁太薄，使充型时的流动阻力加大，会出现缺料和冷隔等缺陷；塑件壁太厚，塑件易产生气泡、凹陷等缺陷，同时也会增加生产成本。塑件壁应尽量均匀一致，避免局部太厚或太薄，否则会造成因收缩不均产生内应力，或在塑件壁处产生缩孔、气泡或凹陷等缺陷。

塑件壁的厚度一般在1~6mm范围内，最常用壁厚值为1.8~3mm，这都随塑件类型及塑件大小而定。常用塑料材料壁厚见表1-3。

表1-3 常用塑料材料壁厚 （单位：mm）

塑料名称	最小壁厚	建议壁厚		
		小型制品	中型制品	大型制品
聚苯乙烯	0.75	1.25	1.6	3.2~5.4
聚甲基丙烯酸甲酯	0.8	1.50	2.2	4.0~6.5
聚乙烯	0.8	1.25	1.6	2.4~3.2
聚氯乙烯（硬）	1.15	1.60	1.80	3.2~5.8
聚氯乙烯（软）	0.85	1.25	1.5	2.4~3.2
聚丙烯	0.85	1.45	1.8	2.4~3.2
聚甲醛	0.8	1.40	1.6	3.2~5.4
聚碳酸酯	0.95	1.80	2.3	4.0~4.5
聚酰胺	0.45	0.75	1.6	2.4~3.2
聚苯醚	1.2	1.75	2.5	3.5~6.4
氯化聚醚	0.85	1.35	1.8	2.5~3.4

2. 加强肋

塑件加强肋作用有增加强度、固定底面壳、支撑架、按键导向等。由于加强肋与塑件壳体连接处易产生外观收缩凹陷；所以，要求加强肋厚度应小于等于0.5t（t为塑件壁厚），一般加强肋厚度在0.8~1.2mm范围。当加强肋深15mm以上，易产生走料困难、困气，模具上可制作镶件，也方便省模、排气。加强肋深 15mm 以下，脱模斜度应有 0.5°以上；加强肋深 15mm 以上，加强肋根部与顶部厚度差不小于 0.2mm，如图 1-1 所示。

3. 浇口

塑件浇口位置和入浇形式的选择，将直接关系到塑件成型质量和注射过程能否顺利进行。塑件的浇口位置和形式，应进行分析确定；对客户塑件资料中已确定的浇口，也需进行分析，对不妥之处应提出建议。

浇口的设置原则如下：

1）保证塑料熔体的流动前沿能同时到达型腔末端，并使其流程为最短，如图 1-2 所示；

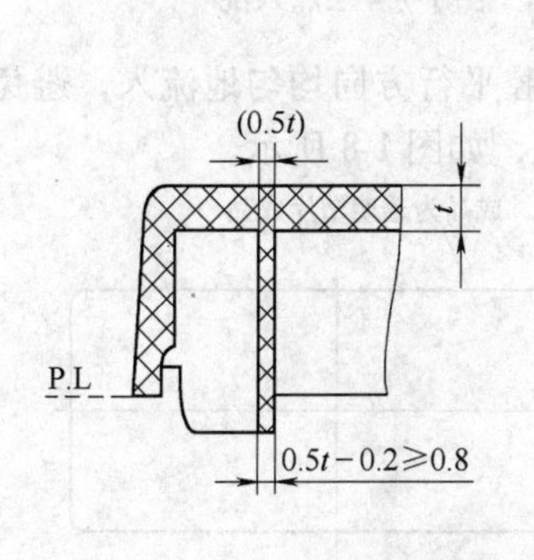

图 1-1　加强肋与壁厚的关系

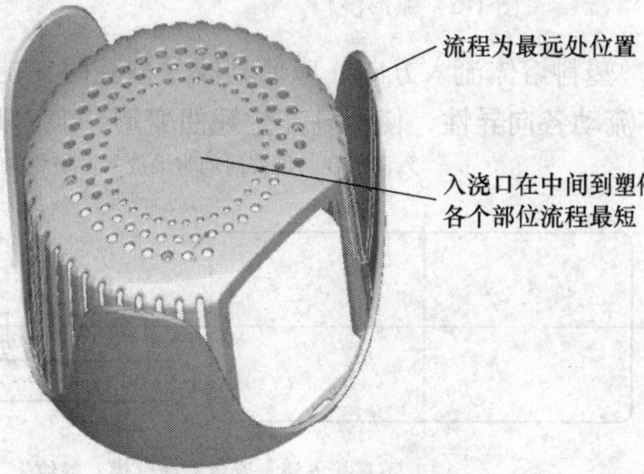

流程为最远处位置

入浇口在中间到塑件各个部位流程最短

图 1-2　浇口对壁厚的影响

2）浇口应先从壁较厚的部位进料，以利于保压，减少压力损失；

3）型腔内如有小型芯或嵌件时，浇口应避免直接冲击，防止变形；

4）浇口的位置应在塑件容易清除的部位，修整方便，不影响塑件的外观，如图 1-3 所示；

5）有利于型腔内排气，使腔内气体挤入分模面附近，如图 1-4 所示；

6）避免塑料熔体流动出现“跑道”效应，使塑件产生困气、熔接痕现象；

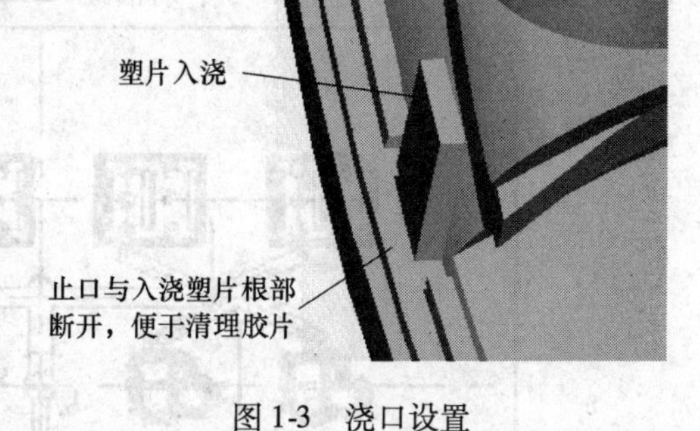

图 1-3　浇口设置

7）避免浇口处产生气烘、蛇纹等现象，如图 1-5 ~ 图 1-7 所示；

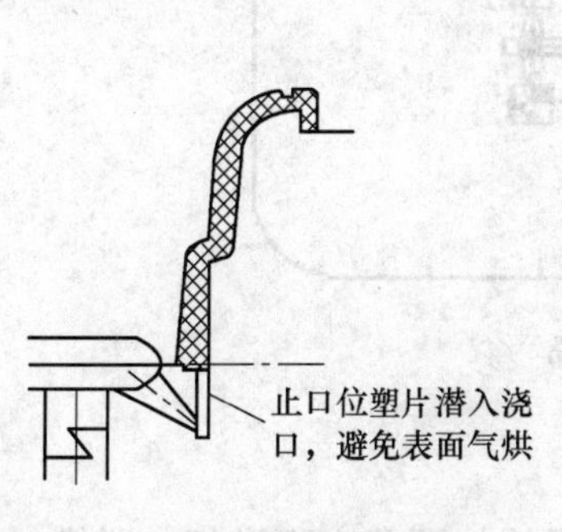

图 1-4　浇口位置

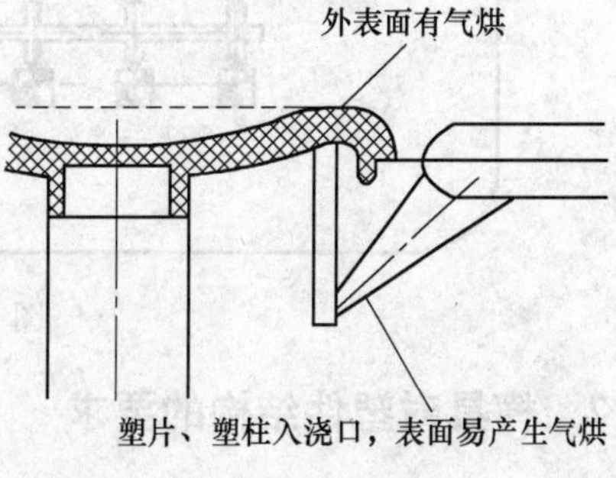

外表面有气烘

塑片、塑柱入浇口，表面易产生气烘

图 1-5　潜入浇口

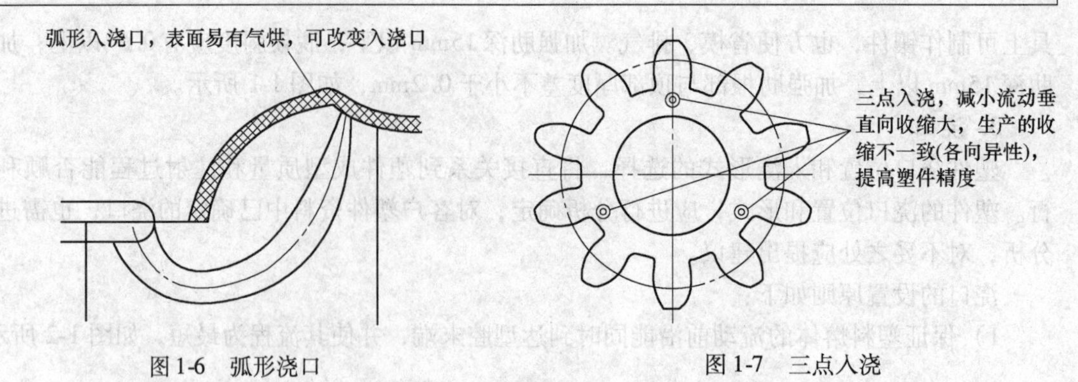

图 1-6　弧形浇口　　　　图 1-7　三点入浇

8）塑料熔体流入方向，应使其流入型腔时，能沿着型腔平行方向均匀地流入，避免塑料熔体流动各向异性，使塑件产生翘曲变形、应力开裂现象，如图 1-8 所示。

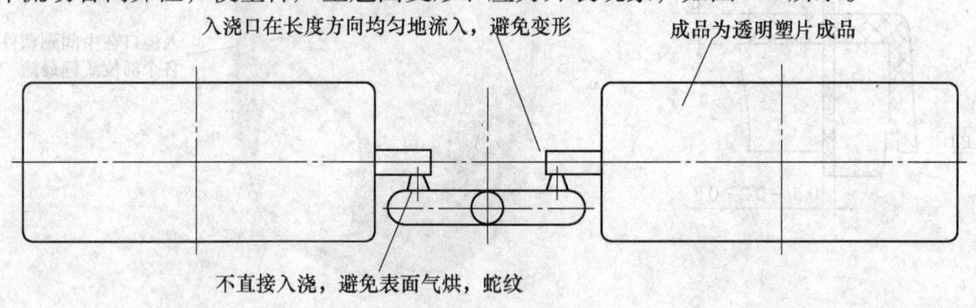

图 1-8　一模两腔入浇

对一些塑料熔体充模流动复杂的塑件，以及一模多腔或多种成品的模具如图 1-9 所示，入浇口位置和尺寸的确定，可申请借助 CAE（Moldflow 软件）分析解决。

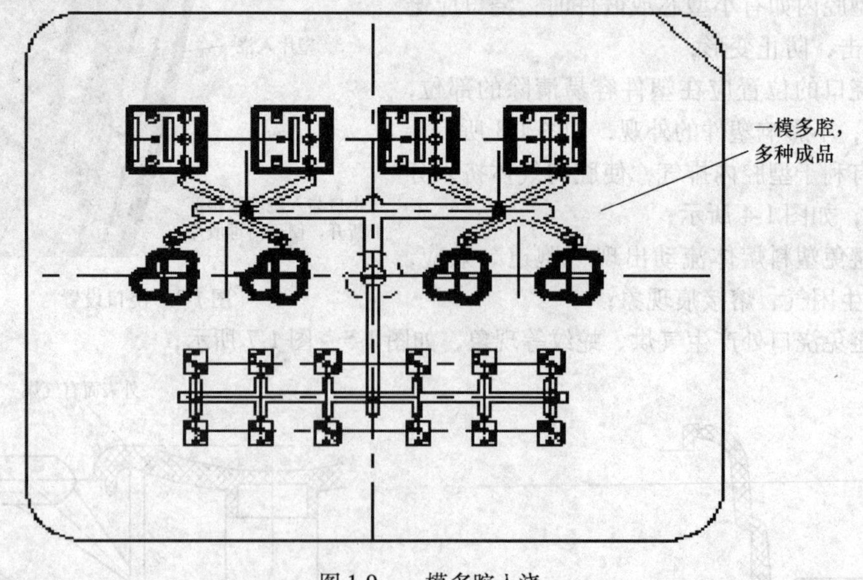

图 1-9　一模多腔入浇

1.2.2　模具对塑件结构的要求

分析塑件结构是否符合模具成形和出模的要求，可从如下几方面进行：脱模斜度、擦、碰面、滑块、斜推杆、分模面薄、尖钢位、出模。

1. 脱模斜度

塑件必须有足够的脱模斜度，以避免出现推白、推伤和拖白现象。脱模斜度与塑料熔体性能、塑件形状、表面要求有关。

对塑件 3D 文件中没有脱模斜度要求的部位，参照技术说明中一般脱模斜度的要求。塑件外观表面要求光面或纹面，其脱模斜度也不同，斜度值如下：

1）外表面光面小塑件脱模斜度/1°，大塑件脱模斜度/3°；

2）外表面蚀纹面 R_a <6. 3 脱模斜度/3°，R_a/6. 3 脱模斜度/4°；

3）外表面火花纹面 R_a <3. 2 脱模斜度/3°，R_a/3. 2 脱模斜度/4°。

2. 擦、碰面

模具擦、碰面如图 1-10 所示。模具的擦面应有斜度，擦面斜度有两个功用：

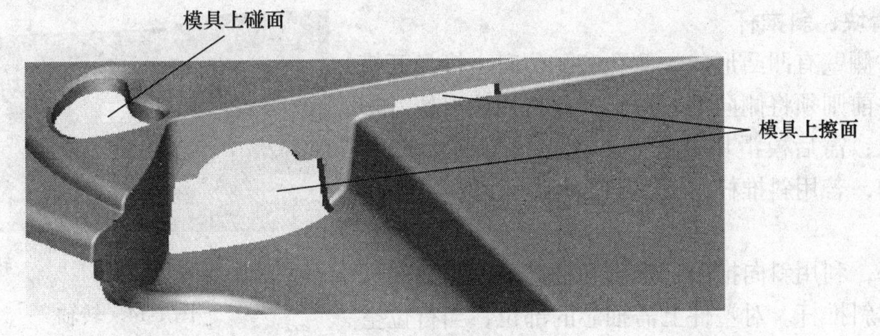

图 1-10　模具擦、碰面

1）防止溢塑，因为竖直贴合面不能加预载；

2）减少磨损。

分析擦、碰面可从如下几方面考虑：

（1）保证结构强度

图 1-11 所示为避免模具凸出部位变形或折断，设计上 B/H 之值大于等于 1/3 较合理。

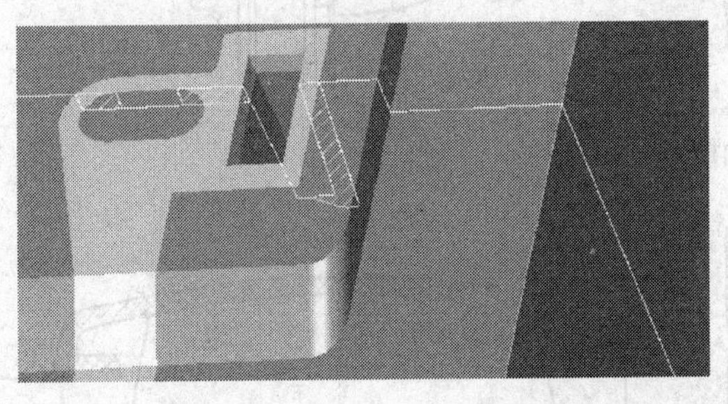

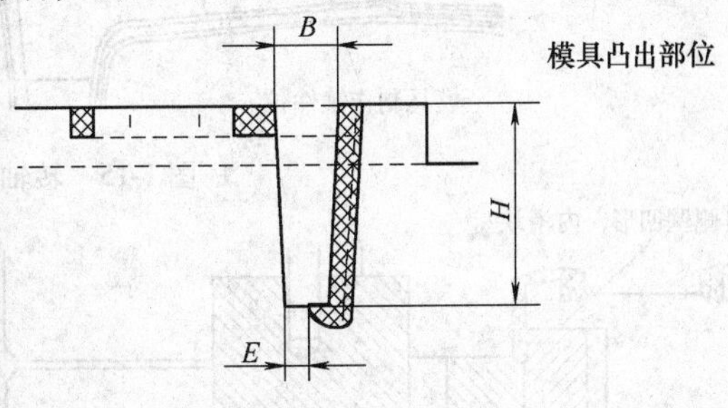

图 1-11　擦、碰面保证结构强度

（2）防止产生飞边

如图 1-12 和图 1-13 所示，碰面贴合值 E/1. 2mm。保证擦面间隙值 e/0. 25mm。若按擦面斜度考虑，$h \leqslant 3$mm 时，斜度 α/5°；$h > 3$mm 时，斜度 α/3°；某些塑件对斜度有特定要求时，擦面高度 h/10mm，允许斜度 α/2°。对擦、碰面尖部封塑位应有圆角 R0. 5 以上。

（3）便于模具加工和维修

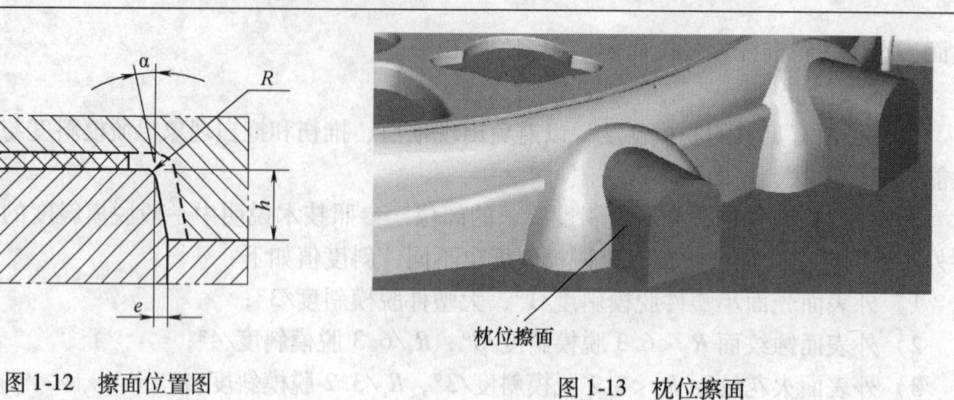
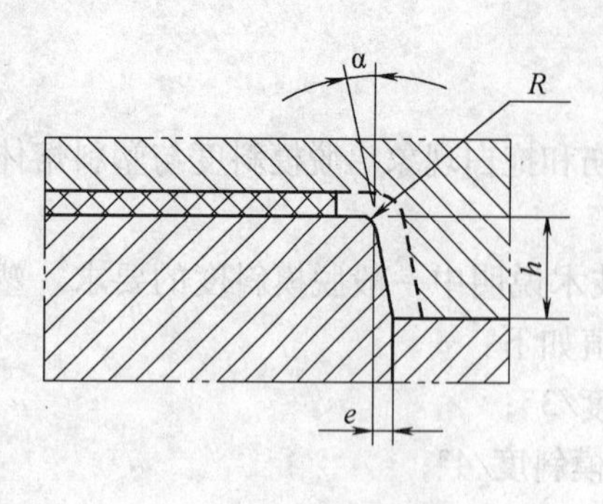

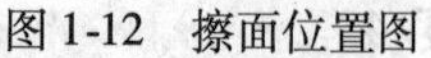

图 1-12　擦面位置图

图 1-13　枕位擦面

如图 1-14 和图 1-15 所示，转轴位模具上制作镶件。

3. 滑块、斜推杆

塑件侧壁有凹凸形状、侧孔和扣位时，模具开模推出塑件前则须将侧向型芯抽出，此机构称滑块。塑件外侧孔，需后模滑块抽芯。如图 1-16 所示，塑件内侧凹槽，若用斜推杆出模，顶部开距不够，须采用内滑块。

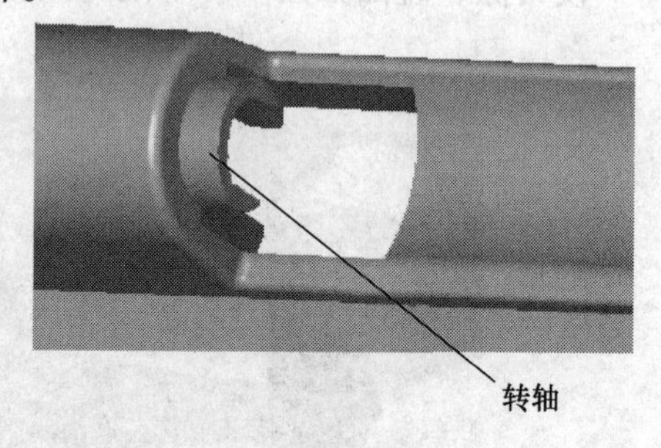

图 1-14　转轴

另外，利用斜向推出，推出和抽芯同时完成的推出机构称斜推杆。对塑件上需抽芯的部位，当行位空间不够时，可利用斜推杆机构完成。斜推杆机构中，斜向推出距离应大于抽芯距离（$B>H$）如图 1-17 所示，防止顶出干涉。

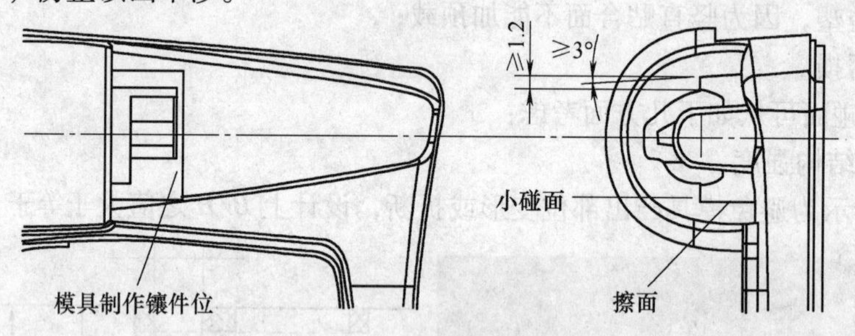

图 1-15　转轴模具上做镶件

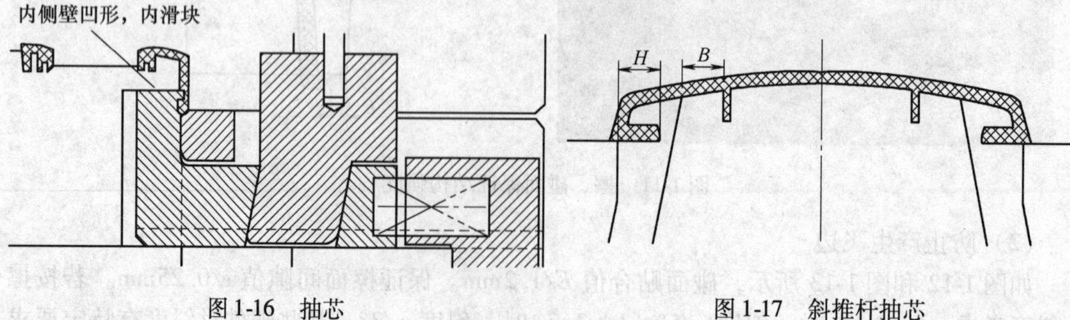

图 1-16　抽芯

图 1-17　斜推杆抽芯

如图 1-18 所示，塑件内、外侧壁都有凹形，内侧有加强肋阻碍和高度不够原因，须对外侧壁前模滑块，内侧壁斜推杆出模。

如图 1-19 所示，塑件侧孔周围不能有夹线，侧孔须前模滑块抽芯，扣位斜推杆出模。

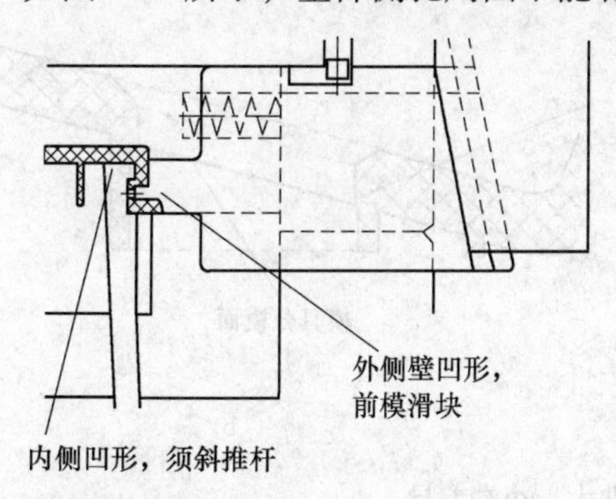

图 1-18　外侧前模滑块，内侧斜推杆

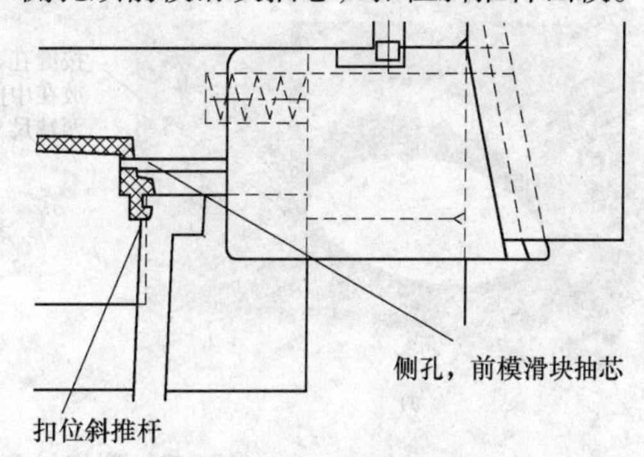

图 1-19　前模滑块抽芯，扣位斜顶脱

4. 分模面

在塑件资料中，不论对分模面是否做出规定，模具设计者都须有明确规定；对已作规定的分模面，若存在不合理之处，应反馈对方。

分析塑件分模面时应注意以下几点：

1）按外观要求，确定表面夹线位置，如图 1-20 所示。

2）将塑件有同轴度要求或易错位的部分，放置分模面同一侧，如图 1-21 和图 1-22 所示。

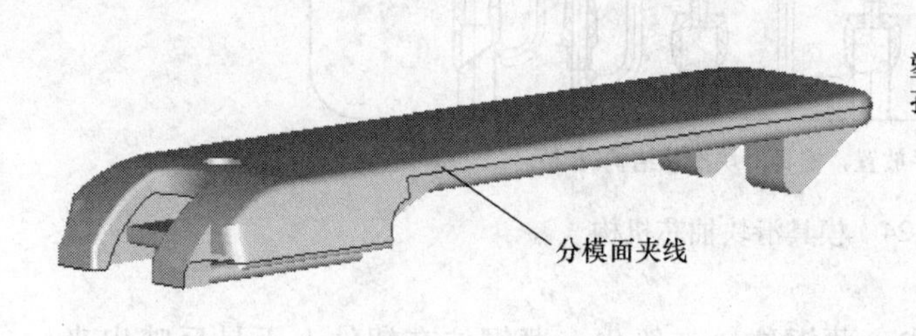

图 1-20　分模面加线

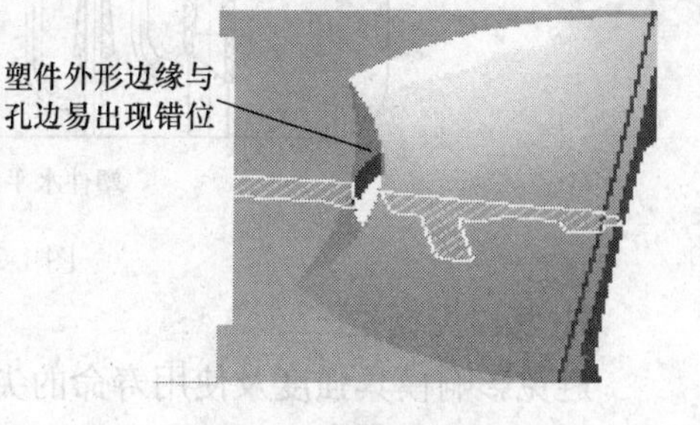

图 1-21　错位部分

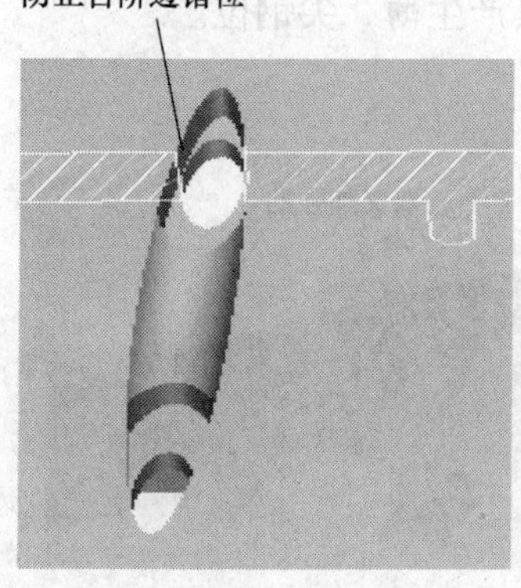

a)

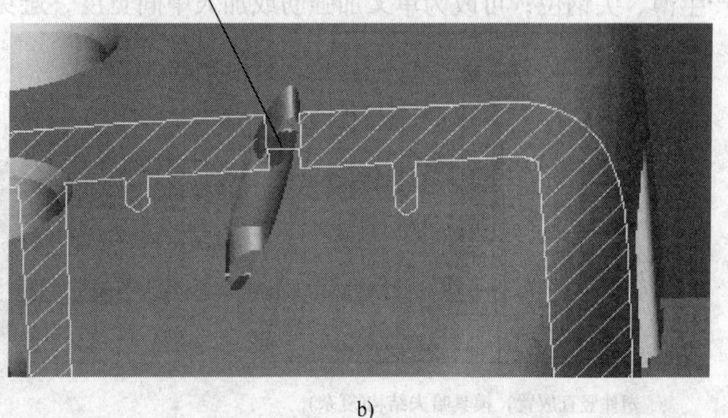

b)

图 1-22　台阶错位

3）考虑脱模斜度造成的塑件大、小端尺寸差异，如图 1-23 所示。

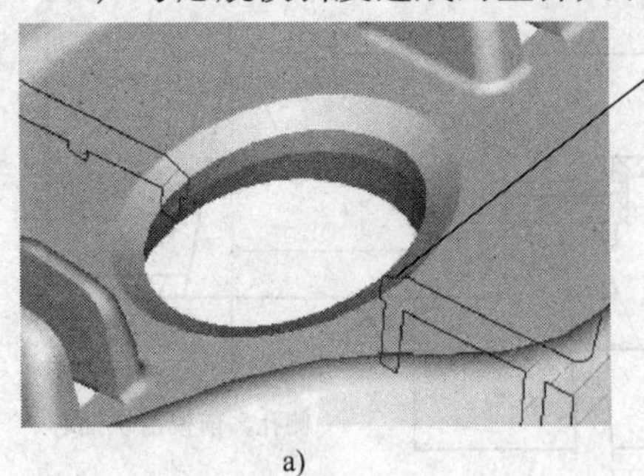

a)

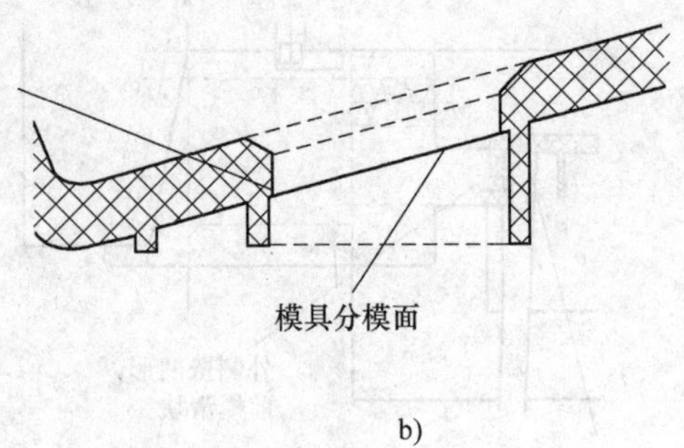

b)

图 1-23　脱模斜度产生塑件大、小端差异

4）确定塑件在模具内的方位，使之形成的分模面应尽量防止产生侧孔或侧凹，以避免采用复杂的模具结构，如图 1-24 和图 1-25 所示。

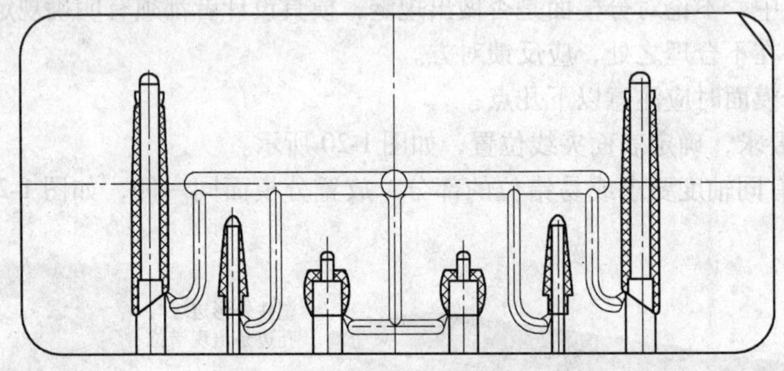

塑件水平放置，模具滑块抽芯结构(容易)

图 1-24　模具滑块抽芯机构

5. 薄、尖钢位

避免影响模具强度及使用寿命的尖、薄钢位。一般尖、薄钢位在塑件上不易反映出来，分析它应结合塑件的模具情况。模具上产生薄、尖钢位的原因有塑件结构和模具结构两方面。

1）塑件结构产生的薄、尖钢位：如图 1-26 和图 1-27 所示，胶件双叉加强肋，模具上产生薄、尖钢位；可改为单叉加强肋或加大中间宽度，避免模具产生薄、尖钢位。

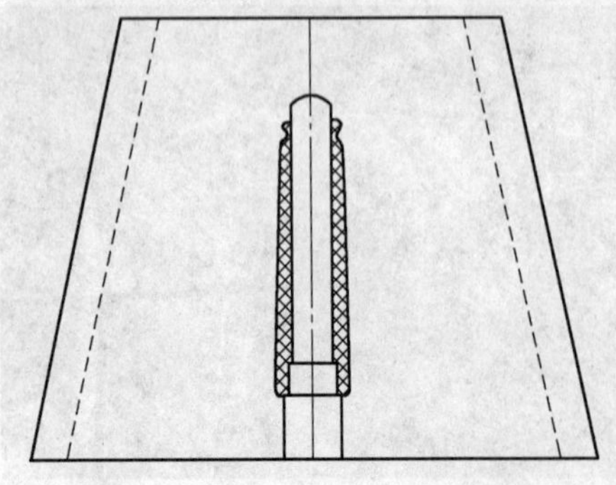

塑件竖直放置，模具哈夫结构(复杂)

图 1-25　哈夫模具结构

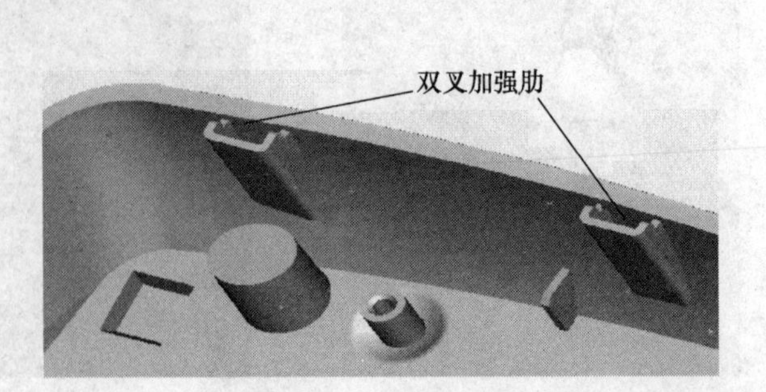

图 1-26　塑件双叉加强肋

2）模具结构产生的薄、尖钢位：如图 1-28 所示，塑件边缘圆角处，模具上易出现尖钢；模具结构如图 1-29 所示，此方法开模，出现尖钢；图 1-30 所示，分型面延圆弧法线方向，可避免尖钢。

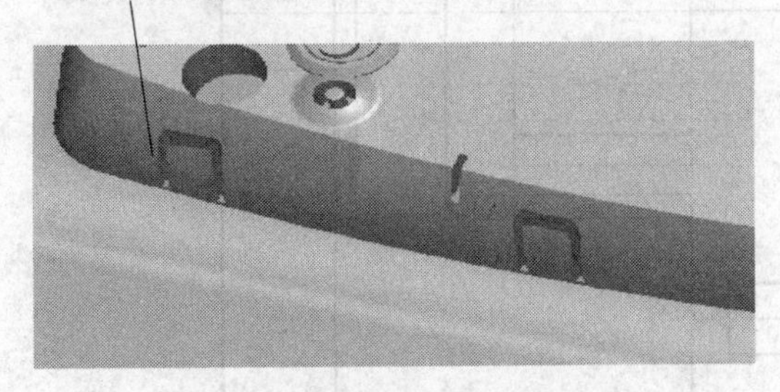

图 1-27　模具薄、尖部位

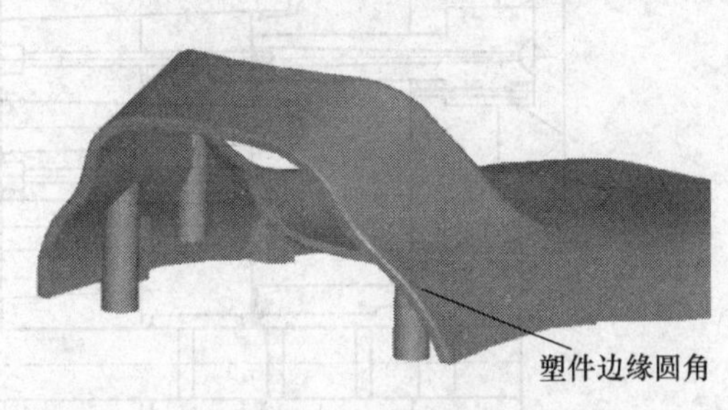

图 1-28　圆角部位出现尖钢

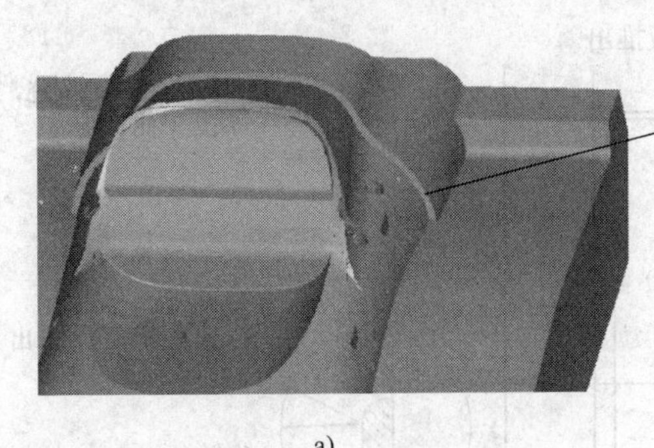

a)

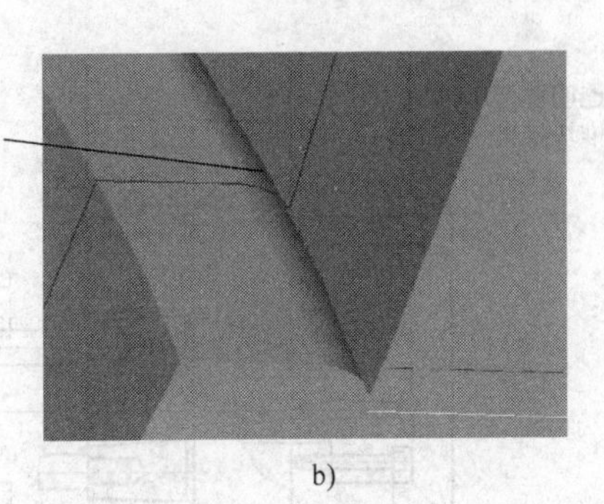

b)

图 1-29　一般开模出现尖钢部位

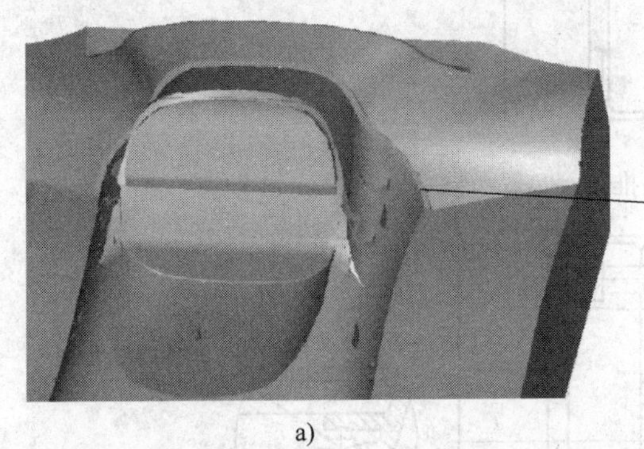

a)

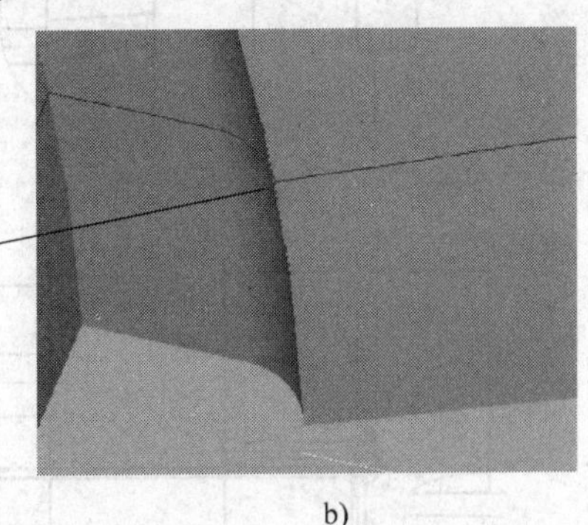

b)

图 1-30　避免尖钢部位的分模方法

6. 塑件出模

塑件的出模通常使用推杆、推管和推板推出。若塑件上有特殊结构或表面粗糙度要求时，需采用其他方式出模，如推块推出、斜向推出、螺纹旋转出模、二次推出等。对某些透明塑件的推出，还须注意推出痕迹不能外露。如图 1-31 所示，多腔薄壳小塑件，使用推板推出。

如图 1-32 所示，塑件为透明薄片，为避免顶出夹线痕迹，采用推块推出；注意，此类塑件底边不要有圆角，防止推出痕迹透出。

如图 1-33 所示，塑件有内凹弧，采用二次推出机构，实现塑件出模。

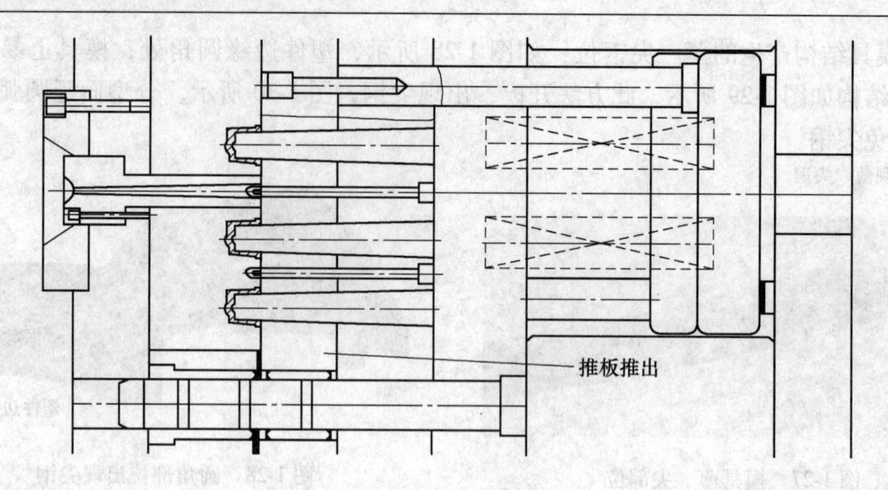

图 1-31　推板推出

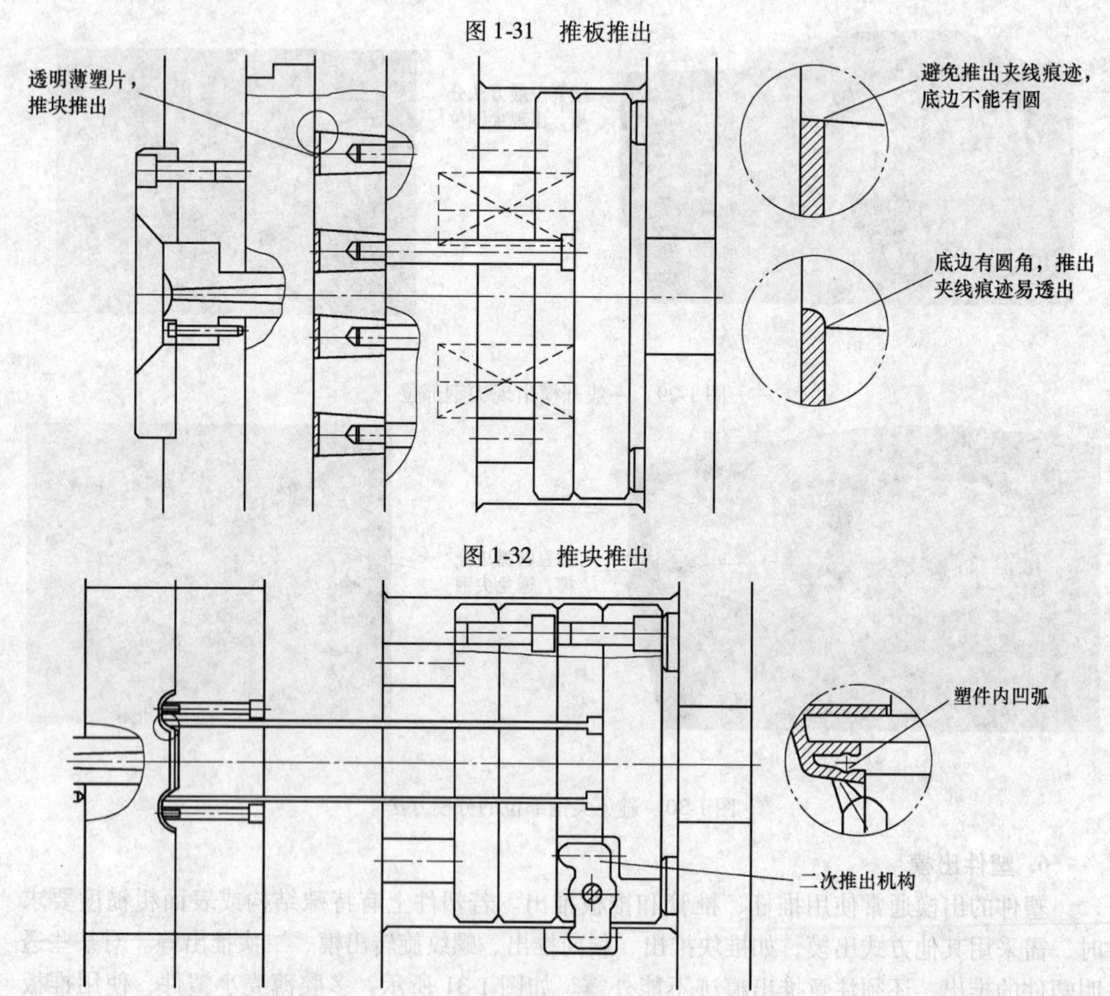

图 1-32　推块推出

图 1-33　二次推出机构

1.2.3　产品装配对塑件结构的要求

塑件在产品中的装配关系，会给模具制造提供一些有关塑件要求的信息，如与其他塑件的配合间隙、连接方式等。

1. 装配间隙

各塑件之间的装配间隙应均匀，一般塑件间隙（单边）如下：

1）固定件之间配合间隙 0 ~0.1mm，如图 1-34 所示；

2）面、底壳止口间隙 0.05 ~0.1mm，如图 1-35 所示。

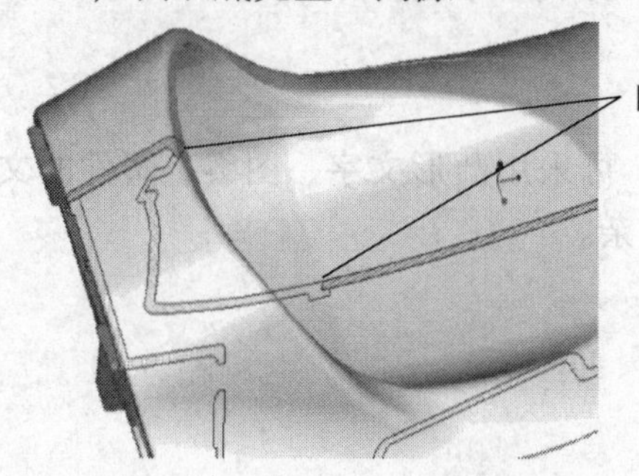

图 1-34　配合间隙

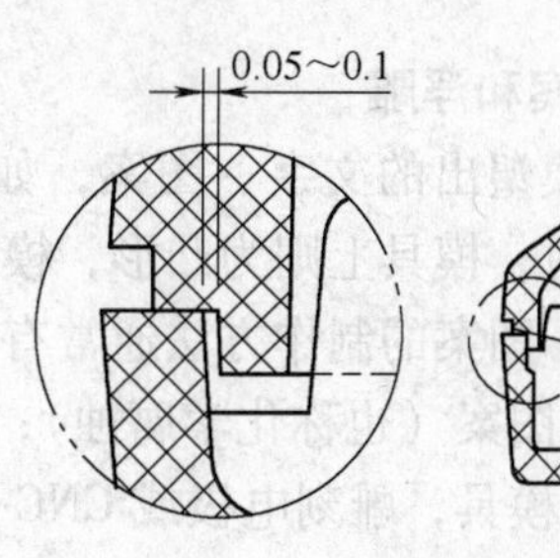

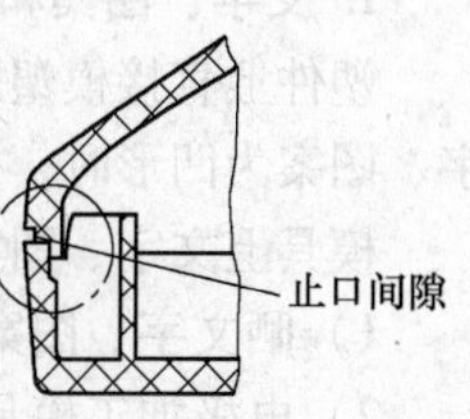

图 1-35　止口间隙

3）规则按钮（直径 $\phi \leqslant 15$）的活动间隙（单边）0.1 ~0.2mm；规则按钮（直径 $\phi >$ 15）的活动间隙（单边）0.15 ~0.25mm；异形按钮的活动间隙 0.3 ~0.35mm，如图 1-36 所示。

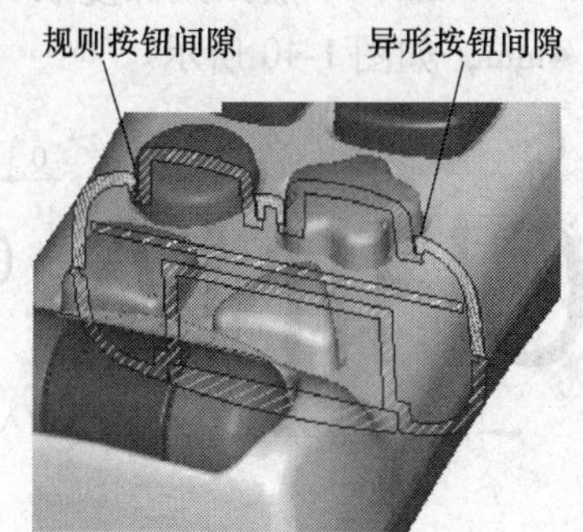

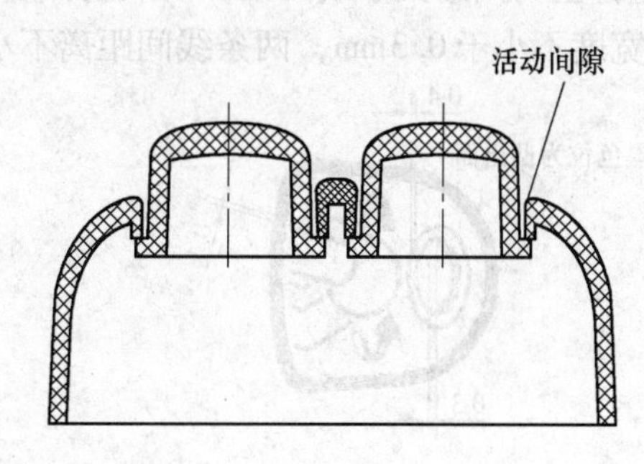

图 1-36　活动间隙

2. 柱位、扣位连接

分析连接各塑件的柱位、扣位，如图 1-37 和图 1-38 所示。检查装配后的模型及各塑件文件中的柱位、扣位尺寸，它们的位置尺寸要保持一致。当塑件的柱位或扣位尺寸更改后，应对其配合塑件尺寸也进行更改。

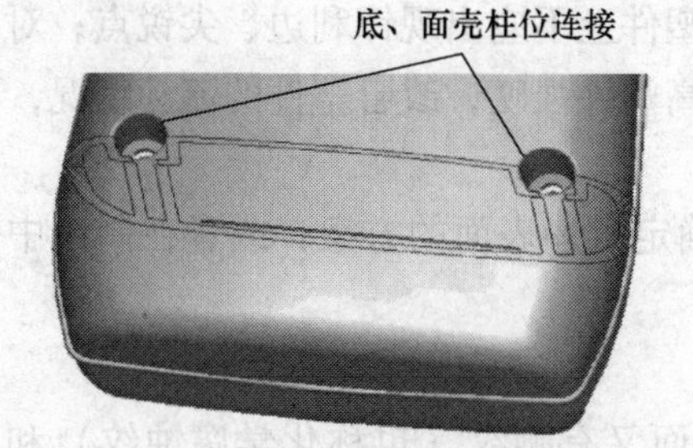

图 1-37　柱位连接

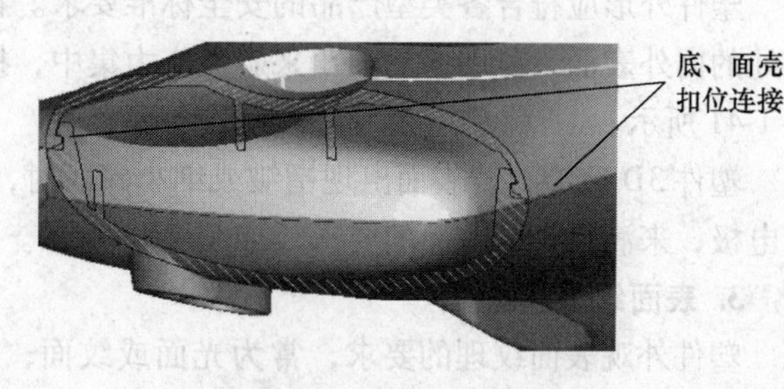

图 1-38　扣位连接

由于柱位根部与塑壳连接处的塑壁会突然变厚，某些塑件资料中又没减塑的说明，这时模具上须在柱位根部加肋螺纹柱根部减塑，避免塑件表面产生缩痕。

1.2.4 表面要求

指各塑件在装配后，外露部分的状况；其塑件表面的文字、图案、纹理、外形及安全标准要求等。

1. 文字、图案和浮雕

塑件上直接模塑出的文字、图案，如客户无要求，可采用凸形文字、图案。塑件的文字、图案为凹形时，模具上则为凸形，模具制作相对复杂。

模具上文字、图案的制作方法通常有三种：

1）晒文字、图案（也称化学腐蚀）；

2）电极加工模具，雕刻电极或 CNC 加工电极；

3）雕刻或 CNC 加工模具。

若采用电极加工文字、图案，其塑件上文字、图案的工艺要求如下：

1）塑件上为凸形文字、图案，凸出的高度 0.2～0.4mm 为宜，线条宽度不小于 0.3mm，两条线间距离不小于 0.4mm，如图 1-39 所示。

2）塑件上为凹形文字或图案，凹入的深度为 0.2～0.5mm，一般凹入深度取 0.3mm 为宜；线条宽度不小于 0.3mm，两条线间距离不小于 0.4mm，如图 1-40 所示。

图 1-39 塑件（一）　　图 1-40 塑件（二）

塑件表面浮雕的制作，常用雕刻方法加工模具。由于塑件文件不会有浮雕造型，2D 文件上浮雕的大小也是不准确的，其浮雕的形状是依照样板为标准。因此，模具设计和制造人员，应了解雕刻模制作过程；对雕刻模的制作配合，如何定位，都应在分析中确定。

2. 塑件外形

塑件外形应符合各类型产品的安全标准要求。在塑件上不应出现锋利边、尖锐点；对拐角处的内外表面，可用增加圆角来避免应力集中，提高塑件强度，改善塑件的流动情况，如图 1-41 所示。

塑件 3D 造型，若表面出现褶皱或细小碎面时，确定改善表面的方案；或者在制造中修整电极，来满足光顺曲面的要求，如图 1-42 所示。

3. 表面纹理

塑件外观表面纹理的要求，常为光面或纹面；纹面又有晒纹（也称化学腐蚀纹）和火花纹两种。当塑件表面还需喷油、丝印时，塑件表面应为光面或幼纹面（R_a <6.3），纹面

过粗易产生溢油现象。丝印面选在塑件凸出或平整部位较好；喷油后的表面，会放大成型时产生的表面痕迹。

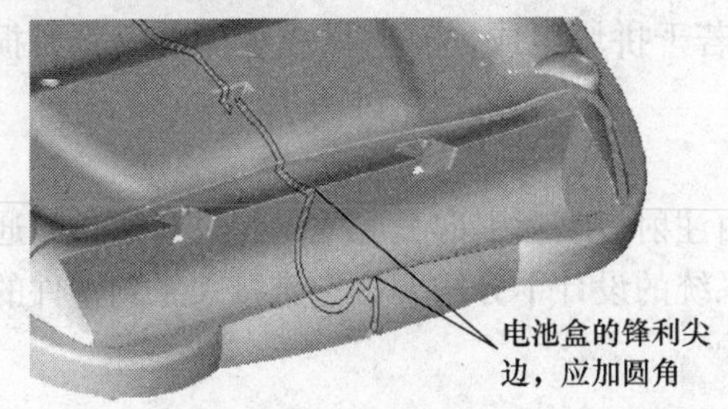

图 1-41　圆角过渡

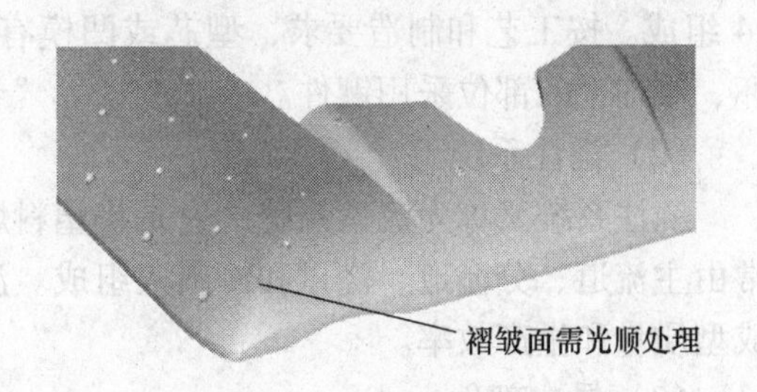

图 1-42　光顺处理

1.3　注射模具的基本结构和分类

1.3.1　注射模具的基本结构

模具基本结构一般分为二板模（单分型面注射模）、三板模（双分型面注射模）和热流道三种。模具结构一般由客户或者依据产品来决定的。在这里主要介绍二板模的结构组成。

1. 二板模

注射模具由动模和定模两部分组成，动模安装在注射成型机的移动模板上，定模安装在注射机的固定模板上。在注射成型时动模和定模闭合构成浇注系统和型腔。开模时，动模与定模分离以便取出塑料制品。如图 1-43 所示为典型的二板模结构，根据模具中各个部件的作用，一般可将注射模分为以下几个基本组成部分。

（1）成型部件

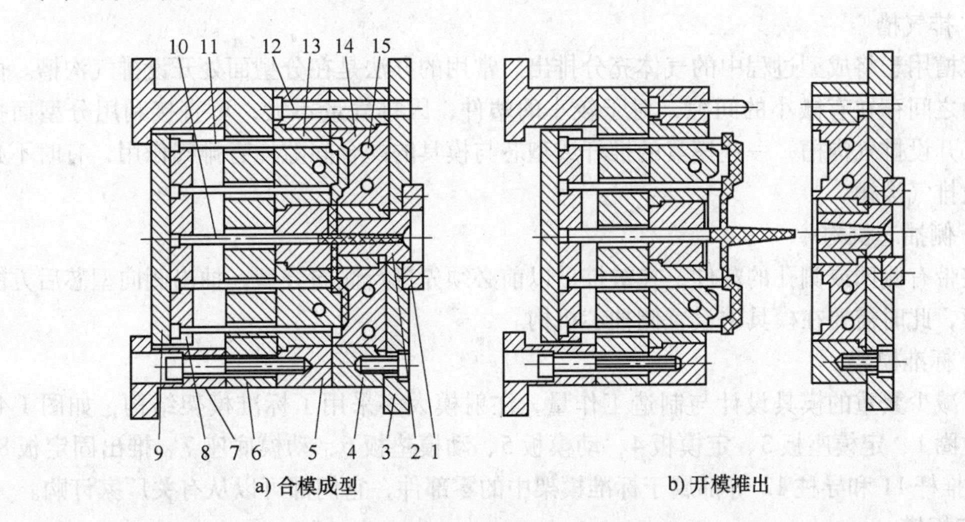

图 1-43　典型的二板模结构

1—定位圈　2—主流道衬套　3—定模座板　4—定模板　5—动模板　6—动模垫板　7—动模底座　8—推杆固定板　9—推板　10—拉料杆　11—推杆　12—导柱　13—型芯　14—凹模　15—冷却水通道

成型部件由型芯和凹模组成。型芯形成制品的内表面形状，凹模形成制品的外表面形状。合模后型芯和凹模便构成了模具的型腔（见图 1-43），该模具的型腔由型芯 13 和凹模 14 组成。按工艺和制造要求，型芯或凹模有时由若干拼块组成，有时做成整体，仅在易损坏、难加工的部位采用镶件。

（2）浇注系统

浇注系统又称为流道系统，它是将塑料熔体由注射机喷嘴引向型腔的一组进料通道，通常由主流道、分流道、浇口和冷料穴组成。浇注系统的设计十分重要，它直接关系到塑件的成型质量和生产效率。

（3）导向部件

为了确保动模与定模合模时能准确对准中心，在模具中必须设置导向部件。在注射模中通常采用四组导柱与导套来组成导向部件，有时还需在动模和定模上分别设置互相吻合的内、外锥面来辅助定位。为了避免在制品推出过程中推板发生歪斜现象，一般在模具的推出机构中还设有使推板保持水平运动的导向部件，如导柱与导套。

（4）推出机构

在开模过程中，需要有推出机构将塑件及其在流道内的凝料推出或拉出。如在图 1-43 中，推出机构由推杆 11 和推出固定板 8、推板 9 及主流道的拉料杆 10 组成。推出固定板和推板用于夹持推杆。在推板中一般还固定有复位杆，复位杆在动模和定模合模时使推出机构复位。

（5）调温系统

为了满足注射工艺对模具温度的要求，需要有调温系统对模具的温度进行调节。对于热塑性塑料用注射模，主要是设计冷却系统使模具冷却。模具冷却的常用办法是在模具内开设冷却水通道，利用循环流动的冷却水带走模具的热量；模具的加热除可用冷却水通道通热水或蒸汽外，还可在模具内部和周围安装电加热元件。

（6）排气槽

排气槽用于将成型过程中的气体充分排出。常用的办法是在分型面处开设排气沟槽。由于分型面之间存在有微小的间隙，对于较小的塑件，因排气量不大，可直接利用分型面排气，不必开设排气沟槽，一些模具的推杆或型芯与模具的配合间隙均有排气作用，有时不必另外开设排气沟槽。

（7）侧抽芯机构

有些带有侧凹或侧孔的塑件，在被推出以前必须先进行侧向分型，抽出侧向型芯后方能顺利脱模，此时需要在模具中设置侧抽芯机构。

（8）标准模架

为了减少繁重的模具设计与制造工作量，注射模大多采用了标准模架结构，如图 1-43 中的定位圈 1、定模座板 3、定模板 4、动模板 5、动模垫板 6、动模底座 7、推出固定板 8、推板 9、推杆 11 和导柱 12 等都属于标准模架中的零部件，它们都可以从有关厂家订购。

2. 三板模

双分型面注射模有两个不同的分型面用于分别取出流道凝料和塑件，与二板式的单分型面注射模相比，双分型面注射模在动模板与定模板之间增加了一块可以移动的中间板（又名浇口板），故又称三板式模。在定模板与中间板之间设置流道，在中间板与动模板之间设置型腔，中间板适用于采用点浇口进料的单型腔或多型腔模具。如图 1-44 所示为典型的双分型面注射模结构简图。从图中可见，在开模时由于定距拉板 1 的限制，中间板 13 与定模板 14 做定距离的分开，以便取出这两块板之间流道内的凝料，在中间板与动模板分开后，利用推件板 5 将包紧在型芯上的塑件脱出。

双分型面注射模能在塑件的中心部位设置点浇口，但制造成本较高、结构复杂，需要较大的开模行程。

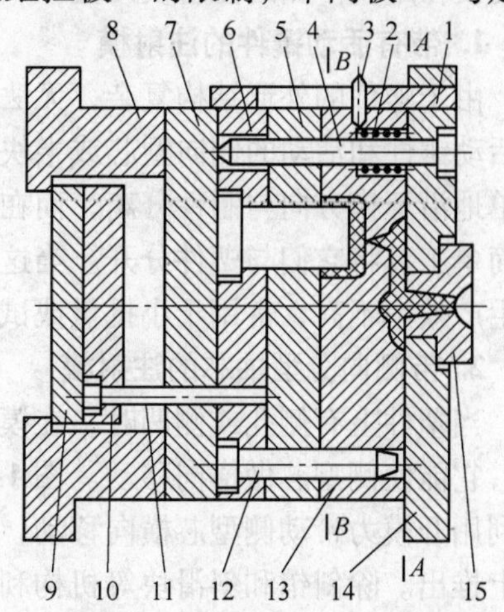

图 1-44 典型的二板模结构

1—定距拉板 2—弹簧 3—限位销 4—导柱 5—推件板 6—动模板 7—动模垫板 8—动模底座 9—推板 10—推杆固定板 11—推杆 12—导柱 13—中间板 14—定模板 15—主流道衬套

3. 热流道注射模

热流道模是无流道注射模（无流道凝料注射模）的一种，无流道注射模还包括绝热流道模，它们都通过采用对流道加热或绝热的办法来保持从注射机喷嘴到浇口处之间的塑料保持熔融状态。这样在每次注射成型后流道内均没有塑料凝料，这不仅提高了生产率，节约了塑料，而且还保证了注射压力在流道中的传递，有利于改善制件的质量。此外，无流道凝料注射模具还易实现全自动操作。这类模具的缺点是模具成本高，浇注系统和控温系统要求高，对制件形状和塑料有一定的限制。如图 1-45 所示为热流道注射模结构。

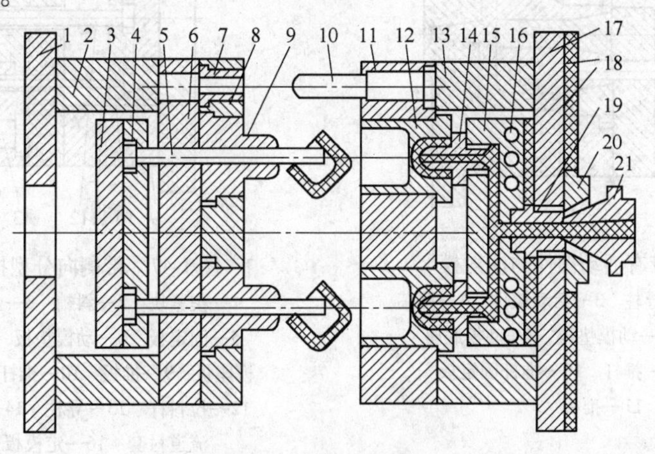

图 1-45 热流道注射模结构

1—动模座板 2—垫块 3—推板 4—推杆固定板 5—推杆 6—动模垫板 7—导套 8—动模板 9—型芯 10—导柱 11—定模板 12—凹模 13—支架 14—喷嘴 15—热流道板 16—加热器孔道 17—定模座板 18—绝热层 19—主流道衬套 20—定位圈 21—注射机喷嘴

1.3.2 注射模具的分类

注射模的分类方法很多。例如，可按安装方式、型腔数目和结构特征等进行分类，但是从模具设计的角度上看，按注射模的总体结构特征分类最为方便。除了上述已介绍的几种模具外，还有带有活动镶件的注射模、带侧向分型抽芯的注射模、自动卸螺纹的注射模、推出机构设在定模一侧的注射模几类。

1. 带有活动镶件的注射模

由于塑件的外形结构复杂，无法通过简单的分型从模具内取出塑件，这时可在模具中设置活动镶件和活动的侧向型芯或半块（哈夫块），如图 1-46 所示。开模时这些活动部件不能简单地沿开模方向与制件分离，而在脱模时必须将它们连同制品一起移出模外，然后用手工或简单工具将它们与塑件分开。当这些活动镶件嵌入模具时还应可靠地定位，因此这类模具的生产效率不高，常用于小批量或试生产。

2. 带侧向分型抽芯的注射模

当塑件上有侧孔或侧凹时，在模具内可设置出由斜销或斜滑块等组成的侧向分型抽芯机构，它能使侧型芯做横向移动。图 1-47 所示为一斜导柱带动抽芯的注射模。在开模时，斜销利用开模力带动侧型芯横向移动，使侧型芯与制件分离，然后推杆就能顺利地将制品从型芯上推出。除斜销和斜滑块等机构利用开模力作侧向抽芯外，还可以在模具中装设液压缸或气压缸带动侧型芯做侧向分型抽芯动作。这类模具广泛地应用在有侧孔或侧凹的塑料制件的大批量生产中。

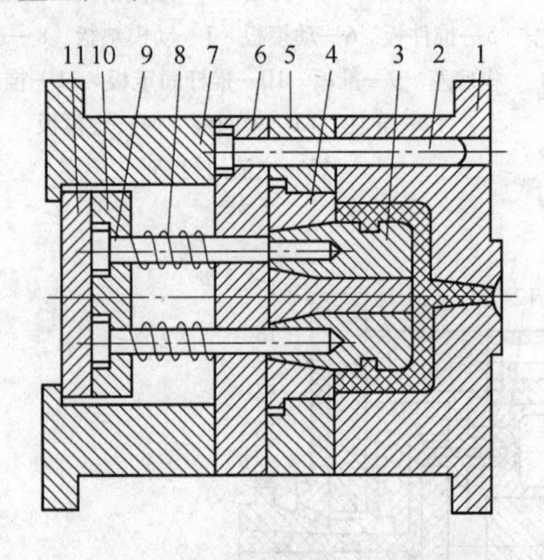

图 1-46 带有活动镶件的注射模
1—定模板 2—导柱 3—活动镶件 4—型芯 5—动模板 6—动模垫板 7—动模底座 8—弹簧 9—推杆 10—推杆固定板 11—推板

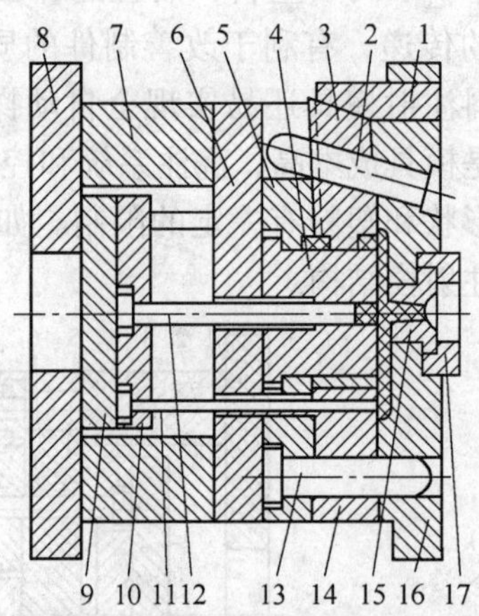

图 1-47 带侧向分型抽芯的注射模
1—楔紧块 2—斜销 3—斜滑块 4—型芯 5—固定板 6—动模垫板 7—垫块 8—动模座板 9—推板 10—推杆固定板 11—推杆 12—拉料杆 13—导柱 14—动模板 15—主流道衬套 16—定模板 17—定位圈

3. 自动卸螺纹的注射模

当要求能自动脱卸带有内螺纹或外螺纹的塑件时，可在模具中设置转动的螺纹型芯或型环，这样便可利用机构的旋转运动或往复运动将螺纹制品脱出，或者用专门的驱动和传动机构带动螺纹型芯或型环转动，将螺纹制件脱出。自动卸螺纹的注射模如图 1-48 所示，该模具用于直角式注射机，螺纹型芯由注射机合模机构的丝杠带动旋转，以便与制件相脱离。

4. 推出机构设在定模一侧的注射模

一般当注射模开模后，塑料制品均留在动模一侧，故推出机构也设在动模一侧，这种形式是最常用、最方便的，注射机的推出机构就在动模一侧。但有时由于制件的特殊要求或形状的限制，制件必须要留在定模内，这时就应在定模一侧设置推出机构，以便将制品从定模内脱出。定模一侧的推出机构一般由动模通过拉板或链条来驱动。图 1-49 所示为塑料衣刷注射模，由于制品的特殊形状，为了便于成型采用了直接浇口，开模后制件滞留在定模上，故在定模一侧设有推件板 7，开模时由设在动模一侧的拉板 8 带动推件板 7，将制件从定模中的型芯 11 上强制脱出。

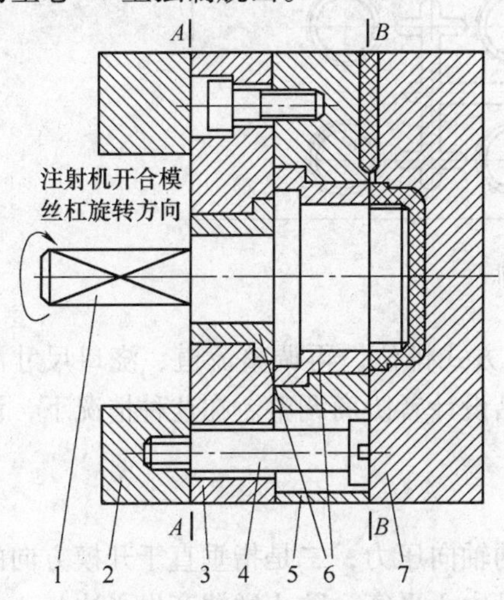

图 1-48 自动卸螺纹的注射模

1—螺纹型芯 2—模座 3—动模垫板 4—定距螺钉 5—动模板 6—衬套 7—定模板

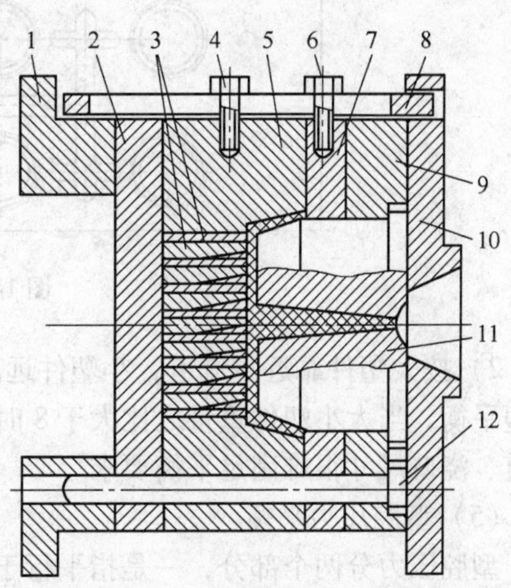

图 1-49 推出机构设在定模一侧的注射模

1—动模底座 2—动模垫板 3—成型镶片 4—螺钉 5—动模 6—螺钉 7—推件板 8—拉板 9—定模板 10—定模座板 11—型芯 12—导柱

注射模的基本结构及组成是非常重要的内容，熟练掌握该知识点对以后的学习将大有裨益。

1.3.3 塑料制品（塑件）排位

塑件排位是指按客户要求，将所需的一种或多种塑件按合理注射工艺、模具结构进行排列。塑件排位与模具结构、塑料工艺性相辅相成，并直接影响着后期的注射工艺，排位时必须考虑相应的模具结构，在满足模具结构的条件下调整排。

1. 从注射工艺角度需考虑

（1）流动长度

每种塑料熔体的流动长度不同，如果流动长度超出工艺要求，塑件就不会满。

（2）流道废料

在满足各型腔充满的前提下，流道长度和截面尺寸应尽量小，以保证流道废料最少。

（3）浇口位置

当浇口位置影响塑件排位时，需先确定浇口位置，再排位。在一件多腔的情况下，浇口位置应统一。

（4）进塑平衡

进塑平衡是指塑料熔体在基本相同的情况下，同时充满各型腔。为满足进塑平衡一般采用以下方法：

1）按平衡式排位（见图1-50），适合于塑件体积大小基本一致的情况。

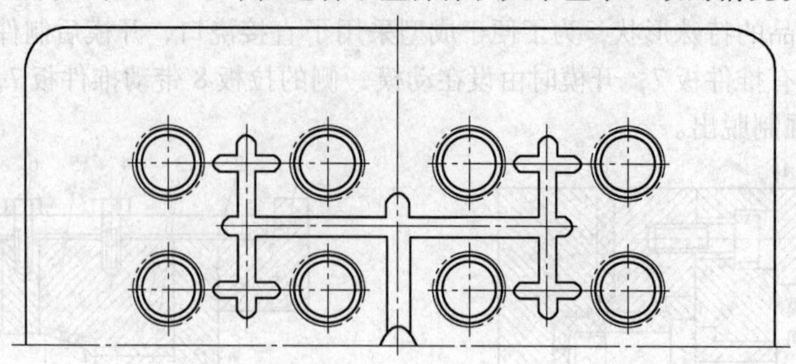

图1-50 平衡式排位

2）按大塑件靠近主流道，小塑件远离主流道的方式排位，再调整流道、浇口尺寸满足进塑平衡，当大小塑件重量之比大于8时，应同产品设计者协商调整。在这种情况下，调整流道、浇口尺寸很难满足平衡要求。

（5）型腔压力平衡

型腔压力分两个部分，一是指平行于开模方向的轴向压力；二是指垂直于开模方向的侧向压力。排位应力求轴向压力、侧向压力相对于模具中心平衡，防止溢塑产生飞边。

满足压力平衡的方法：

1）排位均匀、对称。轴向平衡如图1-51所示；侧向平衡如图1-52所示。

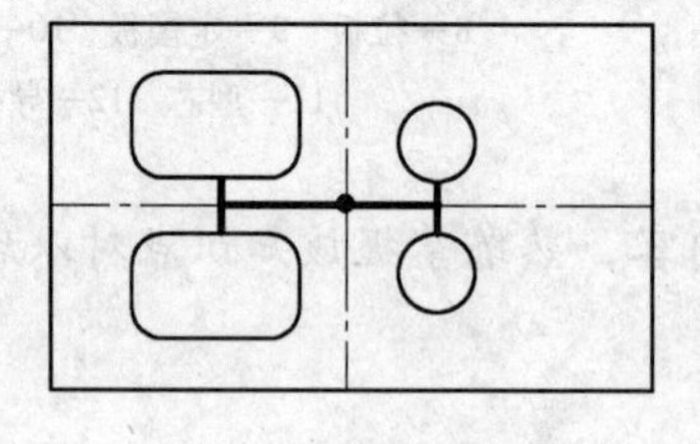

a) 非对称排位不好

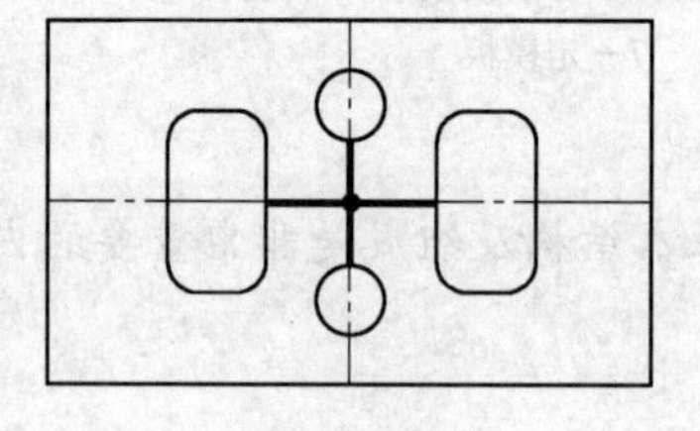

b) 对称排位较好

图1-51 压力对称排位

2）利用模具结构平衡（见图1-53），这是一种常用的平衡侧压力的方法，具体的技术要求参见下节。

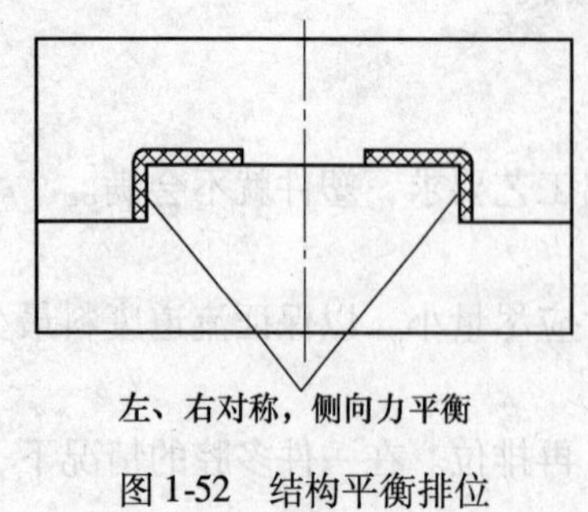

图1-52 结构平衡排位

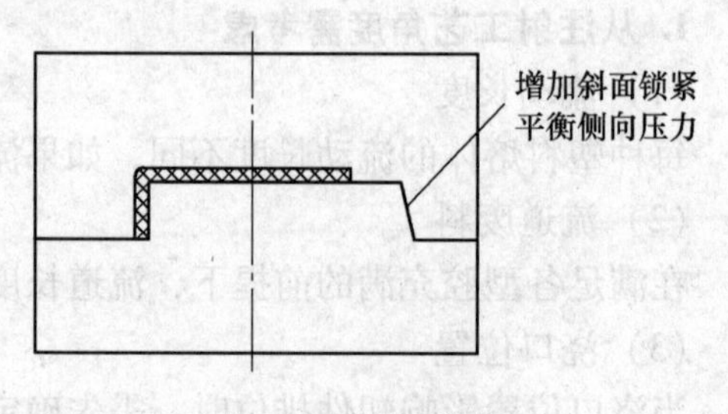

图1-53 平衡侧压力

2. 从模具结构角度需考虑

（1）满足封塑要求

排位应保证流道、浇口套距前模型腔边缘有一定的距离，以满足封塑要求。一般要求 $D_1 \geq 5.0\text{mm}$，$D_2 \geq 10.0\text{mm}$，如图 1-54 所示。

滑块槽与封塑边缘的距离应大于 15mm。

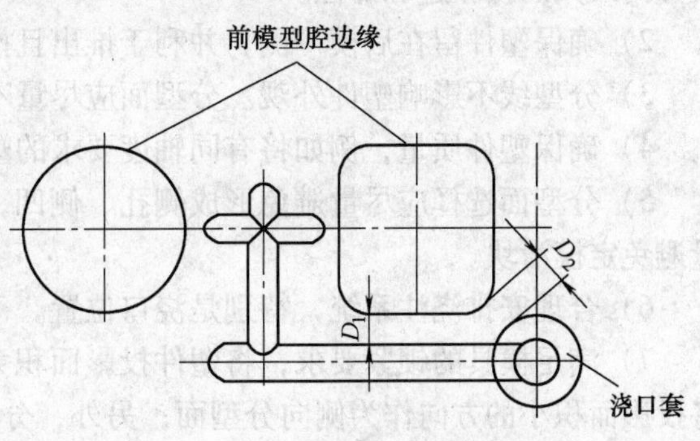

图 1-54　满足封塑要求

(2) 满足模具结构空间要求

排位时应满足模具结构件，如锁紧块、滑块、斜推杆等的空间要求。同时应保证以下几点：

1) 模具结构件有足够强度；

2) 与其他模胚构件无干涉；

3) 有运动件时，行程须满足出模要求；有多个运动件时，无相互干涉，如图 1-55 所示；

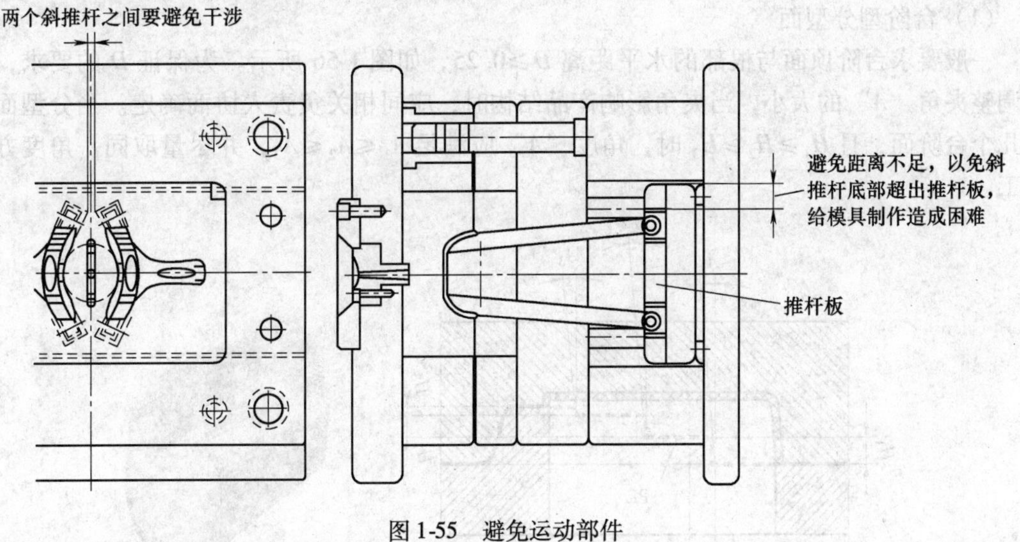

图 1-55　避免运动部件

4) 需要推管的位置要避开推杆孔的位置。

(3) 充分考虑螺钉、冷却水及顶出装置

为了模具能达到较好的冷却效果，排位时应注意螺栓、推杆对冷却水孔分的影响，预留冷却水孔的位置。

(4) 模具长宽比例是否协调

排位时要尽可能紧凑，以减小模具外形尺寸，且长宽比例要适当，同时也要考虑注射机的安装要求。

1.3.4　分型面的确定

1. 分型面选择原则

打开模具取出塑件或浇注系统的面，称之为分型面。分型面除受排位的影响外，还受塑件的形状、外观、精度、浇口位置、滑块、推出、加工等多种因素影响。合理的分型面是塑件能否完好成型的先决条件。一般应从以下几个方面综合考虑：

1）符合塑件脱模的基本要求，就是能使塑件从模具内取出，分模面位置应设在塑件脱模方向最大的投影边缘部位。

2）确保塑件留在后模一侧，并利于推出且推杆痕迹不显露于外观面。

3）分型线不影响塑件外观。分型面应尽量不破坏塑件光滑的外表面。

4）确保塑件质量，例如将有同轴度要求的塑件部分放到分型面的同一侧等。

5）分型面选择应尽量避免形成侧孔、侧凹，若需要滑块成型，力求行位结构简单，尽量避免定模滑块。

6）合理安排浇注系统，特别是浇口位置。

7）满足模具的锁紧要求，将塑件投影面积大的方向，放在定、动模的合模方向上，而将投影面积小的方向作为侧向分型面；另外，分型面是曲面时，应加斜面锁紧。

8）有利于模具加工。

2. 分型面注意事项及要求

（1）台阶型分型面

一般要求台阶顶面与根部的水平距离 $D \geqslant 0.25$，如图 1-56 所示。为保证 D 的要求，一般调整夹角“A”的大小，当夹角影响产品结构时，应同相关负责人协商确定。当分型面中有几个台阶面，且 $H_1 \geqslant H_2 \geqslant H_3$ 时，角度“A”应满足 $A_1 \leqslant A_2 \leqslant A_3$，并尽量取同一角度方便加工。

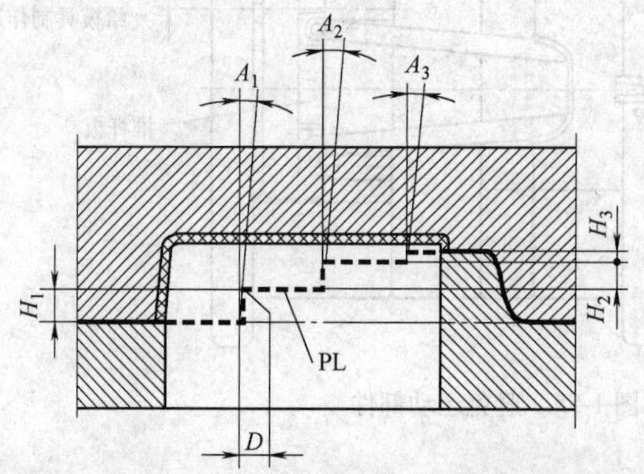

图 1-56　台阶型分型面

角度“A”尽量按下面要求选用：

当 $H \leqslant 3\text{mm}$，斜度 $\alpha \geqslant 5°$；$3\text{mm} \leqslant H \leqslant 10\text{mm}$，斜度 $\alpha \geqslant 3°$；$H > 10\text{mm}$，斜度 $\alpha \geqslant 1.5°$。

某些塑件斜度有特殊要求时，应按产品要求选取。

（2）曲面型分型面

当选用的分型面具有单一曲面（如柱面）特性时，要求按图 1-57 中的型式，即按曲面的曲率方向伸展一定距离建构分型面。否则会形成如图 1-58 所示的不合理结构，产生尖钢及尖形的封塑面，尖形封塑位不易封塑且易于损坏。

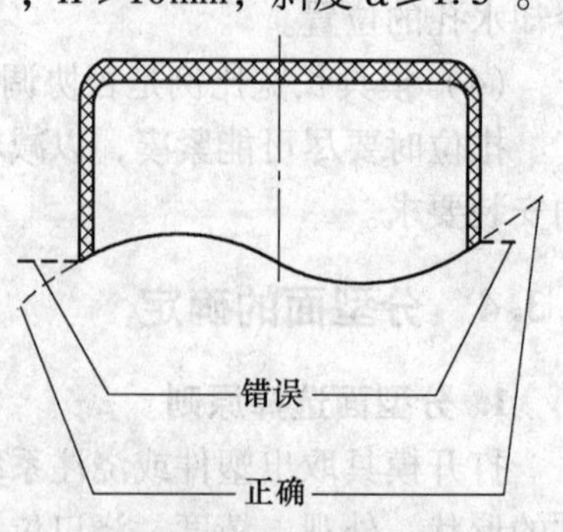

图 1-57　曲面型分型面

当分型面为较复杂的空间曲面，且无法按曲面的曲率方向伸展一定距离时，不能将曲面直接延展到某一平面，这样将会产生如图 1-59 所示的台阶及尖形封型面，而应该延曲率方向建构一个较平滑的封型曲面，如图 1-59 所示。

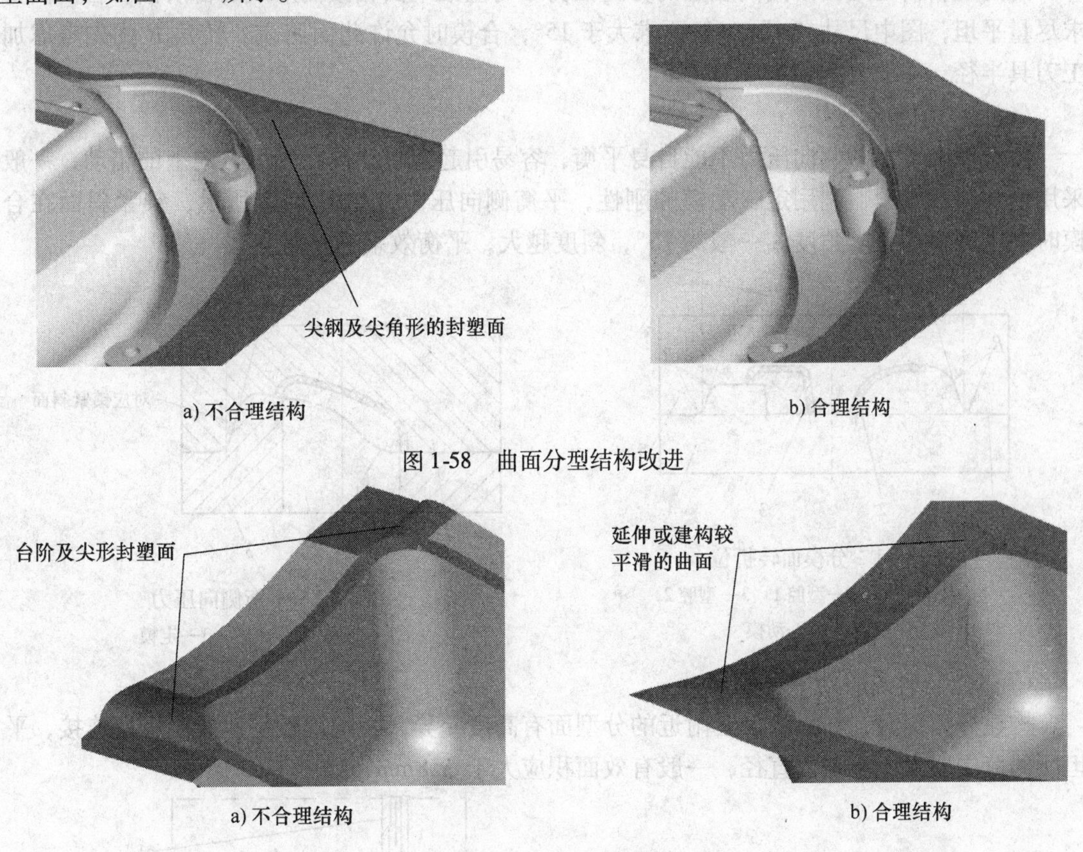

a) 不合理结构　　b) 合理结构

图 1-58　曲面分型结构改进

a) 不合理结构　　b) 合理结构

图 1-59　复杂曲面分型

（3）封塑距离

模具中，要注意保证同一曲面上有效的封塑距离。

（4）基准平面

在建构分型面时，若含有台阶型、曲面型等有高度差异的一个或多个分型面时，必需建构一个基准平面，如图 1-60 所示。基准平面的目的是为后续的加工提供放置平面和加工基准。

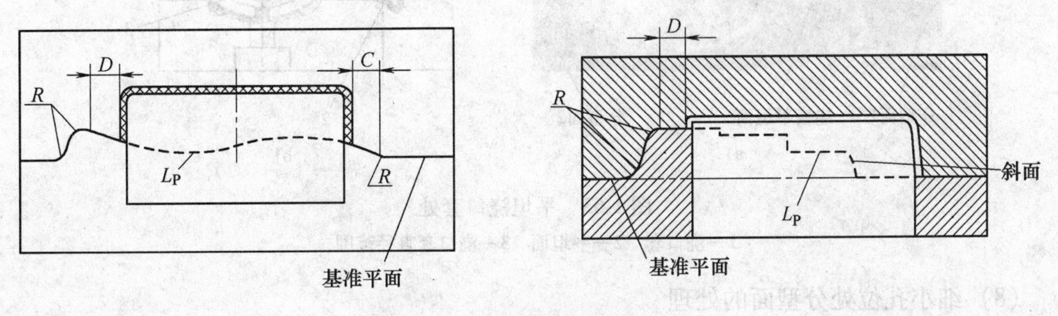

图 1-60　基准平面

（5）分型面转折位（见图 1-61）

此处的转折位是指不同高度上的分型面为了与基准平面相接而形成的台阶面。台阶面要求尽量平坦，图中尺寸“A”一般要求大于 15°，合模时允许此面避空。转角 R 优先考虑加工刀具半径，一般 $R \geqslant 3.0$mm。

（6）平衡侧向压力

由于型腔产生的侧向压力不能自身平衡，容易引起定、动模在受力方向上的错动，一般采用增加斜面锁紧，利用定、动模的刚性，平衡侧向压力，如图 1-62 所示，锁紧斜面在合模时要求完全贴合。角度 A 一般为 15°，斜度越大，平衡效果越差。

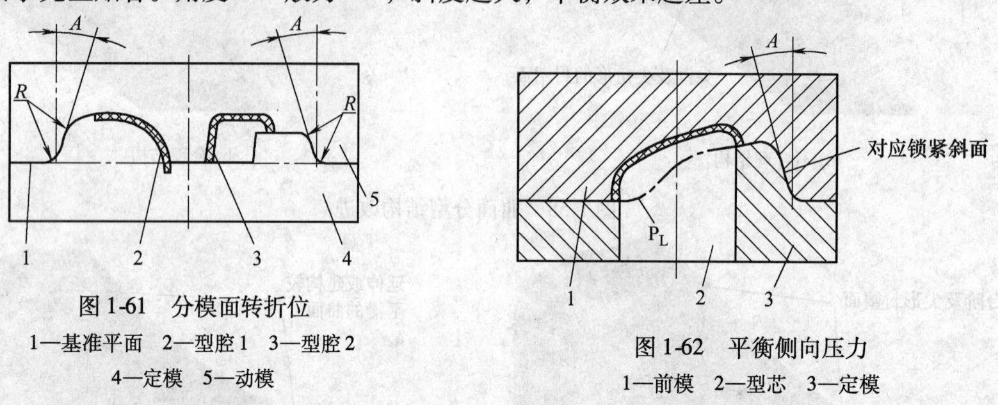

图 1-61　分模面转折位

1—基准平面　2—型腔 1　3—型腔 2

4—定模　5—动模

图 1-62　平衡侧向压力

1—前模　2—型芯　3—定模

（7）浇口套碰面处平坦化

构建分型面时，如果浇口套附近的分型面有高度差异，必须用较平坦的面进行连接，平坦面的范围要大于浇口套直径，一般有效面积应大于 ϕ18mm，如图 1-63 所示。

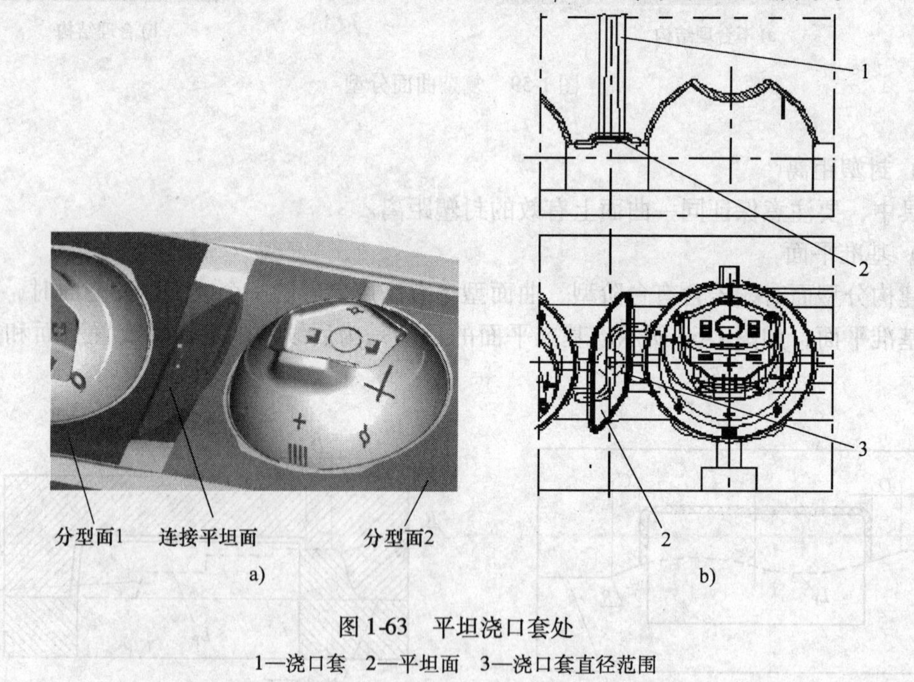

图 1-63　平坦浇口套处

1—浇口套　2—平坦面　3—浇口套直径范围

（8）细小孔位处分型面的处理

不论小孔处原身留，还是镶杆，一般采取以下方法，对孔位进行构造。为了模具制作简单，建议孔位处镶杆，但须经过设计者允许。

1）直接碰穿：如图1-64，适用于碰穿位较平坦的结构。但对于“键盘”类的按键孔（见图1-65），为了改变有可能产生“飞边”的方向，常采用插穿形式的结构及尺寸，如图1-65所示。

2）中间平面碰穿　如图1-66，适用于碰穿位较陡峭的结构。

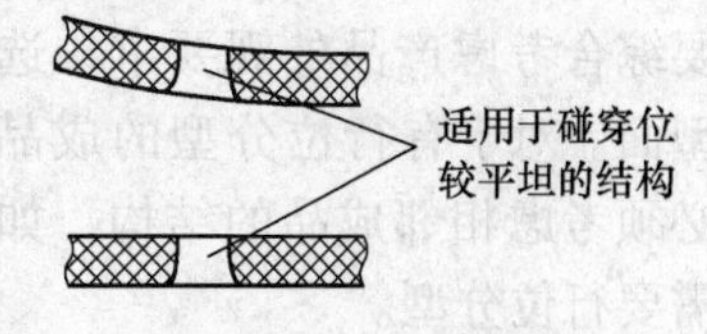

图1-64　碰穿结构

采用中间平面碰穿的结构可以有效缩短碰穿孔处相应的模具结构的高度，改善相应的模具结构的受力情况。为避免定、动模偏位，建议采用图1-66所示的结构尺寸。图1-66所示结构中，由于在碰穿处产生侧向分力，当碰穿孔较小时，在交变应力的作用下，碰穿孔处的相应的模具结构易于断裂，影响模具寿命。

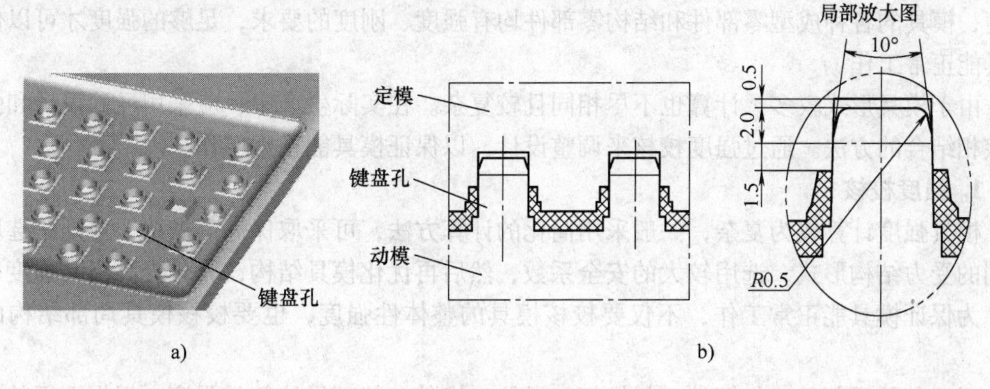

图1-65　直接碰穿

3）插穿　一般不采用，仅仅用在以下所示的情况。

a）当“a”点与“b”的高度差小于0.5mm时，如图1-67，采用插穿结构。

b）当“a”点高于“b”点时，采用插穿结构。

当采用插穿结构时，常采用图1-67所示结构及尺寸。封塑最小距离须保证1.0mm；导向部位斜度$A \geqslant 5°$长度$H \geqslant 2.5$mm。

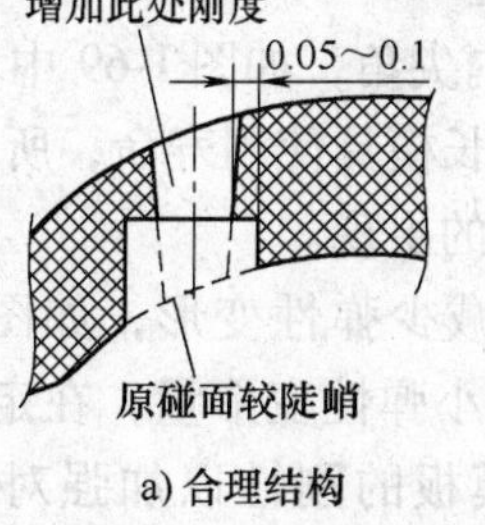

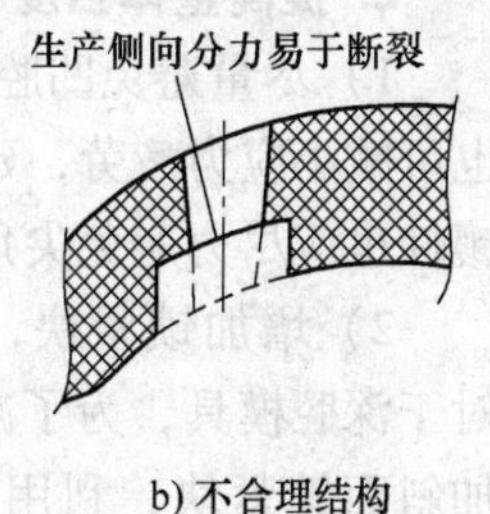

图1-66　中间平面碰穿

（9）避免产生尖钢

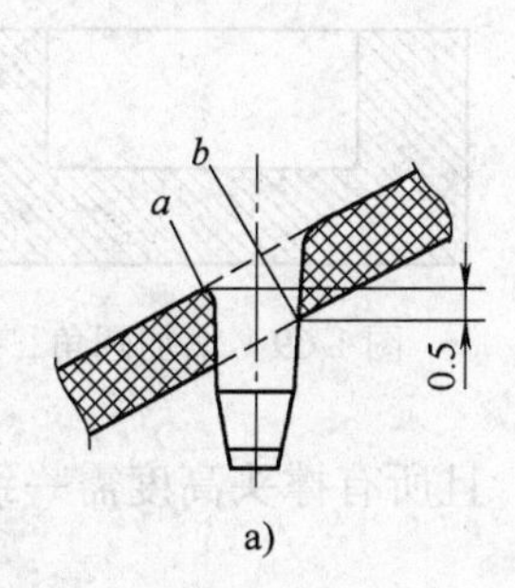

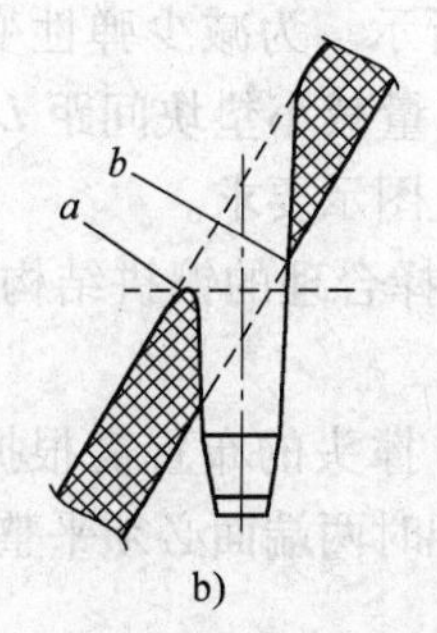

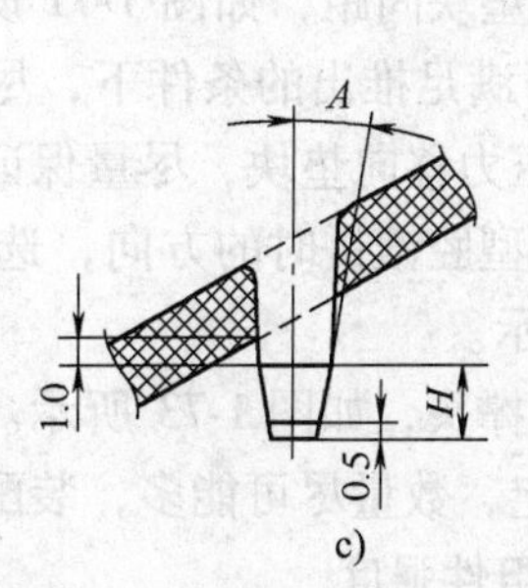

图1-67　各种插穿结构

当分型线须分割一个曲面时，为了避免产生尖钢，分型面的方向应为分型线上任一点的法线方向，如图 1-68 所示。

（10）综合考虑产品外观要求

对于单个产品，分型面有多种选择时，要综合考虑产品外观要求，选择较隐蔽的分型面。对于有行位分型的成品，行位分型线必须考虑相邻成品的结构，如相邻成品同样需要行位分型。

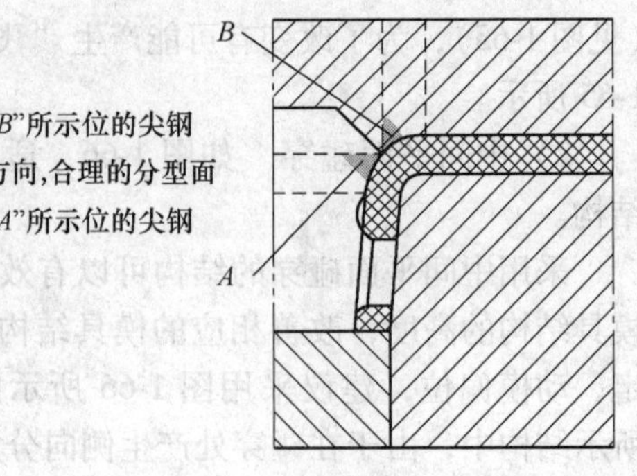

图 1-68　尖钢的产生

1.3.5　模具强度

一般意义上的模具强度包括模具的强度、刚度，模具的各种成型零部件和结构零部件均有强度、刚度的要求，足够的强度才可以保证模具能正常工作。

由于模具形式较多，计算也不尽相同且较复杂。在实际生产中，应采用经验设计和强度校核相结合的方法。通过强度校核来调整设计，以保证模具能正常工作。

1. 强度校核

模具强度计算较为复杂，一般采用简化的计算方法，可采取保守的做法，原则是选取最不利的受力结构形式，选用较大的安全系数，然后再优化模具结构，充分提高模具强度。

为保证模具能正常工作，不仅要校核模具的整体性强度，也要校核模具局部结构的强度。

对于其他零部件，如镶件、斜推杆、滑块、组件、甚至导柱等的强度，根据下面的简单计算进行校核，校核时应从强度与弯曲两个方面分别计算，选取较大的尺寸。

2. 提高整体强度

1）尽量避免凹腔内尖角，如图 1-69 中增加圆角对增强侧壁刚度有较明显的帮助，另外也可减小应力疲劳，延长模具使用寿命，所以前后模框的 4 个角必须制成圆角，前后模中的镶件也应尽力避免尖角的出现。

2）增加锁紧块，减少弹性变形，如图 1-70 所示。对于深腔模具，为了减小弹性变形量，在定、动模之间加斜面锁紧块，利用模板的刚性以加强对型腔壁的约束。

3）减小垫块间距，如图 1-71 所示。为减少弹性变形量 Y，在可满足推出的条件下，尽量减小垫块间距 L，同时将型腔压力移向垫块，尽量保证图示要求。

4）注意型腔镶拼时的方向，选择合理的镶拼结构，如图 1-72 所示。

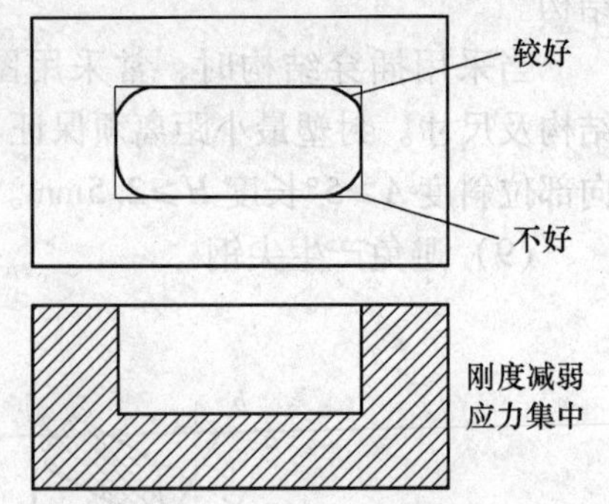

图 1-69　增加圆角，提高刚度

5）增加撑头，如图 1-73 所示。撑头的布置需根据实际情况而定，数量尽可能多，装配时两端面必须平整，且所有撑头高度需一致。

3. 加强组件强度

对于模具而言，组件的强度与整体强度同等重要，组件的受力情况复杂，除通过简单计算进行校核外，必须遵守一个基本原则：强度最强，即是说在结构空间容许时，组件结构最大化。

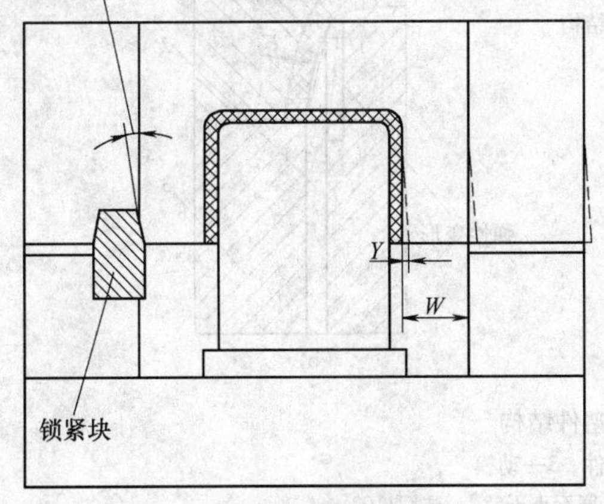

图 1-70　锁紧块结构

Y—虚拟弹性变形量　W—型腔壁厚

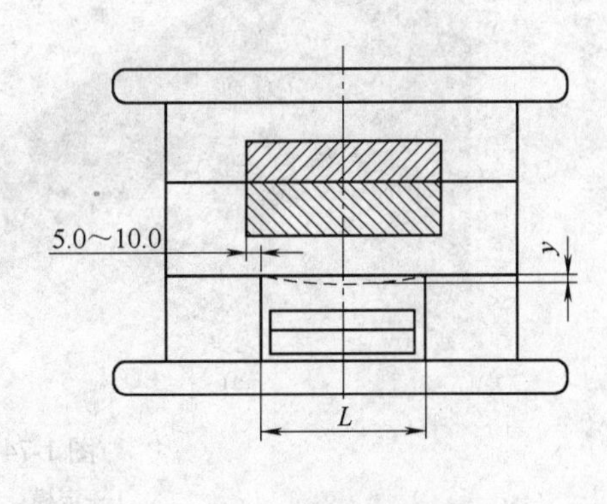

图 1-71　减小垫块距离

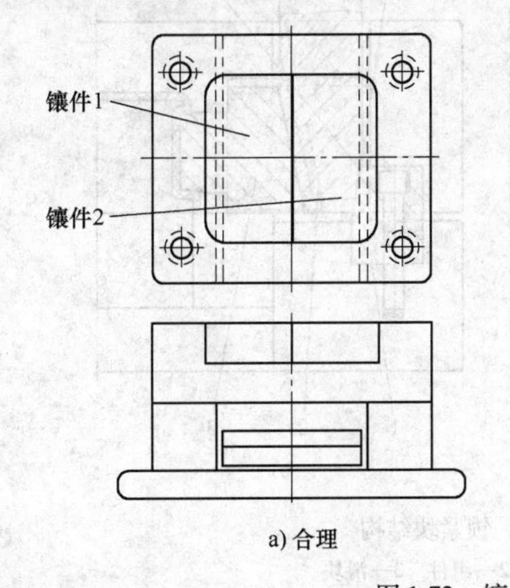

a) 合理

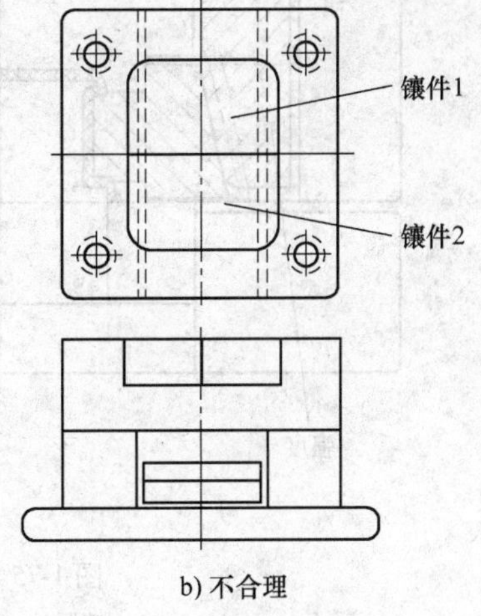

b) 不合理

图 1-72　镶拼结构

下面列举几类可提高组件强度的方法。

1）修改塑件结构，避免产生模具上的尖角部位（见图 1-74）。由于塑件结构不合理，将引致模具上的尖角部位时，应与产品设计协商解决。

2）增加锁紧块，改进模具结构，提高组件强度，如图 1-75 所示。

3）利用模胚刚性，提组件强度，如图 1-76 所示。

4）改善组件结构，增大组件尺寸，提高组件强度。图 1-77a 中“W_1”较小，易变形；图 b 不仅改善了组件结构，并增大了组件尺寸“W_2”，有利于提高强度。在此结构中，为了减小变形，还应该增加图示“R”处的圆角，减小“H”的尺寸，“H”一般取 8.0～10.0mm。

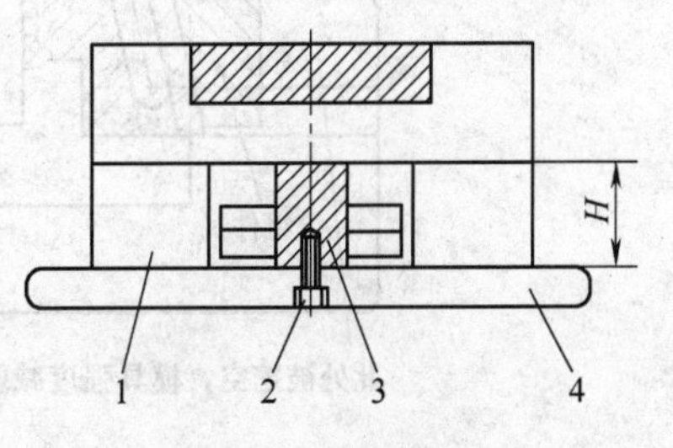

图 1-73　撑头结构

1—方铁　2—螺钉　3—撑头　4—底板

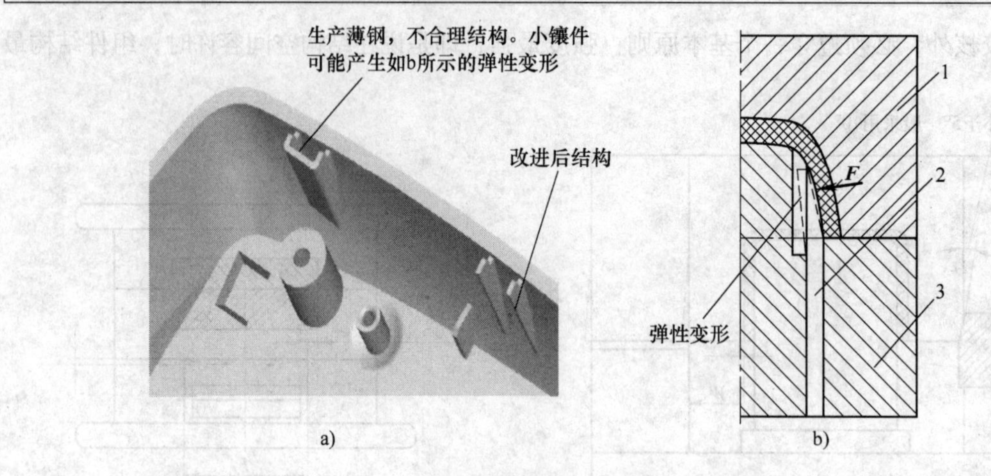

图 1-74　修改塑件结构

1—定模　2—小镶件　3—动模

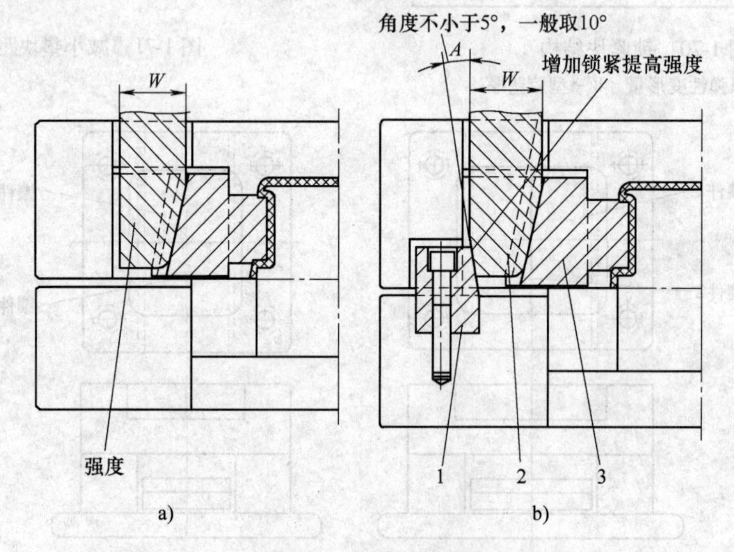

图 1-75　锁紧块结构

1—锁紧块　2—组件　3—滑块

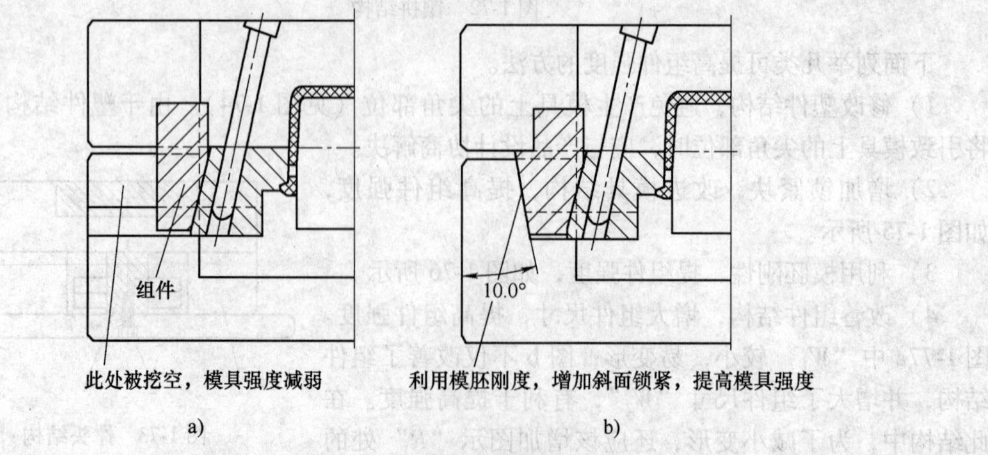

图 1-76　提高组件结构强度

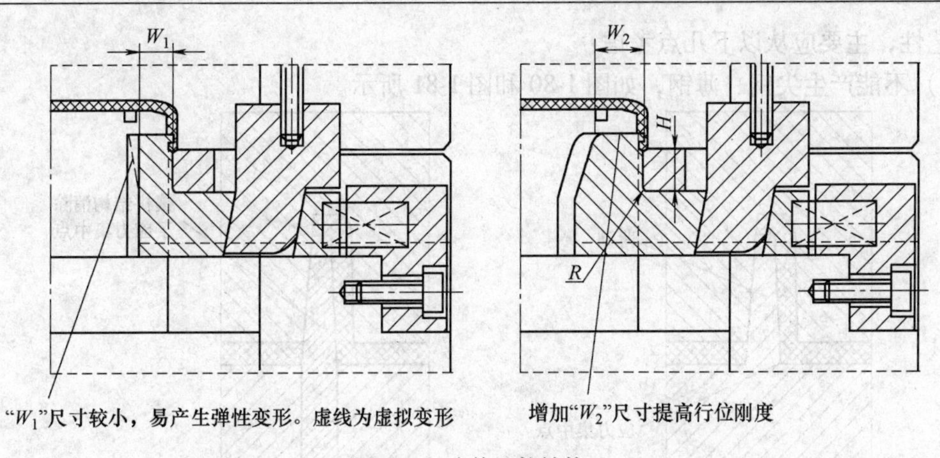

图 1-77 改善组件结构

5）高型芯或长型芯端部定位，提高强度，减少型芯变形。在具有高型芯或长型芯的模具结构中（见图 1-78a），设计时应充分利用端部的通孔对型芯定位，如图 1-78b 所示。端部不允许有通孔时，应同模具设计负责人协商解决。

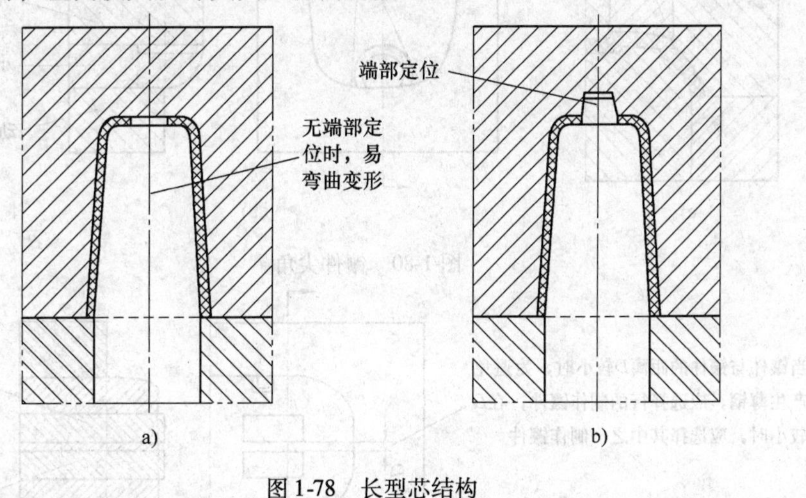

图 1-78 长型芯结构

6）利用镶拼结构，提高局部强度。在塑件的细小结构处，如果存在薄钢或应力集中点（见图 1-79a），设计时应将此处设计成镶拼结构，以消除应力集中点，减小疲劳损坏，也有利于对镶件进行热处理而增加强度，如图 1-79b 所示。

1.3.6 成型零件设计

模具零件按其作用可分为成型零件与结构零件，成型零件是指直接参与形成型腔空间的结构件，如凹模（型腔）、凸模（型芯）、镶件、滑块等；结构零件是指用于安装、定位、导向、推出以及成型时完成各种动作的零件，如定位圈、浇口套、螺栓、拉料杆、推杆、密封圈、定距拉板、拉钩等。常用结构零件参见下节。在成型零件设计时，应充分考虑塑料熔体的成型收缩率、脱模斜度、制造与维修的工艺性等。

在模具设计时，应力求成型零件具有较好的装配、加工及维修性能。为了提高成型零件的工艺性，主要应从以下几点考虑：

1）不能产生尖钢、薄钢，如图 1-80 和图 1-81 所示。

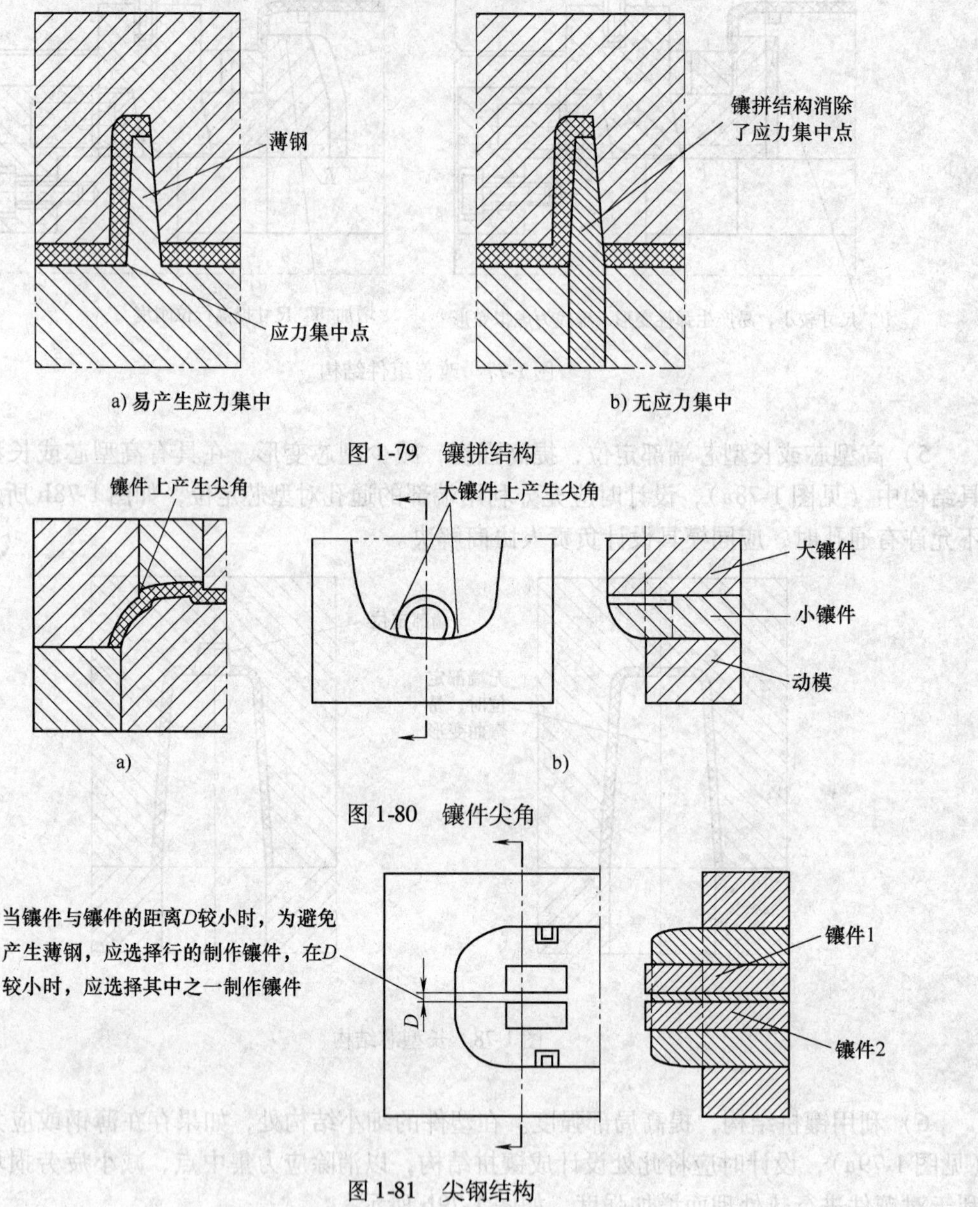

图 1-79　镶拼结构

图 1-80　镶件尖角

图 1-81　尖钢结构

2）易于加工：易于加工是成型零件设计的基本要求，在模具设计时，应充分考虑每一个零件的加工性能，通过合理地镶拼组合来满足加工工艺要求。例如，为了塑件止口部位易于加工，一般采用如图 1-82a、b 所示的镶拼结构。其他组合方式或不做镶拼均为不合理的设计结构。

3）易于修整尺寸及维修：对于成型零件中，尺寸有可能变动的部位应考虑组合结构，如图 1-83 所示；对易于磨损的碰、擦位，为了强度及维修方便，应采用镶拼结构。

4）保证成型零件的强度。

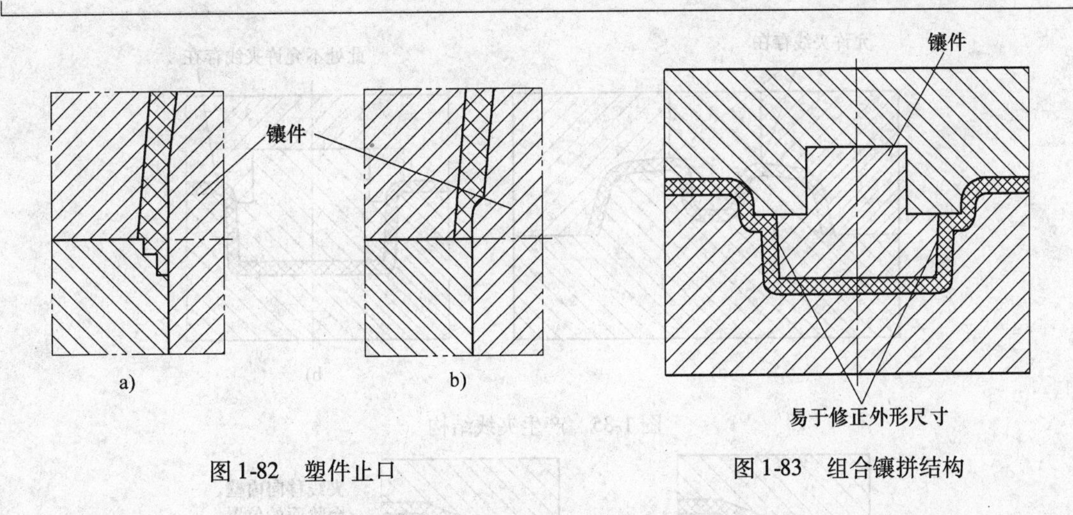

图 1-82　塑件止口　　　　图 1-83　组合镶拼结构

5）易于装配：针对镶拼结构的成型零件而言，易于装配是模具设计的基本要求，而且应避免安装时出现差错。对于形状规整的镶件或模具中有多个外形尺寸相同的镶件，设计时应考虑避免镶件错位安装和同一镶件的转向安装。常常采用的方法是镶件非对称紧固或定位，如图 1-84b 所示。

在图 1-84a 中，紧固位置对称，易产生镶件 1 与镶件 2 的错位安装，同一镶件也容易转向安装。在图 b 中，每个镶件的紧固位置非对称布置，且镶件 1 与镶件 2 的紧固排位也不相同，从而避免产生错位安装及同一镶件转向安装。另外，为了避免错位安装，也可采用定位销非对称排布的方法。

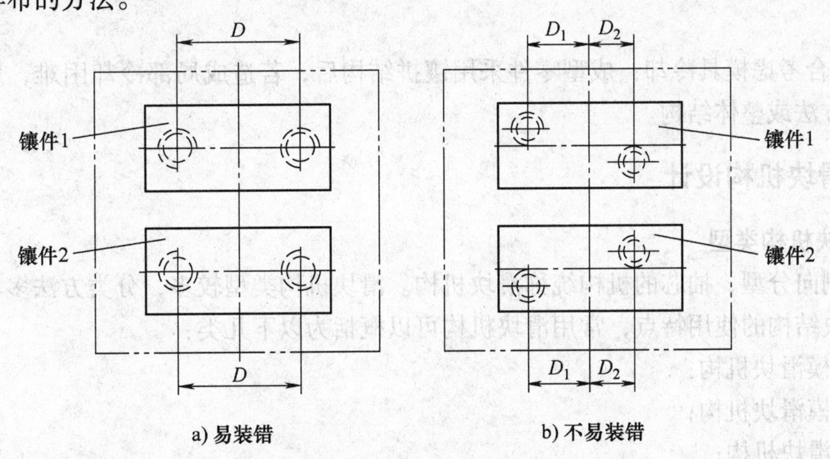

图 1-84　易于装配结构

6）不能影响外观：在进行成型零件设计时，不仅要考虑其工艺性要求，而且要保证塑件外观面的要求。塑件是否允许夹线存在是决定能否制作镶件的前提，若允许夹线存在，则应考虑镶拼结构，否则只能采用其他结构形式。图 1-85a 中，塑件表面允许夹线存在，则可以采用镶拼结构，以利于加工；图 b 中，塑件正表面不允许夹线存在，为了利于加工或其他目的，将夹线位置移向侧壁，从而采用镶拼结构。图 1-86 中，当圆弧处不允许夹线时，更改镶件结构，将夹线位置移向内壁。

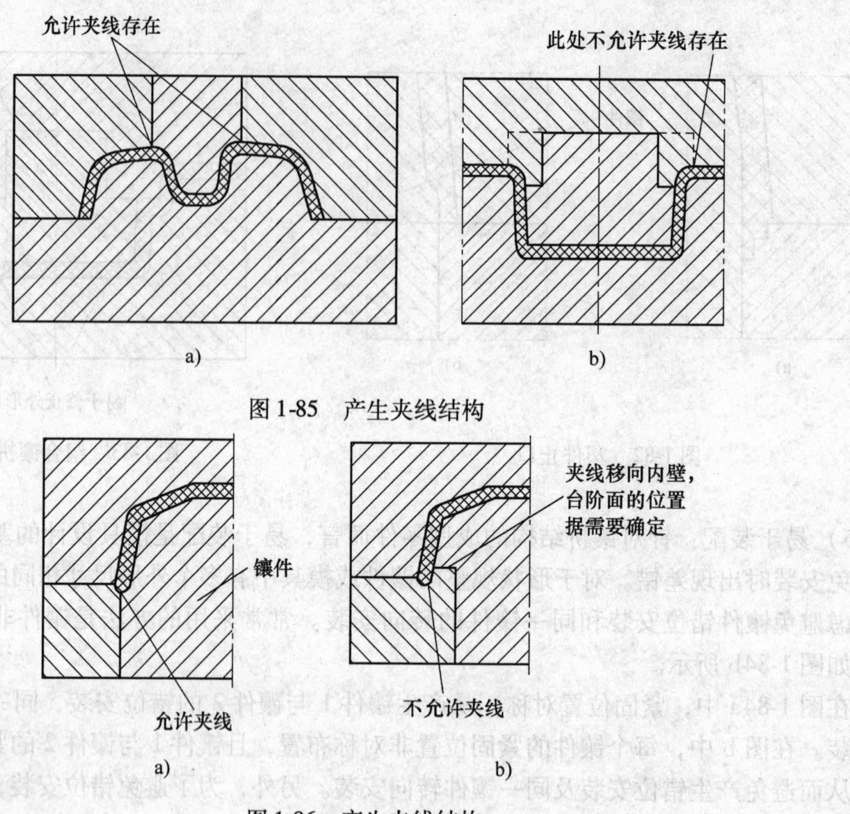

图 1-85　产生夹线结构

图 1-86　产生夹线结构

7）综合考虑模具冷却：成型零件采用镶拼结构后，若造成局部冷却困难，应考虑采用其他冷却方法或整体结构。

1.3.7　滑块机构设计

1. 滑块机构类型

对有侧向分型、抽芯的机构统称滑块机构。滑块机构类型较多，分类方法多种多样。根据各类滑块结构的使用特点，常用滑块机构可以概括为以下几类：

1）定模滑块机构；

2）动模滑块机构；

3）内滑块机构；

4）哈夫模机构；

5）斜推杆、摆杆机构；

6）液压（气压）滑块机构。

2. 滑块设计要求

（1）滑块机构的各组件应有合理的加工工艺性（尤其是成型部位）

1）尽量避免出现滑块夹线。若不可避免，夹线位置应位于塑件不明显的位置，且夹线长度尽量短小，同时应尽量采用组合结构，使滑块夹线部位与型腔可一起加工。图 1-87a 所示为加工工艺性不好，因为滑块上的成型部分不可以同前模一起加工，图示“夹线”部位不易接顺，影响模具质量。图 1-87b 所示为加工工艺性好，因为滑块上的成型部分（去掉镶针）可以同前模一起加工，图示“夹线”部位容易接顺，可提高模具质量。

2）为了便于加工，成型部位与滑动部分尽量做成组合形式，如图 1-88 所示。

（2）滑块机构的组件及其装配部位应保证足够的强度、刚度

滑块机构一般依据经验设计，也可进行简化计算，为保证足够的强度、刚度，一般情况采用如下原则：结构尺寸最大。在空间位置可满足的情况下，滑块组件采用最大结构尺寸。

1）对较长滑块杆末端定位，避免滑块杆弯曲，如图 1-89 所示。

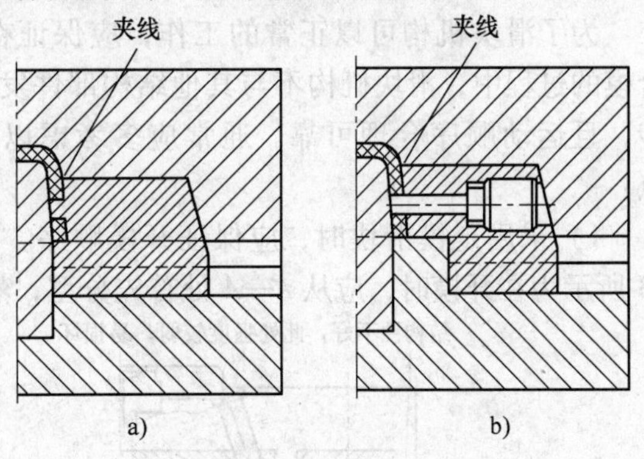

图 1-87　滑块产生夹线

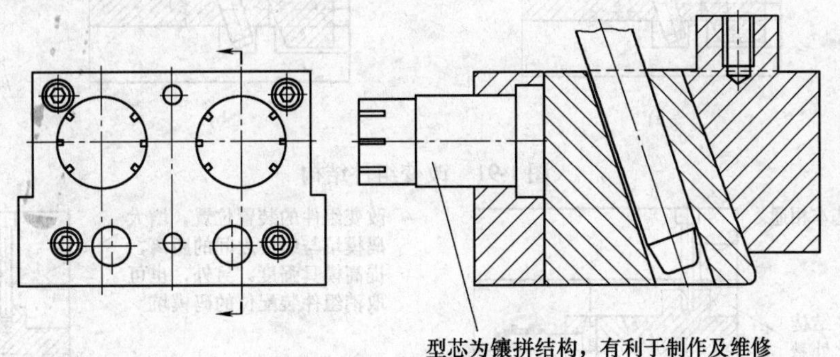

图 1-88　组合行位结构

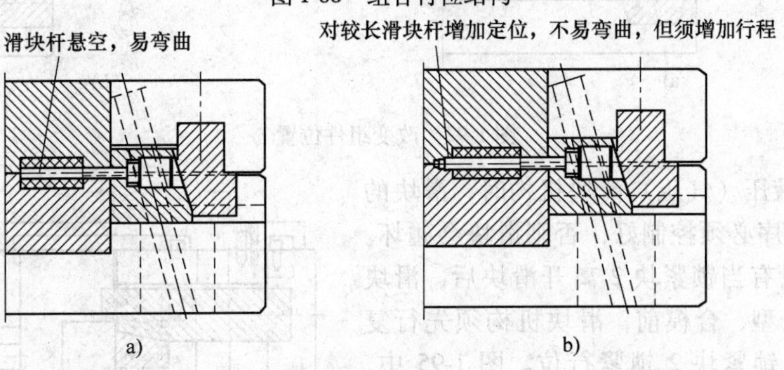

图 1-89　长滑块结构

2）加大斜推杆的断面尺寸，减小斜推杆的导滑斜度，避免斜推杆弯曲，如图 1-90 所示。

在塑件结构空间“D”允许的情况下，加大斜推杆的断面尺寸“a”“b”，尤其是尺寸“b”，同时，在满足侧抽芯的前提下，减小角度“A”，避免斜推杆在侧向力的作用下杆部弯曲。

3）改变组件的结构，增强装配部位模具的强度，如图 1-91 和图 1-92 所示。

4）增加锁紧，提高组件的强度。

（3）滑块机构的运动应合理

为了滑块机构可以正常的工作，应保证在开、合模的过程中，滑块机构不与其他结构部件发生干涉，且运动顺序合理可靠。通常应多考虑以下几点：

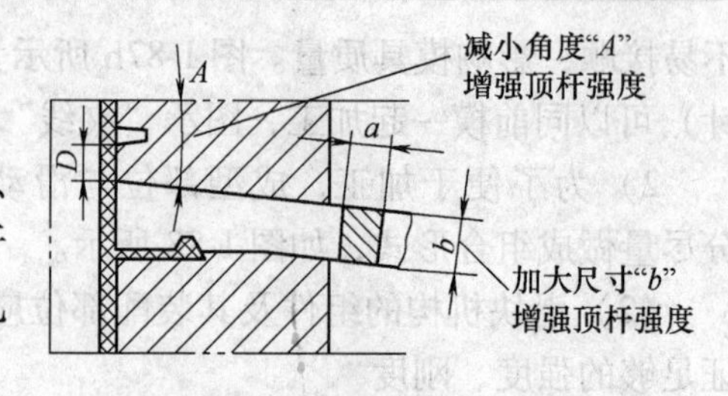

图 1-90　加大斜推杆端面

1）采用定模滑块时，应保证开模顺序。图 1-93 所示为在开模时，应从 *A—A* 处首先分型，然后 *B—B* 处分型。

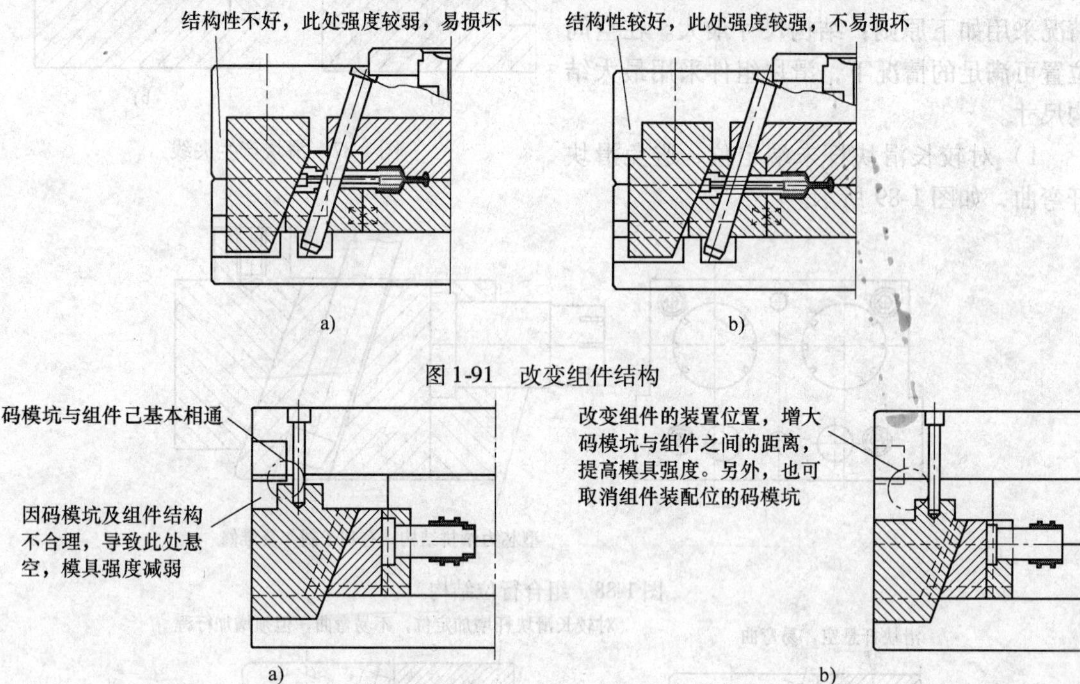

图 1-91　改变组件结构

图 1-92　改变组件位置

2）采用液压（气压）滑块机构时，滑块的分型与复位顺序必须控制好，否则滑块会碰坏。图 1-94 中，只有当锁紧块 2 离开滑块后，滑块机构才可以分型，合模前，滑块机构须先行复位，合模后由锁紧块 2 锁紧行位。图 1-95 中，由于滑块杆穿过前模，须在开模前抽出滑块杆，合模后滑块机构才可复位，由液压缸压力锁紧滑块。

3）滑块机构在合模时，防止与顶出机构发生干涉。

当滑块机构与顶出机构在开模方向上的投影重合时，应考虑采用先复位机构，让推出机构先行复位。

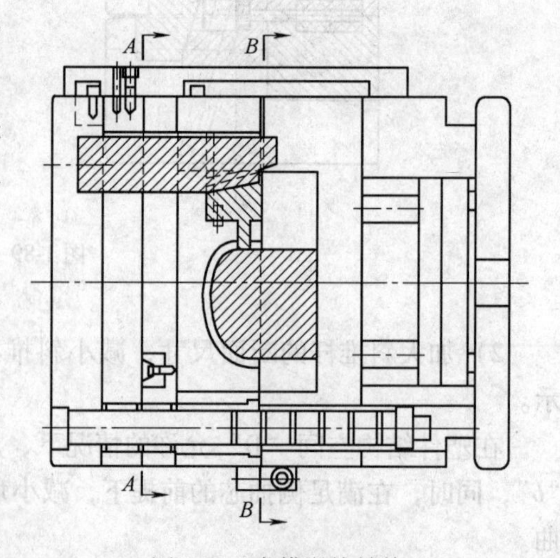

图 1-93　定模滑块结构

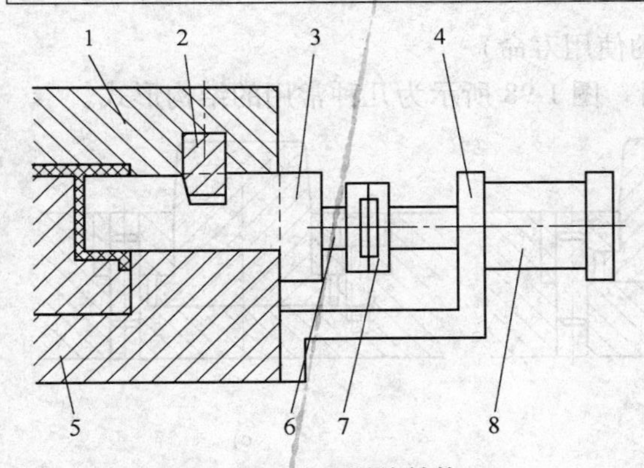

图 1-94　液压滑块结构 1

1—定模　2—锁紧块　3—滑块　4—支架

5—动模　6—拉杆　7—连接器　8—液压缸

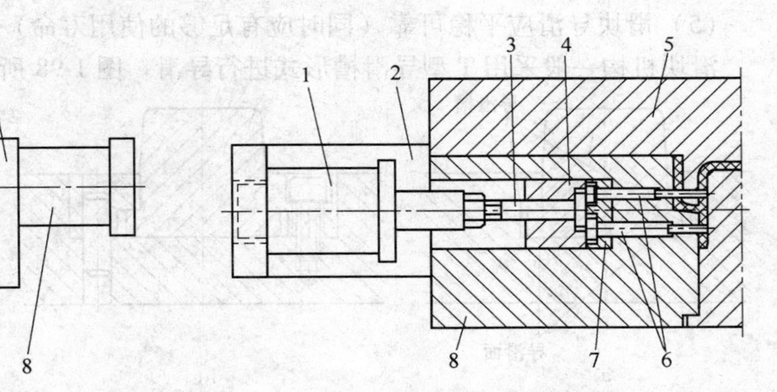

图 1-95　液压滑块机构 2

1—液压缸　2—支架　3—拉杆　4—滑块

5—定模　6—滑块杆　7—固定板　8—动模

4）当驱动滑块的斜导柱或斜滑板较长时，应增加导柱的长度。

导柱长度 $L > D + 15\text{mm}$，如图 1-96 所示。加长导柱的目的是为了保证在斜导柱或斜滑板导入滑块机构的驱动位置之前，定、动模已由导柱、导套完全导向，避免滑块机构在合模的过程中碰坏。

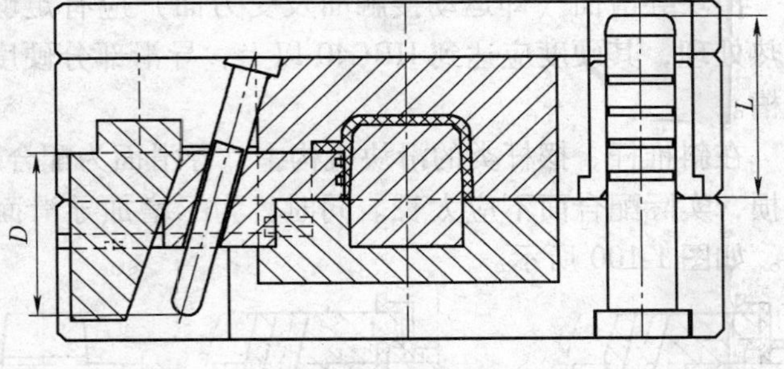

图 1-96　增加导柱长度

（4）保证足够的滑块行程（以利于塑件脱模）

滑块行程一般取侧向孔位或凹凸深度加上 0.5 ~ 2.0mm。斜推杆、摆杆类取较小值，其他类型取较大值。但当用拼合模成型线圈骨架一类的塑件时，行程应大于侧凹的深度，如图 1-97 所示，其行程 S 由下式计算。

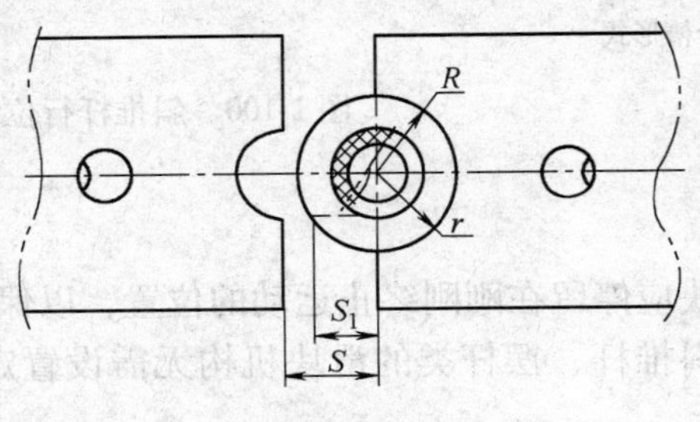

a) 哈夫模成型

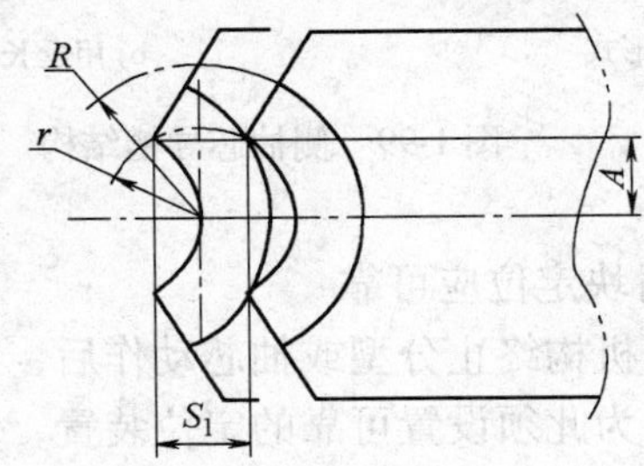

b) 多拼块模成型

图 1-97　滑块行程

哈夫模成型：

$$S = S_1 + (0.5 \sim 2.0)\text{mm} = \sqrt{R^2 - r^2} + (0.5 \sim 2.0)\text{mm}$$

多拼块模成型：

$$S = S_1 + (0.5 \sim 2.0)\text{mm} = \sqrt{R^2 - A^2} + \sqrt{r^2 - A^2} + (0.5 \sim 2.0)\text{mm}$$

（5）滑块导滑应平稳可靠（同时应有足够的使用寿命）

滑块机构一般采用T型导滑槽形式进行导滑。图1-98所示为几种常用的结构形式。

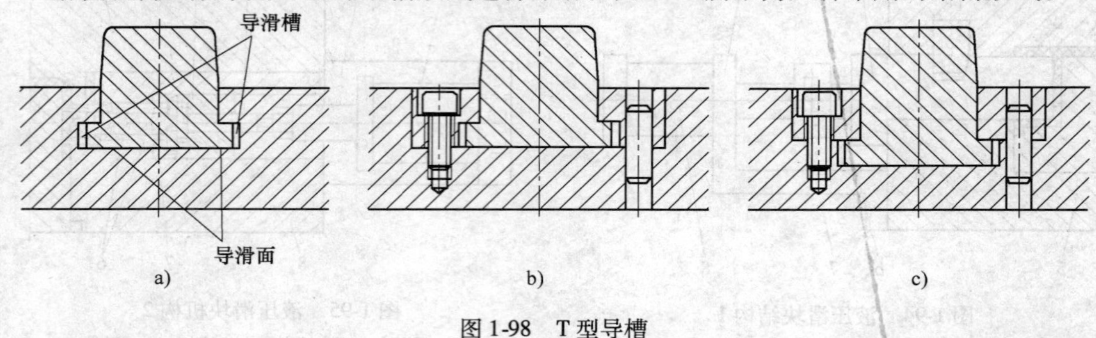

图1-98　T型导槽

当滑块机构完成侧分型、抽芯时，滑块留在导滑槽内的长度不小于全长的2/3。当模板大小不能满足最小配合长度时，可采用延长式导滑槽，如图1-99所示。

滑块导滑面（即运动接触面及受力面）应有足够的硬度和润滑。一般来说，滑块组件须热处理，其硬度应达到HRC40以上，导滑部分硬度应达到HRC52～56，导滑部分应加工油槽。

在斜推杆、摆杆类的滑块机构中，导滑面为配合斜推杆、摆杆的孔壁。为了减少导滑面磨损，实际配合面不应太长。同时，为了增加导滑面的硬度，局部应使用高硬度的镶件制作。如图1-100所示。

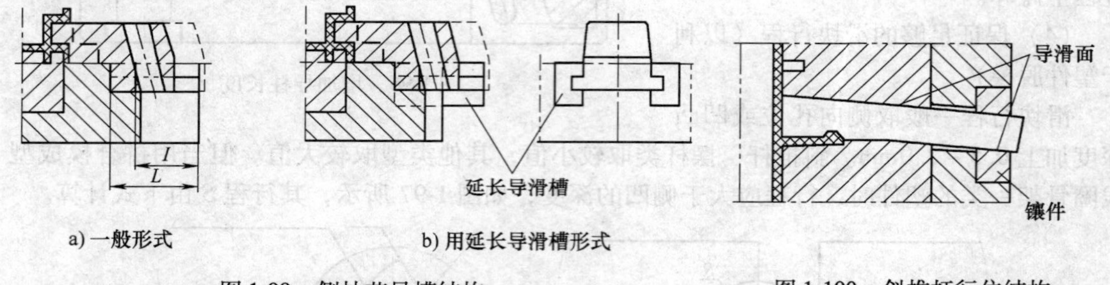

图1-99　侧抽芯导槽结构

图1-100　斜推杆行位结构

（6）滑块定位应可靠

当滑块机构终止分型或抽芯动作后，滑块应停留在刚刚终止运动的位置，以保证合模时完成复位，为此须设置可靠的定位装置，但斜推杆、摆杆类的滑块机构无需设置定位装置。下面是几种常用的结构形式，如图1-101所示。

图1-101a所示为普遍使用，但因内置弹簧的限制，行距较小。

图1-101b所示的适用于模具安装后，滑块块位于上方或侧面和行距较大的滑块，滑块块位于上方时，弹簧力应为滑块块自重的1.5倍以上。

图1-101c所示为适用于模具安装后，滑块块位位于侧面。

图1-101d所示为适用于模具安装后，滑块块位位于下方，利用滑块自重停留在挡块上。

3. 定模滑块机构

定模滑块机构是指滑块设置在定模一方，因此须保证滑块在开模前先完成分型或抽芯动作；或利用一些机构使滑块在开模的一段时间内保持与塑件的水平位置不变并完成侧抽芯动作。

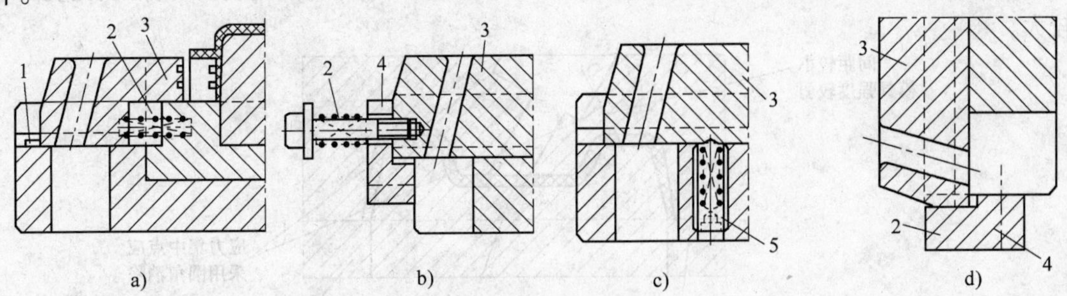

图 1-101　滑块机构的结构形式

1—限位钉　2—弹簧　3—滑块　4—限位块　5—定位珠

因为滑块设置在定模一方，定模滑块所成型的塑件上的位置就直接影响着定模强度。为了满足强度要求，定模行位所成型的塑件上的位置应满足下面要求，当不能满足时，应同相关负责人协商。

当滑块成型形状为圆形、椭圆形时，如图 1-102a 所示，边间距要求≥3.0mm。

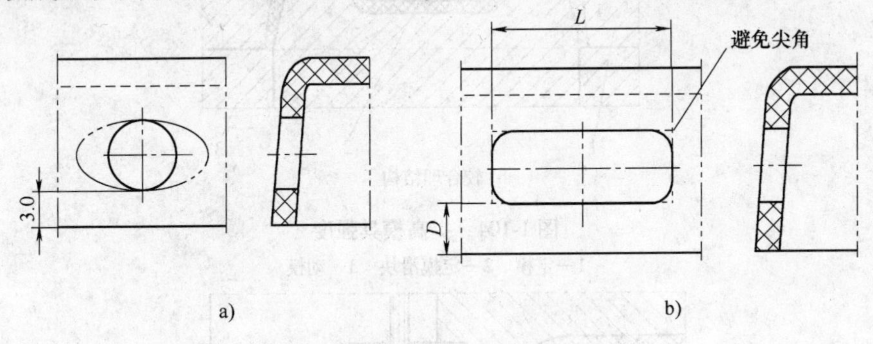

图 1-102　椭圆、长方形滑块

当滑块成型形状为长方形时，边间距取决于“L”的长度，如图 1-102b 所示。$L \leqslant 20.0$mm 时，$D \geqslant 5.0$mm；$L > 20.0$mm 时，$D \geqslant L/4$，并按实际适当调整“D”的大小并改善模具结构，如图 1-103 所示。

另外，在设计定模滑块时，除了受塑件特殊结构影响外，应尽力避免因滑块孔而产生薄钢、应力集中点等缺陷，提高模具强度，如图 1-104 所示。

4. 内滑块机构

内滑块机构主要用于成型塑件内壁侧凹或凸起，开模时行位向塑件“中心”方向运动。其典型结构如下：

（1）结构 1

如图 1-105 所示，内滑块成型塑件内壁

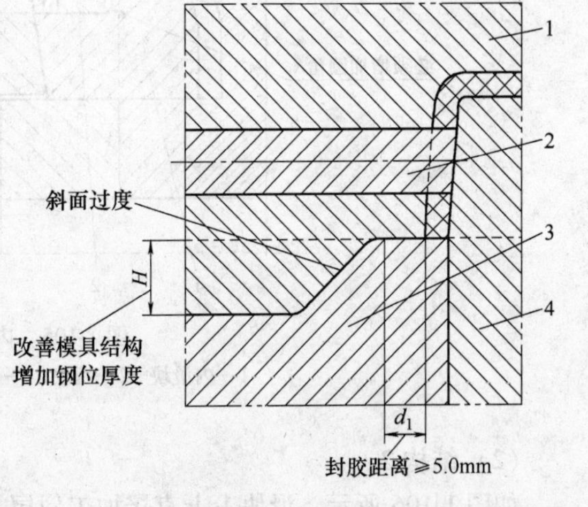

图 1-103　滑块结构

1—定模　2—滑块型芯　3—动模　4—动模镶件

侧凹。内滑块 1 在斜销 3 的作用下移动，完成对塑件内壁侧凹的分型，斜销 3 与内滑块 1 脱离后，内滑块 1 在弹簧 4 的作用下使之定位。因须在内滑块 1 上加工斜孔，内滑块宽度要求较大。

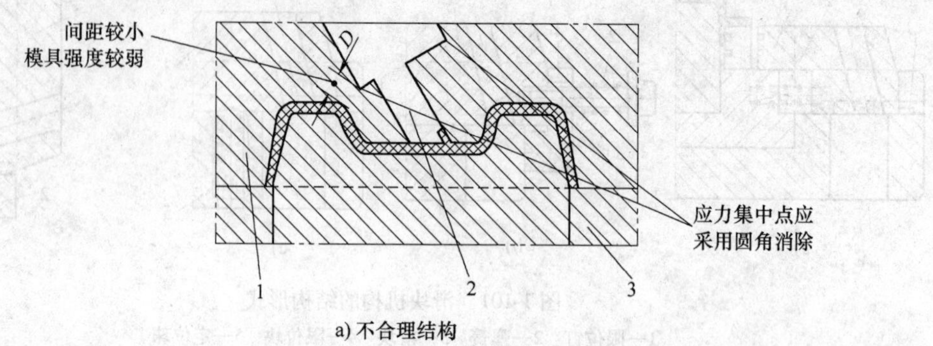

a) 不合理结构

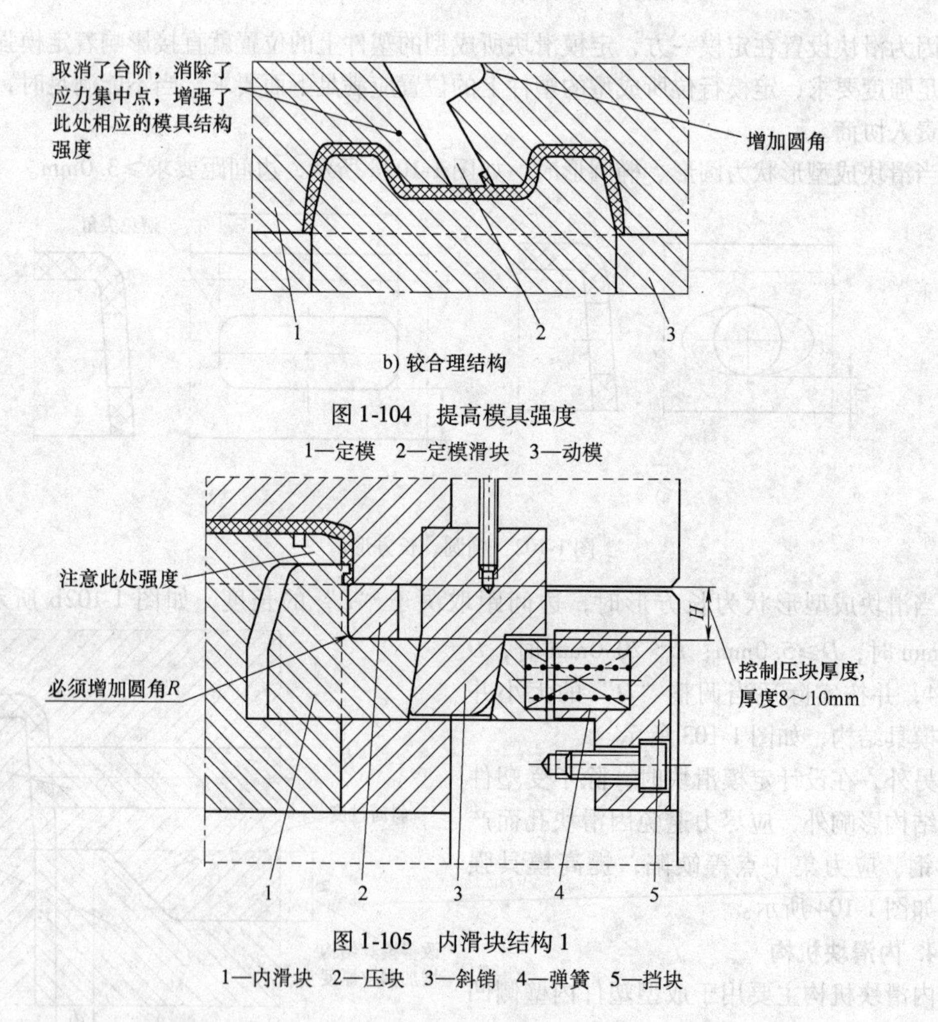

b) 较合理结构

图 1-104　提高模具强度

1—定模　2—定模滑块　3—动模

图 1-105　内滑块结构 1

1—内滑块　2—压块　3—斜销　4—弹簧　5—挡块

（2）结构 2

如图 1-106 所示，滑块 1 上直接加工斜尾，开模时内滑块 1 在镶块 5 的 A 斜面驱动下移动，完成内壁侧凹分型。此形式结构紧凑，内滑块宽度不受限制，占用空间小。

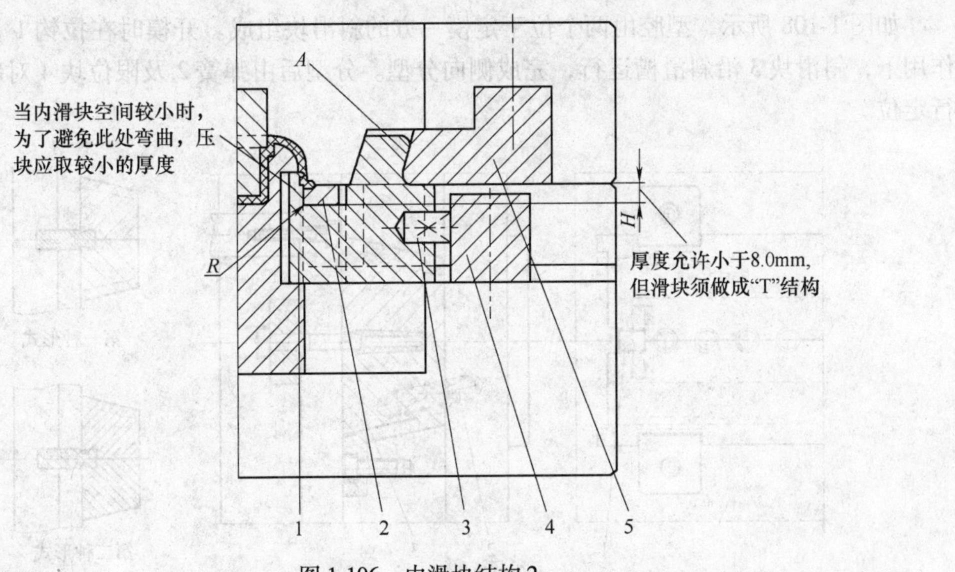

图 1-106 内滑块结构 2

1—内滑块 2—压块 3—弹簧 4—挡块 5—镶块

(3) 结构 3

图 1-107 所示为内滑块成型凸起。在这种形式的结构中，为了避免塑件推出时，动模刮坏成型的凸起部分，一般要求图示尺寸 $D>0.5$mm。注意 a_1 应大于 a。

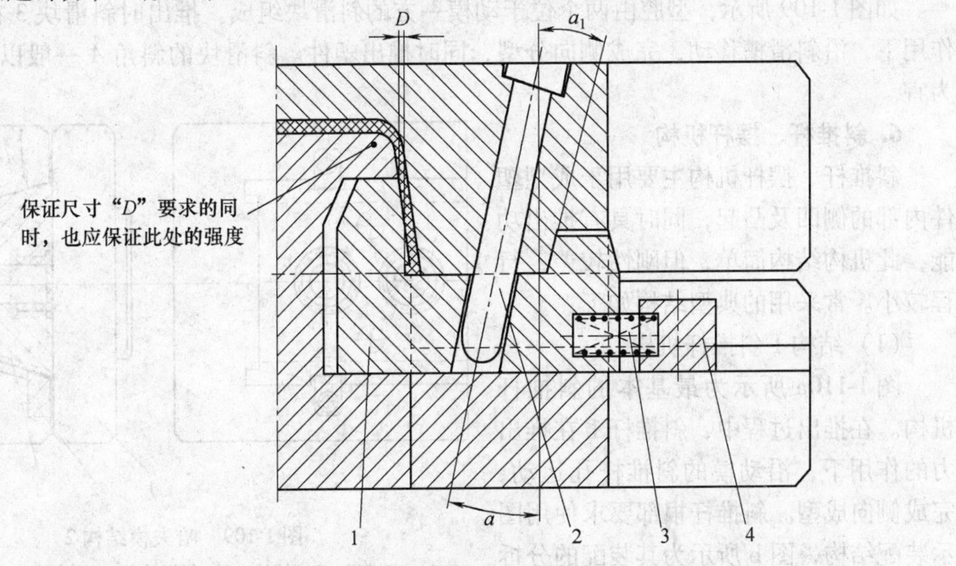

图 1-107 凸起内滑块结构

1—内滑块 2—斜导柱 3—弹簧 4—挡块

5. 哈夫模

由两个或多个滑块拼合形成型腔，开模时滑块同时实现侧向分型的滑块机构称为哈夫模。哈夫模的侧行程一般较小。哈夫模常采用的典型结构如下：

(1) 结构 1

如图1-108所示，型腔由两个位于定模一方的斜滑块组成。开模时在拉钩1及弹簧2的作用下，斜滑块3沿斜滑槽运行，完成侧向分型。分型后由弹簧2及限位块4对斜滑块3进行定位。

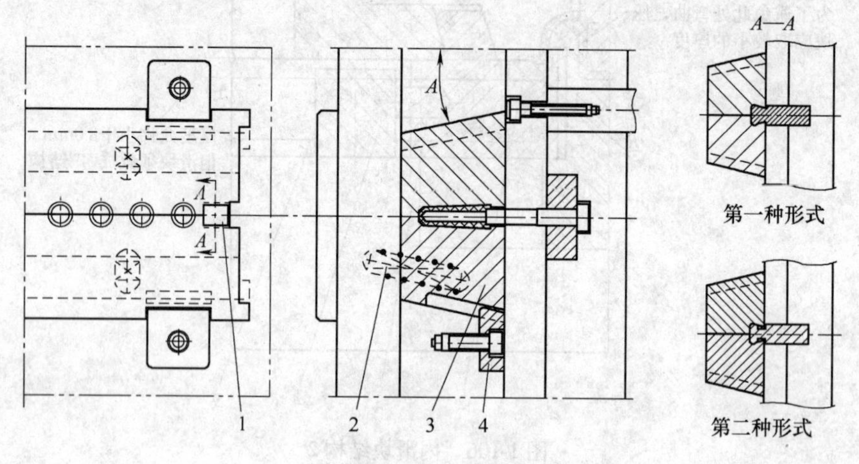

图1-108　哈夫模结构1

1—拉勾　2—弹簧　3—斜滑块　4—限位块

拉钩1的结构及装配形式通常采用图右侧所示的两种方式。

(2) 结构2

如图1-109所示，型腔由两个位于动模一方的斜滑块组成。推出时斜滑块3在推杆5的作用下，沿斜滑槽移动，完成侧向分型，同时推出塑件。斜滑块的斜角A一般以不超过30°为宜。

6. 斜推杆、摆杆机构

斜推杆、摆杆机构主要用于成型塑件内部的侧凹及凸起，同时具有推出功能，此机构结构简单，但刚性较差，行程较小。常采用的典型结构如下：

(1) 结构1 斜推杆机构

图1-110a所示为最基本的斜推杆机构。在推出过程中，斜推杆1在推出力的作用下，沿动模的斜推杆孔运动，完成侧向成型。斜推杆根部要求使用图示装配结构，图b所示为其装配的分拆示意。

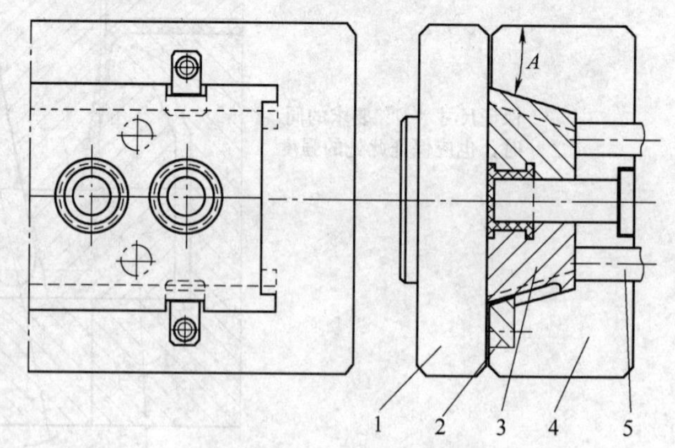

图1-109　哈夫模结构2

1—定模板　2—挡块　3—斜滑块　4—动模板　5—推杆

(2) 结构2 摆杆机构

如图1-111所示，在顶出过程中，当摆杆1的头部（L_1所示范围）超出动模型芯时，摆杆1在斜面A的作用下向上摆动，完成分型。

设计摆杆机构时，应保证：$L_2>L_1$；$E_2>E_1$。

缺点：图示“B”处易磨损，须提高此处硬度。一般要求将此处设计成镶拼结构。

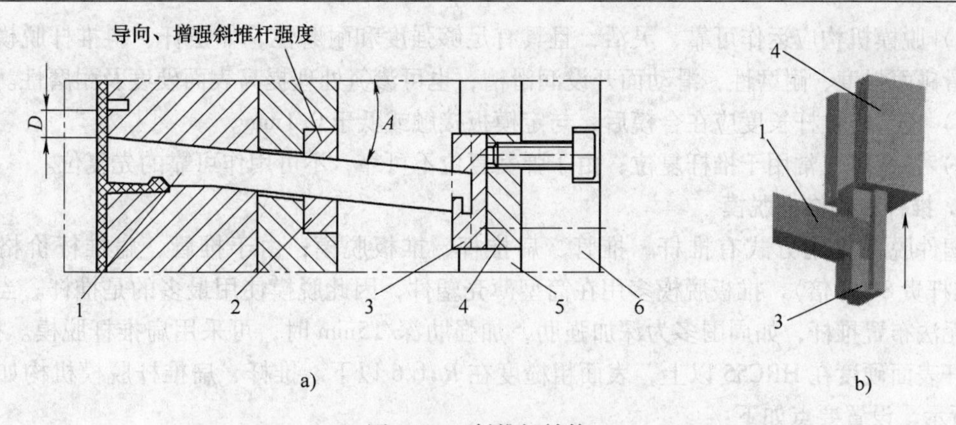

图 1-110　斜推杆结构

1—斜推杆　2—镶块　3—滑块　4—固定块　5—上推杆板　6—下推杆板

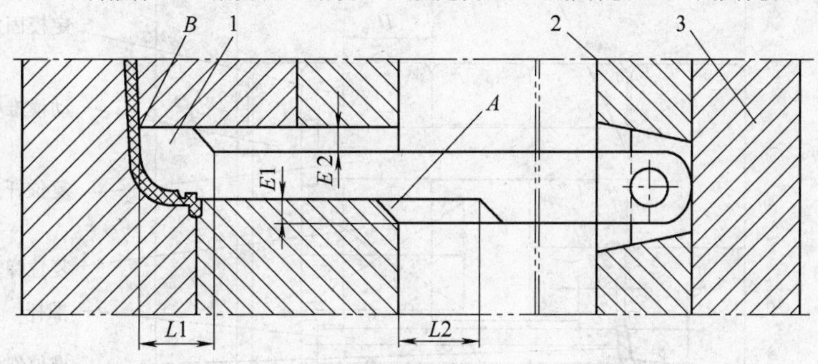

图 1-111　摆杆结构

1—摆杆　2—上推杆板　3—下推杆板

7. 液压（气压）滑块机构

利用液体或气体的压力，通过液压缸（气缸）活塞及控制系统，实现侧向分型或抽芯。液压（气压）滑块机构的特点是滑块行程长，分型力量大，分型、抽芯不受开模时间和推出时间的限制，运动平稳灵活。

1.3.8　脱模机构设计

塑件脱模是注射成型过程中最后一个环节，脱模质量好坏将最后决定塑件的质量；当模具打开时，塑件须留在具有脱模机构的半模（常在动模）上，利用脱模机构脱出塑件。

脱模设计原则：

1）为使塑件不致因脱模产生变形，推力布置尽量均匀，并尽量靠近塑料熔体收缩包紧的型芯，或者难于脱模的部位，如塑件细长柱位，采用推管脱模。

2）推力点应作用在塑件刚性和强度最大的部位，避免作用在薄塑位，作用面也应尽可能大一些，如突缘、加强肋、壳体壁缘等位置，筒形塑件多采用推板脱模。

3）避免脱模痕迹影响塑件外观，脱模位置应设在塑件隐蔽面（内部）或非外观表明；对透明塑件尤其须注意脱模推出位置及脱模形式的选择。

4）避免因真空吸附而使塑件产生顶白、变形，可采用复合脱模或用透气钢排气，如推杆与推板或推杆与推块脱模，推杆适当加大配合间隙排气，必要时还可设置进气阀。

5）脱模机构应运作可靠、灵活，且具有足够强度和耐磨性，如摆杆、斜推杆脱模，应提高滑碰面强度、耐磨性，滑动面开设润滑槽；也可渗氮处理提高表面硬度及耐磨性。

6）模具复位杆长度应在合模后，与定模板接触或低于0.1mm。

7）弹簧复位常用于推杆复位；由于弹簧复位不可靠，不可用作可靠的先复位。

1. 推杆、扁推杆脱模

塑件脱模常用方式有推杆、推管、扁推杆、推板脱模；由于推管、扁推杆价格较高（比推杆贵8~9倍），推板脱模多用在筒型薄壳塑件，因此脱模使用最多的是推杆。当塑件周围无法布置推杆，如周围多为深加强肋，加强肋深/15mm时，可采用扁推杆脱模。推杆、扁推杆表面硬度在HRC55以上，表面粗糙度在*Ra*1.6以下。推杆、扁推杆脱模机构如图1-112所示，设置要点如下：

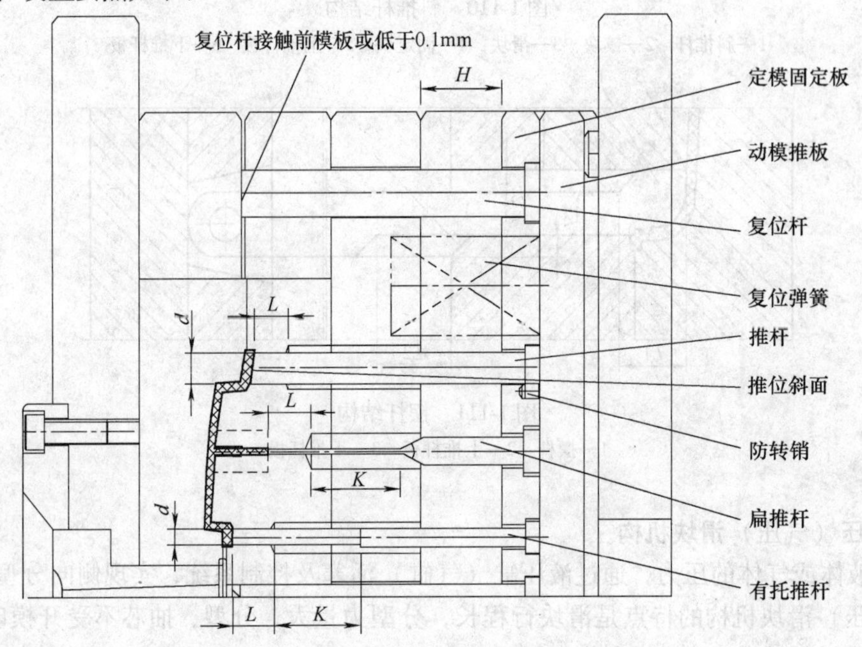

图1-112　脱模机构

1）推杆直径$d \leqslant \phi 2.5$mm时，选用有托推杆，提高推杆强度。

2）扁推杆、有托推杆K/H。

3）推位面是斜面，推杆固定端须加定位销；为防止推出滑动，斜面可加工多个R小槽，如图1-113所示。

4）扁推杆、推杆与孔配合长度$L=10 \sim 15$mm；对小直径推杆L取直径的5~6倍。

5）推杆距型腔边至少0.15mm，如图1-113所示。

6）避免推杆与定模产生碰面，如图1-114所示，此结果易损伤定模或出飞边。

2. 推杆、扁推杆配合间隙

推杆、有托推杆、扁推杆的配合部位如图1-115所示，配合要求如下：

1）推杆头部直径d及扁推杆配合尺寸t、w与动模配合段按配作间隙≤0.04mm配合。

2）推杆、扁推杆孔在其余非配合段的尺寸为$d+0.8$mm或$d_1+0.8$mm，台阶固定端与定模固定板孔间隙为0.5mm。

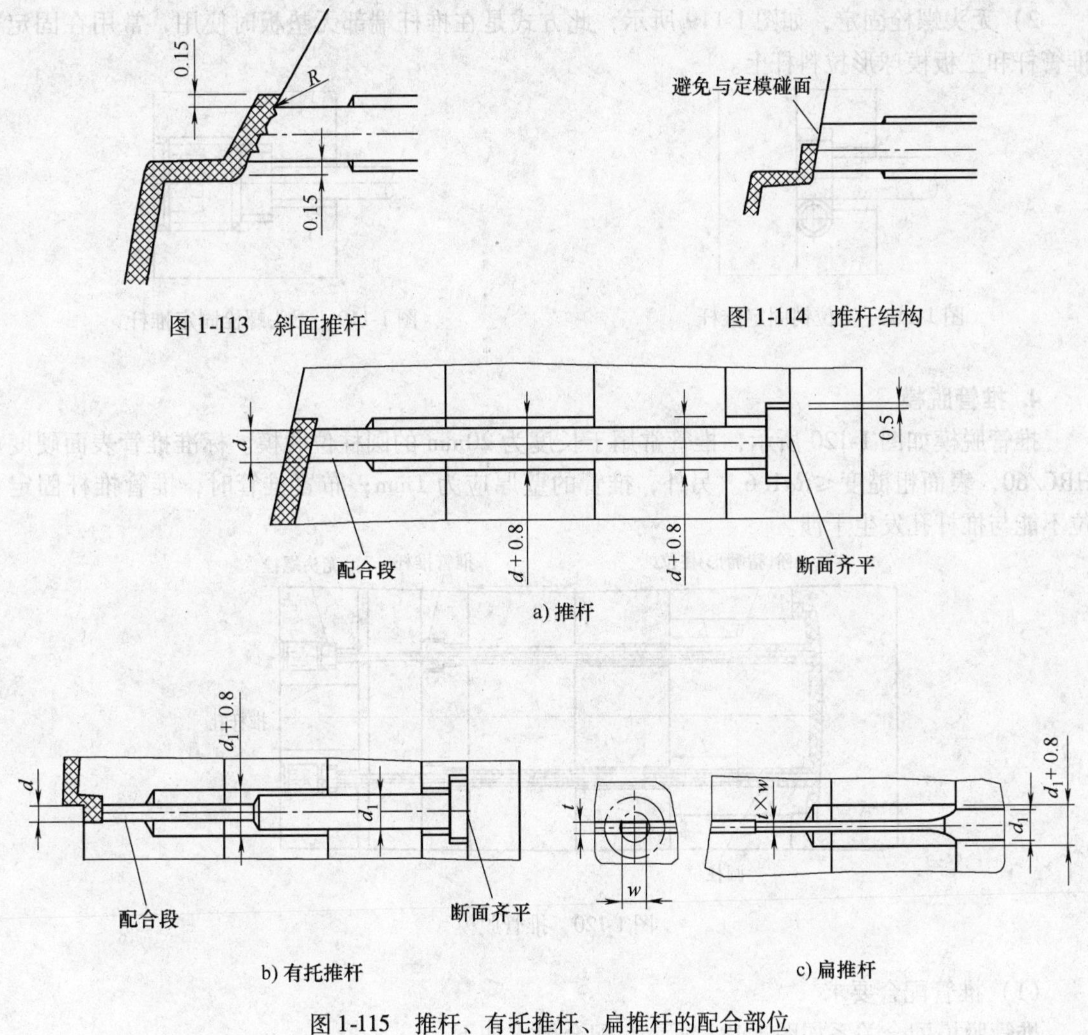

图 1-113　斜面推杆

图 1-114　推杆结构

图 1-115　推杆、有托推杆、扁推杆的配合部位

3）推杆、扁推杆底部端面与定模固定板底面必须齐平。

4）如图 1-116 所示，推杆顶部端面与动模面应齐平，高出动模表面 $e \leqslant 0.1$mm。

3. 推杆固定

1）固定推杆一般是在定模固定板加工台阶固定。为防止推杆转动，常用方式有两种：一种推杆轴向台阶边加定位销定位如图 1-117 所示；另一种横向加定位销定位如图 1-118 所示。

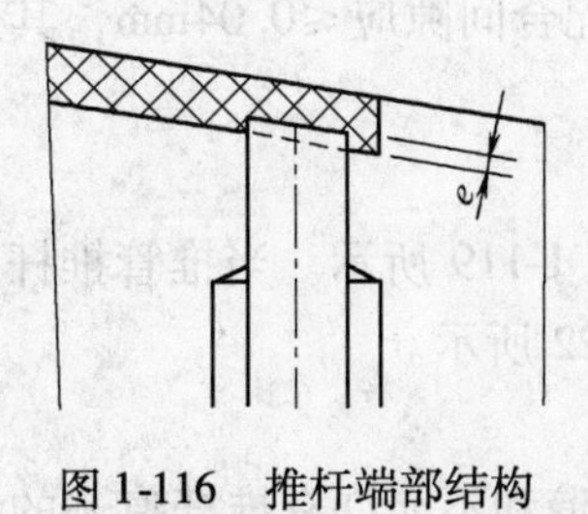

图 1-116　推杆端部结构

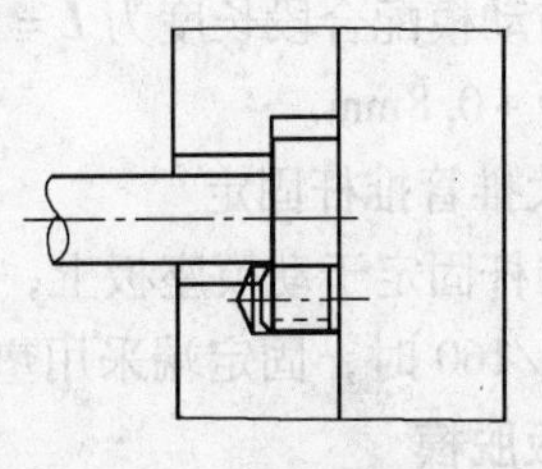

图 1-117　销钉固定推杆

2）无头螺栓固定，如图 1-119 所示，此方式是在推杆端部无垫板时使用，常用在固定推管杆和三板模球形拉料杆上。

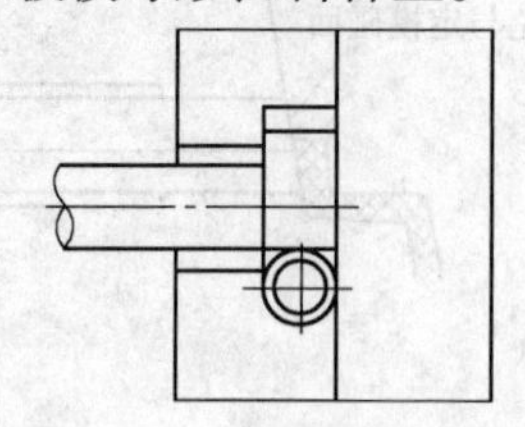

图 1-118　定位销固定推杆

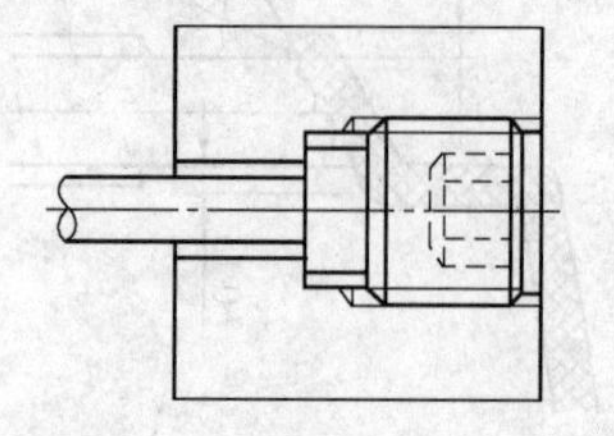

图 1-119　无头螺栓固定推杆

4. 推管脱模

推管脱模如图 1-120 所示，推管常用于长度为 20mm 的圆柱位脱模。标准推管表面硬度 HRC/60，表面粗糙度≤$Ra1.6$。另外，推管的壁厚应为 1mm；布置推管时，推管推杆固定位不能与推杆孔发生干涉。

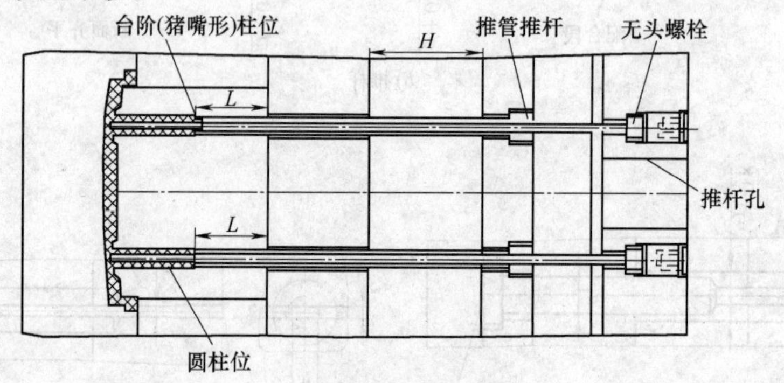

图 1-120　推管脱模

（1）推管配合要求

推管脱模配合关系如图 1-121 所示，配合要求如下：

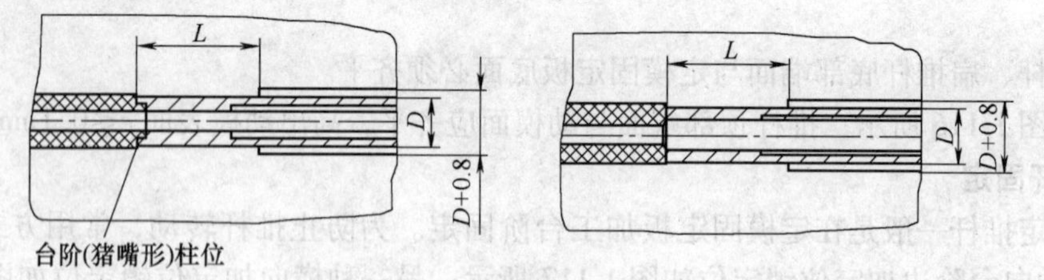

图 1-121　推管配合关系

推管与动模配合段长度为 $L=10\sim15$mm，其直径 D 配合间隙应≤0.04mm，其余无配合段尺寸为 $D+0.8$mm。

（2）大推管推杆固定

推管推杆固定于动模座板上，通常使用无头螺栓如图 1-119 所示。当推管推杆直径 $D+0.8$mm 或 5/160 时，固定端采用垫块方式固定，如图 1-122 所示。

5. 推板脱模

推板脱模如图 1-123 所示。此机构适用于深筒形、薄壁和不允许有推杆痕迹的塑件，或一件多腔的小壳体（如按钮塑件）。其特点是推力均匀，脱模平稳，塑件不易变形。不适用于分型面周边形状复杂，推板型孔加工困难的塑件。

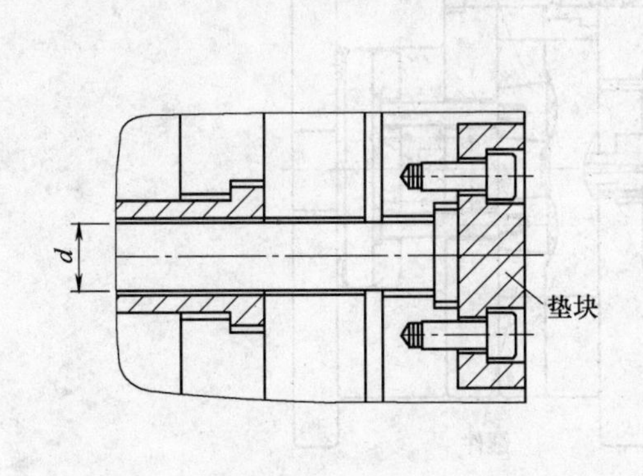

图 1-122　大推管

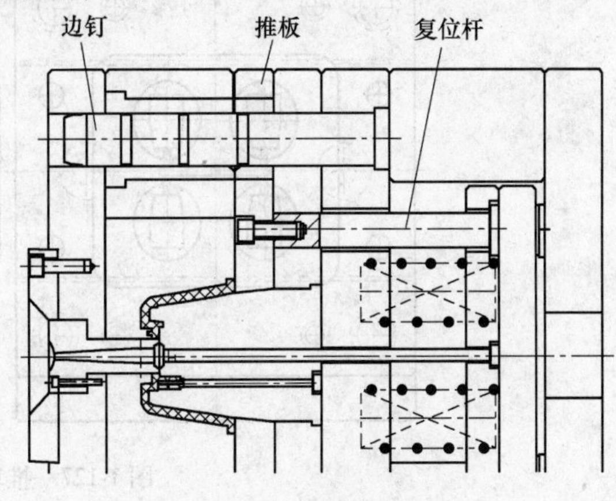

图 1-123　推板结构

推板脱模机构要点：

1）推板与型芯的配合结构应呈锥面；这样可减少运动擦伤，并起到辅助导向作用；锥面斜度应为 3 ~ 10°，如图 1-124 所示。

2）推板内孔应比型芯成形部分（单边）大为 0.2 ~ 0.3mm，如图 1-124 所示。

3）型芯锥面采用线切割加工时，注意线切割与型芯顶部应为 0.1mm 的间隙，如图 1-125 所示；避免线切割加工使型芯产生过切，如图 1-126 所示。

4）推板与复位杆通过螺栓连接，如图 1-123 所示。

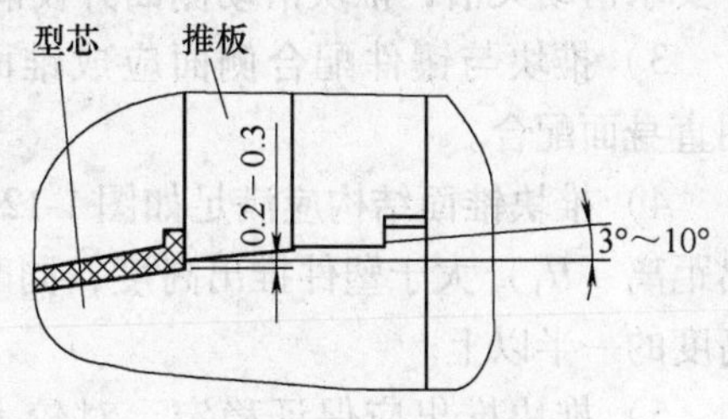

图 1-124　型芯推板配

5）模坯订购时，注意推板与导柱配合孔须安装直导套，推板材料选择应相同于 M202。

6）推板脱模后，须保证塑件不滞留在推板上。

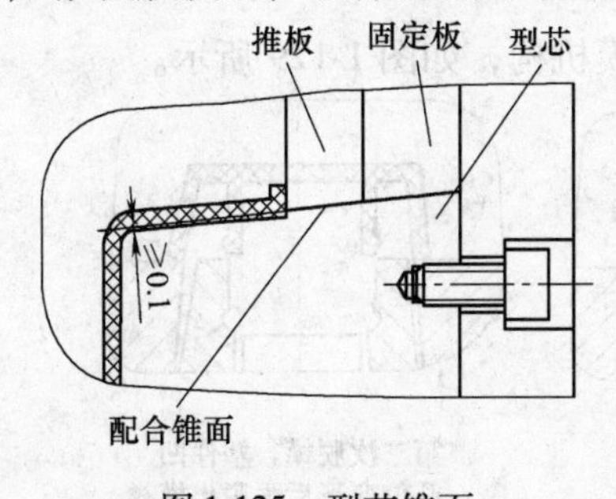

图 1-125　型芯锥面

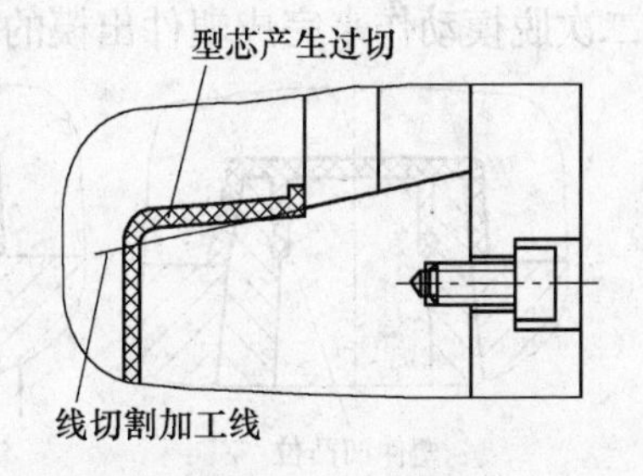

图 1-126　型芯锥面结构

6. 推块脱模

对塑件表面不允许有推杆痕迹（如透明塑件），且表面有较高要求的塑件，可利用塑件整个表面采用推块推出，如图 1-127 所示。

推块脱模要点：

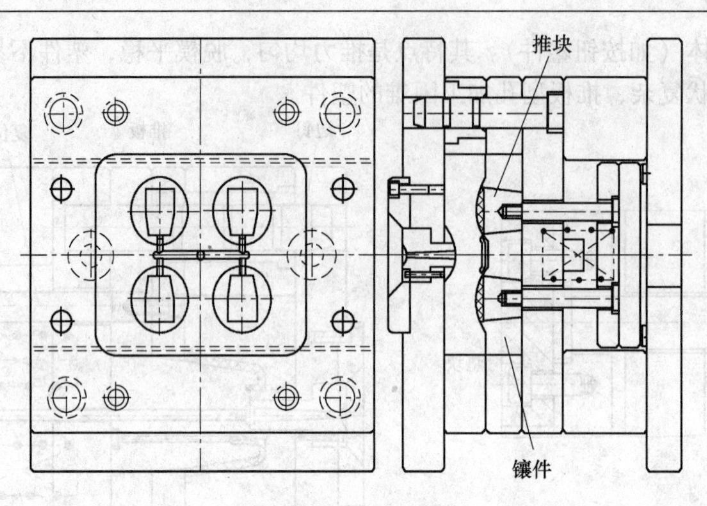

图 1-127　推块脱模

1）推块应有较高的硬度和较小的表面粗糙度；选用材料应与镶件有一定的硬度差（一般在 HRC5 度以上）；推块需渗氮处理（除不锈钢不宜渗氮外）。

2）推块与镶件的配合间隙以不溢料为准，并要求滑动灵活；推块滑动侧面开设润滑槽。

3）推块与镶件配合侧面应成锥面，不宜采用直身面配合。

4）推块锥面结构应满足如图 1-128 所示；推出距离（H_1）大于塑件推出高度，同时小于推块高度的一半以上。

5）推块推出应保证稳定，对较大推块须设置两个以上的推杆。

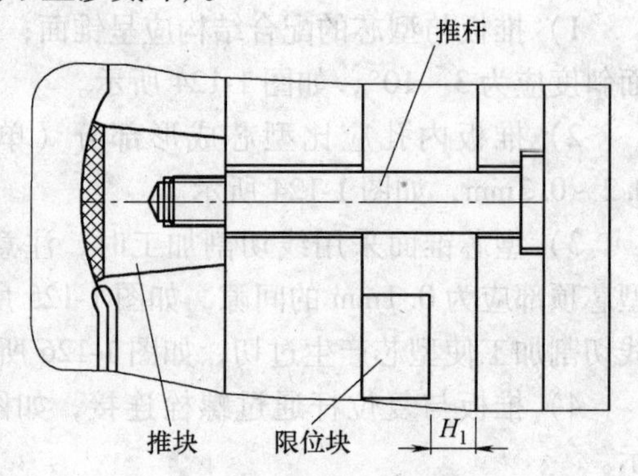

图 1-128　推块锥面结构

7. 二次脱模

为获得可靠的脱模效果，分解塑件脱模阻力，经二次脱模动作来完成塑件出模的机构称二次脱模机构，如图 1-129 所示。

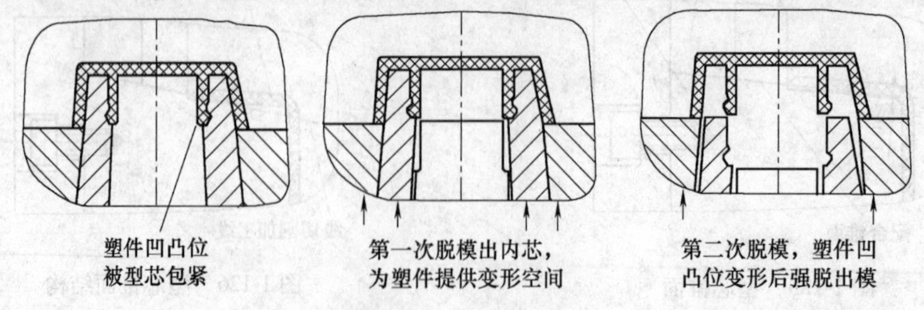

图 1-129　二次脱模结构

8. 先复位机构

当滑块型芯与推杆位在开模方向上投影相重合，是发生干涉的必要条件。先复位机构是保证滑块（型芯）复位时，避免与推杆发生干涉，如图 1-130 所示。

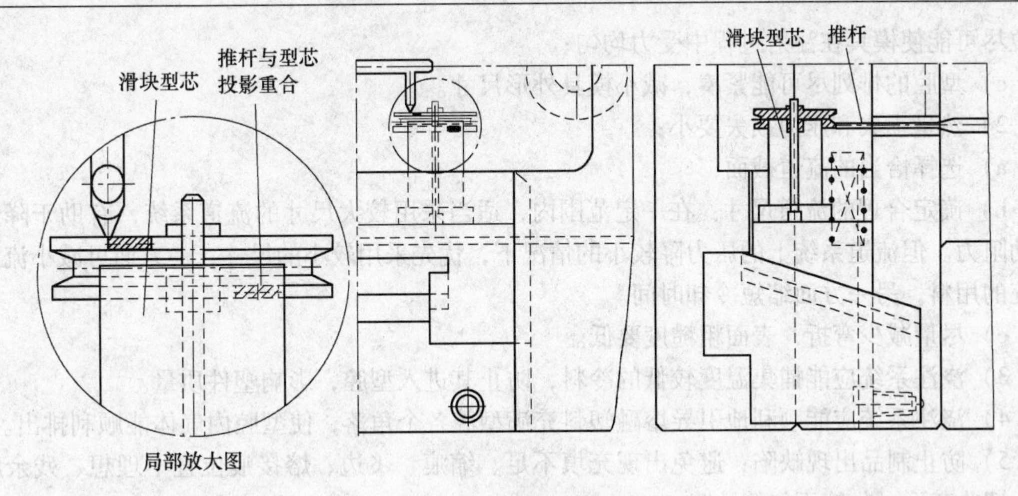

图 1-130　先复位机构

如图 1-131 所示，为避免滑块型芯与推杆发生干涉，须满足的条件如下：

当滑块型芯顶端与推杆投影重合时，滑块型芯与推杆垂直方向应有间隙，即 $F > f$；行位继续行入距离 C，同时推杆退回距离 f；此时 $f \geqslant C * \mathrm{ctan}\alpha 8$；当 $f < C * \mathrm{ctan}\alpha 8$ 会发生干涉，必须增设先复位机构。

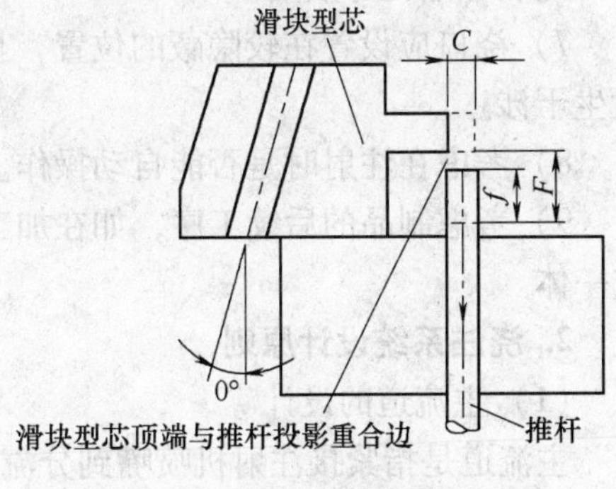

图 1-131　滑块型芯

摆块先复位机构：

为防止滑块型芯与推杆合模时发生干涉，常用摆块先复位机构。该机构在合模过程中，复位杆先推动摆块，摆块迫使压块回动，从而带动推杆板完成先复位。

1.3.9　浇注系统设计

1. 浇注系统设计原则

（1）浇注系统的组成

模具的浇注系统是指模具中从注射机喷嘴开始到型腔入口为止的流动通道，它可分为普通流道浇注系统和无流道浇注系统两大类型。普通流道浇注系统包括主流道、分流道、冷料井和浇口组成。如图 1-132 所示。

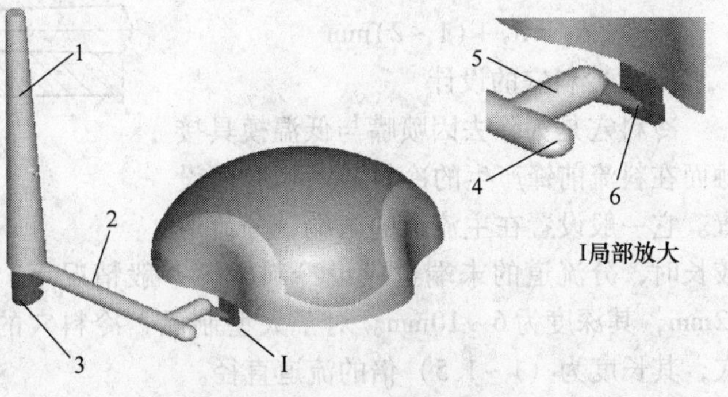

图 1-132　浇注系统的组成

1—主流道　2—一级分流道　3—料槽兼冷料井　4—冷料井
5—二级分流道　6—浇口

（2）浇注系统设计时应遵循的原则

1）结合型腔的排位，应注意以下三点：

a）尽可能采用平衡式布置，以便熔融塑料能平衡地充填各型腔；

b）型腔的布置和浇口的开设

部位尽可能使模具在注射过程中受力均匀；

c）型腔的排列尽可能紧凑，减小模具外形尺寸。

2）热量损失和压力损失要小：

a）选择恰当的流道截面；

b）确定合理的流道尺寸：在一定范围内，适当采用较大尺寸的流道系统，有助于降低流动阻力。但流道系统上的压力降较小的情况下，优先采用较小的尺寸，一方面可减小流道系统的用料，另一方面缩短冷却时间。

c）尽量减少弯折，表面粗糙度要低。

3）浇注系统应能捕集温度较低的冷料，防止其进入型腔，影响塑件质量。

4）浇注系统应能顺利地引导熔融塑料充满型腔各个角落，使型腔内气体能顺利排出。

5）防止制品出现缺陷：避免出现充填不足、缩痕、飞边、熔接痕位置不理想、残余应力、翘曲变形、收缩不匀等缺陷。

6）浇口的设置力求获得最好的制品外观质量：浇口的设置应避免在制品外观形成烘印、蛇纹、缩孔等缺陷。

7）浇口应设置在较隐蔽的位置，且方便去除，确保浇口位置不影响外观及与周围零件发生干涉。

8）考虑在注射时是否能自动操作。

9）考虑制品的后续工序，如在加工、装配及管理上的需求，须将多个制品通过流道连成一体。

2. 浇注系统设计原则

（1）主流道的设计

主流道是指紧接注射机喷嘴到分流道为止的那一段流道，熔融塑料进入模具时首先经过它。一般地，要求主流道进口处的位置应尽量与模具中心重合。热塑性塑料的主流道，一般由浇口套构成，它可分为两类：两板模浇口套和三板模浇口套。

对应图 1-133 中，无论是哪一种浇口套，为了保证主流道内的凝料可顺利脱出，应满足：

$$D = d + (0.5 \sim 1)\,\mathrm{mm}$$

$$R_1 = R_2 + (1 \sim 2)\,\mathrm{mm}$$

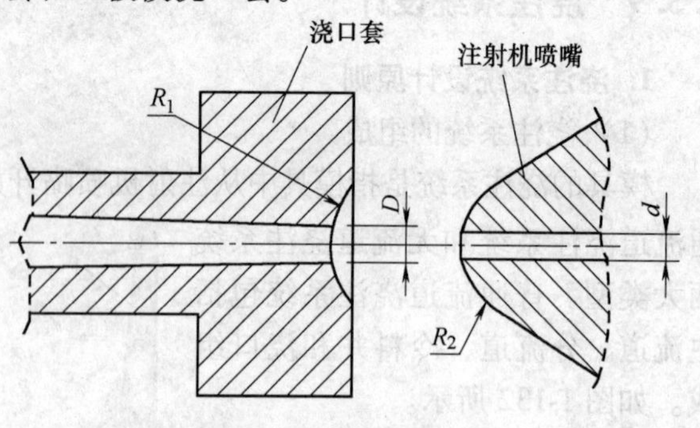

图 1-133　喷嘴与浇口套

（2）冷料穴的设计

冷料穴是为除去因喷嘴与低温模具接触而在料流前锋产生的冷料进入型腔而设置。它一般设置在主流道的末端，分流道较长时，分流道的末端也应设冷料穴。一般情况下，主流道冷料穴圆柱体的直径为 6～12mm，其深度为 6～10mm。对于大型制品，冷料穴的尺寸可适当加大。对于分流道冷料穴，其长度为（1～1.5）倍的流道直径。

（3）分流道的设计

熔融塑料沿分流道流动时，要求它尽快地充满型腔，流动中温度降尽可能小，流动阻力尽可能低。同时，应能将塑料熔体均衡地分配到各个型腔。所以，在流道设计时，应考虑：

1）流道截面形状的选用：较大的截面面积，有利于减少流道的流动阻力；较小的截面周长，有利于减少熔融塑料的热量散失。我们称周长与截面面积的比值为比表面积（即流道表面积与其体积的比值），用它来衡量流道的流动效率。即比表面积越小，流动效率越高。

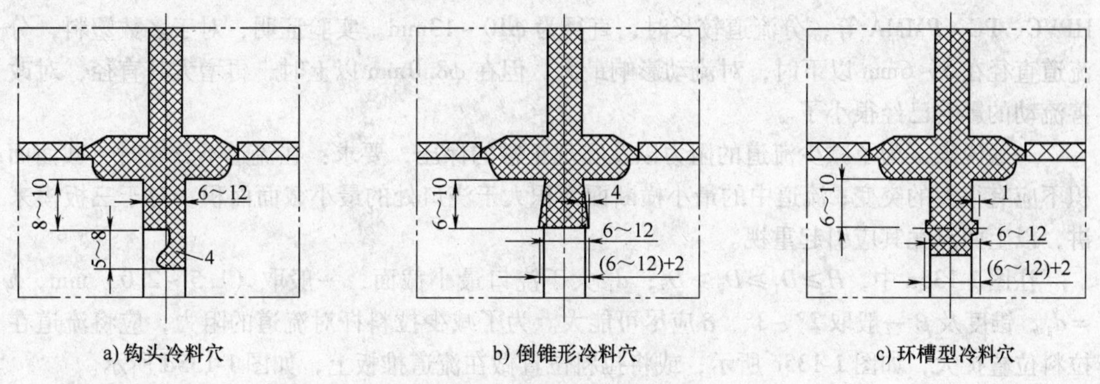

a) 钩头冷料穴　　b) 倒锥形冷料穴　　c) 环槽型冷料穴

图 1-134　底部带推杆的冷料穴

1—拉料杆或推杆　2—动模　3—定模　4—冷料穴

从表 1-4 中，我们可以看出相同截面面积流道的流动效率和热量损失的排列顺序：

圆形截面的优点是：比表面积最小，热量不容易散失，阻力也小。缺点是：需同时开设在定、动模上，而且要互相吻合，故制造较困难。U 形截面的流动效率低于圆形与正六边形截面，但加工容易，又比圆形和正方形截面流道容易脱模，所以 U 形截面分流道具有优良的综合性能。以上两种截面形状的流道应优先采用，其次采用梯形截面。U 形截面和梯形截面两腰的斜度一般为 5° ~10°。

表 1-4　不同截面形状分流道的流动效率及散热性能

	名称	圆形	正六边形	U 形	正方形	梯形	半圆形	矩形		
流道截面	图形及尺寸代号	R, ϕD	b	$1.2d$, $10°$, d, ϕd	b	$1.2d$, $10°$, d, ϕd	d	h, b		
效率（$P=S/L$）值	通用表达式	0.250D	0.217b	0.250d	0.250b	0.250d	0.153d	h	$b/2$	0.167b
									$b/4$	0.100b
									$b/6$	0.071b
	截面面积 $S=\pi R^2$ 时的 P 值	0.250D	0.239D	0.228D	0.222D	0.220D	0.216D	h	$b/2$	0.209D
									$b/4$	0.177D
									$b/6$	0.155D
使截面面积 $S=\pi R^2$ 时应取的尺寸		$D=2R$	$b=1.1D$	$d=0.912D$	$b=0.886D$	$d=0.879D$	$d=1.414D$	h	$b/2$	1.253D
									$b/4$	1.772D
									$b/6$	2.171D
热量损失		最小	小	较小	较大	大	更大	最大		

2）分流道的截面尺寸：分流道的截面尺寸应根据塑件的大小、壁厚、形状与所用塑料的工艺性能、注射速率及分流道的长度等因素来确定。对于我们现在常见为 2.0～3.0mm 的壁厚，采用的圆形分流道的直径一般在 3.5～7.0mm 之间变动，对于流动性能好的塑料，比如 PE、PA、PP 等，当分流道很短时，可小到 $\phi2.5$mm。对于流动性能差的塑料，比如 HPVC、PC、PMMA 等，分流道较长时，直径为 $\phi10$～13mm。实验证明，对于多数塑料，分流道直径在 5～6mm 以下时，对流动影响最大。但在 $\phi8.0$mm 以上时，再增大其直径，对改善流动的影响已经很小了。

一般说来，为了减少流道的阻力以及实现正常的保压，要求：在流道不分支时，截面面积不应有很大的突变；流道中的最小横断面面积大于浇口处的最小截面面积。对于三板模来讲，以上两点尤其应引起重视。

在图 1-135a 中，$H \geqslant D_1 \geqslant D_2 \geqslant D_3$；$d_1$ 大于浇口最小截面，一般取（1.5～2.0）mm，$h = d_1$，锥度及 β 一般取 2°～3°，δ 应尽可能大。为了减少拉料杆对流道的阻力，应将流道在拉料位置扩大，如图 1-135c 所示；或将拉料位置做在流道推板上，如图 1-135d 所示。

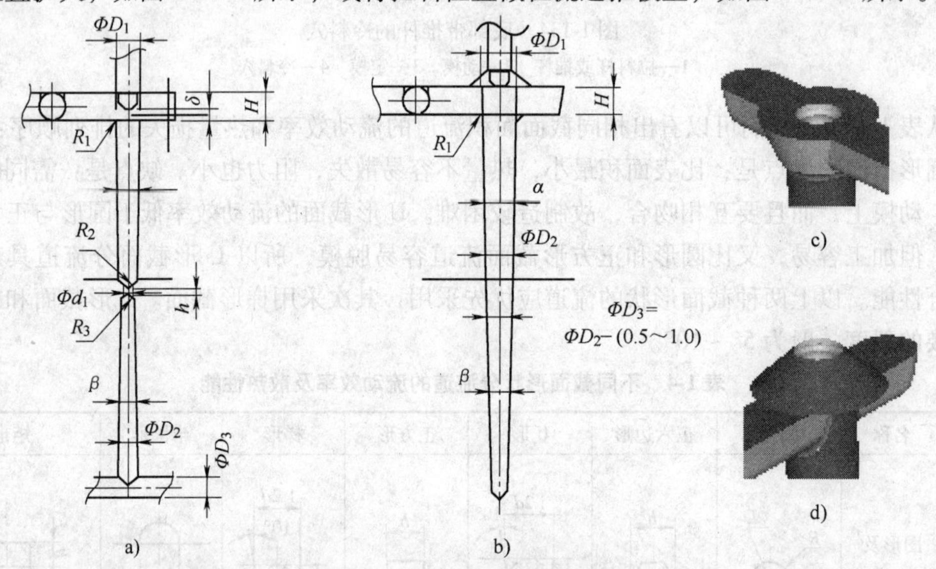

图 1-135　三板模流道结构尺寸

在图 1-135b 中，$H \geqslant D_1$，锥度 α 及 β 一般取 2°～3°，锥形流道的交接处尺寸相差 0.5～1.0mm，对拉料位置的要求与图 1-135a 相同。

（4）浇口的设计

1）浇口定义：浇口是浇注系统的关键部分，浇口的位置、类型及尺寸对塑件质量影响很大。在多数情况下，浇口是整个浇注系统中断面尺寸最小的部分（除主流道型的直接浇口外）。

对于圆形流通截面，圆管两端的压力降为 ΔP，有以下关系式：

$$\Delta P = \frac{8\eta_{a} LQ}{\pi R^{4}}$$

式中　η_a——为熔融塑料的表观黏度；

L——圆形通道的长度；

Q——熔融塑料单位时间的流量（cm^3/s）；

R——圆管半径。

对于模具中常见的窄缝形流动通道，经推导有

$$\Delta P = \frac{8\eta_a LQ}{WH^3}$$

从式（1-1）和式（1-2）可知，当充模速率恒定时，流动中的模具入口处的压力降ΔP与下列因素有关：

a）通道长度越长，即流道和型腔长度越长，压力损失越大。

b）力降和流道及型腔断面尺寸有关：流道断面尺寸越小，压力损失越大；矩形流道深度对压力降的影响比宽度影响大得多，一般浇口的断面面积与分流道的断面面积之比约为0.03～0.09mm，浇口台阶长1.0～1.5mm左右。断面形状常见为矩形、圆形或半圆形。

2）浇口类型：

a）直浇口（见图1-136）：

优点：压力损失小，制作简单。

缺点：浇口附近应力较大；需人工剪除浇口（流道）表面会留下明显浇口疤痕。

应用：可用于大而深的桶形塑件，对于浅平的塑件，由于收缩及应力的原因，容易产生翘曲变形。对于外观不允许浇口痕迹的塑件，可将浇口设于塑件内表面，如图1-136c所示。这种设计方式，开模后塑件留于定模，利用二次推出机构（图中未示出）将塑件推出。

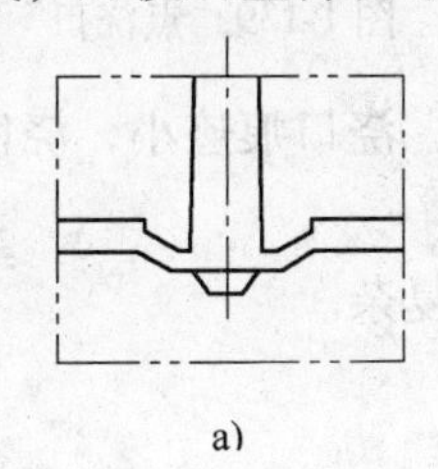

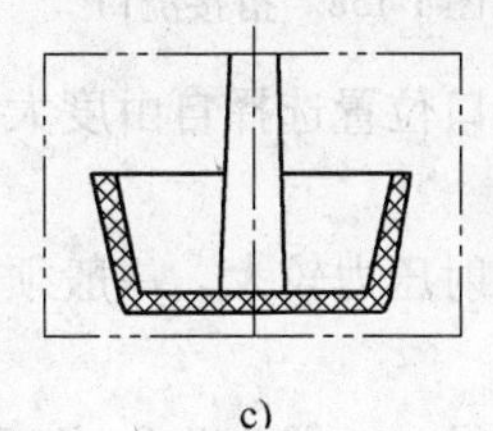

a)　　b)　　c)

图1-136　直浇口

b）侧浇口（见图1-137）：

优点：形状简单，加工方便，去处浇口较容易。

缺点：塑件与浇口不能自行分离，塑件易留下浇口痕迹。

参数：

①浇口宽度W为（1.5～5.0）mm，一般取$W=2H$。大塑件、透明胶件可酌情加大；

②深度H为（0.5～1.5）mm。具体来说，对于常见的ABS、HIPS，常取$H=(0.4\sim0.6)\delta$，其中δ为塑件基本壁厚；对于流动性能较差的PC、PMMA，取$H=(0.6\sim0.8)\delta$；对于POM、PA来说，这些材料流道

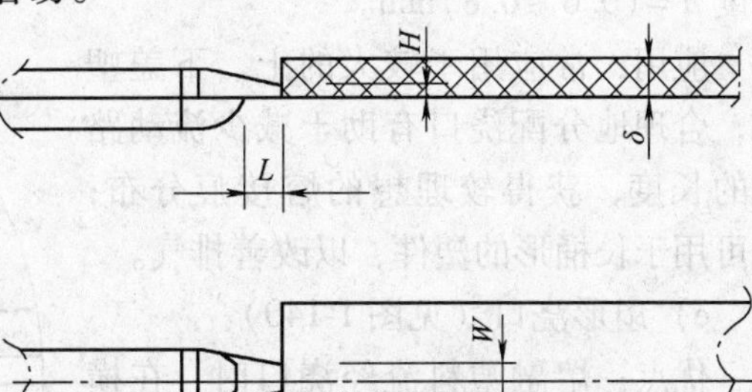

图1-137　侧浇口

性能好，但凝固速率也很快，收缩率较大，为了保证塑件获得充分的保压，防止出现缩痕、皱纹等缺陷，建议浇口深度 $H=(0.6\sim0.8)\delta$；对于 PE、PP 等材料来说，且小浇口有利于熔体剪切变稀而降低黏度，浇口深度 $H=(0.4\sim0.5)\delta$。

应用：适用于各种形状的塑件，但对于细而长的桶形塑件不宜采用。

c）搭接浇口（见图 1-138）：

优点：它是侧浇口的演变形式，具有侧浇口的各种优点；是典型的冲击型浇口，可有效地防止塑料熔体的喷射流动。

缺点：不能实现浇口和塑件的自行分离；容易留下明显的浇口疤痕。

参数：可参照侧浇口的参数来选用。

应用：适用于有表面质量要求的平板形塑件。

d）点浇口（见图 1-139）

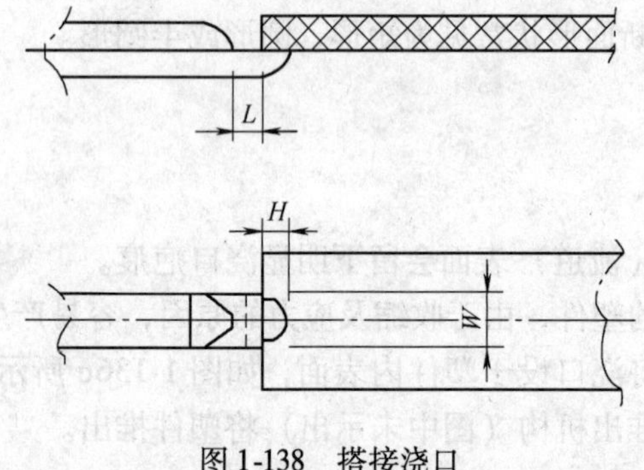

图 1-138　搭接浇口

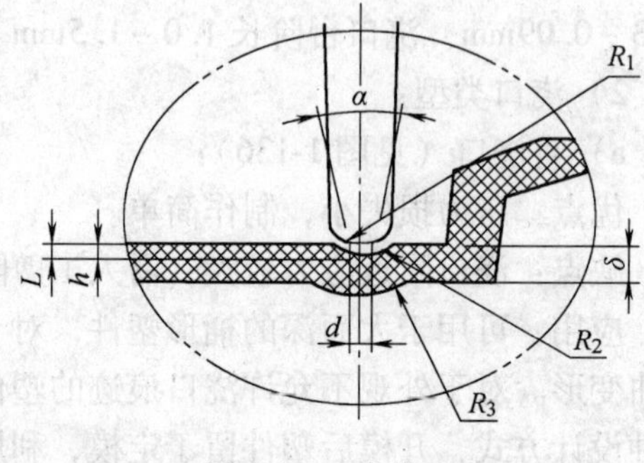

图 1-139　点浇口

优点：浇口位置选择自由度大，浇口能与塑件自行分离，浇口痕迹小，浇口位置附近应力小。

缺点：注射压力较大，一般须采用三板模结构，结构较复杂。

参数：

①浇口直径 d 一般为 0.8～1.5mm；

②浇口长度 L 为 0.8～1.2mm；

③为了便于浇口齐根拉断，应该给浇口做一锥度 α，大小 15°～20°左右；浇口与流道相接处圆弧 R_1 连接，使点浇口拉断时不致损伤塑件，R_2 为 1.5～2.0mm，R_3 为 2.5～3.0mm，深度 $h=(0.6\sim0.8)$mm。

应用：常应用于较大的上、下盖塑件，合理地分配浇口有助于减少流动路径的长度，获得较理想的熔接痕分布；也可用于长桶形的塑件，以改善排气。

e）扇形浇口（见图 1-140）：

优点：熔融塑料流经浇口时，在横向得到更加均匀的分配，降低塑件应力；减少空气进入型腔的可能，避免产生银丝、气泡等缺陷。

缺点：浇口与塑件不能自行分离，

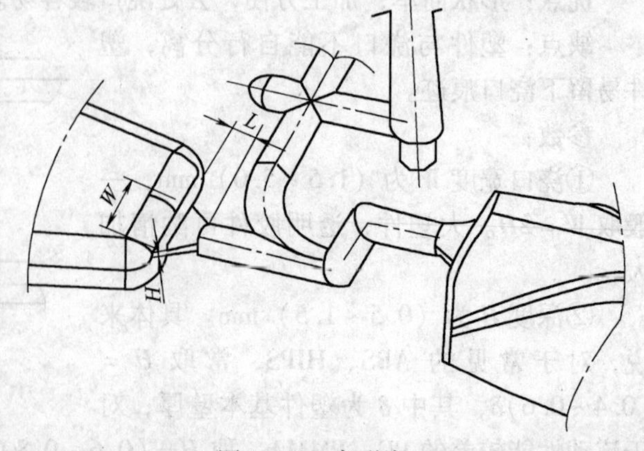

图 1-140　扇形浇口

塑件边缘有较长的浇口痕迹，须用工具才能将浇口加工平整。

参数：

①常用尺寸深 H 为 0.25～1.60mm；

②宽 W 为 8.00mm 至浇口侧型腔宽度的 1/4；

③浇口的横断面积不应大与分流道的横断面积。

应用：常用来成型宽度较大的薄片状塑件，流动性能较差的、透明塑件。比如 PC、PMMA 等。

f）潜伏式浇口（见图 1-141）：

优点：浇口位置的选择较灵活；浇口可与塑件自行分离；浇口痕迹小；二板模、三板模都可采用。

缺点：浇口位置容易拖塑粉；浇口位置容易产生烘印；需人工剪除塑片；从浇口位置到型腔压力损失较大。

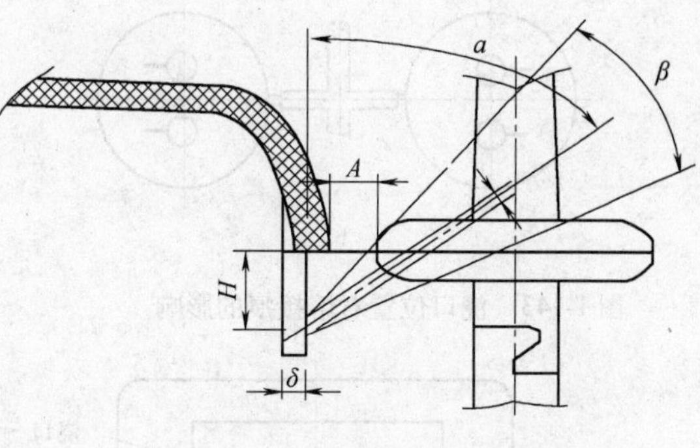

图 1-141　潜伏式浇口

参数：

①浇口直径 d 为 0.8～1.5mm；

②进塑方向与铅直方向的夹角 α 为 30°～50°之间；

③鸡嘴的锥度 β 为 15°～25°之间；

④与定模型腔的距离 A 为 1.0～2.0mm。

应用：适用于外观不允许露出浇口痕迹的塑件。对于一模多腔的塑件，应保证各腔从浇口到型腔的阻力尽可能相近，避免出现滞流，以获得较好的流动平衡。

g）弧形浇口（见图 1-142）：

优点：浇口和塑件可自动分离；无需对浇口位置进行另外处理：不会在塑件的外观面产生浇口痕迹。

缺点：可能在表面出现烘印；加工较复杂；设计不合理容易折断而堵塞浇口。

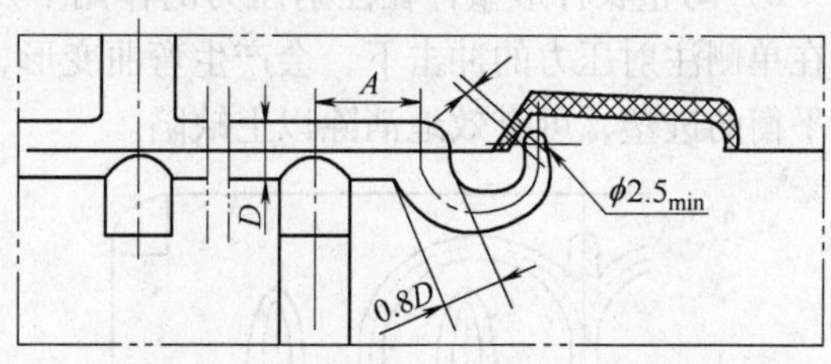

图 1-142　弧形浇口

参数：

①浇口入水端直径 d 为（ϕ0.8～1.2）mm，长为 1.0～1.2mm；

②A 值为 2.5D 左右；

③$\phi 2.5^{*}_{min}$ 是指从大端为 0.8D 逐渐过渡到小端 ϕ2.5mm。

应用：常用于 ABS、HIPS。不适用于 POM、PBT 等结晶材料，也不适用于 PC、PMMA 等刚性好的材料，防止弧形流道被折断而堵塞浇口。

3）浇口的布置：

a）避免熔接痕出现在主要外观面或影响塑件的强度：根据客户对塑件的要求，把熔接痕控制在较隐蔽及受力较小的位置。同时，应避免各熔接痕在孔与孔之间连成一条线，降低塑件强度。如图 1-143a 所示，塑件上两孔形成的熔接痕连成了一条线，这将降低塑件的强度。应将浇口位置按图 b 来布置。为了增加熔接牢度，可以在熔接痕的外侧开设冷料穴，使前锋冷料溢出。对于大型框架型塑件，可增设辅助流道，如图 1-144 所示；或增加浇口数目，如图 1-145 所示，以缩短熔融塑料的流程，增加熔接痕的牢度。

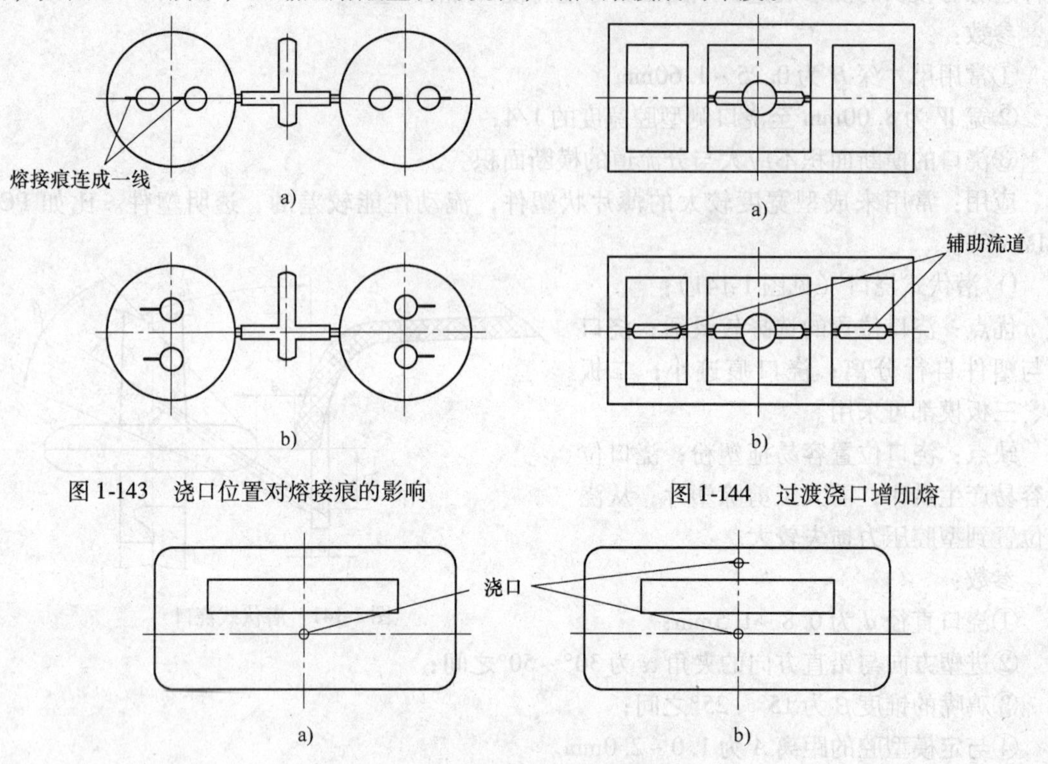

图 1-143　浇口位置对熔接痕的影响　　图 1-144　过渡浇口增加熔

图 1-145　采用多浇口以增加熔接痕

b）防止长杆形塑件在注射压力的作用下发生变形：如图 1-146 所示，在方案 a 中，型芯在单侧注射压力的冲击下，会产生弯曲变形，从而导致塑件变形。采用方案 b 从型芯的两侧平衡的进塑，可有效地消除以上缺陷。

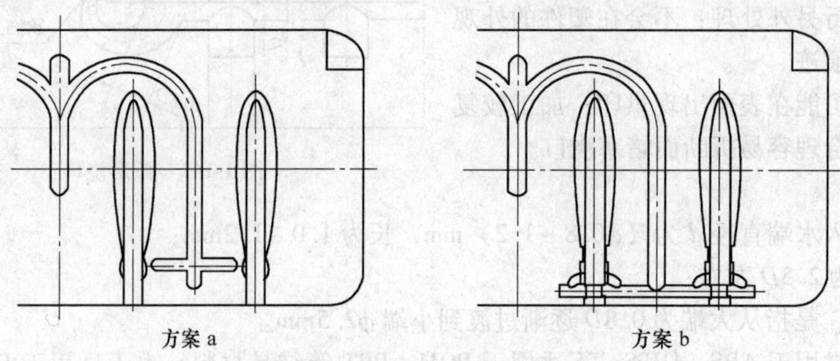

图 1-146　长杆形塑件的浇口布置方案

c）避免影响零件之间的装配或在外露表面留下痕迹：如图 1-147a 所示，为了不影响装配，在按键的定位环上做一缺口，浇口位置设在缺口上，以防止装配时与相关塑件发生干涉。如图 b 所示，浇口潜伏在塑件的加强肋上，一来浇口位置很隐蔽，二来没有附加塑片，便与注射时自动生产。

d）有利于排气：如图 1-148 所示，一盖形塑件，顶部较四周薄，采用侧浇口，如图 a，将会在顶部 A 处形成困气，导致熔接痕或烧焦。改进办法如图 b，给顶面适当加塑，这时仍有可能在侧面位置 A 产生困气；采用如图 c 的方法，将浇口位置设于顶面，困气现象就可消除。

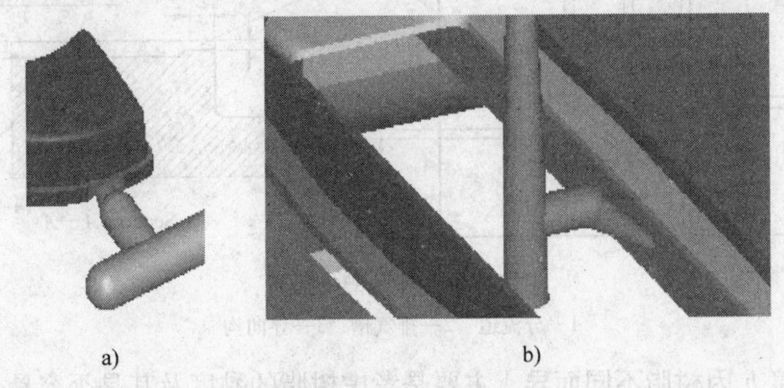

图 1-147 浇口的布置不影响装配

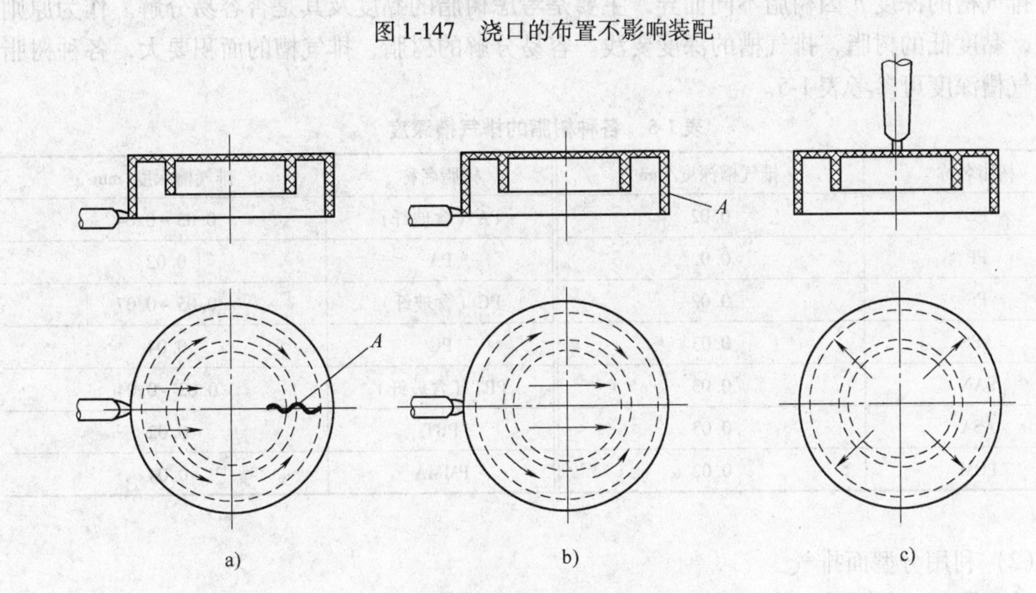

图 1-148 浇口位置对排气的影响

A—熔接痕 →—流动方向

1.3.10 排气系统设计

模具内的气体不仅包括型腔里空气，还包括流道里的空气和塑料熔体产生的分解气体。在注射时，这些气体都应顺利的排出。

1. 排气不足的危害性

1）在塑件表面形成烘印、气花、接缝，使表面轮廓不清；

2）充填困难，或局部飞边；

3）严重时在表面产生焦痕；

4）降低充模速度，延长成型周期。

2. 排气方法

我们常用的排气方法有以下几种：

（1）开排气槽

排气槽一般开设在定模分型面熔体流动的末端，如图 1-149 所示，宽度 b 为 5 ~ 8mm，

长度 L 为 8.0 ~ 10.0mm 之间。

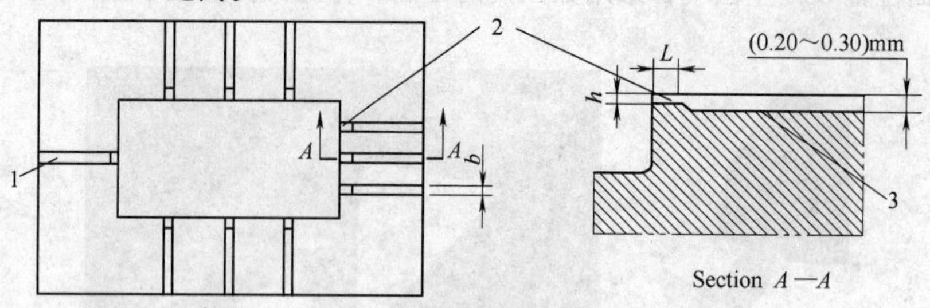

图 1-149 排气槽的设置

1—分流道 2—排气槽 3—导向沟

排气槽的深度 h 因树脂不同而异，主要是考虑树脂的黏度及其是否容易分解。作为原则而言，黏度低的树脂，排气槽的深度要浅。容易分解的树脂，排气槽的面积要大，各种树脂的排气槽深度可参考表 1-5。

表 1-5 各种树脂的排气槽深度

树脂名称	排气槽深度/mm	树脂名称	排气槽深度/mm
PE	0.02	PA（含玻纤）	0.03 ~ 0.04
PP	0.02	PA	0.02
PS	0.02	PC（含玻纤）	0.05 ~ 0.07
ABS	0.03	PC	0.04
SAN	0.03	PBT（含玻纤）	0.03 ~ 0.04
ASA	0.03	PBT	0.02
POM	0.02	PMMA	0.04

（2）利用分型面排气

对于具有一定粗糙度的分型面，可从分型面将气体排出，如图 1-150 所示。

（3）利用推杆排气

塑件中间位置的困气，可加设推杆，利用推杆和型芯之间的配合间隙，或有意增加推杆之间的间隙来排气，如图 1-151 所示。

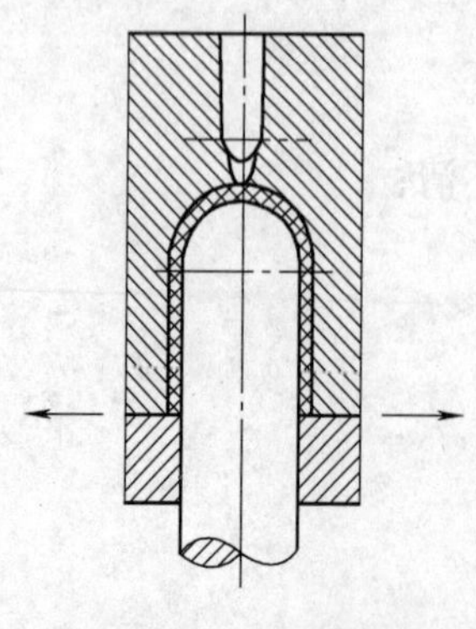

图 1-150 利用分面排气

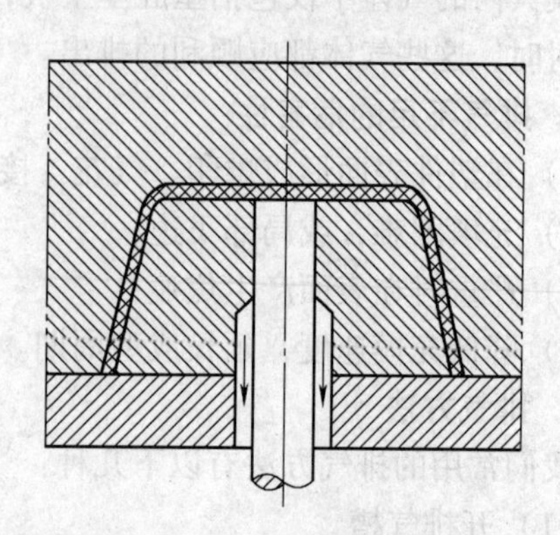

图 1-151 利用推杆排气

（4）利用镶拼间隙排气

对于组合式的型腔、型芯，可利用它们的镶拼间隙来排气，如图 1-152、图 1-153 所示。

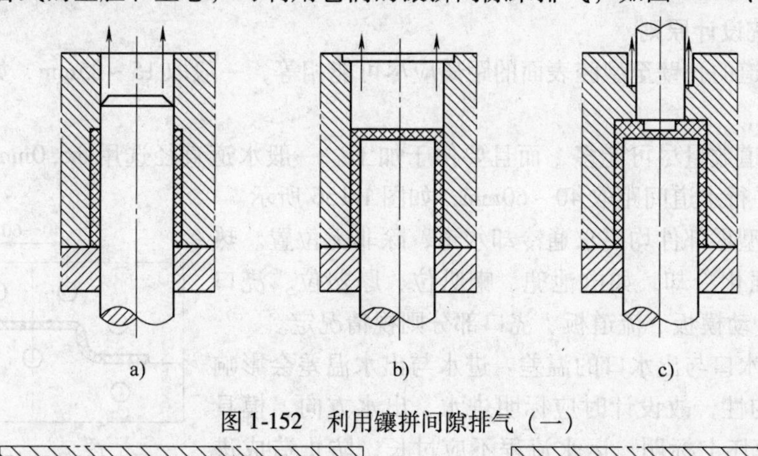

图 1-152　利用镶拼间隙排气（一）

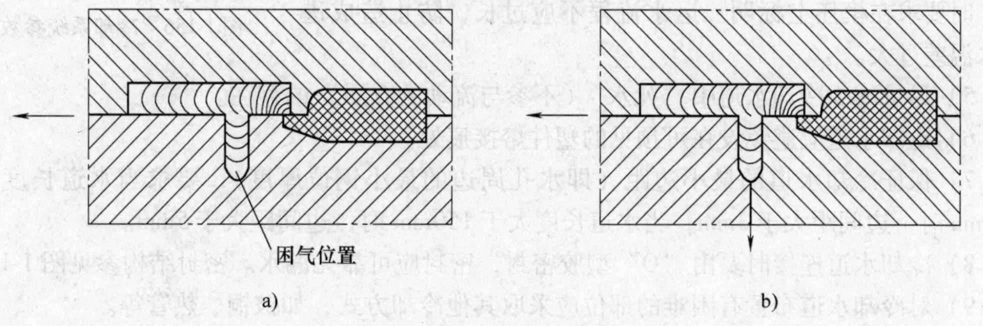

图 1-153　利用镶拼间隙排气（二）

（5）增加小凸点辅助

对于喇叭肋之类的封闭加强肋，为了改善困气对流动的影响，可增加小凸点辅助，小凸点高出加强肋 h 值 0.50mm 左右。如图 1-154 所示。

（6）透气合金块排气

透气合金块是一种烧结合金，它是用球状颗粒合金烧结而成的材料，强度较差，但质地疏松，允许气体通过。在需排气的部位放置一块这样的合金块即达到排气的目的。但底部通气孔的直径 D 不宜太大，以防止型腔压力将其挤压变形，如图 1-155 所示。由于透气合金块的热传导率低，不能使其过热，否则易产生分解物堵塞气孔。

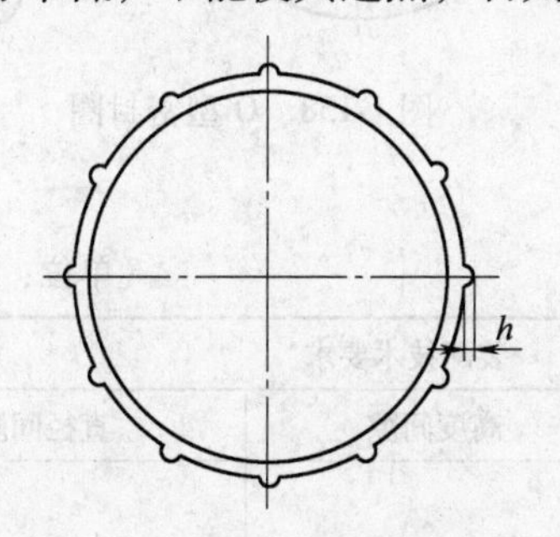

图 1-154　增加小凸点辅助排气

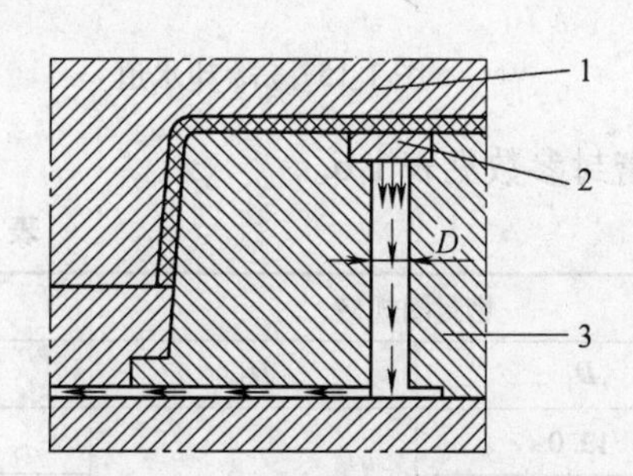

图 1-155　透气合金块排气

1—定模　2—透气合金块　3—型芯

1.3.11 冷却系统设计

1. 冷却系统设计原则

1）冷却水道的孔壁至型腔表面的距离应尽可能相等，一般取 15~25mm，如图 1-156 所示。

2）冷却水道数量尽可能多，而且要便于加工。一般水道直径选用 ϕ6.0mm、ϕ8.0mm、ϕ10.0mm，两平行水道间距取 40~60mm，如图 1-156 所示。

3）所有成型零部件均要求通冷却水道，除非无位置。热量聚集的部位强化冷却，如电池兜、喇叭位、厚塑位、浇口处等。定模板、动模板、流道板、浇口部分则视情况定。

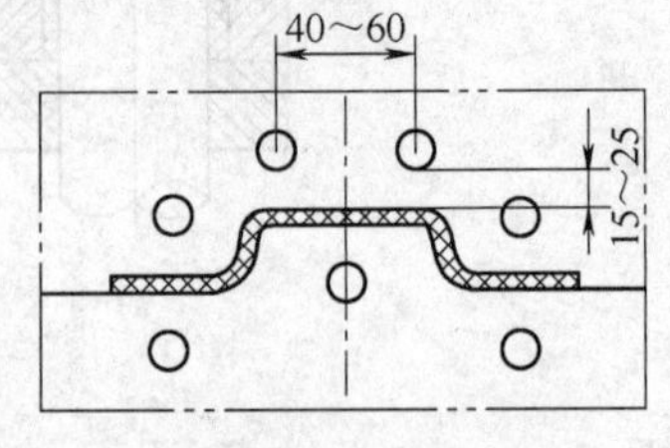

图 1-156 冷却系统参数

4）降低进水口与出水口的温差。进水与出水温差会影响模具冷却的均匀性，故设计时应标明进水、出水方向，模具制作时要求在模坯上标明。运水流程不应过长，防止造成进出水温差过大。

5）尽量减少冷却水道中“死水”（不参与流动的介质）的存在。

6）冷却水道应避免设在可预见的塑件熔接痕处。

7）保证冷却水道的最小边距（即水孔周边的最小钢位厚度），要求当水道长度小于 150mm 时，边间距大于 3mm；当水道长度大于 150mm 时，边间距大于 5mm。

8）冷却水道连接时要由“O”型胶密封，密封应可靠无漏水。密封结构参见图 1-157。

9）对冷却水道布置有困难的部位应采取其他冷却方式，如铍铜、热管等。

10）合理确定冷却水接头位置，避免影响模具安装、固定。

2. “O”型密封圈的密封结构

常用的“O”型密封圈结构如图 1-158 所示。

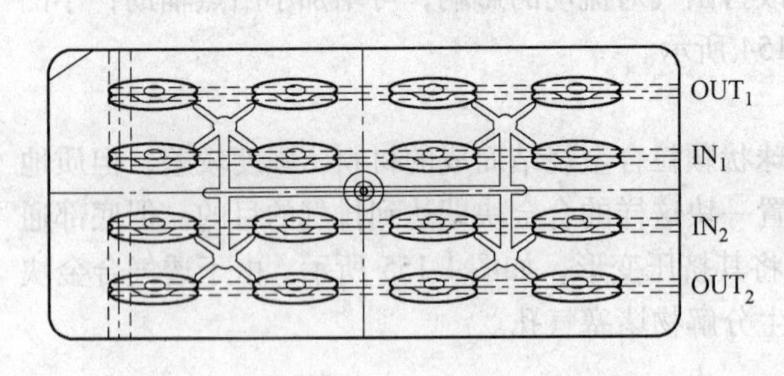

图 1-157 冷却水道

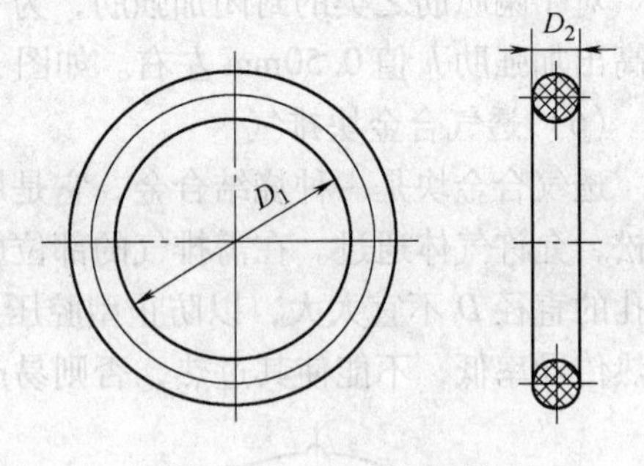

图 1-158 O 型密封圈

密封参数见表 1-6。

表 1-6 密封参数表 （单位：mm）

密封圈规格		装配技术要求		
D_1	D_2	D_1	高度间隙	直径间隙
13.0	2.5	8.0	1.8	3.2
16.0		11.0		
19.0		14.0		

（续）

密封圈规格		装配技术要求		
D_1	D_2	D_1	高度间隙	直径间隙
16.0	3.5	9.0	2.7	4.7
19.0		12.0		
25.0		18.0		

1.3.12 模具图样规范

1. 视图格式

采用第一视图或第三视图格式，标识如图 1-159 所示。

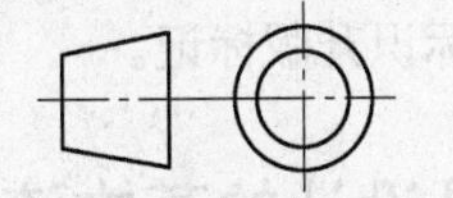

a)第一视角视图标识

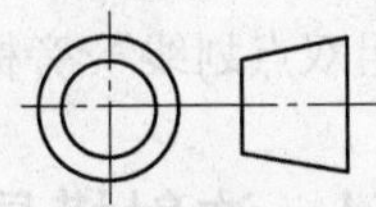

b)第三视角视图标识

图 1-159　视图标识

2. 图样编号

图样编号按 TLWI07042 规定执行。

3. 基准标识

（1）基准标识的类型

基准标识的目的是为了统一设计、加工时工件的基准及摆放方向。目前，采用以下两种形式的标记方式：

1）单边基准：单边基准是指设计、加工时，以工件相邻两直角边为基准并按一定的方向摆放。

2）中心基准：中心基准是指设计、加工时，以工件的中心线为基准并按一定的方向摆放。

（2）标识要求：

1）模具图样（包括装配图、定模图、动模图、呵孔呵裙图、推杆冷却水图）和定、动模上应有此标识，无须标注尺寸。

2）钳工将模料配入模框后，立刻做此标识。

3）加工过程中如破坏了此标识，请马上补做。

4. 图样输出要求

1）标识模具设计时的基准类型。

2）明确胶件基准线与模具基准线的距离，并于其外围加一粗方框以做警示。

3）清楚表示典型截面的装配结构，分模面形状，外形尺寸 。

4）标明定、动模料，呵孔、呵裙等的最大外形尺寸。如果呵孔上有止口，需做剖面图并标明详细尺寸。

5）标识枕位、镶件等的形状尺寸、装配方式。

6）注明紧固螺钉的位置、大小。

7）标注滑块机构装配的详细尺寸，行程须用粗方框以做警示。

8）标注流道、浇口详细尺寸，并做剖面。

9）如实反应推杆布置情况，如有推杆图时，装配图中推杆排布、大小尺寸可不标注。标明需钳工制作的各柱位的详细尺寸

10）绘制模具冷却水排布，注明各组冷却水的进水口、出水口，并使用 IN_1、IN_2…

OUT_1、OUT_2…等表示。如无冷却水图时，需注明冷却水孔的大小及位置尺寸。

11）标注回位弹簧排布尺寸、大小及装配尺寸。

12）标注撑头排布尺寸、大小。

13）在一模多件的模具中，需注明各塑件的 P/N 号。

14）如无定、动模图时，装配图中应标注重要尺寸及公差，尺寸旁边做序号标记并记录在图框栏中，以便钳工检测。有定、动模图时，重要尺寸及公差的标识放在定、动模图中。重要尺寸包括成品图中有公差要求的尺寸、模具中需要控制的尺寸等。

15）不论图样为何种版本，应在图框栏右上角“简要说明”栏中对版本进行简单描述。

16）模具图升版时，更改内容旁需有升版标记，如△B、△C等。若仅为位置尺寸更改，新尺寸旁标识升版标记；若成品形状更改，更改部位用“粗双点划线”圈示，并于“粗双点划线”旁标识升版标记。

1.4 注射模具设计的基本流程

一套好的模具首先需要高水平的设计。而一套模具的好坏，牵涉面非常广，包括对制品工艺性的分析、模具结构的设计、模具材料的选用、加工方法以及注射机和成型工艺等众多方面的研究。因此，设计者除了要有模具方面理论知识和经验外，对设计前的周详思考也同样重要。下面将介绍注射模具设计的一般流程。

1.4.1 注射成型制品的分析

1. 明确制品的设计要求

通常，模具设计人员通过制品的零件图就可以了解制品的设计要求。但对形状复杂和准确要求较高的制品，就一定要了解制品的使用目的、外观及装配要求。

2. 明确制品的材质

塑料材料种类繁多，要确定材质以决定收缩率，了解流动性以决定浇口及流道设计。

3. 明确制品的生产批量

大批量生产时，为了缩短生产周期，提高生产率，只要制品适宜多型腔成型，通常采用多型腔模具和自动化生产。但应该注意，模具中每增加一个型腔，所成型的制品准确度将下降4%，因此在确定型腔数目时，设计人员应根据具体情况选出最佳方案。

1.4.2 注射机的技术规范

进行注射模设计时必须掌握现有注射机的有关技术规范，如注射机定位圈的直径、喷嘴前端孔径及球面半径、注射机的最大注射量、锁模力、注射压力和注射速度、固定模板和移动模板面积大小及安装螺孔位置、注射机拉杆间距、模具安装部位的尺寸、顶出杆直径及其位置、顶出行程等。

1.4.3 模具结构设计

1. 确定分型面

确定分型面是模具设计的重要环节，由设计人员灵活运用，需综合考虑各项原则，如制品外观、推出方式和模具加工等。

2. 确定浇注系统

流道方式需考虑断面形状、分布形式及热流道、无流道等其他方式。浇口方式种类繁多，因需求而异，需注意浇口是否有外观要求及流动、平衡、熔接痕、排气等问题，还应注意浇口形式、尺寸是否足以充满整个制品。

3. 确定排气系统

确定排气系统对保证产品品质至关重要，考虑利用多种形式进行排气，注意防止产品真空吸附和模具拉不开。

4. 确定模具成型零件的结构形式及数目、排列方式

由产品的投影面积、形状、外观、准确度、加工方式、产量及效益来确定模具成型零件的结构形式及数目、排列方式。各方面互相协调制约，应多方面考虑以达到最佳组合。

5. 推出机构设计

推出机构有多种方式，如推杆、推管、推板、二级推出、液（气）压等，应注意脱模平稳、模具强度、外观、功能、冷却效果。

6. 确定侧凹处理方法，进行侧面成型与抽芯机构的设计

灵活运用斜销、斜滑块、液（气）缸、齿轮齿条、强行脱模及其他方式确定侧凹处理的方法，进行侧面成型与抽芯机构的设计。

7. 冷却装置设计

冷却装置对模具生产影响很大，设计工作较繁杂，既要考虑冷却效果及冷却一致性，又要考虑冷却系统对模具整体结构的影响。

8. 模具工作零件设计

根据模具材料，做强度刚度计算或依据经验数据确定模具各部分厚度及外形尺寸、外形结构及所有连接、定位、导向件的位置。为提高生产效率，应尽量考虑采用标准模架。

9. 拉料杆形式选择

推杆、推管推出机构一般用 Z 形拉料杆，推板、推块推出机构一般采用球形拉料杆。

1.4.4　注射模具的相关计算

主要包括型腔型芯工作尺寸的计算，型腔壁厚、动模座板厚度的确定，模具加热、冷却系统的有关计算。

1.4.5　绘制模具图

要求按照国家制图标准绘制，但是也可以结合本厂标准和国家未规定的工厂习惯画法。

1. 绘制模具结构总装图

绘制总装图尽量采用 1:1 的比例，其画法与一般机械制图画法原则上没有区别，只是为了更清楚地表达模具中成型制品的形状和浇口位置的设置，在模具总装图的俯视图上，可以将定模拿掉，而只画动模部分。

模具总装图应包括以下内容：

1）模具成型部分结构；

2）浇注系统和排气系统的结构形式；

3）分型面及分模取件方式；

4）外形结构及所有连接件，定位、导向件的位置；

5）标注型腔高度尺寸（不强求，根据需要）及模具总体尺寸；

6）辅助工具（取件卸模工具，校正工具等）；

7）按顺序将全部零件序号编出，并且填写明细表；

8）标注技术要求和使用说明。

2. 绘制全部零件图

由模具总装图拆画零件图的顺序应为，先内后外，先复杂后简单，先成型零件，后结构零件。具体要求如下：

1）图形要求：一定要按比例画，允许放大或缩小。视图选择应合理，投影应正确，布置应得当。为了使加工专利号易看懂、便于装配，图形应尽可能与总装图一致，图形要清晰。

2）标注尺寸要求统一、集中、有序、完整：标注尺寸的顺序为，先标注主要零件尺寸和出模斜度，再标注配合尺寸，然后标注全部尺寸。在非主要零件图上应先标注配合尺寸，后标注全部尺寸。

3）表面粗糙度：把应用最多的一种粗糙度标于图样右上角，如标注“其余3.2”。其他粗糙度符号在零件各表面分别标出。

4）其他内容：例如零件名称、模具图号、材料牌号、热处理和硬度要求、表面处理、图形比例、自由尺寸的加工准确度、技术说明等都要正确填写。

5）校对、审图。

1.4.6 模具设计的标准化

一套模具由设计到制造完毕周期较长，因此如何设法减少繁重的设计和制造工作量，与缩短生产准备时间和降低造价是有很大关系的。实践证明，模具的标准化是达到上述目的的有效措施。标准化包括以下内容。

1. 整体结构标准化

根据工厂塑料生产用设备规格，订出若干种标准典型结构和外形尺寸，在设计模具时，仅绘制部分模具零件图，其余的模具零件图按标准典型结构制造。这样，就可以预测和备料，对缩短设计和制造周期均有效。

2. 常用模具零件标准化

凡是能够标准化的模具零件，均应尽量标准化，使模具零件能达到一定的互换性要求。制定出标准规格，在设计时应尽可能地按规格选用。

3. 通用模架的标准化

对于一些形状简单、无侧抽芯的一般塑件可以采用标准通用模架生产，特别是对于生产批量小，品种较多、生产急用的塑件的模具，采用通用模架的优越性更为突出，这对缩短设计和制造周期、降低模具成本具有积极作用。

第 2 章　UG 建模及模具库基础

作为数字化产品开发的完美解决方案，UG NX 软件提供了集成、高性能的设计、模拟仿真、文档处理、工装模具和制造功能。通过使用 UG NX 系统，企业可以显著加快产品投入市场的时间，同时提高了产品质量，降低了成本，并利用产品和流程知识提高创新能力。

在 UG NX 中，除了应用注塑模具向导（MW）、级进模设计向导（PDW）进行模具设计外，还能在其他模块中独立地设计模具，如建模模块或装配模块等。因此，深入地了解其他基本模块的作用，有助于提高模具设计的软件技术水平。本章将着重介绍 UG 建模模块中的与模具设计相关的各项功能命令及简单的 MW 模具设计向导设计流程。

本章要点

- UG 软件介绍
- UG MoldWizard 模具设计流程
- 模具设计工具
- 注塑模具设计的基本流程

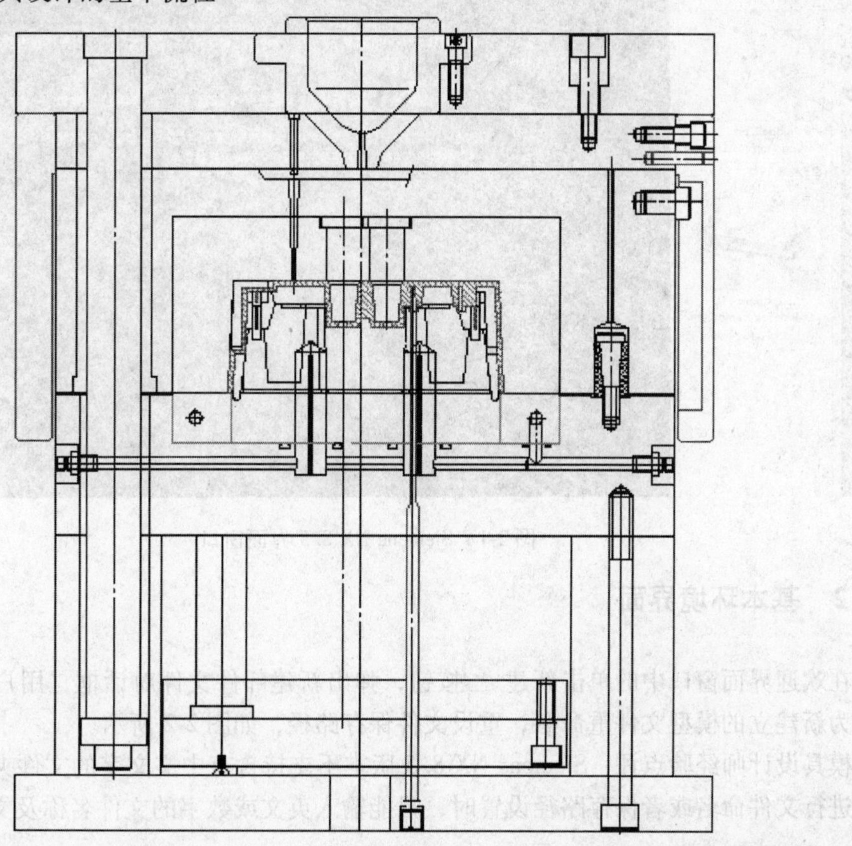

2.1 UG NX 的工作环境

UG NX 拥有直观的用户界面环境，不仅极大地提高了生产力，而且显著地改善了使用性能。加上软件可靠地稳定性能及友好的设计界面，在模具设计企业中得到了广泛的应用。

2.1.1 UG NX 启动界面

在 Windows 界面选择“开始”/“所有程序”/“Siemens NX 8.5”/“NX 8.5”命令或者单击桌面快捷方式 NX 8.5，进入 Siemens NX 8.5 初始化环境界面。程序随即运行并弹出图 2-1 所示的欢迎界面。欢迎界面窗口中包括进入软件模块的菜单命令、功能按钮命令，以及界面中的应用模块、角色、自定义、视图操作、选择、对话框、命令流、导航器、部件等功能的简易介绍。

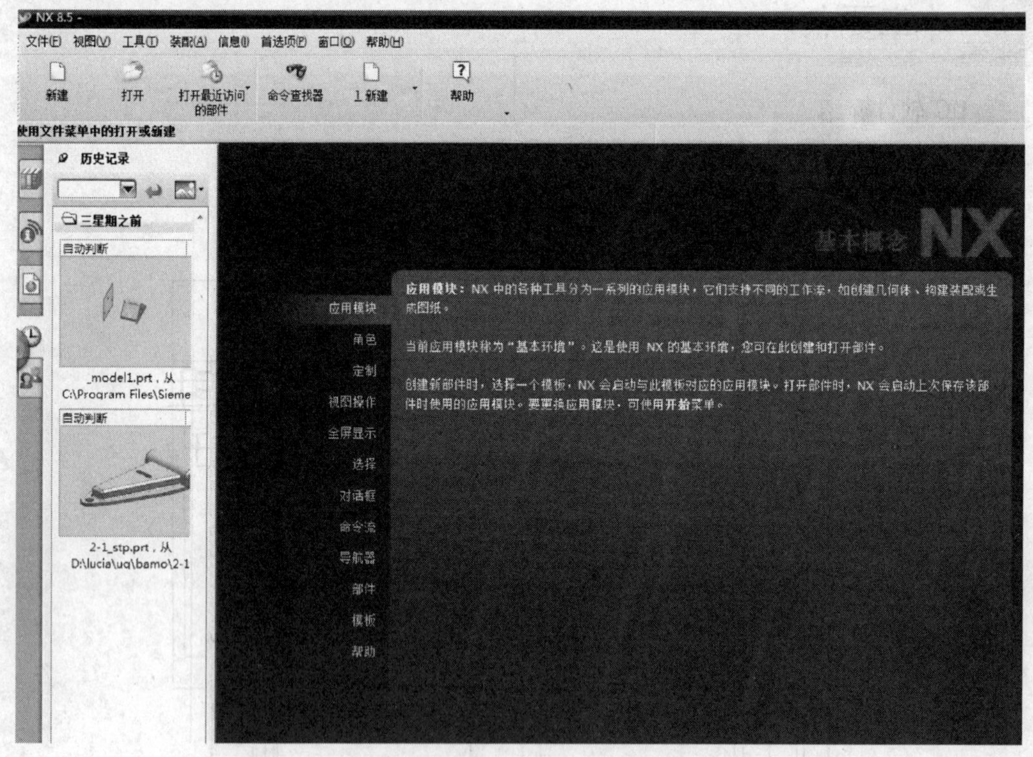

图 2-1　Siemens NX 8.5 界面窗口

2.1.2 基本环境界面

在欢迎界面窗口中的单击新建按钮，弹出新建部件文件对话框，用户可以通过此对话框为新建立的模型文件重命名，重设文件保存路径，如图 2-2 所示。

模具设计师经验点评：Siemens NX 8.5 版本不支持含有中文文字的文件夹及文件名，因此在进行文件命名或者保存路径设置时，只能输入英文或数字的文件名称及文件夹名称。

重设文件名及保存路径后单击确定 OK 按钮，即可进入 Siemens NX 8.5 的基本环境界面，如图 2-3 所示。

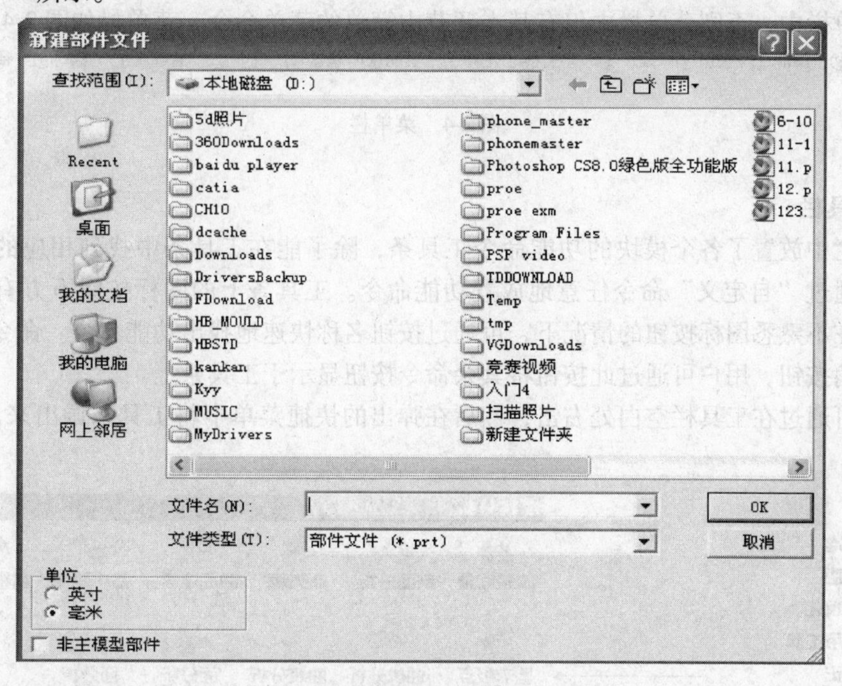

图 2-2　新建模型文件

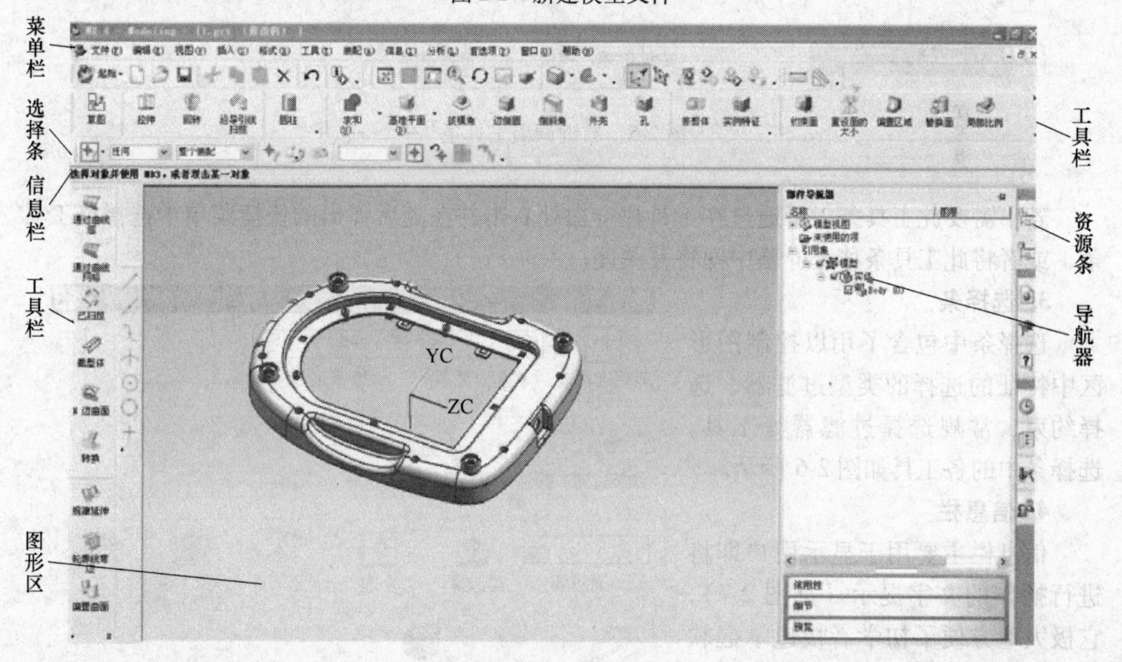

图 2-3　基本环境界面

基本环境界面窗口主要由菜单栏、工具栏、选择条、信息栏、资源条、导航器和图形区组成，接下来对这几个主要组成部分做简要介绍。

1. 菜单栏

菜单栏包括了UG所有的菜单操作命令。在调出功能模块后，模块里的功能命令被自动加载到菜单栏中，否则菜单栏中仅有基本环节中简单的菜单命令。菜单栏如图2-4所示。

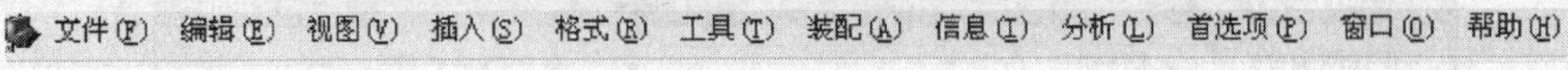

文件(F) 编辑(E) 视图(V) 插入(S) 格式(R) 工具(T) 装配(A) 信息(I) 分析(L) 首选项(P) 窗口(O) 帮助(H)

图2-4　菜单栏

2. 工具栏

工具栏中放置了各个模块的功能命令工具条，除了能在工具条中找到相应的功能命令外，还可通过“自定义”命令任意地放置功能命令。工具条上的图标按钮下方有功能命令的名称，在不熟悉图标按钮的情况下，可通过按钮名称快速地找出功能命令。命令按钮右侧带有下三角按钮，用户可通过此按钮将其余命令按钮显示于工具条上。

用户可通过在工具栏空白处右击，然后在弹出的快捷菜单中将工具条调出来，如图2-5所示。

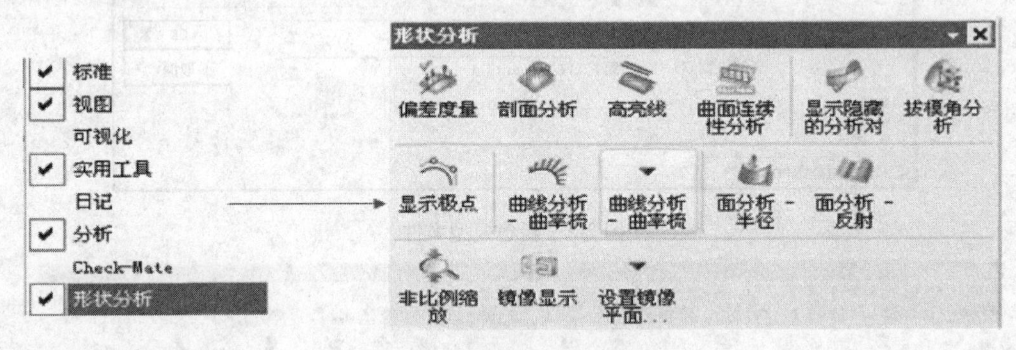

图2-5　右键调出工具条

若不需要此工具条，可通过在工具栏空白处右击并在随后弹出的快捷菜单中选择该工具条，或者将此工具条移至屏幕中间将其关闭。

3. 选择条

选择条中包含了用以控制图形区中特征的选择的类型过滤器、选择约束、常规选择过滤器等工具。选择条中的各工具如图2-6所示。

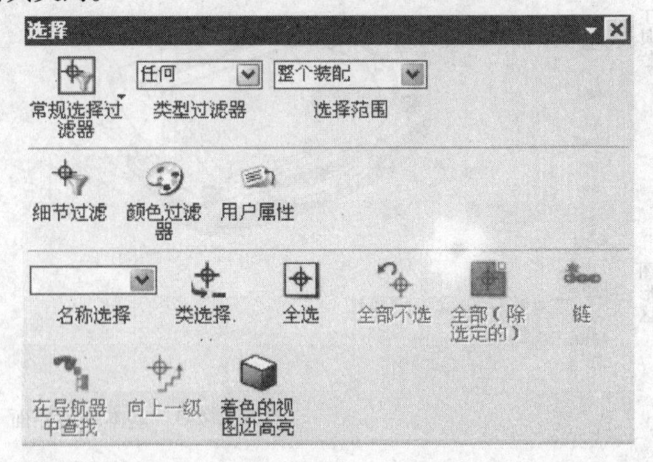

图2-6　选择条上的工具

4. 信息栏

信息栏主要用于显示用户即将进行操作的文字提示（见图2-7），它极大地方便了初学者快速掌握软件的应用技巧。

5. 资源条

资源条中包含了部件导航器、装配导航器、重用库、历史记录、角色等工具，以体现UG部件操作的强大功能。

6. 导航器

导航器用于控制工作部件当前状态下的模型显示、图样内容以及装配结构等，它位于图形窗口一侧的资源条山。包括部件导航器（显示当前活动部件/工作部件的模型和图样内容）和装配导航器（显示顶层装配部件的结构）。

选择要草绘的平面，或选择剖面几何图形

图 2-7 “拉伸”命令的提示信息

7. 图形区

图形区是用户进行 3D、2D 设计的图形创建、编辑区域。

2.1.3 自定义屏幕

通过“自定义”命令可对菜单、工具条、图表大小、屏幕提示、线索和状态行位置等进行设置。在菜单栏上执行“工具/自定义”命令，弹出“自定义”对话框。“自定义”对话框中包括 5 个标签：工具条、命令、选项、布局、和角色。

1. “工具条”标签

通过该标签，用户可随意调出需要的工具条，如选中工具条列表框中的任意复选框，那么该工具条会自动添加到工具栏中。此外，用户还可通过单击“新建”按钮，自定义创建一个新的工具条。也可单击“加载”按钮进行工具条文件的加载。“工具条”标签如图 2-8 所示。

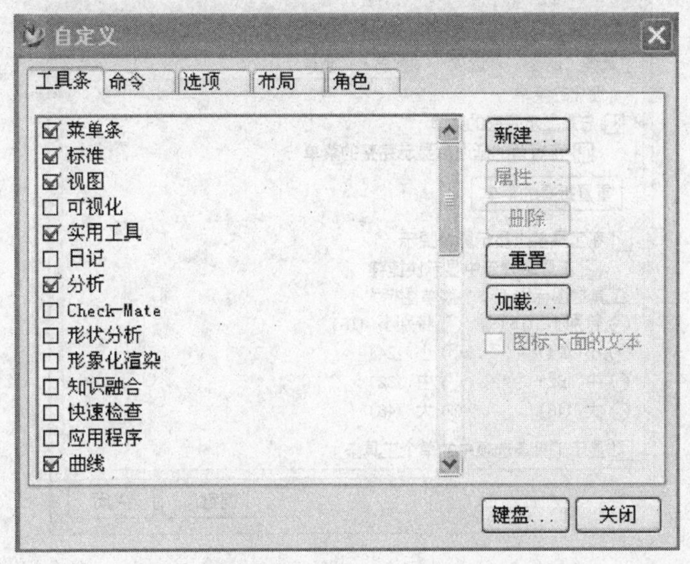

图 2-8 “工具条”标签

2. “命令”标签

“命令”标签的作用是将一个工具条上的命令添加到其他工具条上。在“类别”列表框中任选工具条类型，然后在“命令”列表框中，按住鼠标左键将选择的工具命令移至工具栏上的工具条中，如图 2-9 所示。

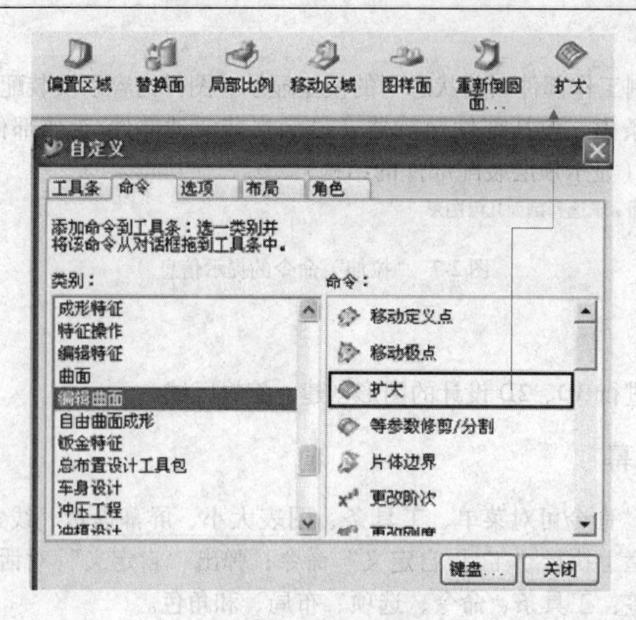

图 2-9 “命令”标签

3. “选项”标签

在“选项”标签中可设置菜单的显示状态、工具条的显示，以及工具条与菜单栏命令按钮图标的大小等。“选项”标签如图 2-10 所示。

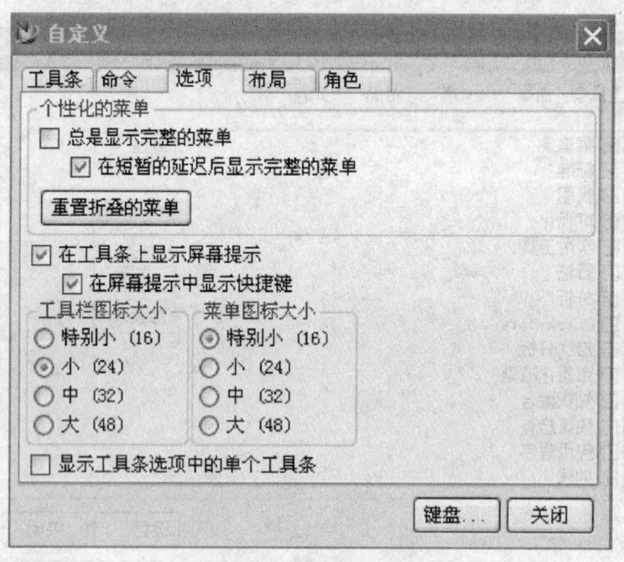

图 2-10 “选项”标签

4. “布局”标签

“布局”标签的主要作用是保存当前工作环境中的各工具命令、菜单命令的布局状态，还可以对提示栏、停靠条及选择条的位置进行设定。“布局”标签如图 2-11 所示。

5. “角色”标签

“角色”是 UG 系统中工作环境的多种版本的称谓。例如，用户可在工作环境中设置所需的视图状态、工具命令状态、颜色背景状态及其他基本设置，将这些设置作为一个角色文件保存起来，待下次启动 UG 时，打开保存的角色文件就可以恢复先前的操作界面了。“角色”标签如图 2-12 所示。

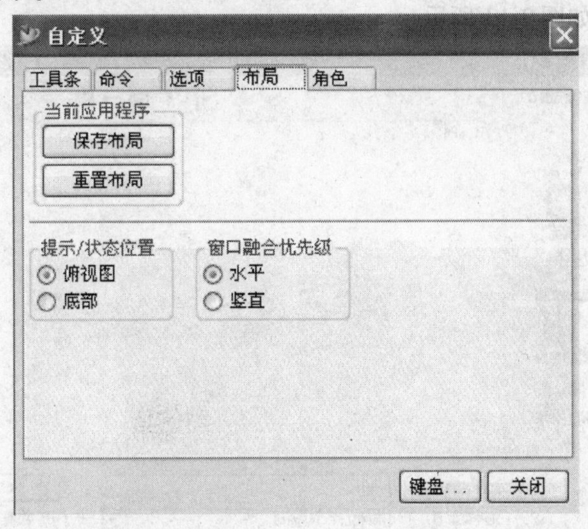

图 2-11　“布局”标签

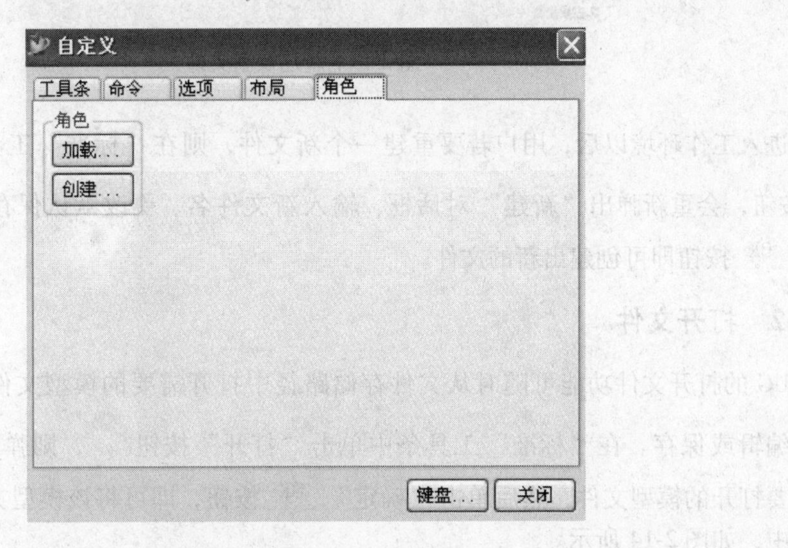

图 2-12　“角色”标签

2.2　UG 文件操作

Siemens NX 8.5 工作环境中的文件操作包括新建文件、打开文件、保存文件和关闭文件。新建文件操作可在 UG 初始欢迎界面中进行，也可在工作环境中进行。

2.2.1　新建文件

当用户在进行 3D、2D 设计之前，必须建立一个模型、图样或仿真文件，以便设计信息及参数数据的创建。首先在 UG 欢迎界面中单击“新建” 按钮，弹出“新建”对话框。在“新建”对话框中输入新的文件名称和文件默认保存路径，最后单击“确定” OK 按钮完成新文件的创建，如图 2-13 所示。

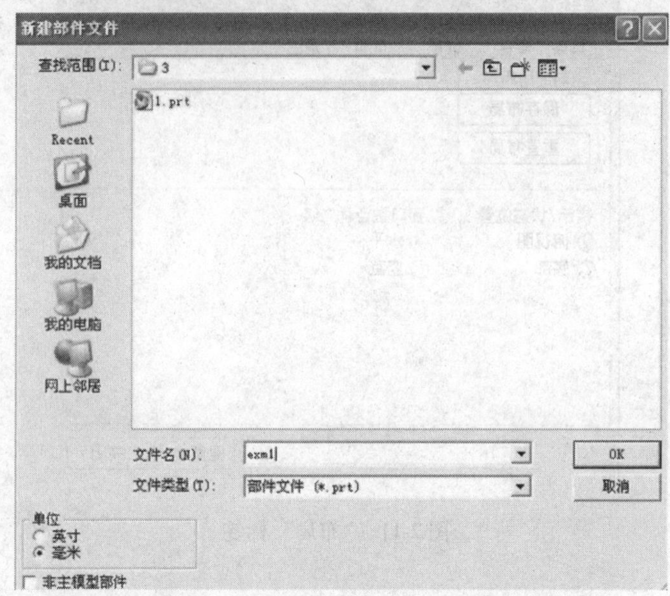

图 2-13　新建模型文件

进入工作环境以后，用户若要重建一个新文件，则在“标准”工具条中单击“新建” 按钮，会重新弹出“新建”对话框，输入新文件名、更改默认保存路径后，单击“确定” OK 按钮即可创建出新的文件。

2.2.2　打开文件

UG 的打开文件功能可随时从文件存储路径中打开需要的模型文件，便于用户进行查看、编辑或保存。在“标准”工具条中单击“打开”按钮，则弹出“打开”对话框，选择要打开的模型文件，然后单击“确定” OK 按钮，即可将该模型文件打开并显示在图形区中，如图 2-14 所示。

2.2.3　保存文件

零件文件、装配体文件、制图文件等编辑完成后，需要及时地进行保存，以避免文件数据的丢失。文件的保存可分为以下几种。

1）保存：近将工作部件和已修改的部件保存。

2）仅保存工作部件：若将模具装配体中的一个部件设为工作部件，那么保存时仅将这个部件保存，其余的部件不被保存。

3）另存为：用其他名称来保存此工作部件。

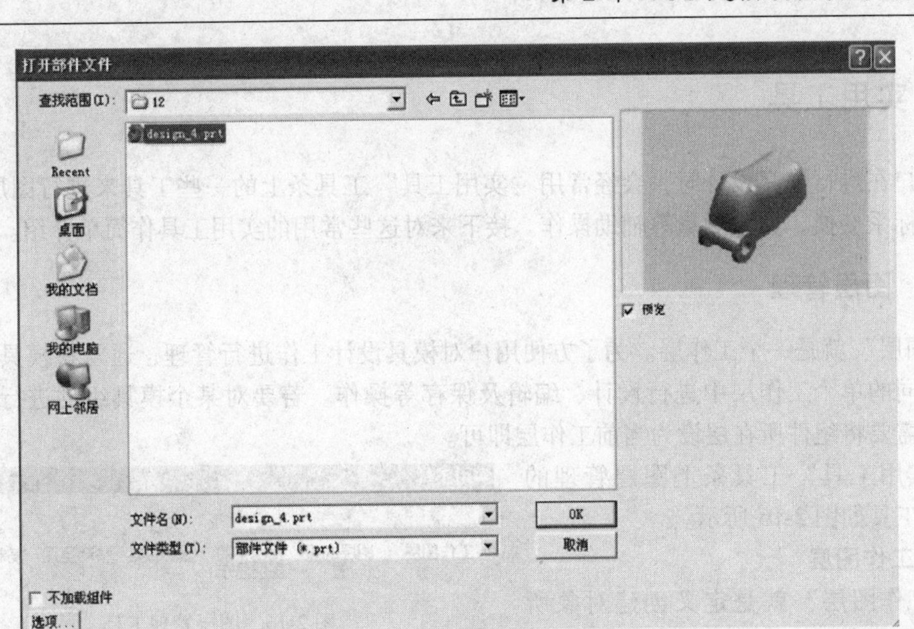

图 2-14　打开模型文件

4）全部保存：保存已修改的部件和所有的顶级装配部件，在模具设计过程中则使用此命令进行文件的保存。

5）保存书签：在书签文件中保存装配关联，包括组件可见性、加载选项和组件组。执行菜单栏中的“文件”命令，在弹出的菜单中可见上述的“保存”命令。

2.2.4　关闭文件

当用户完成全部或者部分设计工作以后，需要将创建的参数数据及信息保存。在菜单栏中执行“文件/关闭”命令，则弹出关闭文件的相关命令，如图 2-15 所示。

1）选定的部件：通过选择过滤器来选择要关闭的部件或者是部件中的组件。

2）所有部件：执行此命令，完全关闭 NX 会话中的所有部件文件。

3）保存并关闭：执行此命令，先保存当前工作状态下的部件（工作部件），然后再自动关闭。

4）另存为并关闭：执行此命令，用其他名称来保存工作部件，并关闭此部件。

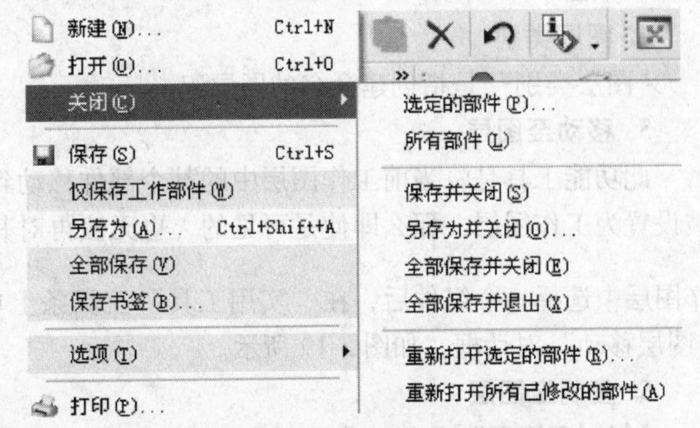

图 2-15　关闭文件的相关命令

5）全部保存并关闭：执行此命令，NX 会话中的所有部件自动保存后关闭。

6）全部保存并退出：执行此命令，NX 会话中的所有部件自动保存后结束 UG 程序运行。

2.3 实用工具

用户在进行模具设计时，会经常用“实用工具”工具条上的一些工具来进行图层管理、工作坐标系变换、模型测量等辅助操作。接下来对这些常用的实用工具作简单介绍。

2.3.1 图层管理

“图层”就是一个工作层。为了方便用户对模具设计工作进行管理，通常将模具各组件放在不同的单个工作层中进行设计、编辑及保存等操作。若要对某个模具组件进行编辑修改，只需要将组件所在层设为当前工作层即可。

“实用工具”工具条上图层管理的各功能工具如图 2-16 所示。

图 2-16　图层管理工具

1. 工作图层

“工作图层”就是定义创建对象所在的图层。在“工作图层”下拉列表框中可选择任一图层来作为当前图层（可进行操作的层）。

2. 图层设置

“图层设置”就是对图层进行“工作图层”、“可见及不可见图层”的设置，并定义图层的类别名称。在“实用工具”工具条上单击“图层设置”按钮，弹出“图层的设置”对话框，如图 2-17 所示。

3. 图层在视图中可见

这个功能工具的作用是确定图层中的模型视图在屏幕中是否可见，即显示与不显示。在“实用工具”工具条上单击“图层在视图中可见”按钮，弹出“视图中的可见图层“对话框，如图 2-18 所示。

4. 图层类别

“图层类别”是指创建命名的图层组。

5. 移动至图层

此功能工具是将当前工作图层中的某个部件移动到其他图层当中。若此部件所在图层未被设置为工作图层，那么即使是可见的，也无法再对其进行任何编辑操作。当用户在当前工作图层中选择一个组件后，在“实用工具”工具条上单击“移动至图层”按钮，弹出“图层移动”对话框，如图 2-19 所示。

6. 复制至图层

“复制至图层”是将工作图层中的一个对象复制到其他图层当中，原对象仍然保留在当前工作图层。当用户在当前工作图层中选择一个组件后，在“实用工具”工具条上单击“复制至图层”按钮，则弹出“图层复制”对话框，如图 2-20 所示。

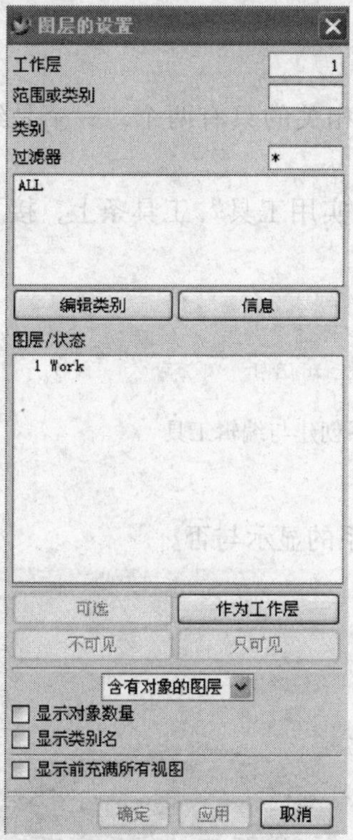

图层的设置

工作层 1

范围或类别

类别

过滤器 *

ALL

编辑类别　信息

图层/状态

1 Work

可选　作为工作层

不可见　只可见

含有对象的图层

显示对象数量

显示类别名

显示前充满所有视图

确定　应用　取消

图 2-17　“图层的设置”对话框

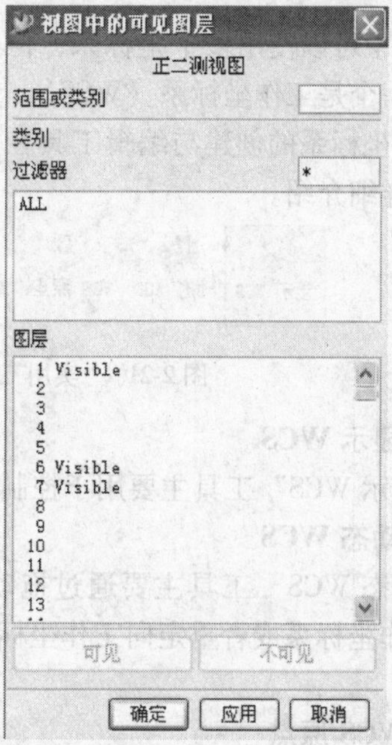

视图中的可见图层

正二测视图

范围或类别

类别

过滤器 *

ALL

图层

1 Visible
2
3
4
5
6 Visible
7 Visible
8
9
10
11
12
13

可见　不可见

确定　应用　取消

图 2-18　“视图中的可见图层”对话框

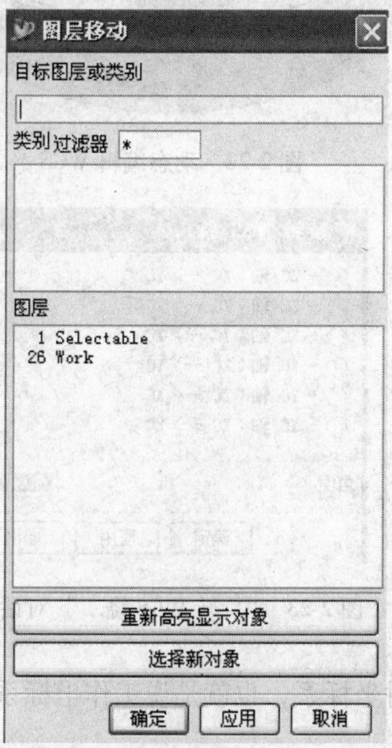

图层移动

目标图层或类别

类别过滤器 *

图层

1 Selectable
26 Work

重新高亮显示对象

选择新对象

确定　应用　取消

图 2-19　“图层移动”对话框

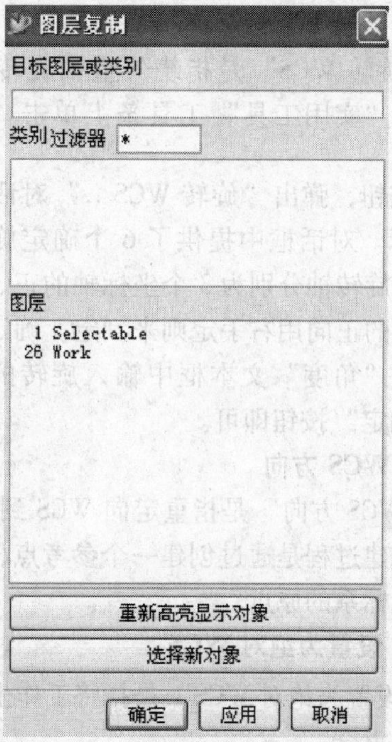

图层复制

目标图层或类别

类别过滤器 *

图层

1 Selectable
26 Work

重新高亮显示对象

选择新对象

确定　应用　取消

图 2-20　“图层复制”对话框

2.3.2 UG 坐标系

UG 中可以使用多个坐标系，但是与用户设计紧密相关的只有两个，一个是绝对坐标系，另一个是工作坐标系（WCS）。

UG 坐标系的创建与编辑工具在如图 2-21 所示的“实用工具”工具条上，接下来对它们进行详细介绍。

图 2-21 “实用工具”工具条上的坐标系创建与编辑工具

1. 显示 WCS

“显示 WCS”工具主要用于控制图形区中工作坐标系的显示与否。

2. 动态 WCS

“动态 WCS”工具主要通过拖动手柄来移动、旋转工作坐标系或者重定向工作坐标系，如图 2-22 所示。

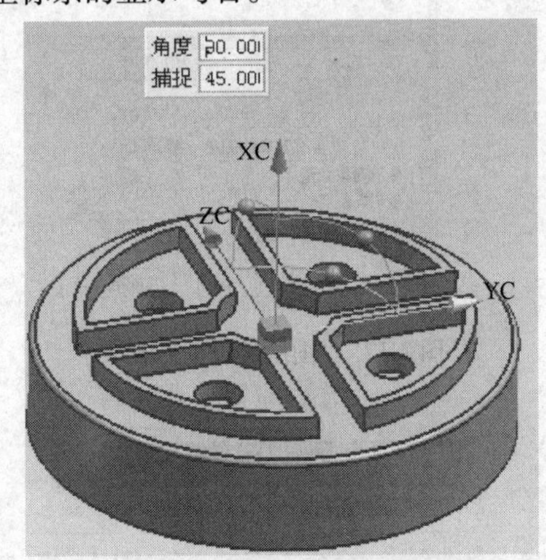

图 2-22 动态编辑 WCS

3. WCS 原点

“WCS 原点”工具主要通过创建一参考点，并使该参考点作为原点来移动工作坐标系至所需位置。

4. 旋转 WCS

“旋转 WCS”是指绕矢量轴旋转其工作坐标系。在“实用工具”工具条上单击“旋转 WCS”按钮，弹出“旋转 WCS...”对话框，如图 2-23 所示。对话框中提供了 6 个确定旋转方向的单选项，旋转轴分别为 3 个坐标轴的正、负方向，旋转方向的正向用右手定则来判定。确定了旋转方向后，在“角度”文本框中输入旋转的角度，再单击“确定”按钮即可。

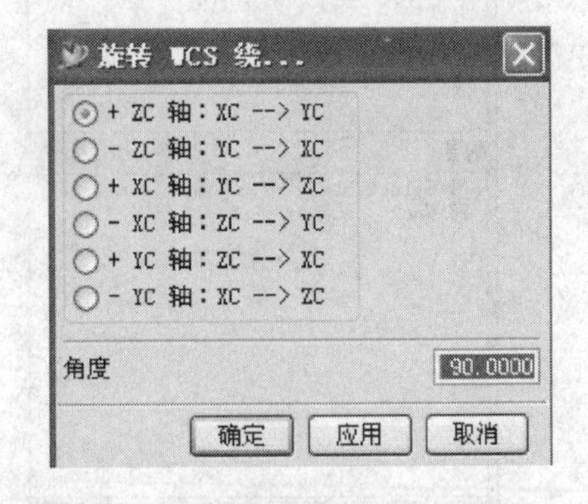

图 2-23 “旋转 WCS 绕...”对话框

5. WCS 方向

“WCS 方向”是指重定向 WCS 到新的坐标系。它的创建过程是通过创建一个参考点，并使该点成为新坐标系的原点。

6. 设置为绝对 WCS

“设置为绝对 WCS”是指将工作坐标系设定为绝对坐标系，也就是说工作坐标系与绝对坐标系重合。

7. 更改 WCS XC 方向

“更改 WCS XC 方向”是指将工作坐标系的 XC 轴重新定向为原点至新参考点的方向。

8. 更改 WCS YC 方向

“更改 WCS YC 方向”是指将工作坐标系的 YC 轴重新定向为原点至新参考点的方向。

9. 存储 WCS

“存储 WCS ”是将当前状态下的工作坐标系保存。无论工作坐标系怎样变化，当前的工作坐标系状态仍然存在。

2.3.3　模型测量

用户进行模具设计时，通常需要对参照模型进行距离、角度等测量，以便后续的操作，并保证设计工作能顺利完成。模型的测量工具为“实用工具”工具条上的“测量距离”工具和“测量角度”工具。

1. 测量距离

“测量距离”工具可用于测量几何特征间的长度、半径、圆周边、组间距等实际距离，同时还可以测量屏幕距离。在“分析”工具栏上单击“距离”按钮，弹出“距离”对话框，如图 2-24 所示。包括以下 5 种测量类型，其含义如下：

1）距离：空间任意两点、两平面间的垂直距离。

2）投影距离：空间中任意两点在投影矢量方向上的垂直距离。

3）屏幕距离：同“屏幕距离”工具。

4）长度：测量曲线的长度。

5）半径：圆弧/圆或圆弧曲面的半径。

图 2-24　距离

2. 测量角度

“角度”工具主要用于计算两个对象之间或由三点定义的两直线之间的夹角，同时也可进行屏幕角度的测量。

在“分析”工具栏单击“角度”按钮，弹出“角度”对话框，如图 2-25 所示。

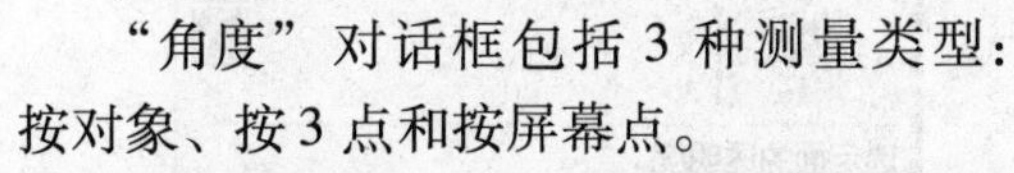

“角度”对话框包括 3 种测量类型：按对象、按 3 点和按屏幕点。

1）按对象：按指定的对象进行角度测量，对象可以使点、线或者平面。

2）按 3 点：以 3 点定义的交于一点的两基线进行角度测量，并计算出相交直线的夹角。

图 2-25　角度

3）按屏幕点：其测量方法与测量平面角度的方法是一样的。

2.3.4　塑模部件验证

“塑模部件验证”用来分析塑料件和铸造件，以评估出可模压性和可制造性。在“分析”菜单栏中单击“塑模部件验证”按钮，弹出“MPV 初始化”对话框，如图 2-26 所示。

此对话框中包括两种分析类型：面/区域和厚度。

1. “面/区域”分析类型

“面/区域”分析类型主要是用来分析塑料件或铸造件的面拔模、型芯/型腔区域面、分型线等参数。该分析类型包括3个区域计算选项：保持现有的、仅编辑和全部重置。

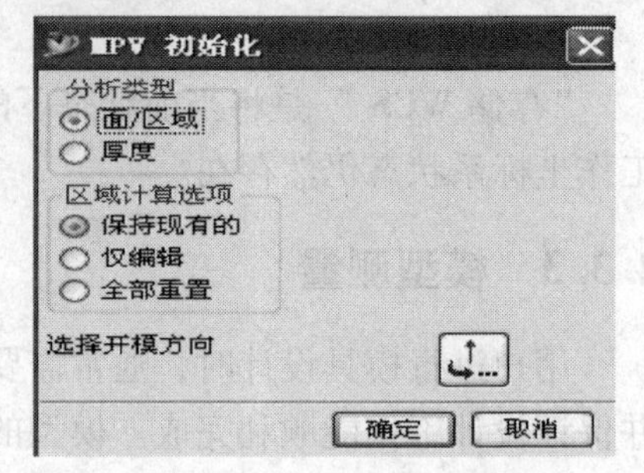

图 2-26 “MPV 初始化”对话框

1）保持现有的：保留初始化产品模型中的所有参数，做模型验证。

2）仅编辑：仅对做过模型验证的部分进行编辑。

3）全部重置：删除以前的参数及信息，重做模型验证。

当制件的拔模分析方向和模具开模方向不一致时，可通过单击“MPV 初始化”对话框中的“选择脱模方向”按钮，在随后弹出的“矢量构造器”对话框中进行拔模方向的指定，如图2-27所示。在图形区选择要分析的塑料件或铸造件产品表面后，单击“确定”按钮，弹出“塑模部件验证”对话框，如图2-28所示。

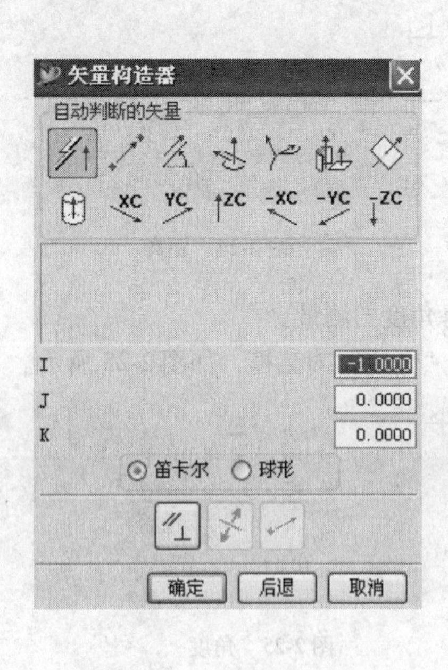

图 2-27 “矢量构造器”对话框

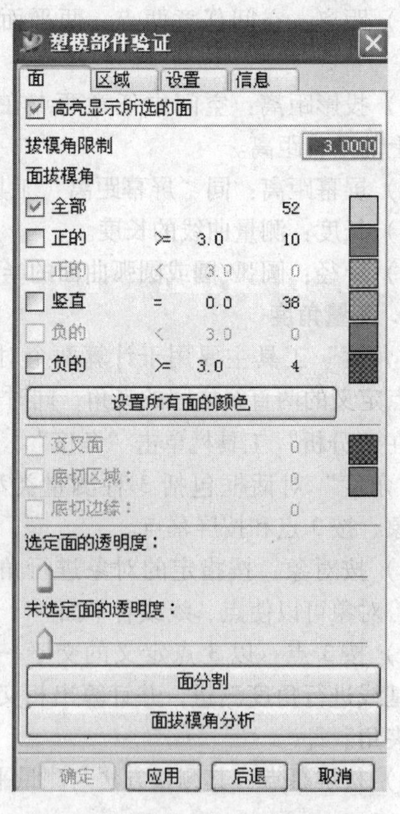

图 2-28 “塑模部件验证”对话框

该对话框中包含4个分析功能标签：面、区域、设置和信息。

1）“面”标签：该标签用于分析面的拔模角以及交叉面、底切区域、底切边缘的显示等操作。

2）“区域”标签：该标签用于分析塑件或铸件的型芯、型腔区域，以及区域面的颜色设置、区域指派等操作。

3）“设置”标签：该标签主要用于控制分析制件的分型边、内部环和不完整环的显示。

4）“信息”标签：该标签用于检查分析制件的面属性、模型属性和尖角属性等。

2. “厚度”分析类型

“厚度”分析类型主要是用于分析产品体的厚度，若产品在壁厚不均的情况下，完成模具设计并进入到生产当中，会导致制件缺陷，如翘曲、缺料等。

在图形区选择塑件或铸件产品体，然后单击“确定”按钮，弹出“壁厚检查”对话框，如图 2-29 所示。该对话框包括 3 个功能标签：计算、检查和选项。“检查”标签如图 2-30 所示。

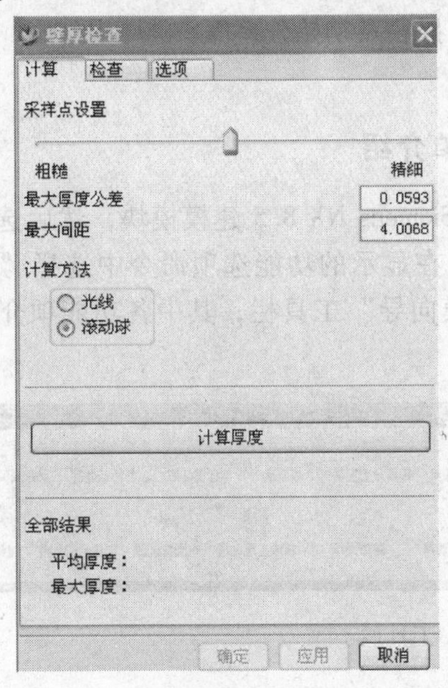

图 2-29　“壁厚检查”对话框

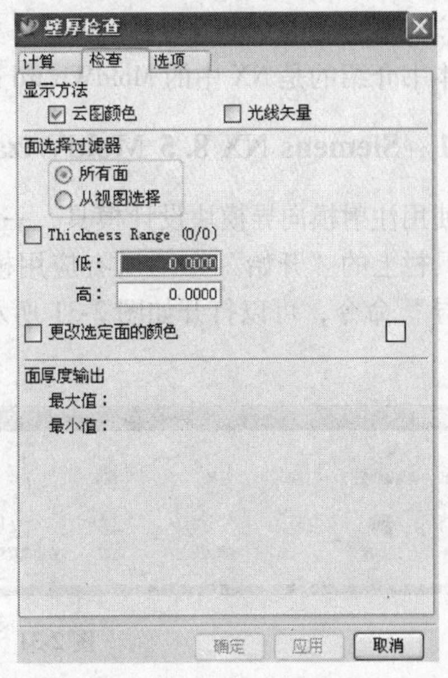

图 2-30　“检查”标签

1）“计算”标签：该标签用来分析并计算出产品的最大厚度值、平均厚度值。

2）“检查”标签：该标签用于检查产品体上所选面的厚度，通过设置分析面的显示方法来显示厚度分析结果，用户即可找到产品体上不合理的壁厚，并加以优化。

3）“选项”标签：该标签主要是为用户提供自定义的选项来显示产品体厚度检查结果。

2.4　UG NX MoldWizard 简介

Siemens NX 8.5 是当今世界上非常先进的面向制造行业的 CAD/CAM/CAE 高端软件。MoldWizard 是西门子公司提供的、运行在 Siemens NX 8.5 软件基础上的一个智能化、参数化的注塑模具设计模块。该模块专注于注射模设计过程的简单化和自动化，是一个功能强大的注射模具软件。它提供了对整个模具设计过程的向导，使从零件的装载、布局、分型、模架的设计、浇铸系统的设计到模具系统制图的整个设计过程非常直观快捷，使模具设计人员专注于与零件特点相关的设计而无须过多关注繁琐的模式化设计过程。

注塑产品在汽车、日用消费品、电子和医疗工业中占据着重要的地位。NX MoldWizard 针对注塑模具设计的一个应用过程，型腔和模架库的设计都统一到整个过程中。NX MoldWizard 为设计模具的型腔、型芯、滑块、提升装置和嵌件提供高级建模工具，最终快速、方便地建立与产品参数相关的三维实体模型，并将其用于加工。

NX MoldWizard 用全参数的方法自动处理在模具设计过程中耗时且难做的部分，并且产品参数的改变将会反馈回模具设计，NX MoldWizard 会自动更新所有相关的模具部件。

NX MoldWizard 的模架库和标准件库包含有参数化的模架装配结构和模具标准件，其中模具标准件包含滑块和内抽芯，可用参数控制所选用的标准件在模具中的位置，NX MoldWizard、NX Wave 和 UG 主模型的强大技术组合在一起设计模具。模具设计参数预置功能允许用户按照自己的标准设置系统变量，如颜色、层、路径及初始公差等。

本书介绍的是 NX 中的 MoldWizard 的使用方法。

2.4.1 Siemens NX 8.5 MoldWizard 功能菜单介绍

使用注射模向导模块设计模具，一般首先进入 Siemens NX 8.5 建模模块，然后选择标准工具栏上的“开始”→“所有应用模块”命令，在显示的功能选项命令中选择“注射模向导”命令，可以打开如图 2-31 所示的“注射模向导”工具栏，其中各功能项介绍如下。

图 2-31 “注射模向导”工具栏

1) 初始化项目：用来载入需要进行模具设计的产品零件，载入零件后，系统将生成用于存放布局和型腔、型芯等一系列文件。

2) 多腔模设计：在一个模具中可以生成多个塑料制品的型芯和型腔。

3) 模具 CSYS：该功能用来设置模具坐标系统，模具坐标系统主要用来设定分模面和拔模方向，并提供默认定位功能。

4) 收缩率：指因液态塑料凝固为固态塑料制品而产生收缩，用于补偿零件收缩的一个比例因子。

5) 工件：该功能用于定义型腔和型芯的镶块体。

6) 型腔布局：用于布局同一个模具中安放的多个零件，以合理地安排一模多件。

7) 注射模工具：为了简化分模的过程，改变型芯、型腔的结构，用于修补各种孔、槽以及修剪补块的方法。

8）模具分型工具：指把毛坯分割成为型芯、型腔的过程，其中包括创建分型线、分型面、型芯和型腔等。

9）模架库：用来安放和固定模具的安装架，并把模具系统固定在注塑机上。

10）标准件库：指模具设计中，用于固定、导向等标准的器件，如螺钉、导向柱、电极和定位环等。

11）顶杆后处理：用分型面修剪顶杆并设置配合长度，该长度是紧密型匹配顶杆孔的长度。

12）滑块和浮升销库：即滑块抽芯，零件中在出模方向的侧面有时会有凸出和凹入的部分，该部分不能通过拔模生成，因此需要临时添加一滑块，在分模前将滑块抽出，以形成相应的型面，然后便可顺利拔模。

13）子镶块库：零件上的默认特征形状在正常分模后会导致模具加工困难，通过加入镶块减小模具型面的复杂程度，降低加工模具的成本。

14）浇口库：浇口是材料流入凹模和凸模形成的成型腔通道。

15）流道：熔化的材料利用流道通过毛坯到达浇口并进入零件成型腔。

16）模具冷却工具：提供冷却系统的设计，冷却系统的作用是防止模具受热变形，影响零件的设计精度，同时也可以使零件快速冷却。

17）电极：一些复杂型腔和型芯需采用特种加工，如电火花加工，这就需要为它们在毛坯上设计电极。

18）修边模具组件：用于修剪镶块、电极和标准件以形成型芯或型腔的局部形状。

19）腔体：有时需要在模具上安装标准件，这就需要为放置的标准件在模具上预留空间，型腔设计工具提供了该功能。

20）物料清单：给出了用于模具系统装配相关的零件列表。

21）装配图纸：该功能用于自动创建模具的装配图。

22）铸造工艺助理：该功能可以修改式样及型芯盒的模型和工具特征，以用于创建浇铸和工具设计。

23）视图管理器：用于控制装配结构部件在屏幕上的显示。

24）未使用的部件管理：用于删除模具项目中不再被使用的部件文件，或恢复部件文件。

2.4.2　Siemens NX 8.5 模具设计的基本过程

注射模向导模块的设计过程遵循了模具设计的一般规律，其过程是：分步选择“注射模向导”工具栏的各个选项，进入其所对应的设计对话框，在对话框中选择相关设计步骤，并设置各个零部件的参数，再逐个创建和组装零部件，进而构建模具结构。下面给出采用

Siemens NX 8.5 MoldWizard 进行模具设计的一般过程，如图 2-32 所示。

1. 加载产品和项目初始化

加载产品和项目初始化是使用注塑模向导进行设计的第一步，在初始化过程中，MoldWizard 将自动产生组成模具必需的标准元素，并生成默认装配结构的一组零件图文件。其操作流程如下：

单击“注塑模向导”工具栏中的“初始化项目”按钮，弹出如图 2-33 所示的“打开部件文件”对话框，选中要加载的产品，单击 OK 按钮即可弹出“初始化项目”对话框，如图 2-34 所示，单击“确定”按钮，即可把该产品的三维实体模型加载到模具装配结构中。

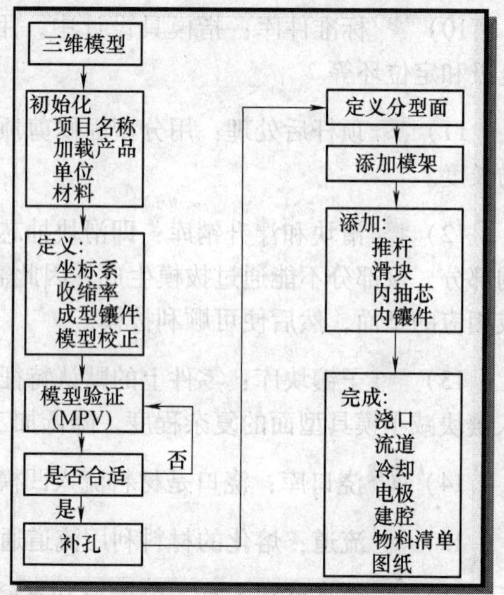

图 2-32 UG 模具设计基本过程

2. 定义模具体系

模具设计需要确定模具的分模面和顶出方向，这是由模具坐标系的位置和方位确定的。注塑模向导模块规定 XC－YC 平面为模具装配的主分型面，坐标原点位于模架的动、定模接触面的中心，＋ZC 方向为顶出方向。因此定义模具坐标系必须考虑产品的形状。

模具坐标系功能就是把当前产品装配体的工作坐标系原点平移到模具绝对坐标原点上，使绝对坐标原点在分模面上。

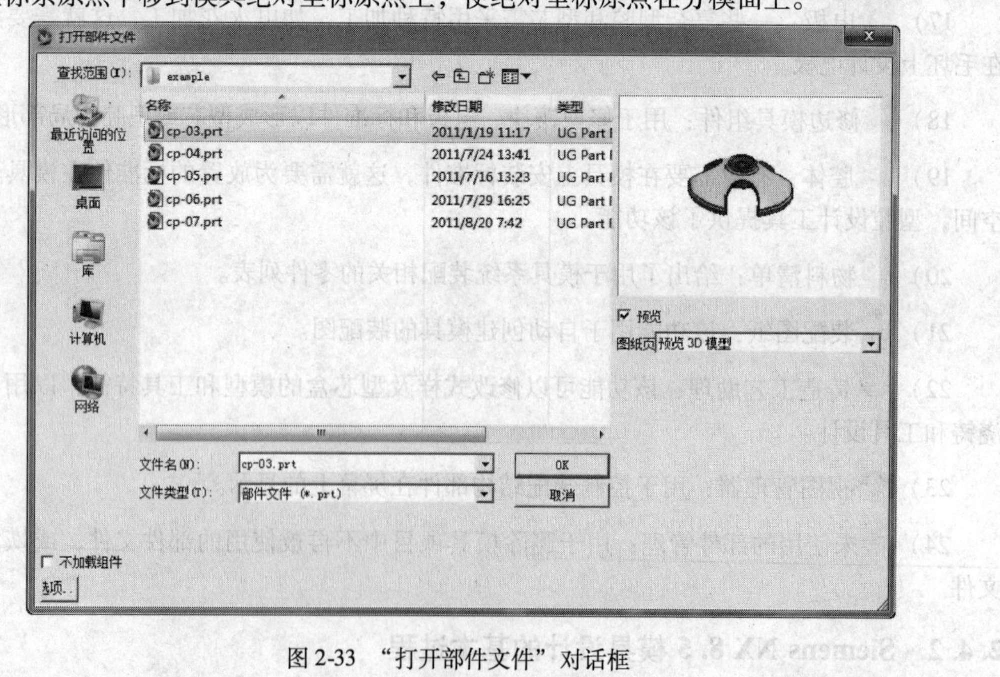

图 2-33 “打开部件文件”对话框

具体应用时应先用主菜单上的 WCS 菜单来重新定位产生零件的坐标，然后把坐标从坐标原点移到分模面上，再单击“注塑模向导”工具栏中的“模具 CSYS”按钮，弹出如图 2-35 所示的“模具 CSYS”对话框，单击“确定”按钮，产品装配体工作坐标原点将平移到模具绝对坐标原点。

3. 编辑收缩率

塑件一般在冷却定型后其尺寸会小于相应部位的模具尺寸，所以设计模具时，必须把塑件的收缩率补偿到模具的相应尺寸中去，以得到符合尺寸要求的塑件。收缩率一般以 1/1000 为单位或以百分率表示，收缩率的大小因材料的性质、填充料或强化材料的比例而改变，同一型号的材料也会因成型工艺的不同而引起收缩率发生改变。

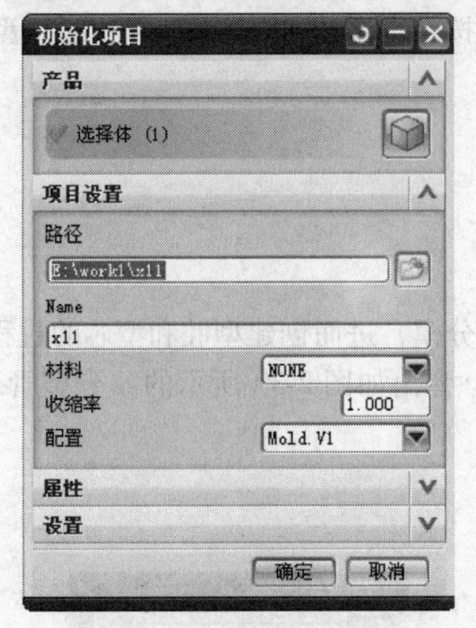

图 2-34　“初始化项目”对话框

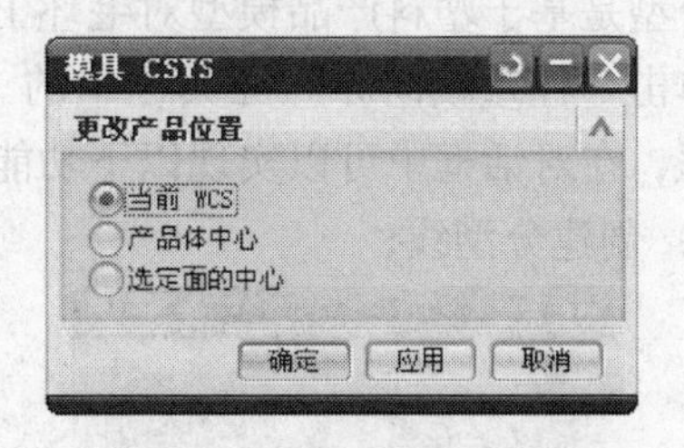

图 2-35　“模具 CSYS”对话框

单击“注塑模向导”工具栏中的“收缩率”按钮，弹出如图 2-36 所示的“比例”对话框，选择合适的收缩率类型和数值即可。

4. 设定工件

工件是用来生成模具型腔和型芯的毛坯实体，所以其尺寸在零件外形尺寸的基础上各方向都增加了一部分尺寸。

单击“注塑模向导”工具栏中的“工件”按钮，弹出如图 2-37 所示的“工件”对话框，可以在其中设置所选毛坯的尺寸。

图 2-36　“比例”对话框

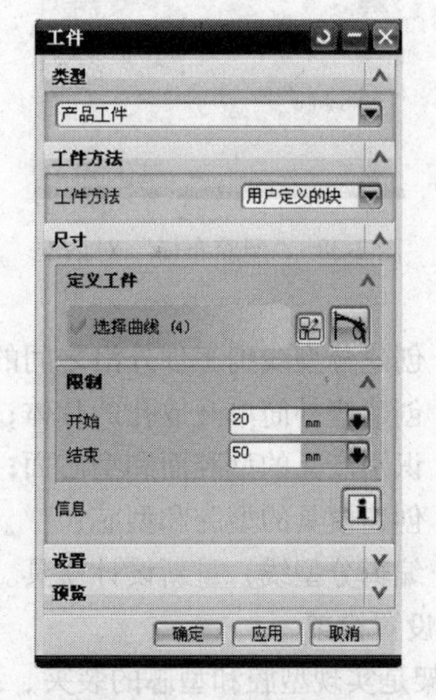

图 2-37　“工件”对话框

5. 型腔布局

型腔布局工具主要运用在“一模多腔”模具的自动布局上，如果同一个产品需要进行多腔排列，只需一次载入产品模型即可。

单击“注塑模向导”工具栏中的“型腔布局”按钮，弹出如图 2-38 所示的“型腔布局”对话框，在对话框中可以实现以下功能：

1）型腔排列方式的设置；

2）型腔数目的设置；

3）型腔的定位。

6. 分型

分型是基于塑料产品模型对毛坯工件进行的加工分模，进而创建型腔和型芯的过程。

单击“注塑模向导”工具栏中的“分型”按钮，弹出如图 2-39 所示的“分型管理器”对话框，在对话框中可以实现以下功能：

1）创建分型线；

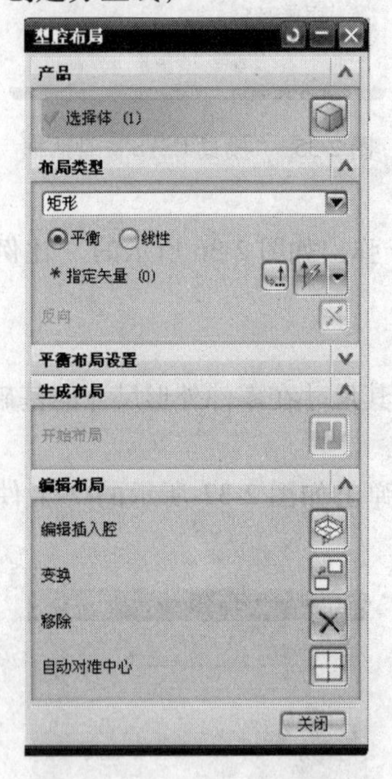

图 2-38 “型腔布局”对话框

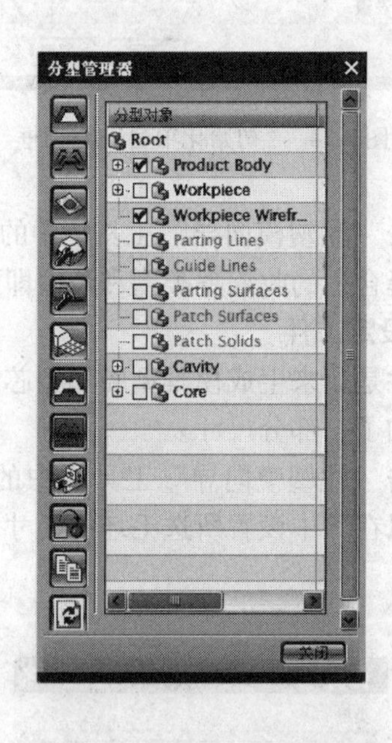

图 2-39 “分型管理器”对话框

2）创建分型线到工件外沿之间的片体；

3）创建修补简单开放孔的片体；

4）识别产品的型腔面和型芯面；

5）创建模具的型腔和型芯；

6）编辑分型线，重新设计模具。

7. 设置模架

模架是实现型腔和型芯的装夹、顶出和分离的机构，其结构、形状及尺寸都已经标准化和系列化，也可对模架库进行扩展以满足特殊需要。

单击“注塑模向导”工具栏中的“模架”按钮，弹出如图 2-40 所示的“模架管理”对话框，在对话框中可以实现以下功能：

1）登记模架模型到 MoldWizard 库中；

2）登记模架数据文件来控制模架的配置及尺寸；

3）复制模架模型到 MoldWizard 工程中；

4）编辑模架的配置和尺寸；

5）移除模架。

8. 标准件管理

注塑模向导模块将模具中常用的标准组件（如螺钉、顶杆、浇口套等）组成标准件库，用来进行标准件管理的安装和配置。也可以自定义标准件库来匹配公司的标准件设计，并扩展到库中以包含所有的组件或装配。

单击“注塑模向导”工具栏中的“标准件”按钮，弹出如图 2-41 所示的“标准件管理”对话框，在对话框中可以实现以下功能：

1）组织和显示目录及组件选择的库登记系统；

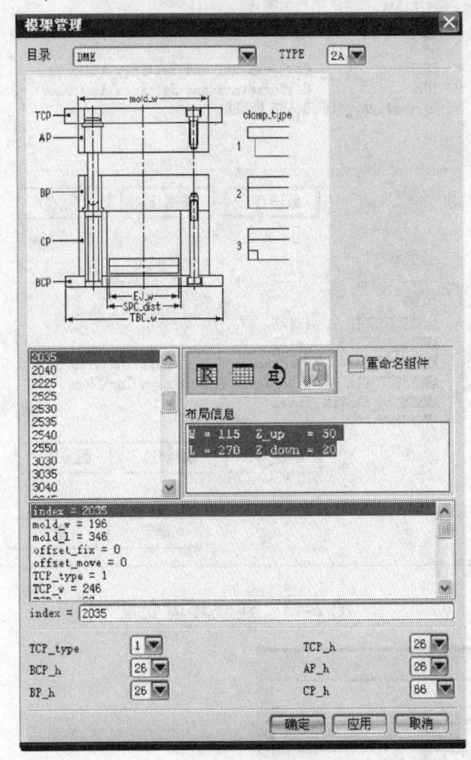

图 2-40 “模架管理”对话框

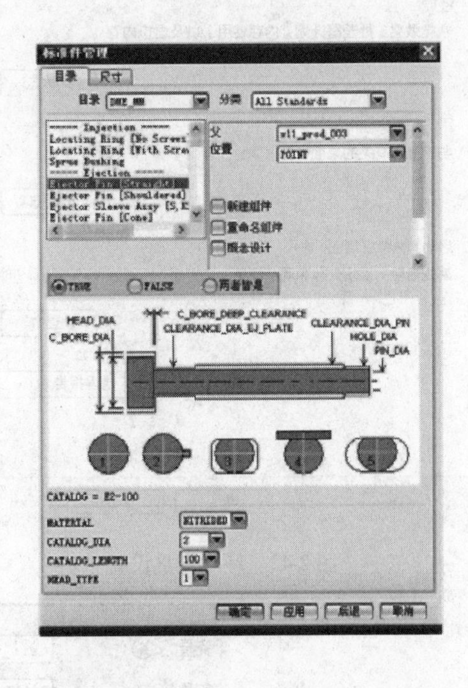

图 2-41 “标准件管理”对话框

2）复制、重命名及添加组件到模具装配中的安装功能；

3）确定组件在模具装配中的方向、位置或匹配标准件的功能；

4）允许选项驱动的参数选择的数据库驱动配置系统；

5）移除组件；

6）定义部件列表数据和组件识别的部件属性功能。

链接组件和模架之间参数的表达式系统。

2.5 模具库简介

2.5.1 HB_MOLD 模具工具

HB_MOLD 外挂为全 3D 塑胶模具设计外挂工具，支持 Siemens NX 8.0、Siemens NX 8.5 等版本，在模具设计行业得到了广泛的应用。

2.5.2 HB_MOLD 安装

1）把 HB_MOLD 文件夹拷贝到 D 盘根目录下，即 D：/HB_MOLD。

2）设置系统环境变量，如图 2-42 ~ 图 2-44 所示。

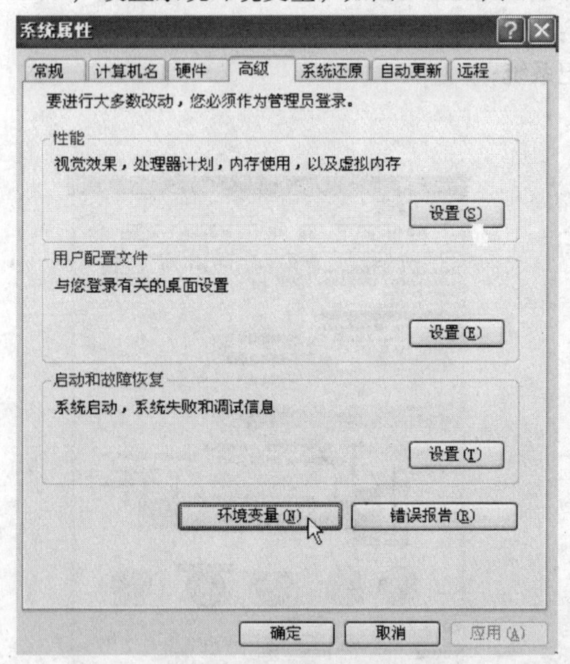

图 2-42　环境变量设置

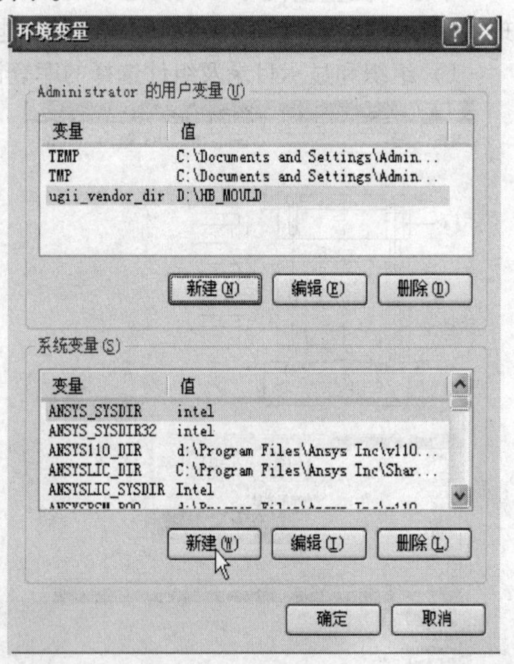

图 2-43　建立环境变量

图 2-44　设置变量

3）启动 UG 软件后，HB_MOLD 会在菜单窗口中生成，如图 2-45 所示。

模具设计师经验点评：不同版本的 HB_MOLD 模具工具的安装方法有所不同，具体请参考软件的安装说明。

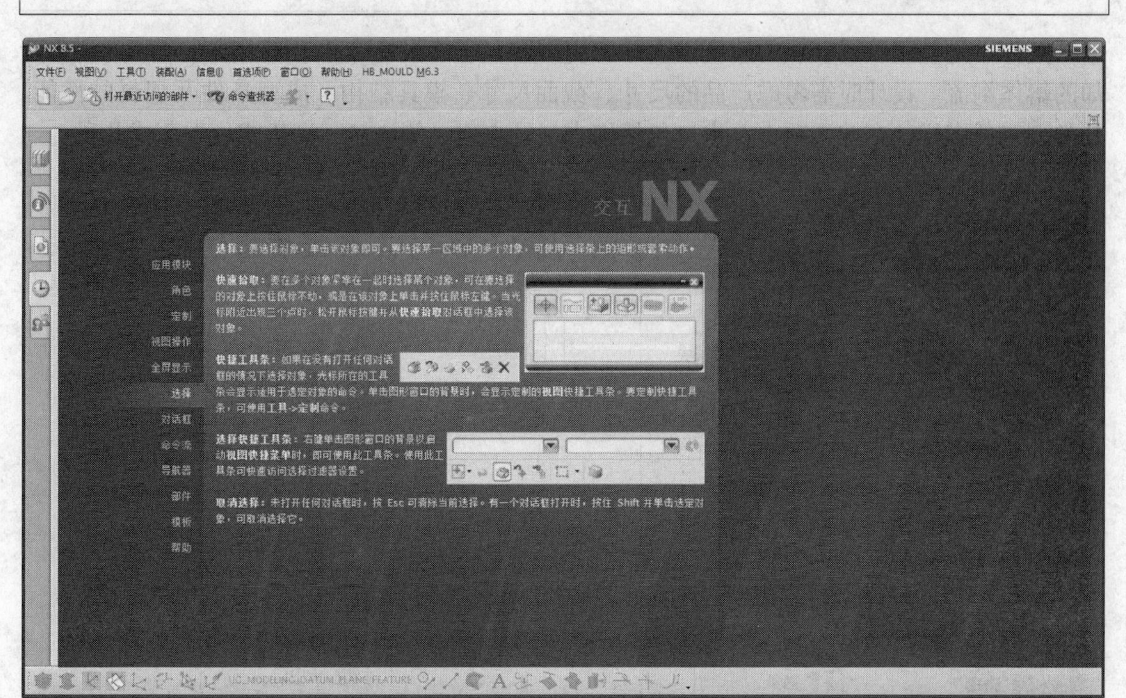

图 2-45　模具外挂工具的生成

2.5.3　HB_MOLD 模具设计常用工具

1. "模胚"（模架）**选项**（见图 2-46）

HB 模胚选项中包含龙记、富得巴、非标模胚等，用户根据要求选择不同的模架，本书以龙记模架为例。如图 2-46 所示，模架一般分为大水口模架、细水口模架、简化型细水口模架三种类型。

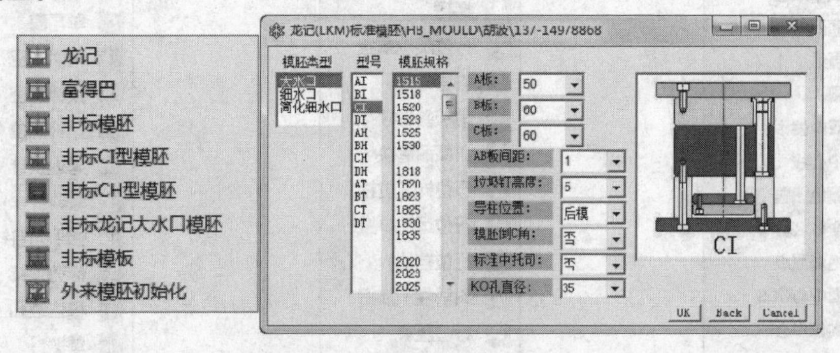

图 2-46　"模胚"（模架）选项

2. "模具标准件"选项（见图 2-47）

HB 外挂为全 3D 的注塑模具标准零件库。除零件库外，还包含了其他特征操作，如"模具建模特征"（见图 2-48）、"几何建模特征"（见图 2-49）、"行位（滑块）系列"（见图 2-50）、"顶针（推杆）系列"（见图 2-51）、"螺丝（螺钉）系列"（见图 2-52）等。

3. "水口（浇口）**系列"选项**（见图 2-53）

水口又称进浇方式，是连接分流道与型腔之间的一段细短通道，是浇注系统的最后部分，其作用是使塑胶以较快的速度进入并充满型腔，它能很快冷却封闭，防止型腔内还未冷却的熔体倒流。设计时需考虑产品的尺寸、截面尺寸、模具结构、成型条件及塑料的性能。其类型多种多样，在此选项中，水口包括细水口针点式、侧浇口、潜伏式、香蕉式几种。

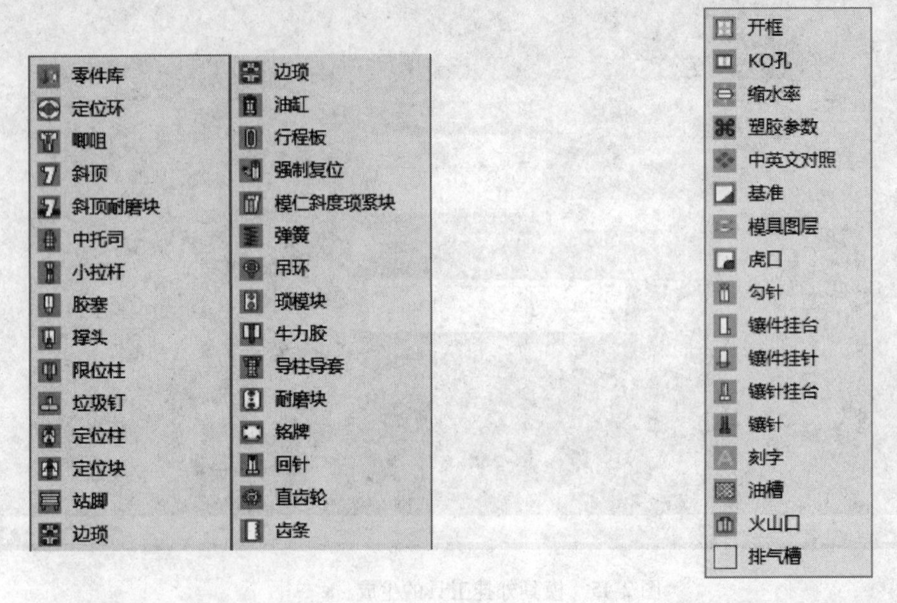

图 2-47 “模具标准件”选项

图 2-48 模具建模特征

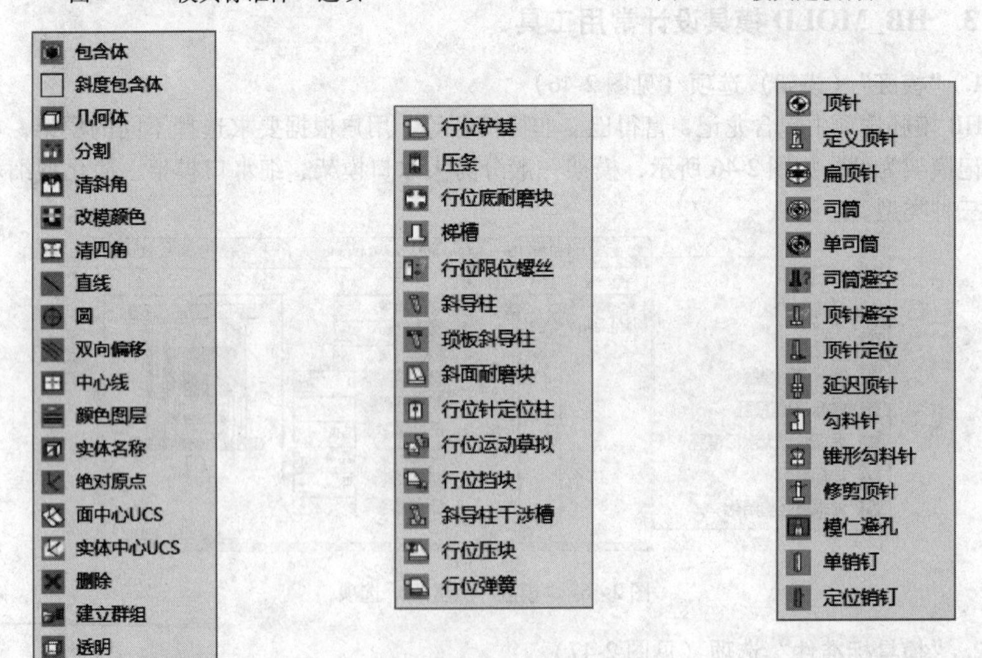

图 2-49 几何建模特征

图 2-50 行位（滑块）系列

图 2-51 顶针（推杆）系列

4. “运水（冷却水）系列”选项（见图 2-54）

由于运水形式种类较多，而且 HB 零件库中只有环绕型运水，在创建全 3D 装配图时，用户可以通过创建孔的方式创建运水孔。

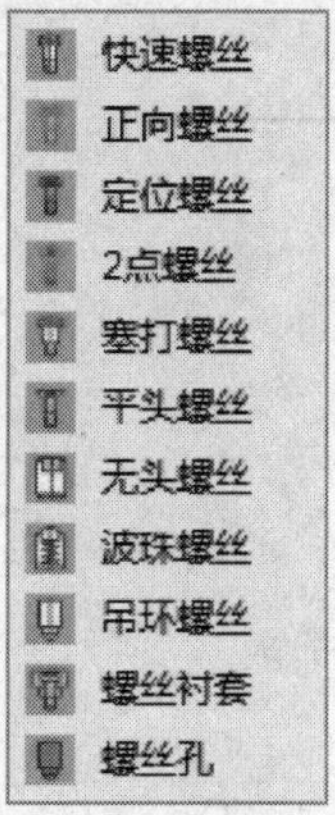

快速螺丝
正向螺丝
定位螺丝
2点螺丝
塞打螺丝
平头螺丝
无头螺丝
波珠螺丝
吊环螺丝
螺丝衬套
螺丝孔

图 2-52　螺丝（螺钉）系列

图 2-53　水口（浇口）系列

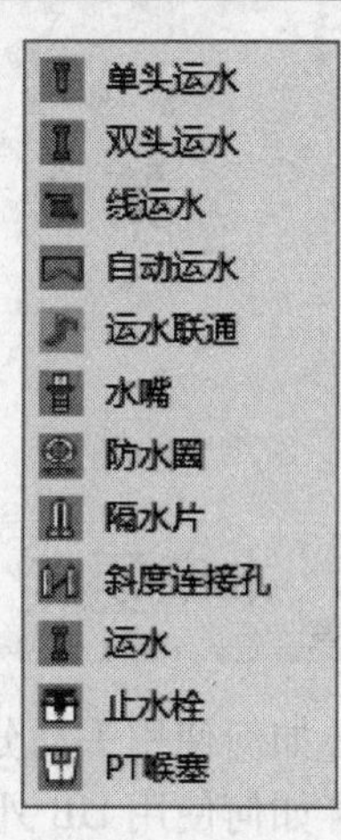

图 2-54　运水（冷却水）系列

第3章　单分型面注射模具设计——灯罩模具设计

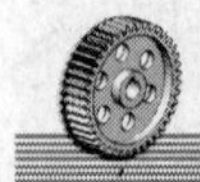

本章要点

- 如何使用手动分模的方法进行模具设计
- 如何使用 HB 外挂加载标准模架
- 如何创建模具标准件，如定位圈、浇口套、定位螺栓等
- 推杆如何分布才能有效推出产品，推杆大小及方位如何确定
- 如何创建浇注系统和冷却系统

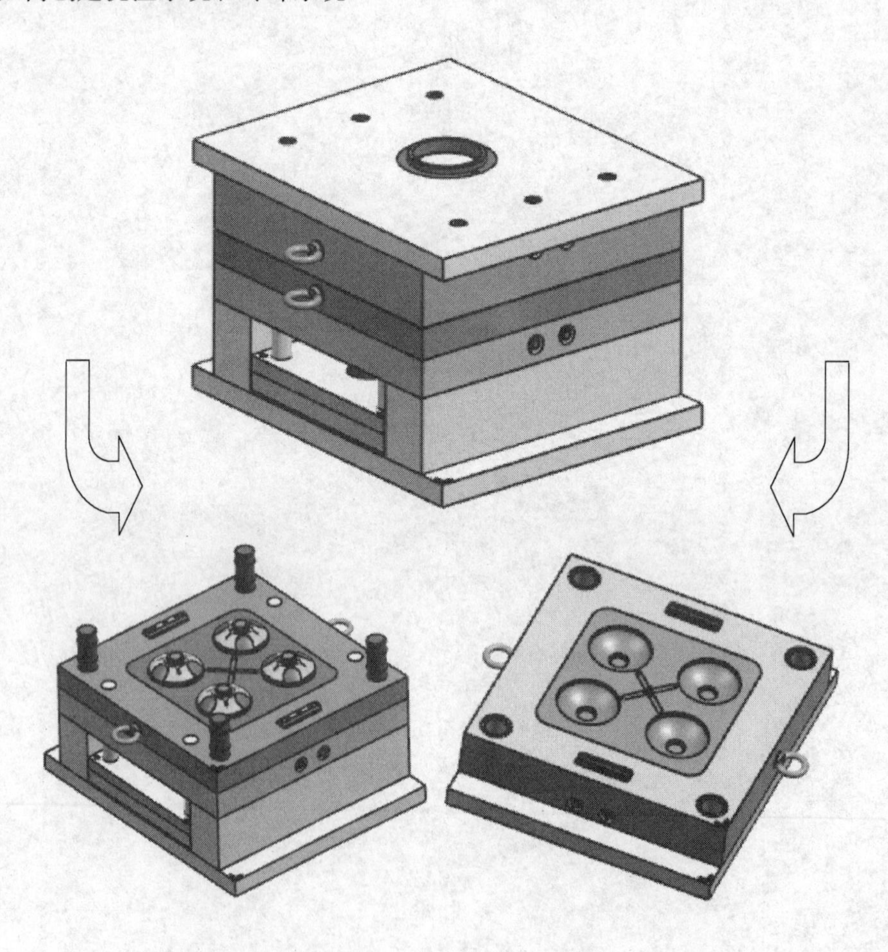

3.1　设计任务

本章的设计任务是灯罩模具，接受设计任务时，客户提供的是灯罩产品的模型图如图 3-1 所示，并提出一些设计要求见表 3-1。

图 3-1　灯罩产品模型图

表 3-1　客户要求

产品材料	用途	产品外观要求	材料收缩率	模腔排位及数量	产量	备注
ABS	灯罩产品	外表光滑，没有流纹、飞边等	5‰	一模四腔	40 万	产品要求装配，且装配在偏差内，防止表面缩水

3.2　设计思路分析

下面以灯罩产品的结构，进行模具设计思路分析：

1. 用途分析

该产品属于电器产品，注射条件为高温、高压，故对模具有较高强度要求，尺寸定位要求比较高，产品也要有一定耐磨性和耐蚀性。

2. 材料分析

（1）技术指标

ABS 是丙烯腈、丁二烯和苯乙烯的三元共聚物，A 代表丙烯腈，B 代表丁二烯，S 代表苯乙烯，ABS 树脂是目前产量最大，应用最广泛的聚合物，它将 PS、SAN、BS 的各种性能有机地统一起来，兼具韧、硬、刚相均衡的优良力学性能。

（2）使用性能

有良好的冲击强度，尺寸稳定性好，电性能、耐磨性、抗化学药品性、染色性、成型加工和机械加工较好。ABS 树脂耐水、无机盐、碱和酸类，不溶于大部分醇类溶剂，而且易溶于醛、酮、和某些氯代烃中。

（3）成型性能

1）无定形料，流动中等，吸湿大，必须充分干燥，表面要求光泽的塑件须长时间预热干燥。

2）易取高料温、高模温，但料温过高容易分解。对精度较高的塑件，模温宜取 50 ~ 60℃。对高光泽、耐热塑件，模温宜取 60 ~ 80℃。

3）如成型耐热级或阻燃级材料，生产 3 ~ 7 天后模具表面会残存塑料分解物，导致模具表面不光亮，须对模具及时进行处理，同时模具表面需要增加排气位置。

3. 结构分析

（1）模具结构

灯罩产品结构比较简单，不需要进行特殊结构设计，可采用一模四腔的二板式模具结构，如图 3-2 所示。

（2）分型面

分型面取在制品最大截面处，为保证制品的外观质量和便于排气，分型面选在产品的底部，如图 3-3 所示。

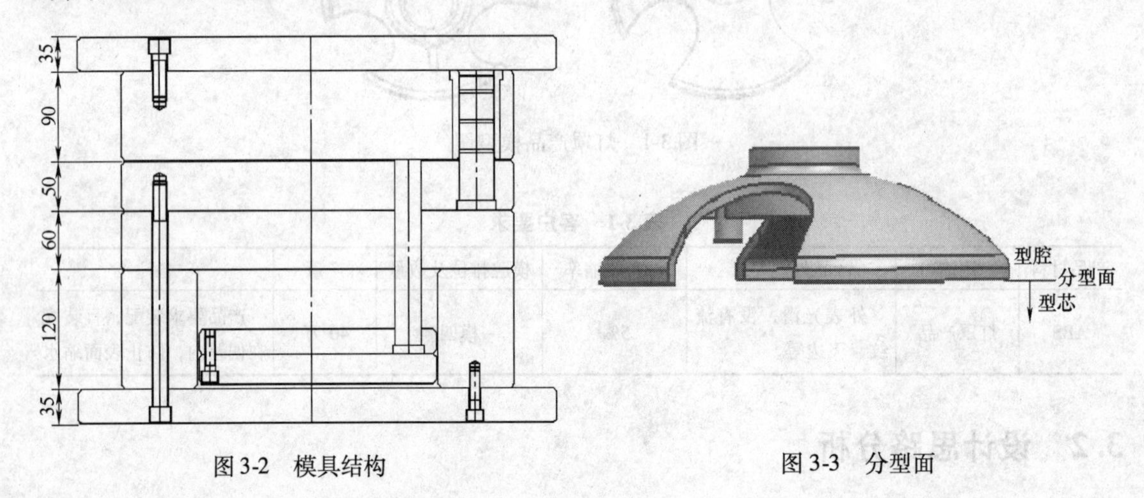

图 3-2　模具结构

图 3-3　分型面

（3）浇口类型

由于产品的外观和结构限制，不宜于采用直接式浇口、点浇口和潜伏浇口进料。而侧浇口进料，既不影响产品的外观，去除又方便，如图 3-4 所示。

（4）推出系统

由于灯罩模型锁模力不大而且不是透明产品，所以推出机构可以采用推杆推出，如图 3-5 所示。

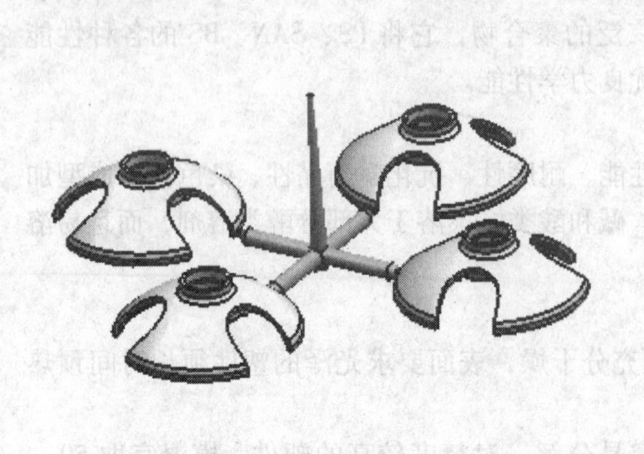

图 3-4　浇口类型

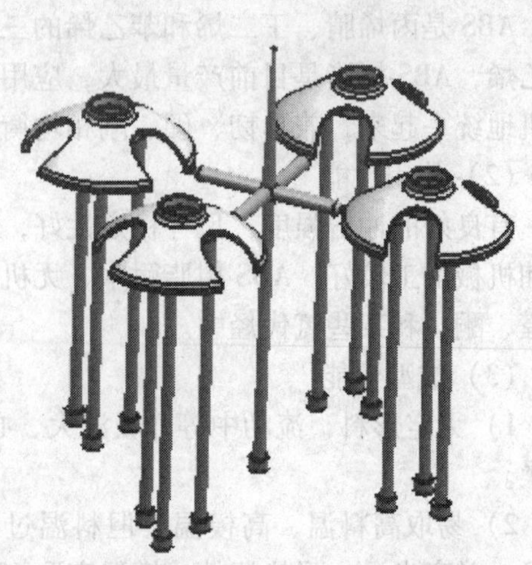

图 3-5　推出机构

(5) 冷却系统

根据制品的形状、尺寸和模具结构，冷却孔取 8mm。由于型芯和型腔的结构限制，动模和定模采用直流式冷却系统比较合理，如图 3-6 所示。

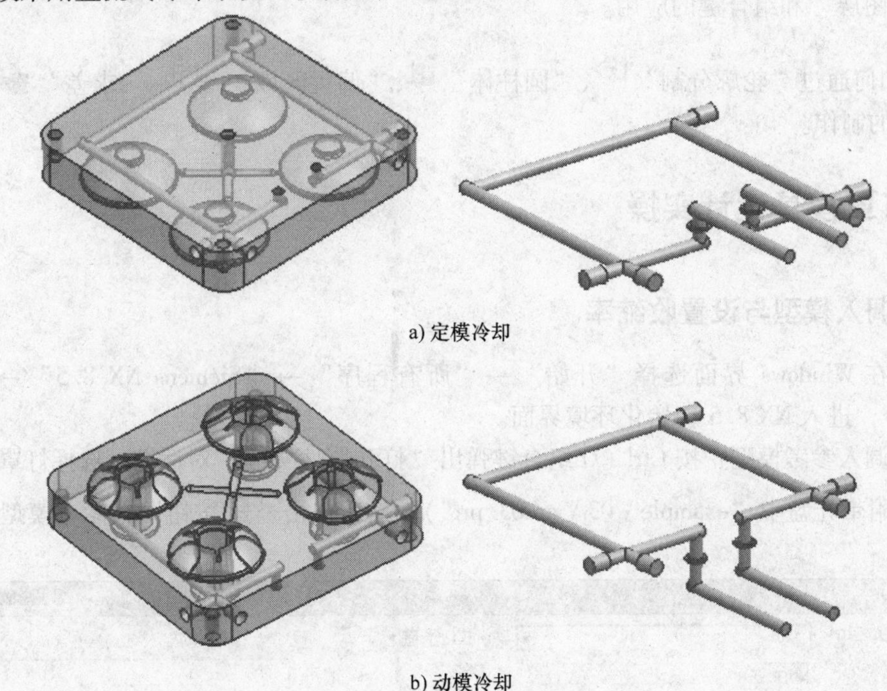

a) 定模冷却

b) 动模冷却

图 3-6　定模、动模冷却

3.3　模具设计流程及知识点

3.3.1　模具设计流程分析

本例将完全采用建模模块的功能进行模具设计，设计模具时设计出主要成型结构，定模板动模板以及模架的加载、流道系统、推出系统、冷却系统等的设计，最后完成其他零部件的加载。主要设计流程是，调入参考模型与缩放模型→创建补块完成破孔修补→创建型腔型芯→创建镶件→创建定模板和动模板→调入模架→设计流道系统→设计推出系统→设计冷却系统→其他标准件的加载→完成模具设计。

3.3.2　主要知识点

本例主要包含如下知识点：

1）如何通过“缩放体”、“模具工具”、“创建方块”、“替换面”、“实例几何体”、“拉伸”、“分割体”、“求和”、“变换”等功能完成产品的分型。

2）如何通过“HB_MOULD”外挂完成模坯的调用、“开框” 等功能的使用完成模架的加载及顶出系统、流道系统、冷却系统的创建。

3）“图层”和组合键的应用。

4）如何通过“轮廓分割”、“圆柱体”、“偏置区域”、“求差”等命令完成镶件的制作。

3.4 灯罩模具设计实操

3.4.1 调入模型与设置收缩率

（1）在 Windows 界面选择“开始”→“所有程序”→“Siemens NX 8.5”→“NX 8.5”命令，进入 NX 8.5 初始化环境界面。

（2）调入参考模型：按 Ctrl + O 组合键弹出“打开部件文件”对话框，选择灯罩产品文件（随书附带光盘中“example \ 03 \ cp-03. prt”），然后单击 OK 按钮调入参考模型，如图 3-7 所示。

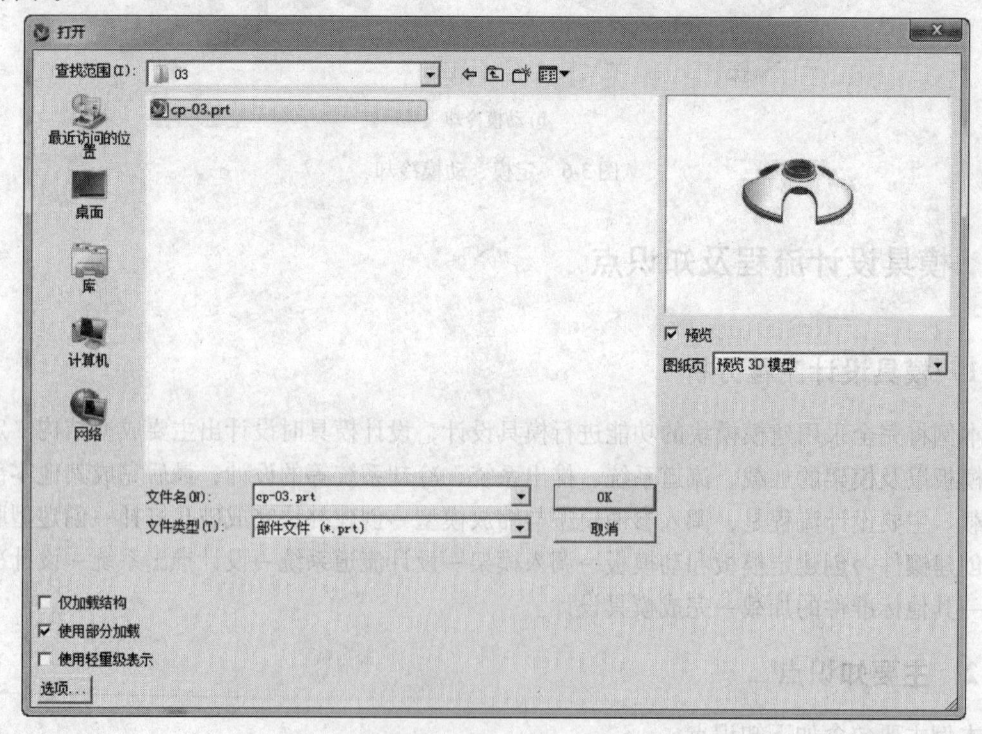

图 3-7　调入参考模型

（3）在“标准”工具条中单击“建模”按钮或按〈Ctrl + M〉组合键进入建模模块。

（4）复制产品：在菜单栏中选择“格式”→“复制至图层”选项，类选择的对象选择灯罩产品，单击 确定 按钮，弹出“图层移动”对话框，目标图层或类别输入 2，单击确定按钮，如图 3-8 所示。

注意：UG NX 中的图层分为工作图层、可见图层和不可见图层。工作图层即为当前正在操作的层，当前建立的几何体都位于工作图层上，只有工作图层中的对象可以被编辑和修改，其他的层只能进行可见性和可选择性的操作。通过“复制至图层”命令，在 2 层保存一个原尺寸产品，方便后面模型的操作。

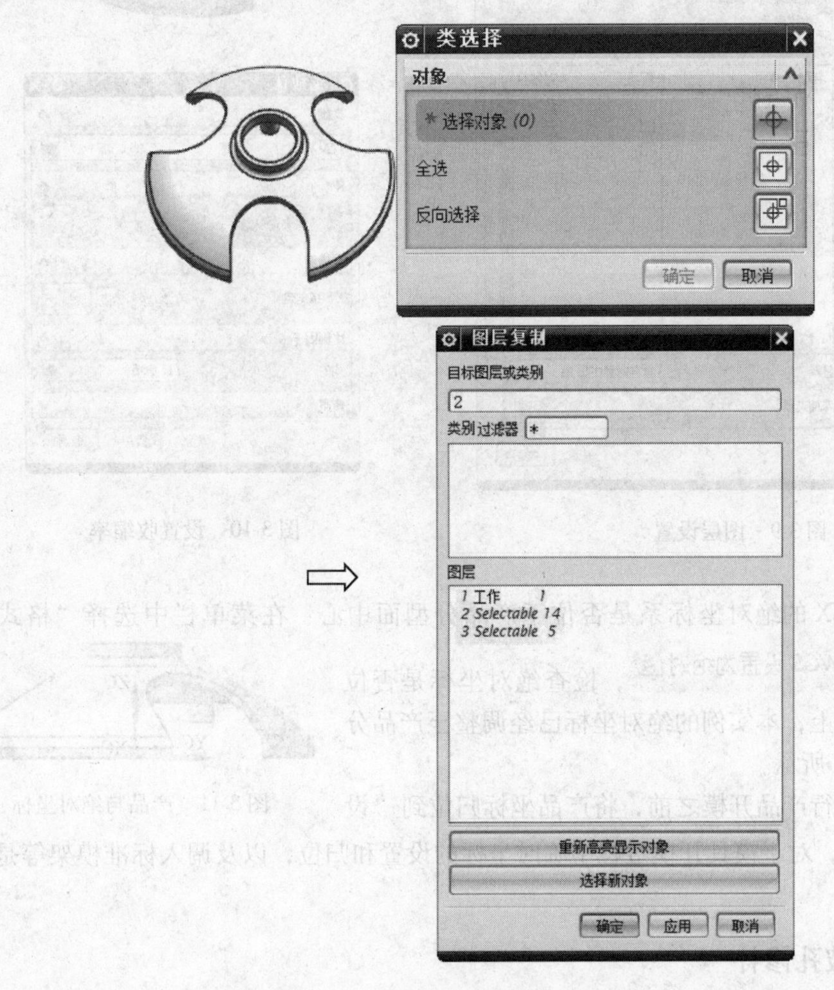

图 3-8 复制模型

（5）图层设置：在菜单栏中选择“格式”→“图层设置”选项，弹出图层设置对话框，如图 3-9 所示，将 2 层的灯罩产品的复制文件设置为不可见。

（6）设置产品收缩率：在菜单栏中选择“插入”→“偏置/缩放”→“缩放体”选项，弹出“缩放体”对话框，选择灯罩产品，设置比例因子为 1.005，如图 3-10 所示。

注意：设置制品的收缩率，是因为塑料在模具型腔冷却后要产生收缩，而制品成型后要经过一段时间才能完全稳定下来。其目的是对塑料成型留出一定的调整余地，以保证制品的精度要求。对一个产品设置收缩率后，产品的尺寸发生了变化，所以在设置收缩率之前，通常复制产品的原文件到图层，便于零件尺寸的验证。

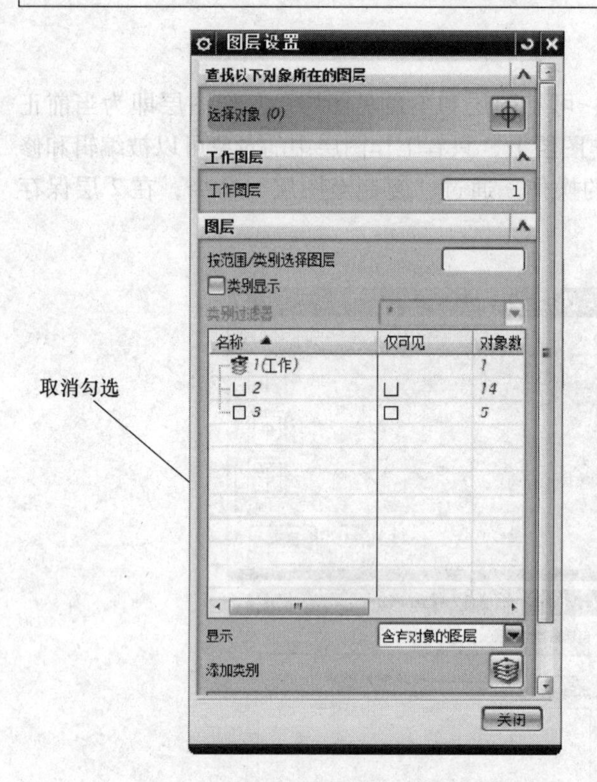

图 3-9 图层设置

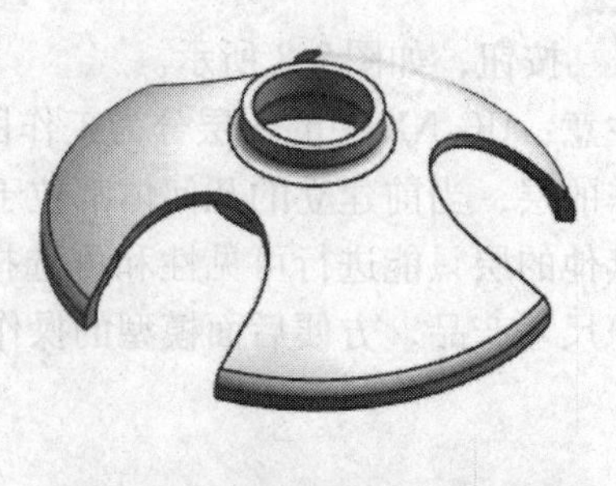

图 3-10 设置收缩率

(7) 检查 NX 的绝对坐标系是否位于产品分型面中心：在菜单栏中选择“格式”→“WCS”→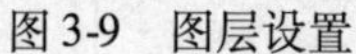，检查绝对坐标是否位于产品的分型面上，本实例的绝对坐标已经调整至产品分型面，如图 3-11 所示。

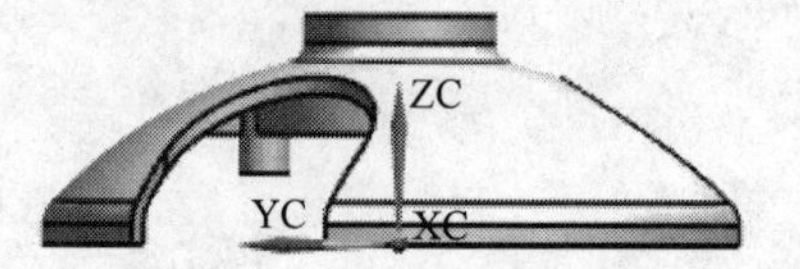

图 3-11 产品与绝对坐标

注意：在进行产品开模之前，将产品坐标归位到“设置为绝对 WCS”，对于模具开模过程中临时坐标的设置和归位，以及调入标准模架等是非常必要的。

3.4.2 产品破孔修补

(1) 灯罩产品外表面有 4 个缺口，可采用补实体或补片体的方法，本实例采用补实体。

调出“注射模向导”工具条。单击“开始”→“所有应用模块”→“注射模向导”，弹出“注射模向导”对话框。

在“注射模向导”工具条中，单击“模具工具”按钮，单击“创建方块”按钮，弹出“创建方块”对话框，如图 3-12 所示。

接着，对象选择灯罩产品要修补的-Y 方向的通孔面，面间隙为 1，单击 确定 按钮，如图 3-12 所示，创建的方块会比通孔高 1mm。

注意：用软件开模时，通孔有选择上下两种的分法，但是软件不能判断选择哪种分法，所以用户要将通孔补好，以决定留定模还是动模。而当产品的外表面要求比较高，不允许有毛刺时，应在型芯的表面进行修补破孔的操作。

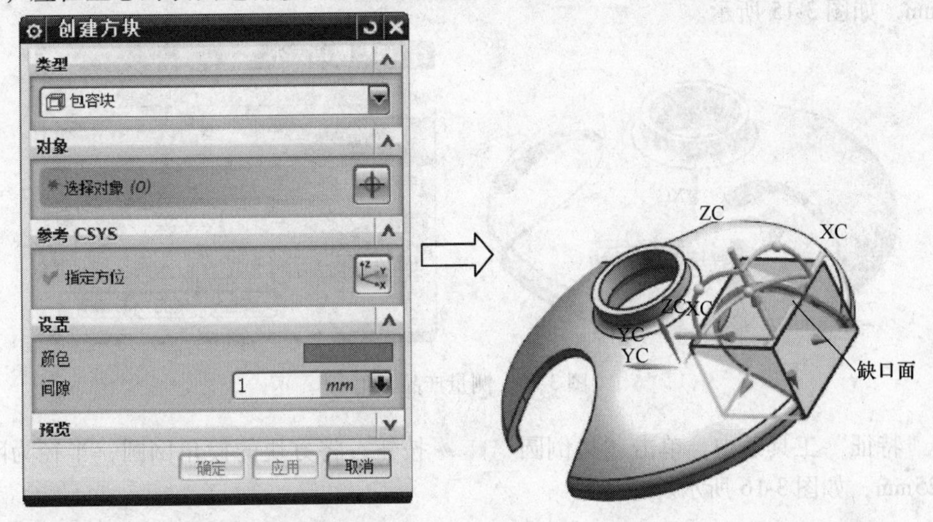

图 3-12　补实体

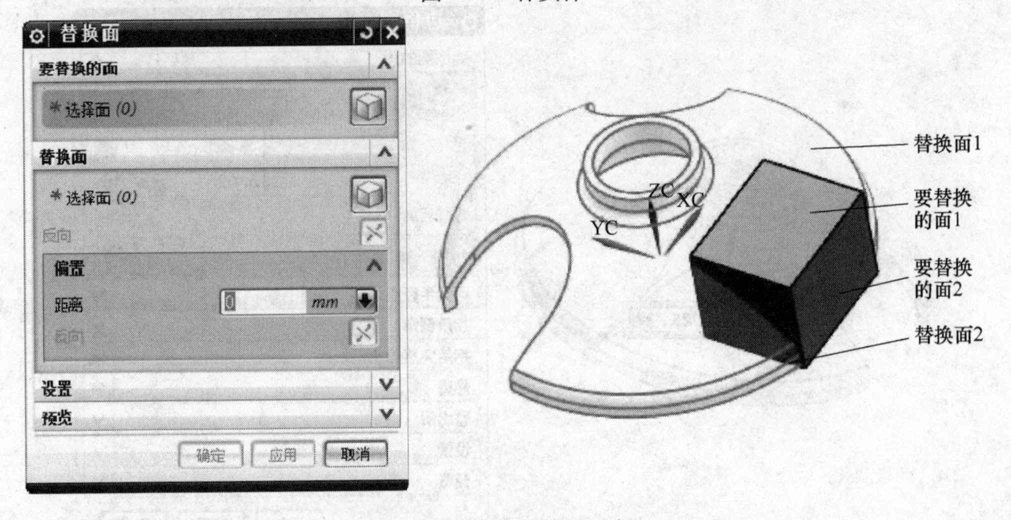

图 3-13　方块替换面选择

（2）在“同步建模”工具条中，单击“替换面” 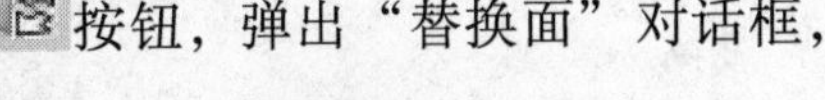 按钮，弹出“替换面”对话框，如图 3-13 所示。选择要替换的面为方块上表面（要替换的面 1），替换的面为灯罩产品上表面（替换面 1），单击 应用 按钮。接着，再选择要替换的面为方块侧面（要替换的面 2），替换的面为灯罩产品外圆面（替换面 2），单击 确定 按钮，结果如图 3-14 所示。

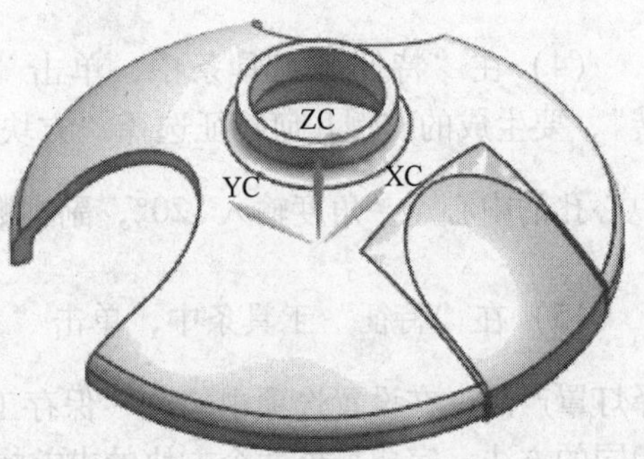

图 3-14　方块替换面结果

（3）检查产品圆角大小，将方块倒圆，修补圆角面。

在“同步建模”工具条中，单击“调整圆角大小” 按钮，测量产品圆角半径为5.025mm，如图3-15所示。

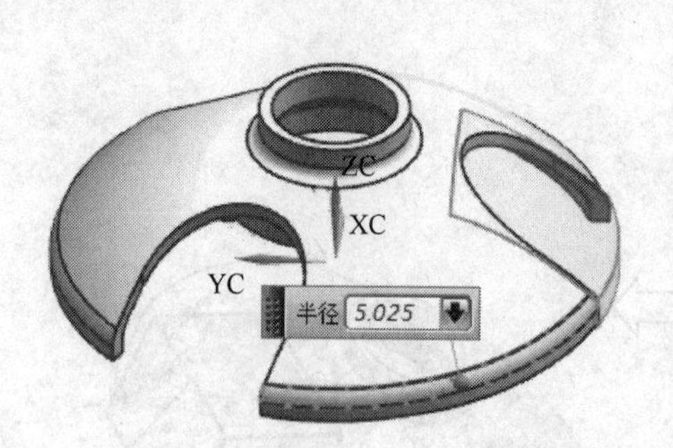

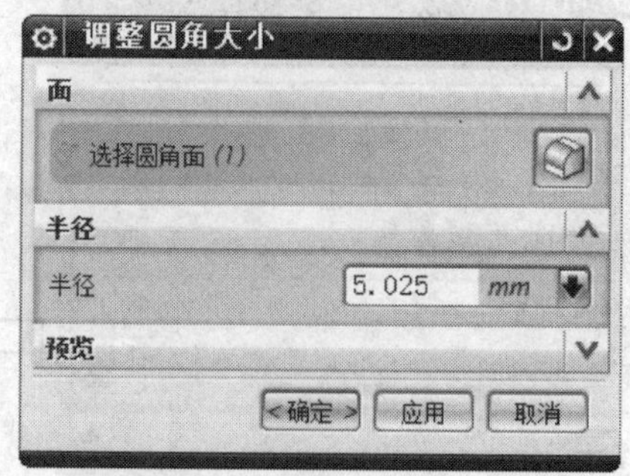

图3-15 测量产品圆角

在“特征”工具条中，单击“边倒圆” 按钮，将方块的棱角倒圆，半径为刚测量的5.025mm，如图3-16所示。

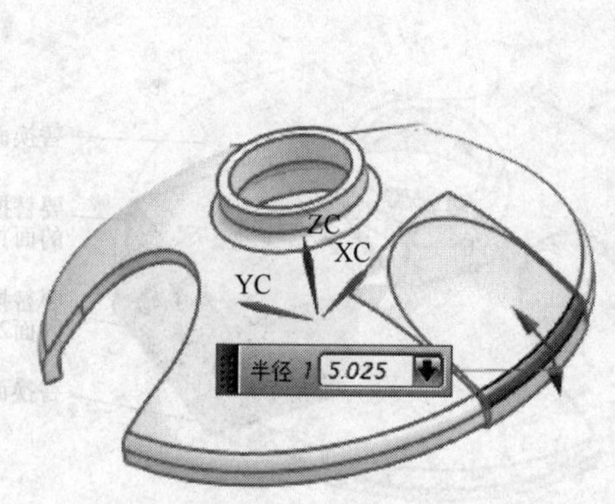

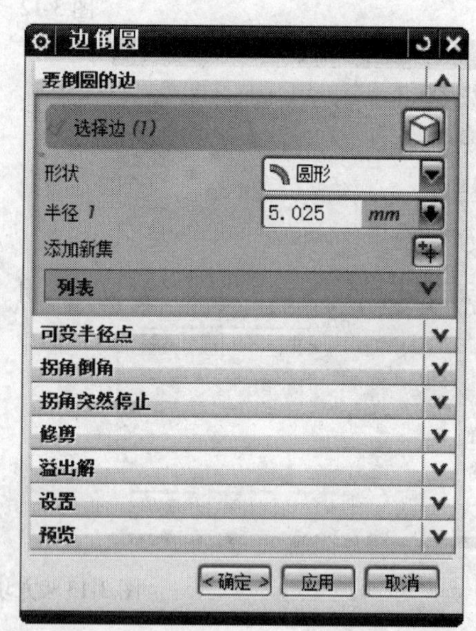

图3-16 箱体边倒圆

(4) 在“特征”工具条中，单击“实例几何体” 按钮，实例的类型选择“旋转”，要生成的实例几何特征选择“方块”，旋转轴制定矢量选择“*Z* 轴”，指定点捕捉产品中心孔的中心点，角度输入120°，副本数为2，单击 确定 按钮，如图3-17所示。

(5) 在“特征”工具条中，单击“求差” 按钮，目标体选择一个方块，工具体选择灯罩产品，在设置选项中勾选“保存工具”复选框，单击 应用 按钮，如图3-18所示。相同的方法，完成另外两个方块的求差操作，结果如图3-19所示。

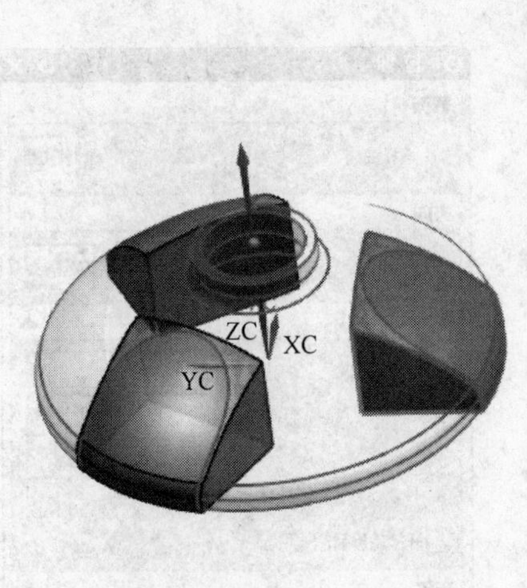

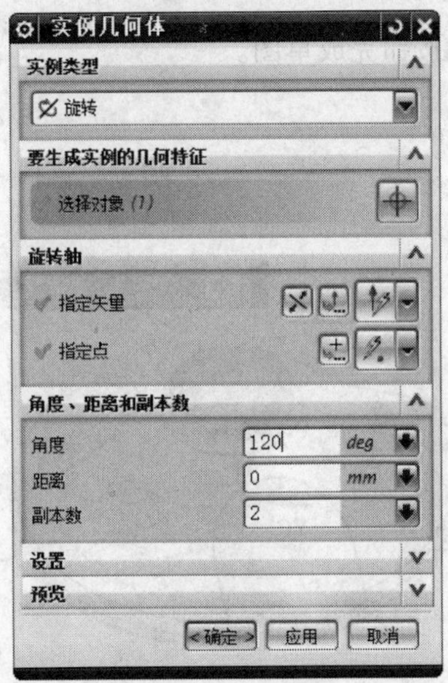

图 3-17　旋转复制箱体

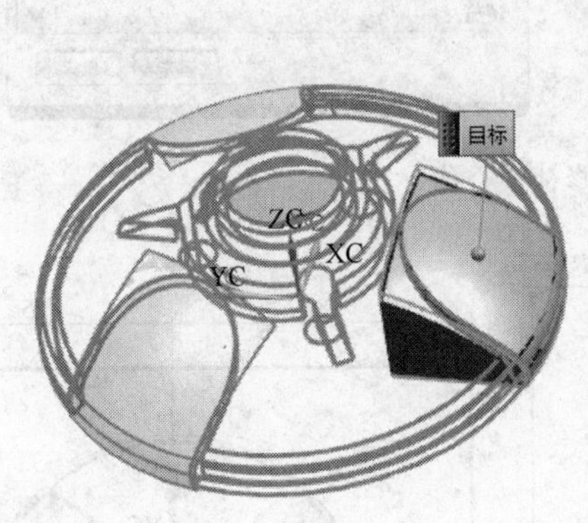

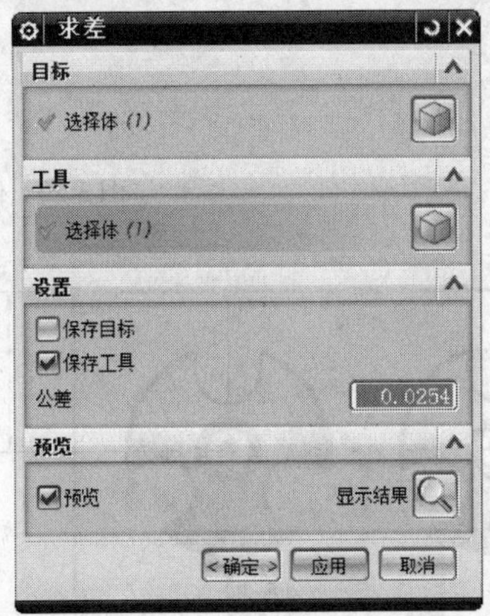

图 3-18　实体求差

（6）在“特征”工具条中，单击“拉伸”按钮，拉伸的截面选择产品中心孔的下边缘，方向为 + Z，拉伸的开始值为 0，结束选择“直至延伸部分”为产品的上端面，如图 3-20 所示。

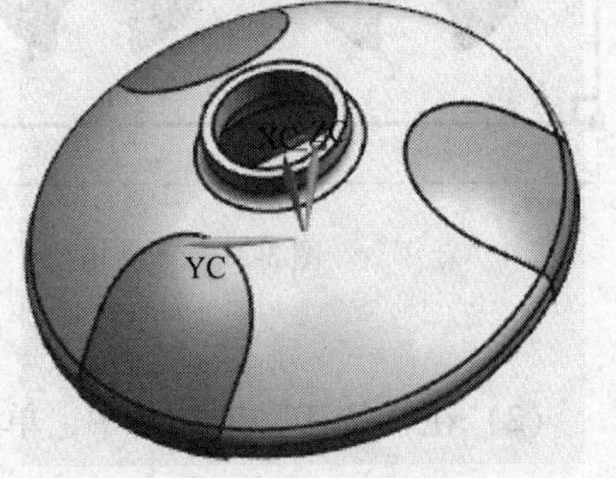

图 3-19　求差结果

3.4.3　型腔型芯的创建

（1）产品的排位分析：根据产品的大小、产量和模具寿命等要求，对产品进行一出四的排位设计，设计尺寸如图 3-21 所示。在“草图”工具条中，单击“草图”按钮，在 XY 平面建草图，尺寸如图 3-22 所示，单击按钮完成草图。

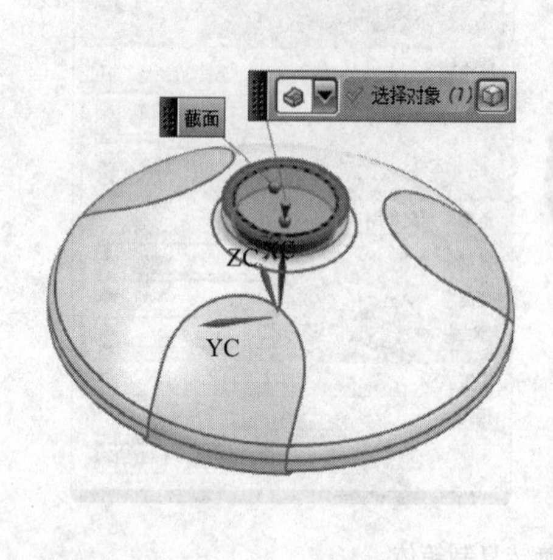

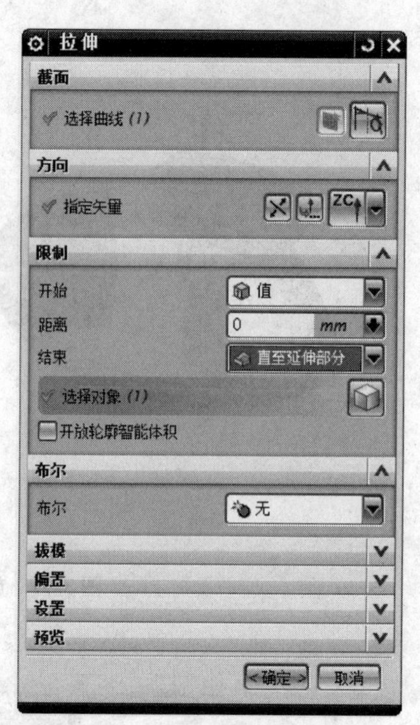

图 3-20　修补中心孔

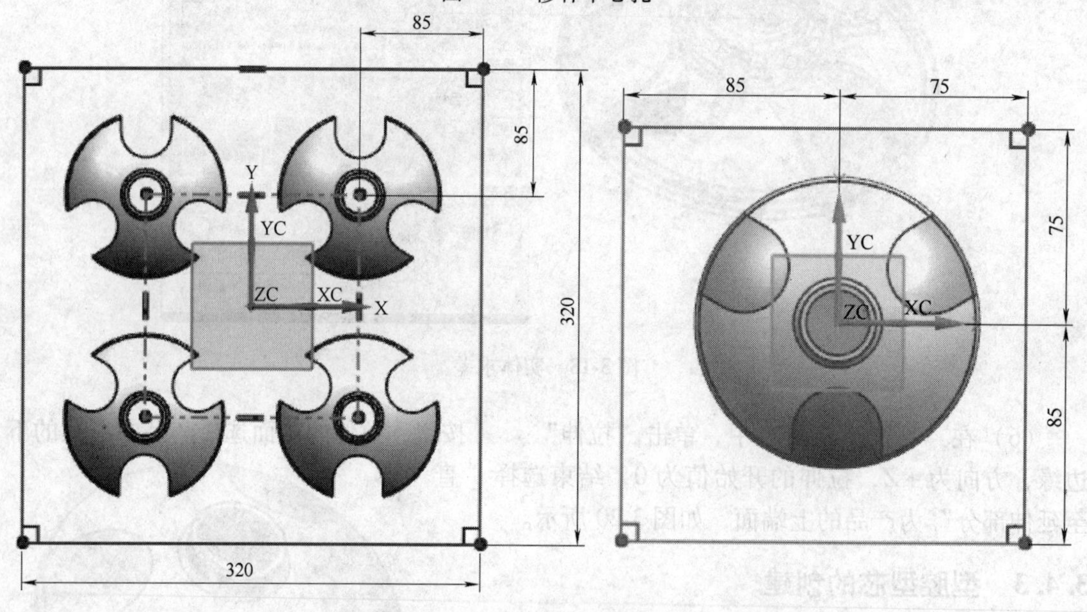

图 3-21　产品排位

图 3-22　型腔型芯草图

（2）在“特征”工具条中，单击“拉伸”按钮，截面选择草图，拉伸的方向为 $+Z$，定模型腔 55mm，动模型芯 50.5mm，单击 确定 按钮，如图 3-23 所示。

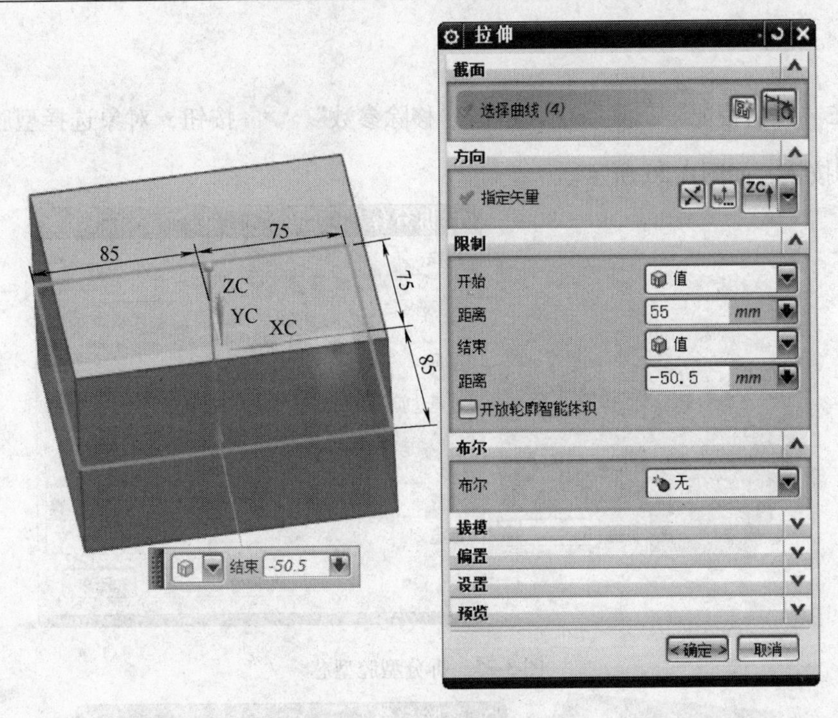

图 3-23　拉伸型腔型芯草图

（3）在“特征”工具条中，单击“求差”按钮，目标体选择刚拉伸的实体，工具体选择灯罩产品和四个补实体，设置选项中“保存工具”，单击确定按钮，如图 3-24 所示。

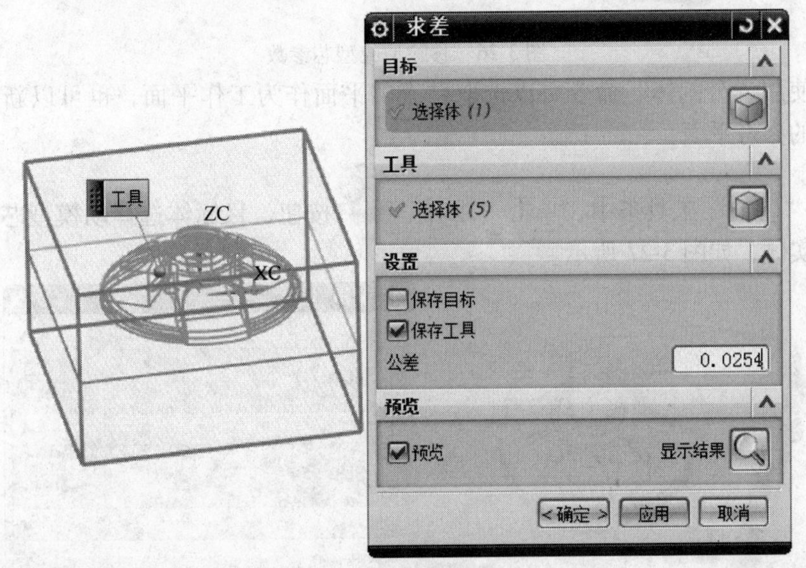

图 3-24　型腔孔径形成

（4）将拉伸的实体分割：在菜单栏中选择“插入”→“修剪”→“拆分体”，目标选择拉伸的实体，分割的平面选择 *XY* 平面，完成动模型芯、定模型腔的分割，如图 3-25

所示。

（5）在“编辑特征”工具条中，单击“移除参数”按钮，对象选择型腔型芯，单击 确定 按钮，如图 3-26 所示。

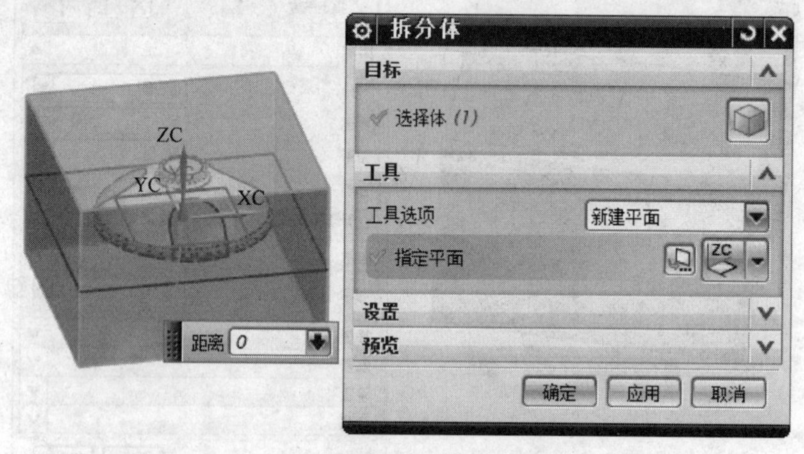

图 3-25　拆分型腔型芯

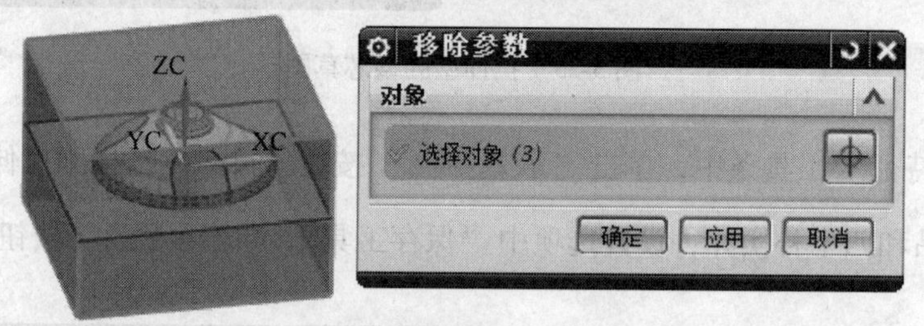

图 3-26　移除型腔型芯参数

注意：使用“分割体”命令可以选取已有的平面作为工作平面，也可以新建一个平面作为拆分体的参考平面。

（6）在“特征”工具条中，单击“求和”按钮，目标体选择动模型芯，工具条选择型芯和补实体，如图 3-27 所示。

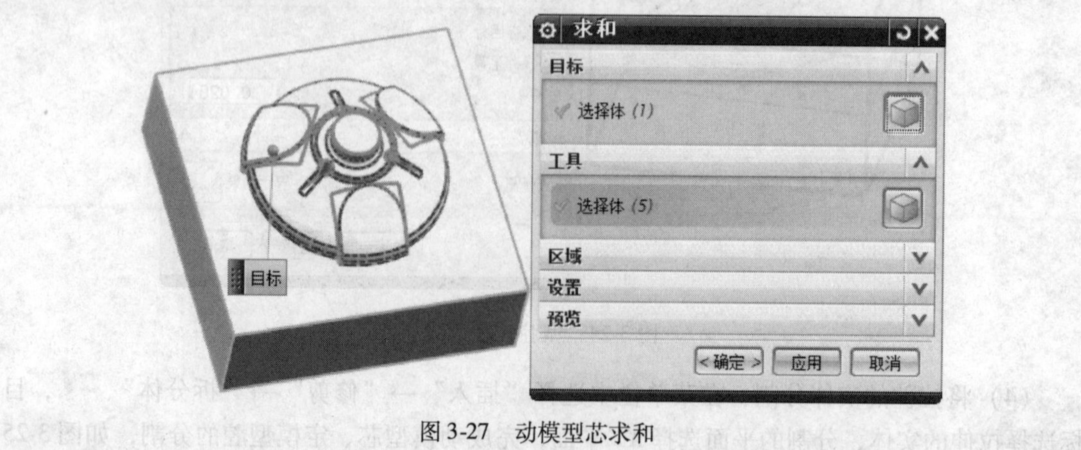

图 3-27　动模型芯求和

(7) 在菜单栏中选择“格式”→“移动至图层”，类选择的对象选择定模型腔，单击 确定 按钮，弹出“图层移动”对话框，目标图层或类别输入 3，单击 确定 按钮，如图 3-28 所示。

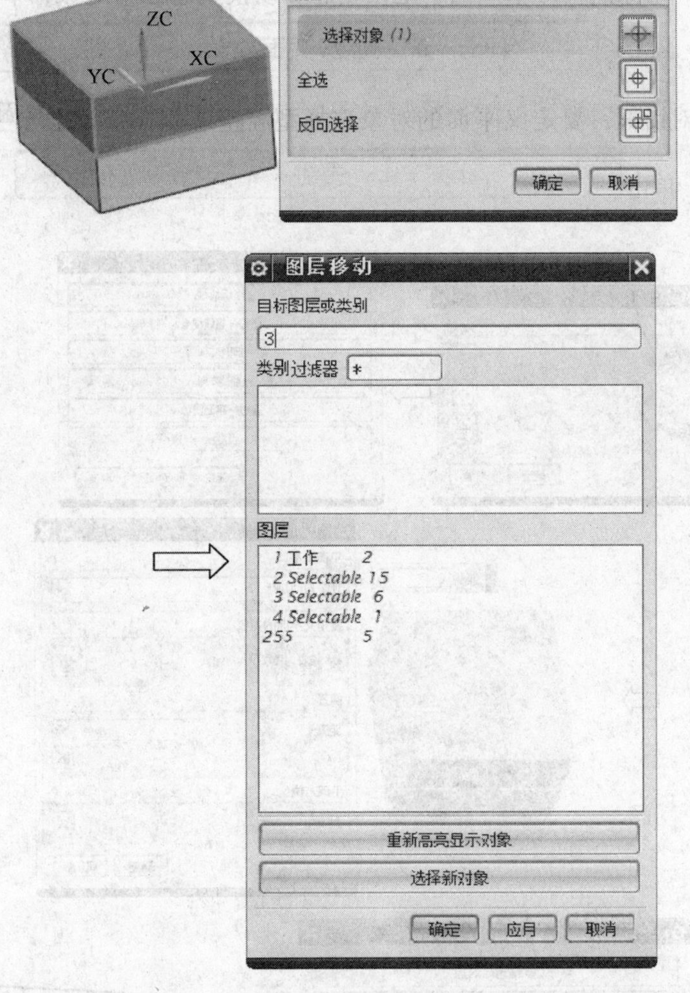

图 3-28　图层管理

同理，将动模型芯移动至 4 层，将草图及标准等无用信息移动至 255 层。型腔、型芯结果如图 3-29 所示。

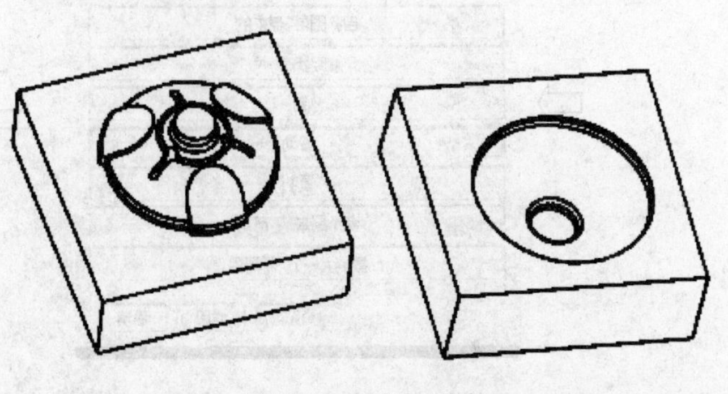

图 3-29　型芯、型腔

注意：“移动至图层”用于改变图素或特征所在的图层位置，可以讲对象从一个图层移动至另一个图层。读者可以根据自己的设计习惯，自定义合适的图层。这个功能非常有用，可以及时地将创建的对象归类至相应的图层，方便了对象的管理。

3.4.4 型腔型芯的布局

（1）将产品进行一出四排位设计：在菜单栏中选择“编辑”→“变换”，弹出变换的选择对话框，对象选择灯罩产品、定模型腔和动模型芯三个对象，单击 确定 按钮，弹出变换对话框，单击 通过一平面镜像 ，单击 确定 按钮，弹出平面对话框，要定义平面的对象选择型腔型芯侧面，单击 确定 按钮，弹出“变换”对话框，单击 复制 ，如图3-30所示。

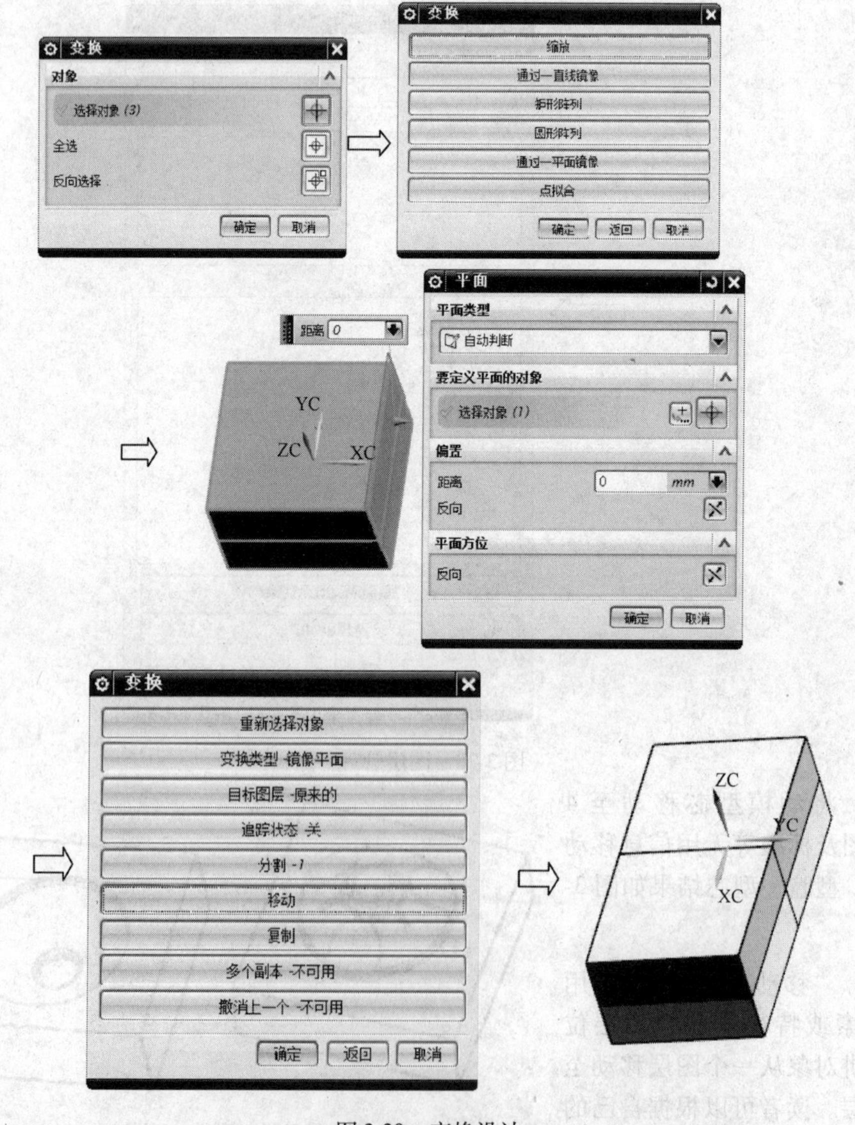

图3-30 变换设计

（2）同样的方法，单击菜单栏中“编辑”→“变换”，将上图的两腔（共六个实体）镜像，完成一出四的排位设计，结果如图 3-31 所示。

注意：在做一模多腔模具时，如果产品不是对称的，切不可利用“镜像”命令变换产品，这样被镜像的产品是反向的，不符合实际要求。读者可以使用“平移”“旋转”等方式进行变换。本例的产品是对称的，可以使用“镜像”功能。

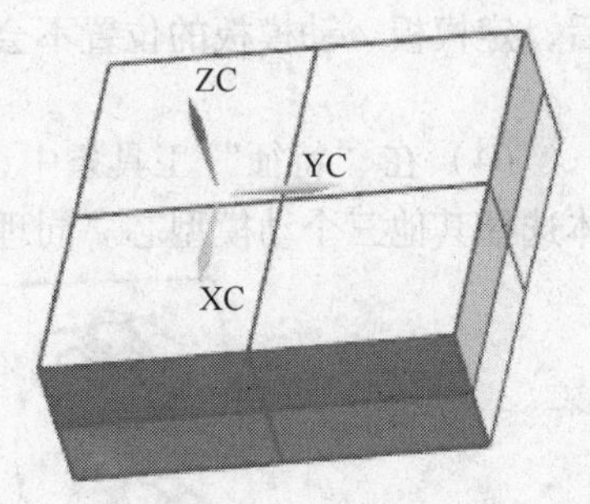

图 3-31 排位设计

（3）将绝对坐标原点移动到型腔与型芯的中心处。在菜单栏中选择“编辑”→“移动对象”，弹出变换的选择对话框，对象选择所有的灯罩产品和全部型腔型芯，变换运动选择“点到点”，出发点选择型腔型芯的中心点，终止点选择工作部件的绝对坐标原点（0，0，0），结果选择“移动原先的”单选项，单击“确定”按钮，如图 3-32 所示。

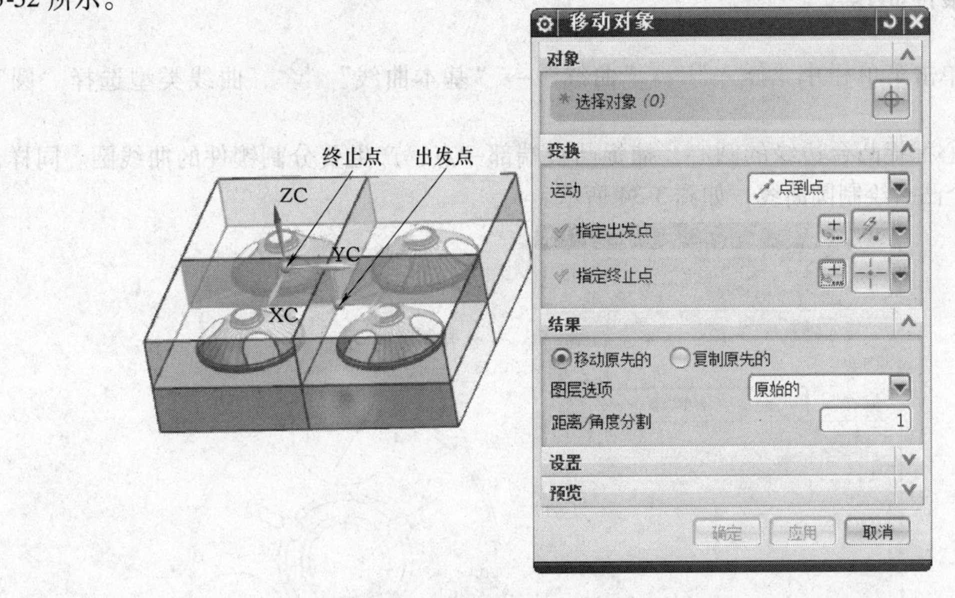

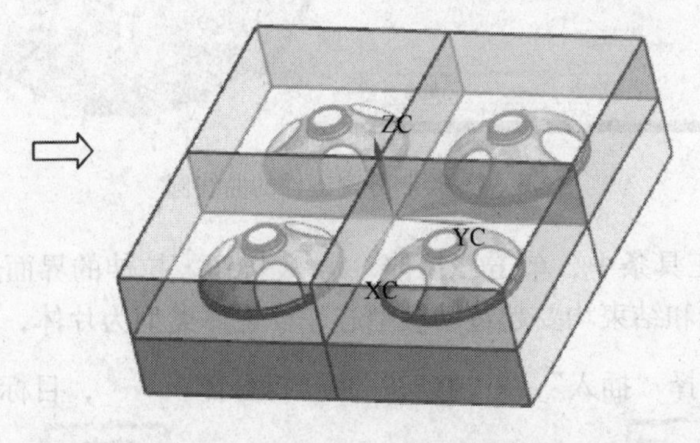

图 3-32 移动中心至坐标原点

注意：设置模具坐标时，应将坐标设置在分型面上，并对准产品的中心，使 Z 轴朝上，同时保证设置的坐标作为绝对坐标，即靠移动产品位置调整坐标。这样既保证自动调入模架后，定模板、动模板的位置不会出错，在用临时坐标后，也可随时恢复原坐标。

（4）在“特征”工具条中，单击“求和” 按钮，目标体选择一个动模型芯，工具体选择其他三个动模型芯。同理，将四个定模型腔求和，结果如图 3-33 所示。

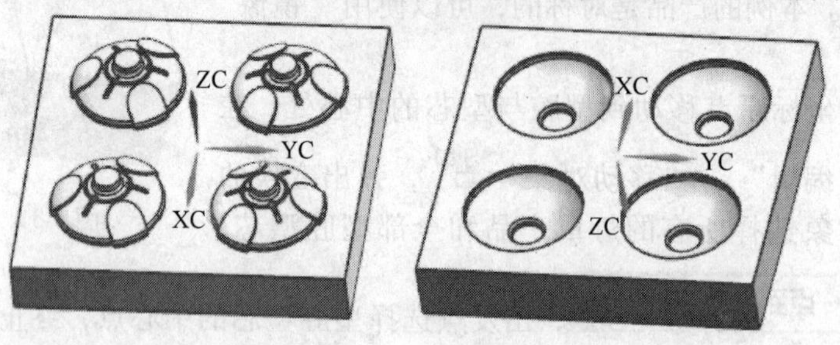

图 3-33　合并后的型芯、型腔

3.4.5　镶件制作

（1）单击菜单栏中“插入”→“曲线”→“基本曲线” ，曲线类型选择“圆” ，圆心捕捉凸台边缘的圆心，捕捉凸台端部一点，产生要分割镶件的曲线圆。同样，对其他三个凸台绘制圆曲线，如图 3-34 所示。

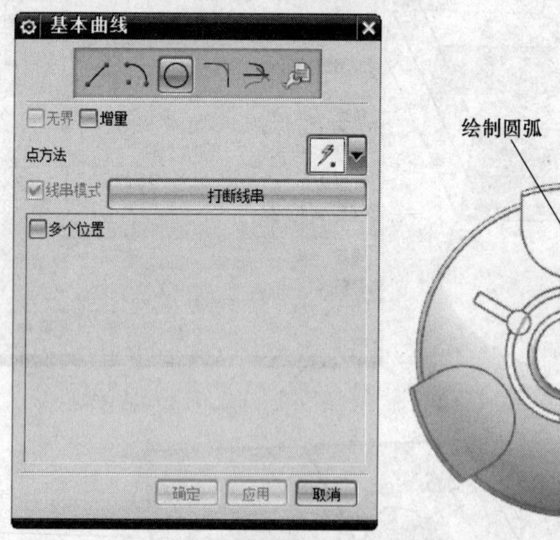

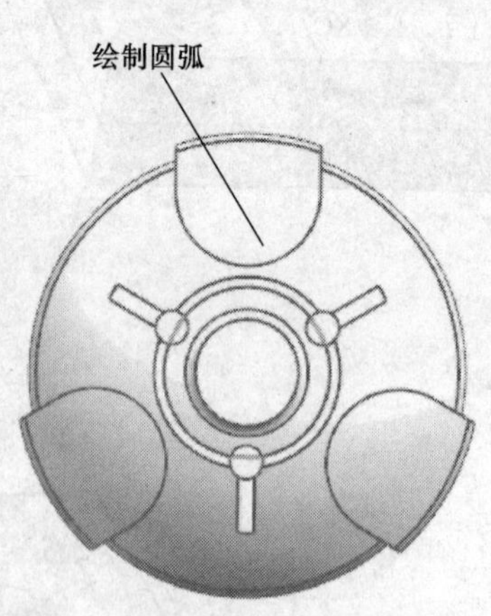

图 3-34　绘制分割镶件的曲线圆

（2）在“特征”工具条中，单击“拉伸” 按钮，拉伸的界面选择刚绘制的四个圆弧，拉伸的限制的起始和结束均要超过动模型芯，设置体类型为片体，如图 3-35 所示。

（3）在菜单栏中选择“插入”→“修剪”→“拆分体” ，目标选择动模型芯，工具选项为 面或平面 ，选择刚拉伸的四个片体，单击 确定 按钮，如图 3-36 所示。

（4）在菜单栏中选择“格式”→“移动至图层”，类选择的对象选择四个片体和四个圆弧，单击 确定 按钮，弹出“图层移动”对话框，目标图层或类别输入255，单击 确定 按钮。

（5）在“编辑特征”工具条中，单击“移除参数”按钮，对象选择动模型芯，单击 确定 按钮，如图3-37所示。

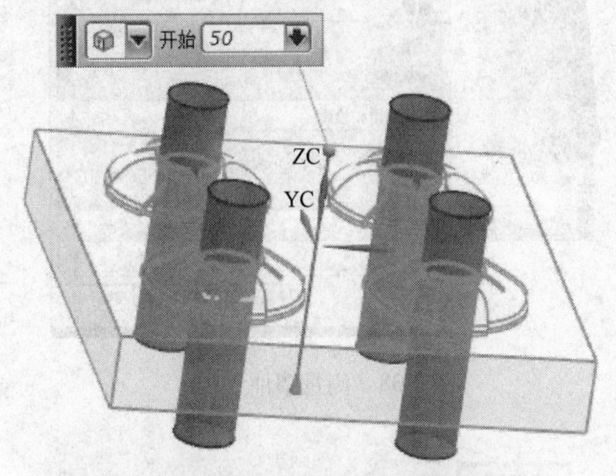

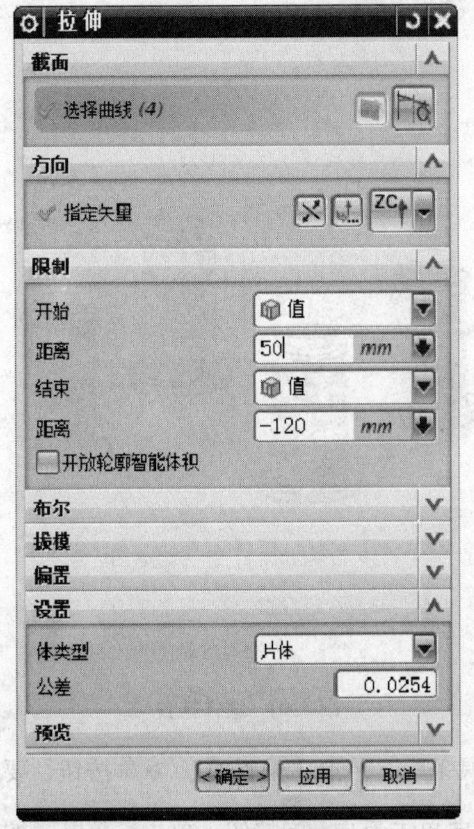

图3-35　拉伸分割镶件的圆弧

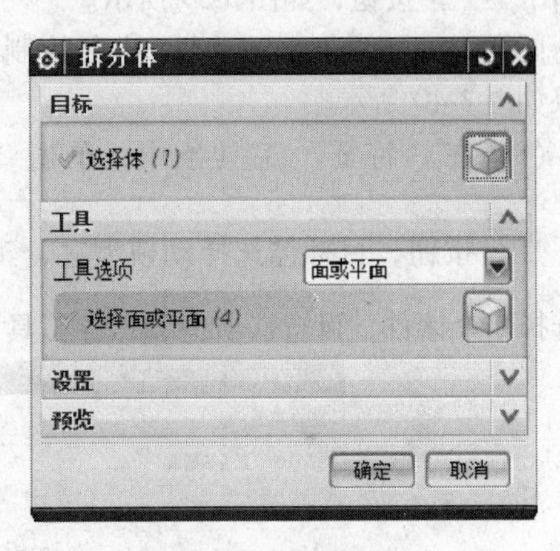

图3-36　拆分镶件

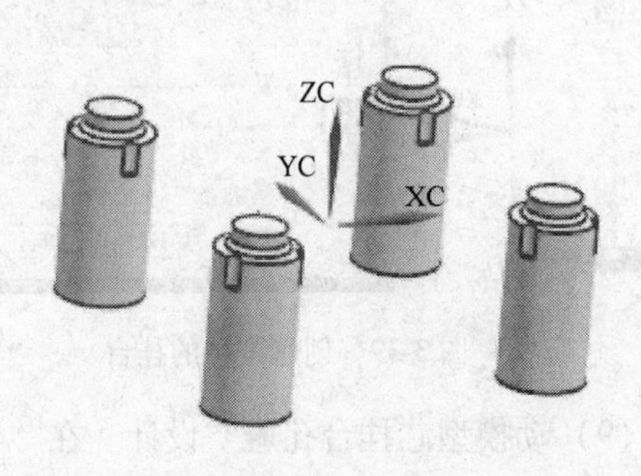

图3-37　分割实体产生的镶件

（6）在菜单栏中选择“实用工具”→“测量距离”，测量类型选项选择 直径，测量直径的对象选择镶件的圆柱面，测得直径为40.2mm，如图3-38所示。

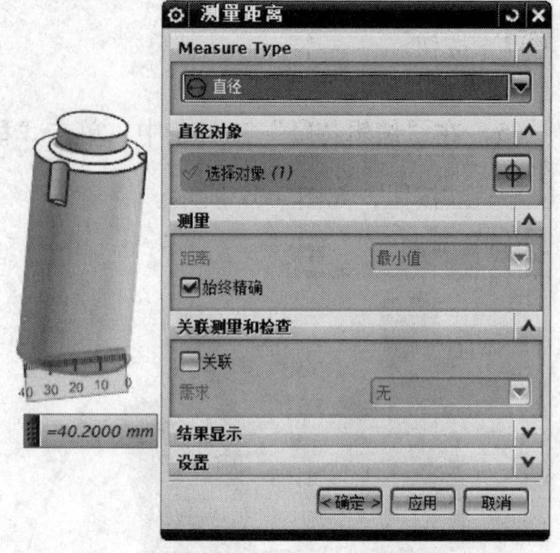

图3-38　测量镶件直径

（7）创建镶件的挂台：在菜单栏中选择“插入”→“设计特征”→【圆柱体】，圆柱类型为 轴、直径和高度，轴的矢量为$+Z$，指定点捕捉镶件底座圆心，将挂台直径设为55mm，高度为5mm，布尔运算为 求和，对象选择镶件，单击 确定 按钮，如图3-39所示。

同样，完成其他三个镶件挂台的制作，结果如图3-40所示。

（8）在“特征”工具条中，单击“求差”按钮，目标体选择动模型芯，工具体选择四个镶件，设置选项中“保存工具”，单击 确定 按钮。

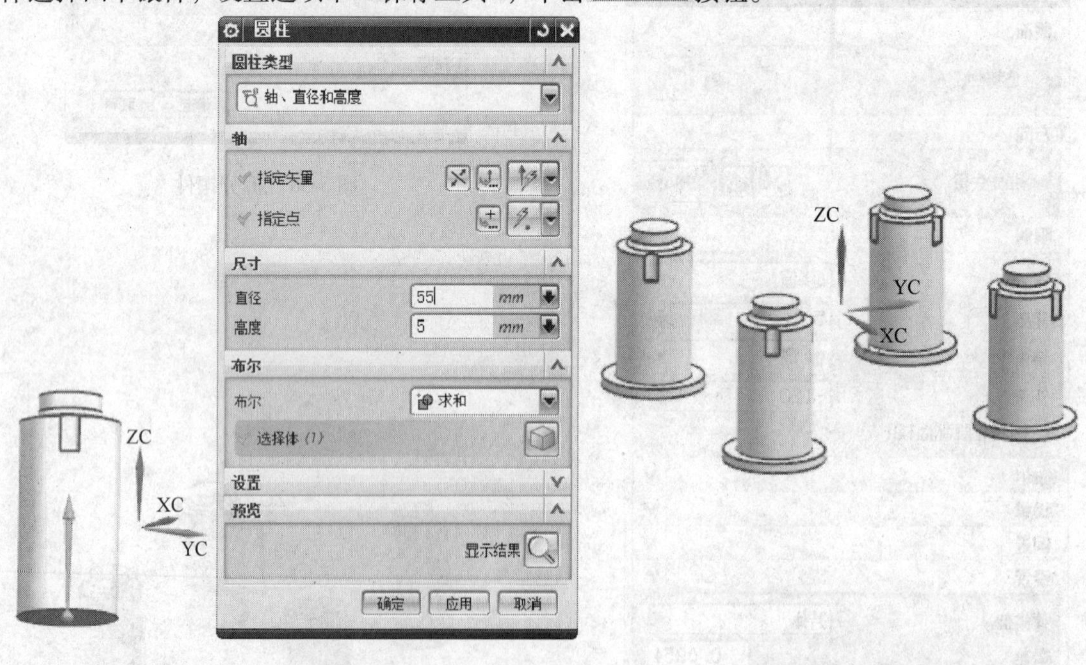

图3-39　创建镶件的挂台　　　　图3-40　镶件挂台

（9）动模型芯挂台孔避空设计。在“特征”工具条中，单击“偏置面”按钮，要偏置的面选择镶件挂台孔面，偏置值为0.5mm，方向单击反向按钮，单击 应用 按钮，如图3-41所示。

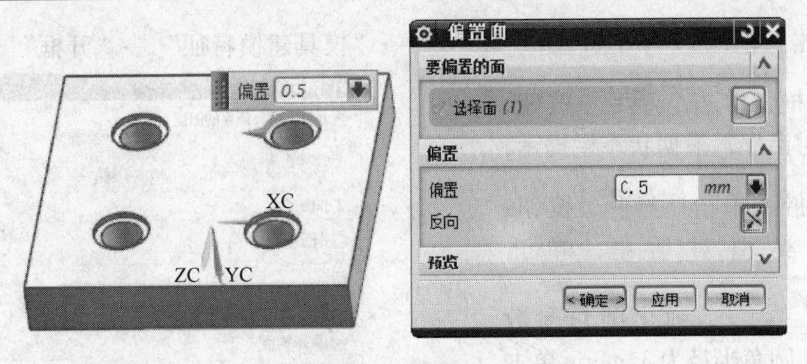

图 3-41　挂台避空

同样，完成其他三个镶件挂台孔的制作。

3.4.6　模架导入

（1）调入龙记大水口（直浇口）AI 型 5050 模架（直浇口模架 A 型）。单击菜单栏中"HB _ MOULD M6.6"→"模坯系列"→"龙记"，单击 新建模胚⊖ ，弹出龙记标准模坯对话框，设置参数如图 3-42 所示。选择大水口系列 AI 型 50 系列 5050 模架，A（定模）板 90，B（动模）板 50，C（垫块）板 120，单击 确定 按钮，完成模架的调用。

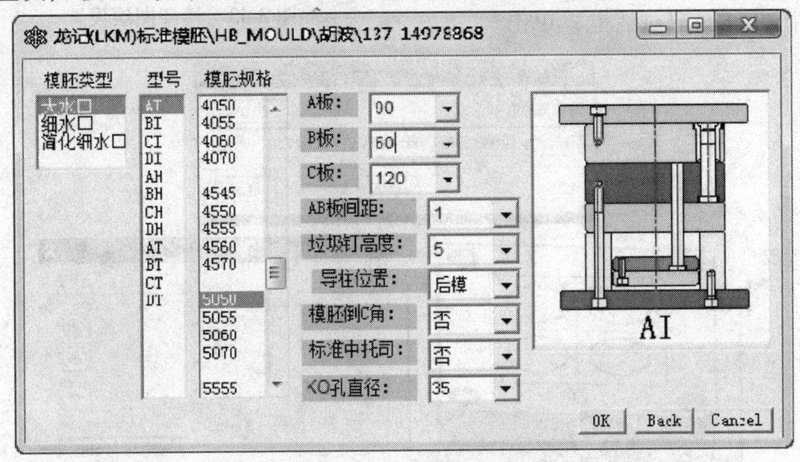

图 3-42　模架导入

（2）HB_MOULD 模架是分图层管理的，ALL-A-LPLATE（定模）是定模各图层，ALL-B-LPLATE（动模）是管理动模各图层。

将动模隐藏。单击菜单栏中"格式"图层设置" 按钮，弹出图层设置对话框，勾选"类别显示"，勾选 ALL-B-LPATE（下模坯），如图 3-43 所示，单击"关闭"。

⊖　模胚应为模坯，原软件中有错。

（3）单击菜单栏中“HB_MOULD M6.6”→“模具建模特征”→“开框”，弹出开框间隙对话框，单击“确定”按钮，弹出类选择对话框，根据状态栏提示，选择定模型腔，单击“确定”按钮。弹出开框类型对话框，单击“圆角型”，弹出圆角参数对话框，输入圆角半径为32mm，单击“确定”按钮，单击“取消”按钮，完成操作，如图3-44所示。

（4）将定模隐藏，调出动模。单击菜单栏中“格式“图层设置”按钮，弹出图层设置对话框，勾选“类别显示”，勾选 ALL-A-LPLATE（上模坯），单击“关闭”按钮。

（5）单击菜单栏中“HB_MOULD M6.6”→“模具建模特征”→“开框”，弹出开框间隙对话框，单击

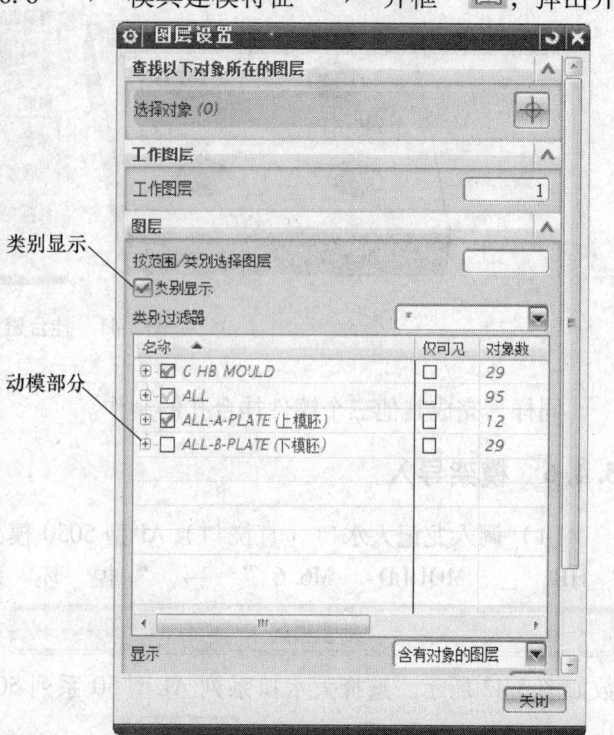

图3-43　模架图层设置

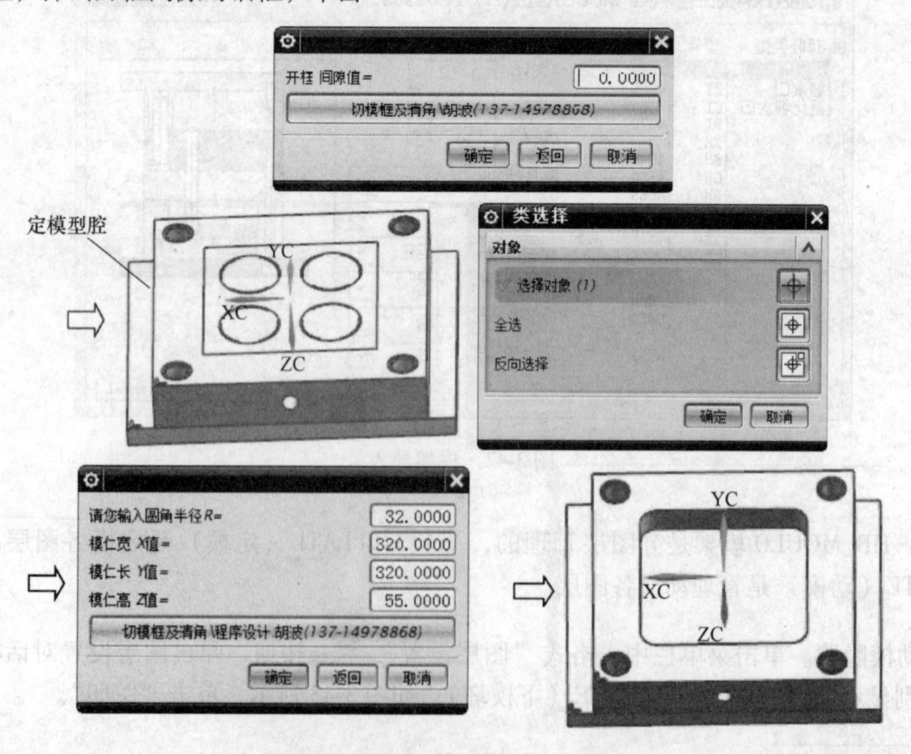

图3-44　定模开框

确定按钮，弹出类选择对话框，根据状态栏提示，选择动模型芯，单击确定按钮。弹出开框类型对话框，单击圆角型，弹出圆角参数对话框，输入圆角半径为 32mm，单击确定按钮，单击取消按钮，完成操作，如图 3-45 所示。

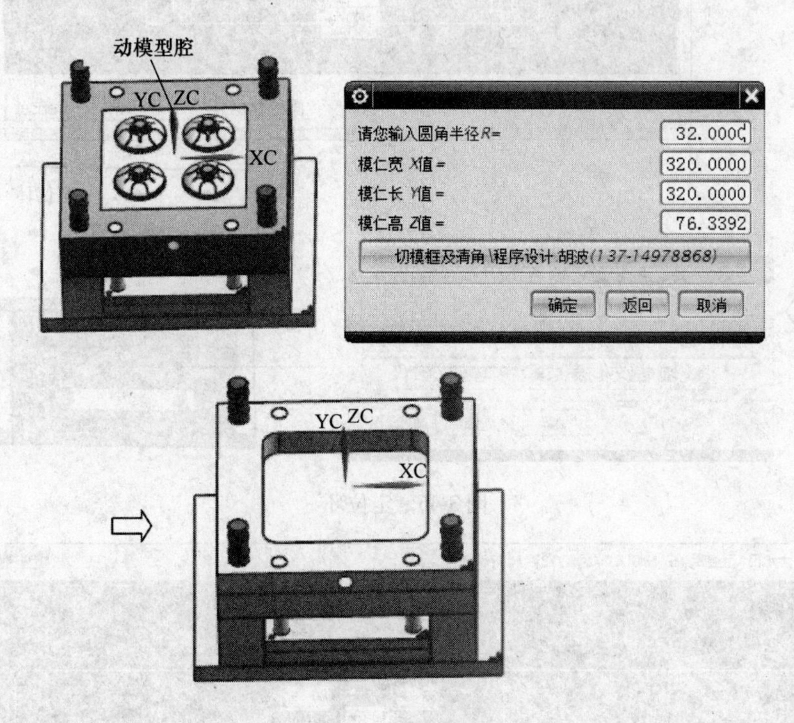

图 3-45　动模开框

3.4.7　定位圈及浇口套导入

（1）单击菜单栏中 “HB_MOULD M6.6”→“模具标准件”→“定位环”（定位圈），选择“D 型定位环”，具体参数如图 3-46 所示，单击 OK 按钮。弹出定位环坐标对话框，单击确定按钮，单击取消按钮，结果如图 3-46 所示。

（2）单击菜单栏中 “HB_MOULD M6.6”→“模具标准件”→“唧嘴（浇口套）”，选择“A 型灌嘴（浇口套）”，单击唧嘴放置于A板，具体参数如图 3-47 所示，单击 OK。弹出浇口套坐标对话框，单击确定按钮，单击取消按钮。

（3）单击“实用工具”工具条中的“隐藏” 按钮（或用快捷键〈Ctrl + B〉），隐藏其他部件，视图中只显示浇口套和定模型腔，如图 3-48 所示。

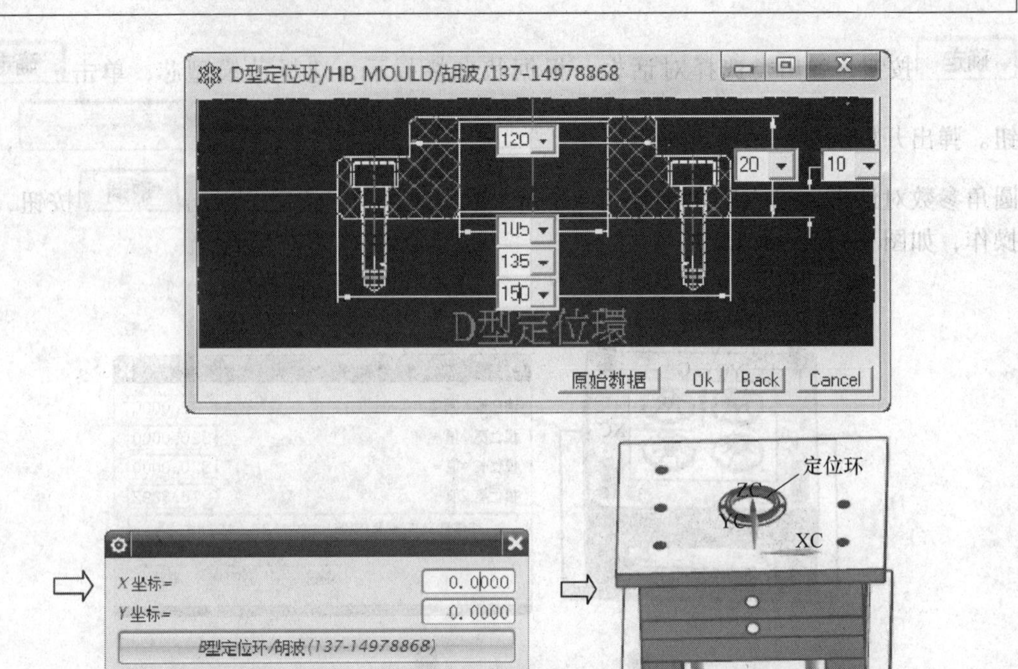

图3-46　定位环

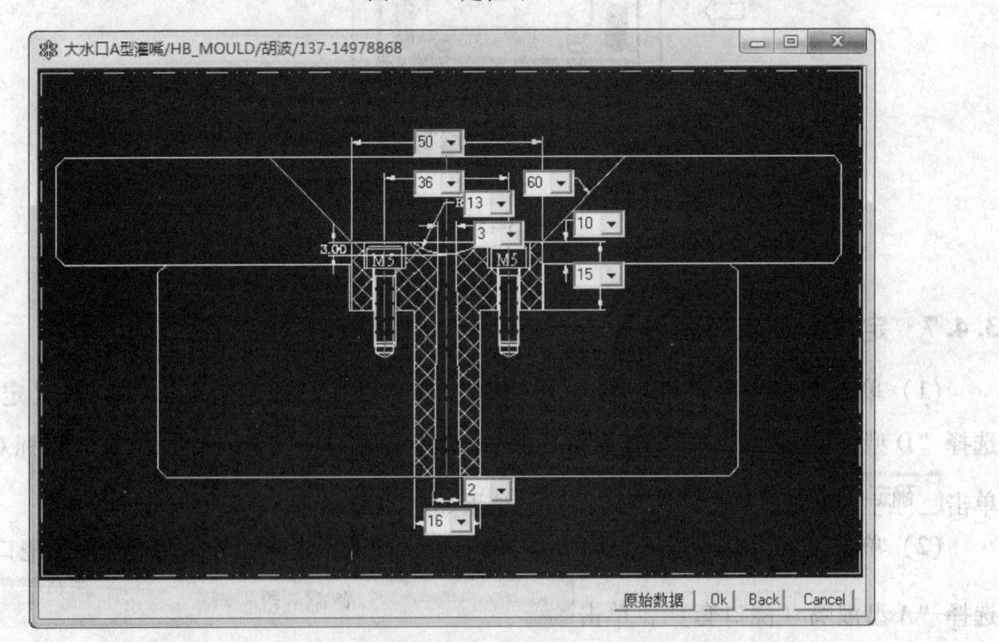

图3-47　定位环尺寸

在“特征”工具条中，单击“求差”按钮，目标体选择定模型腔，工具体为浇口套及主流道废料，设置选项中“保存工具”，单击确定按钮，如图3-48所示。

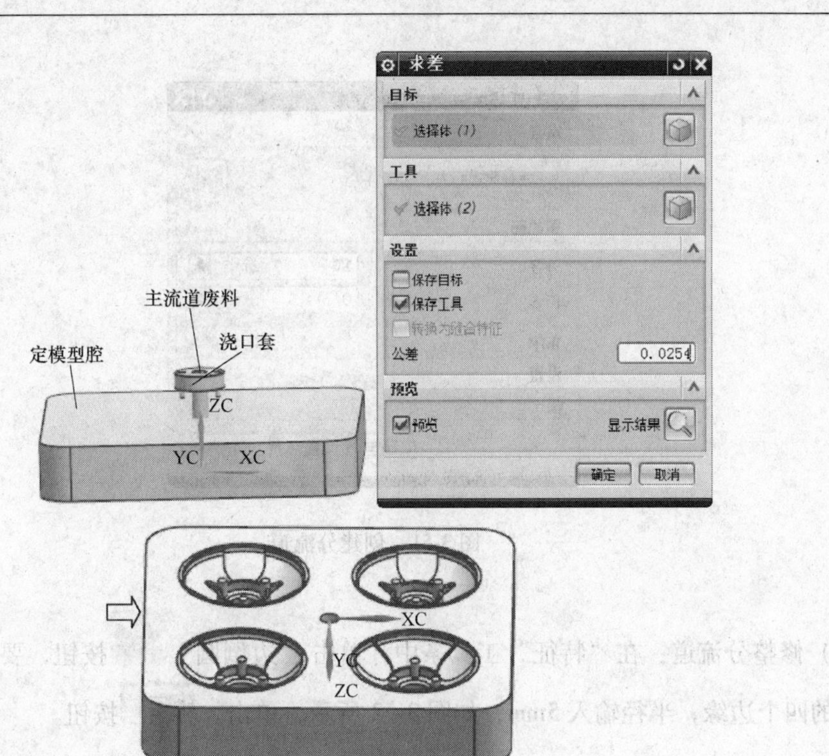

图 3-48　定模型腔与浇口套求差

(4) 创建分流道：单击“草图”工具条中“草图”按钮，在 *XY* 平面建草图，绘制四条直线，尺寸如图 3-49 所示。

(5) 在菜单栏中选择“插入”→“扫掠”→“管道”，管道路径选择刚绘制的两条共线的直线，单击“应用”按钮，如图 3-50 所示。管道路径选择另外两条共线的直线，布尔运算选择“求和”，选择刚绘制的管道，单击“确定”按钮，结果如图 3-51 所示。

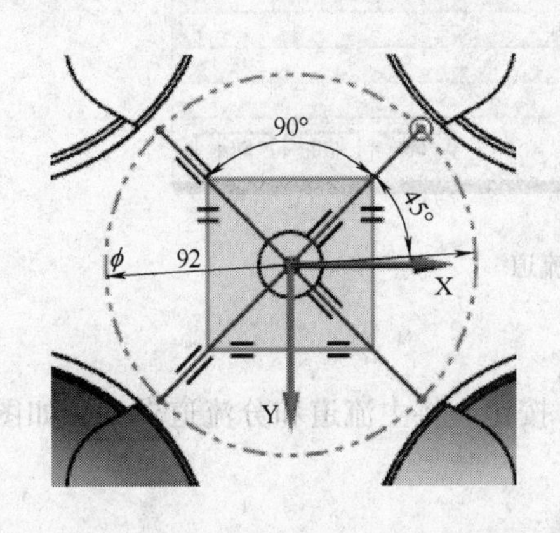

图 3-49　分流道草图

图 3-50　绘制管道

图 3-51　创建分流道

（6）修整分流道：在“特征”工具条中，单击“边倒圆”按钮，要倒圆的边选择分流道的四个边缘，半径输入 5mm，如图 3-52 所示，单击确定按钮。

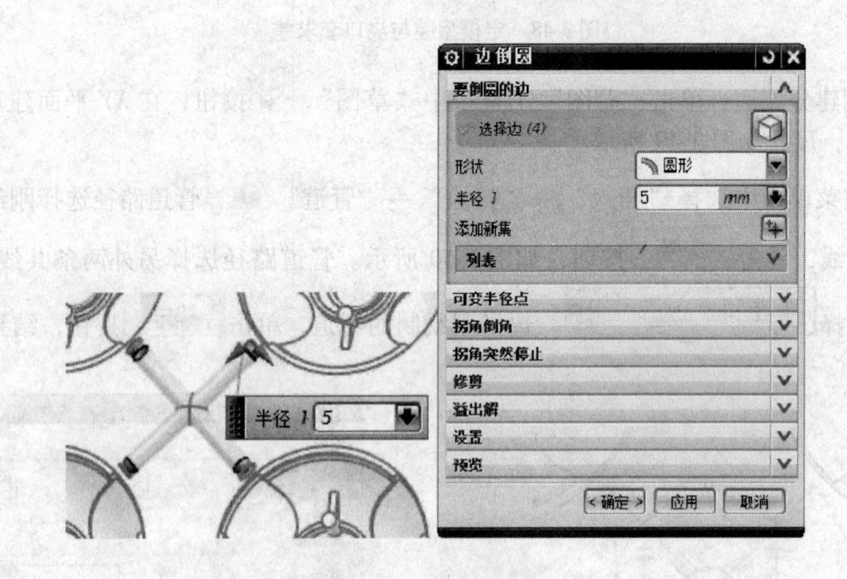

图 3-52　修整分流道

（7）在“特征”工具条中，单击“求和”按钮，将主流道和分流道求和，如图 3-53 所示。

（8）在“特征”工具条中，单击“求差”按钮，目标体选择定模型腔，工具体选择流道，设置选项中“保存工具”，单击 应用 按钮。再次“求差”操作，目标体选择动模型芯，工具体选择流道，设置选项中“保存工具”，单击 确定 按钮，如图 3-54 所示。

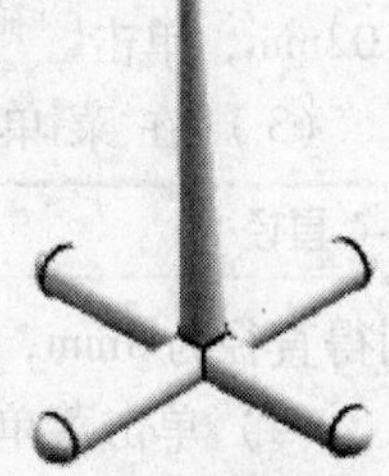

图 3-53　主流道和分流道

3.4.8　导入推杆和拉料杆

(1) 分析产品，每个产品有三个柱位，可在柱位设置圆形推杆。在菜单栏中选择“实用工具”→“测量距离”，测量类型选项选择 直径 ，测量直径的对象选择产品柱位的圆柱面，测得直径为 8.04mm，如图 3-55 所示。

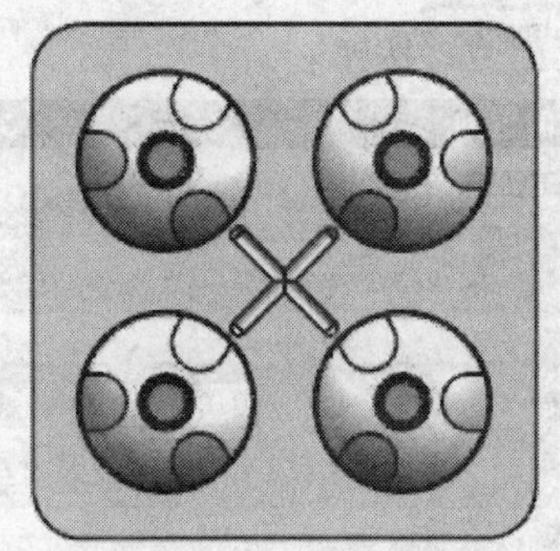

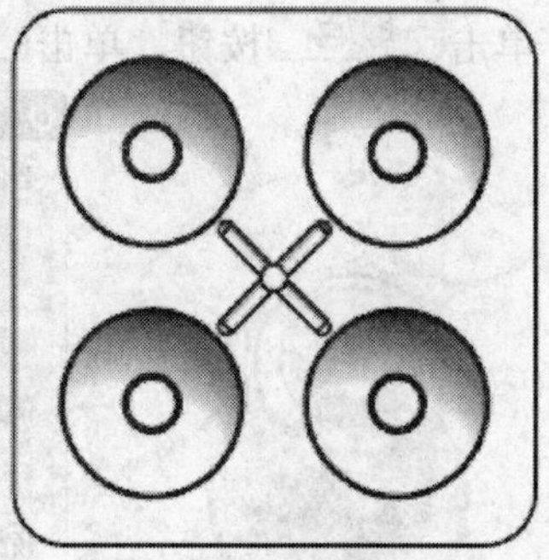

图 3-54　创建分流道

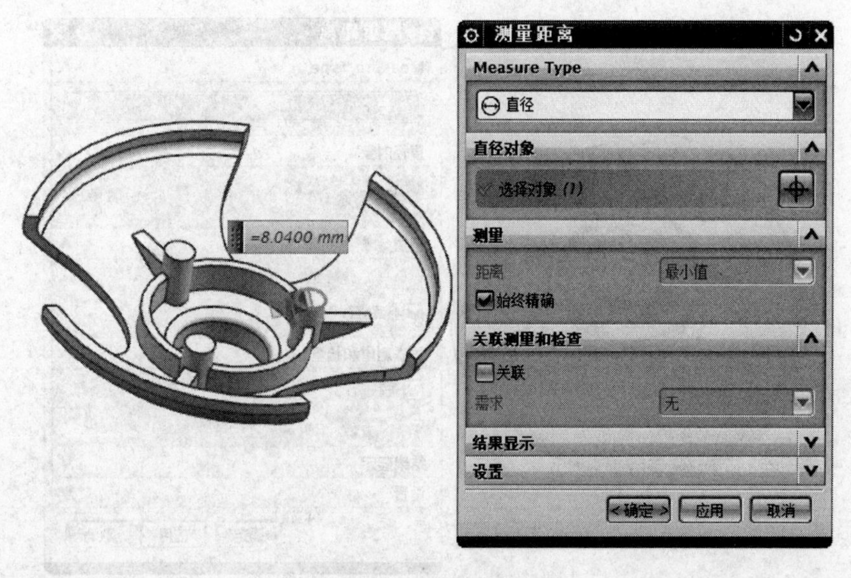

图 3-55　测量柱位直径

（2）由于圆形推杆有标准件，可采用 ϕ8mm 的推杆。在“特征”工具条中，单击“偏置面”按钮，要偏置的面选择产品柱位对应的动模型芯的圆柱面，偏置值输入 0.02mm，单击 确定 按钮，如图 3-56 所示。同理，完成其他几个圆柱位的偏置设计。

（3）在菜单栏中选择“实用工具”→“测量距离”，测量类型选项选择 直径 ，测量直径的对象选择产品柱位的圆柱面，测得直径为 8mm，如图 3-57。

（4）单击菜单栏中 “HB_MOULD M6.6”→“顶针（推杆）系列”→“顶针”，单击 多点式公制顶针 ，弹出推杆参数对话框，设置参数（见图 3-58），单击 OK 按钮。根据提示，选择放置推杆点的位置，捕捉圆柱面的圆心，完成共 12 根推杆的设置，单击 取消 按钮，单击 取消 按钮。

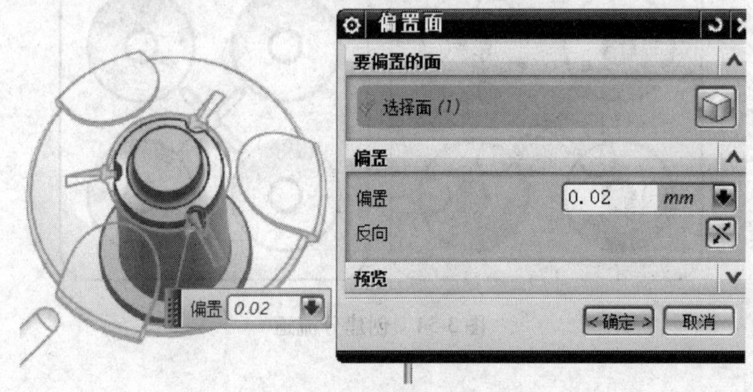

图 3-56　柱位偏置设计

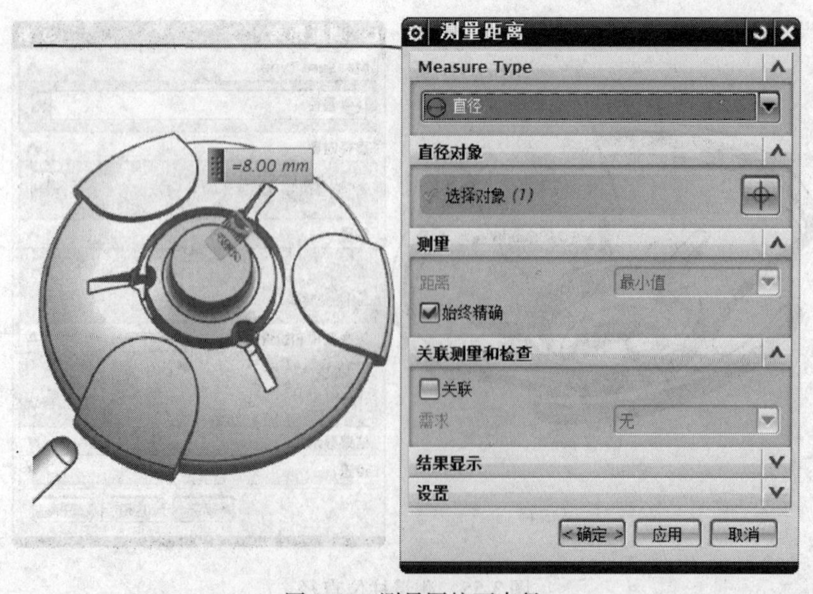

图 3-57　测量圆柱面直径

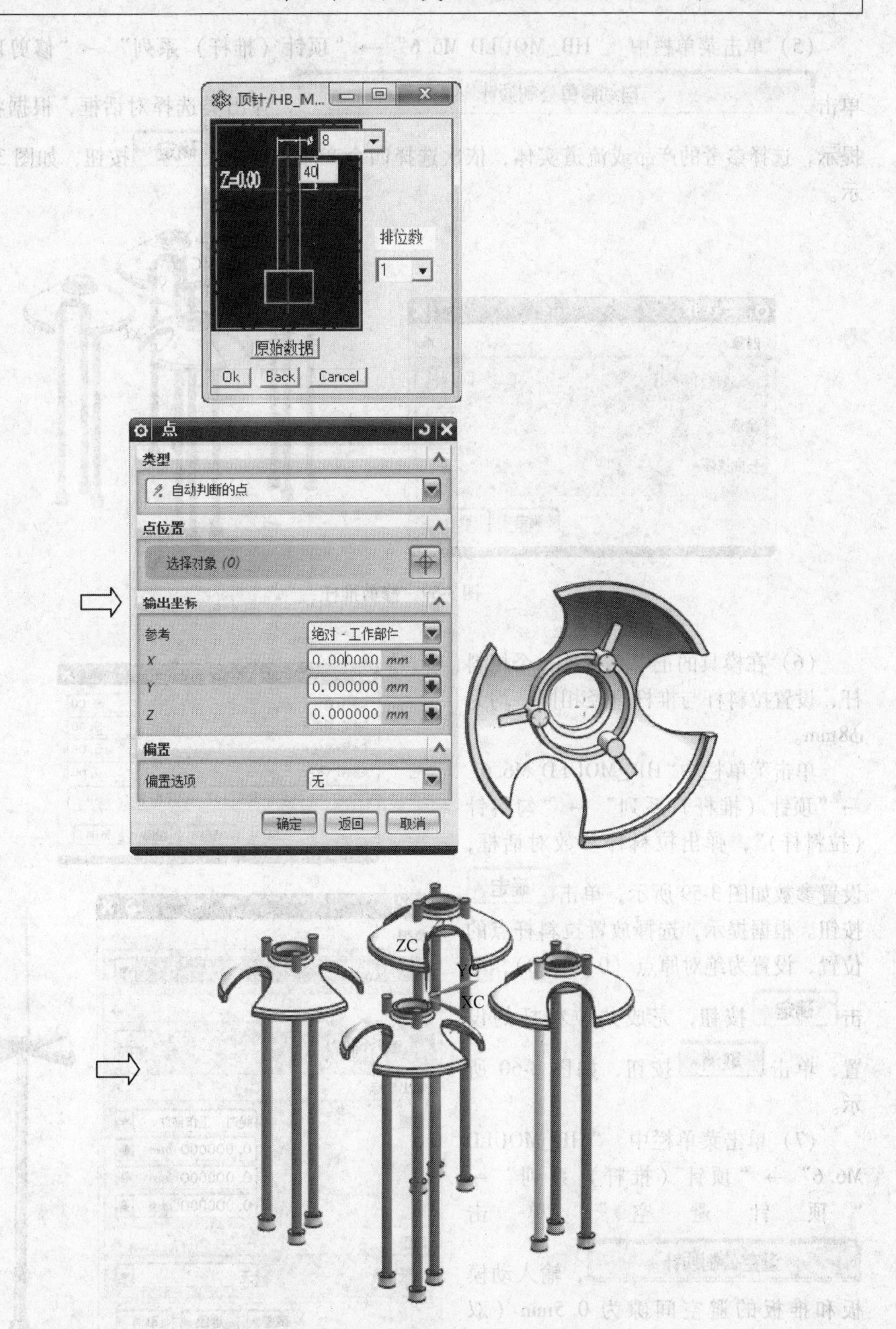
顶针/HB_M...
8
40
Z=0.00
排位数
1
原始数据
Ok
Back
Cancel
点
类型
自动判断的点
点位置
选择对象 (0)
输出坐标
参考
绝对 - 工作部件
X
0.000000 mm
Y
0.000000 mm
Z
0.000000 mm
偏置
偏置选项
无
确定
返回
取消
ZC
YC
XC

图 3-58　推杆设计

（5）单击菜单栏中“HB_MOULD M6.6”→“顶针（推杆）系列”→“修剪顶针”，单击【自动修剪公制顶针】，弹出类选择对话框，根据状态栏提示，选择参考的产品或流道实体，依次选择四个产品，单击【确定】按钮，如图3-59所示。

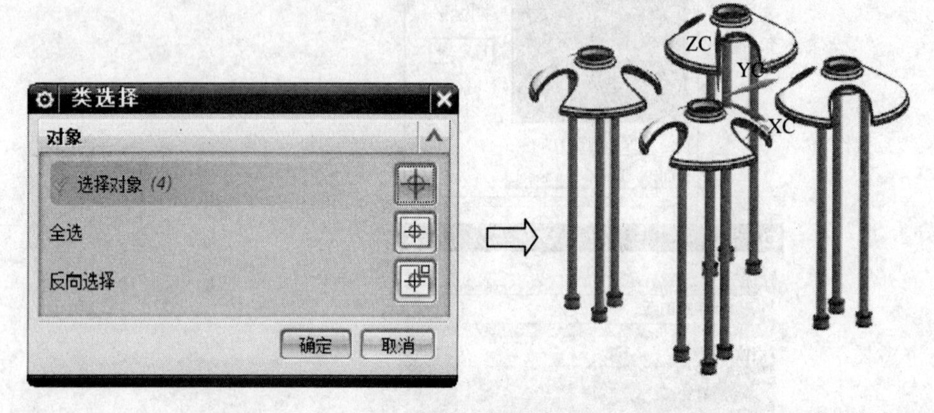

图3-59　修剪推杆

（6）在模具的正中心布置一个拉料杆，设置拉料杆与推杆直径相同，均为ϕ8mm。

单击菜单栏中“HB_MOULD M6.6”→“顶针（推杆）系列”→“勾料针（拉料杆）”，弹出拉料杆参数对话框，设置参数如图3-59所示，单击【确定】按钮。根据提示，选择放置拉料杆点的位置，设置为绝对原点（0，0，0），单击【确定】按钮，完成共拉料杆的设置，单击【取消】按钮，如图3-60所示。

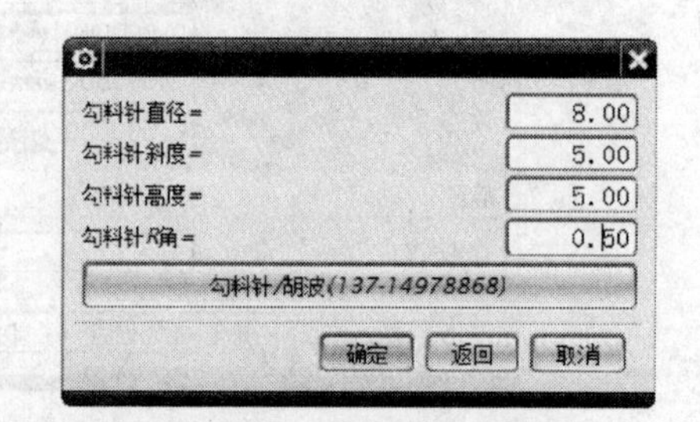

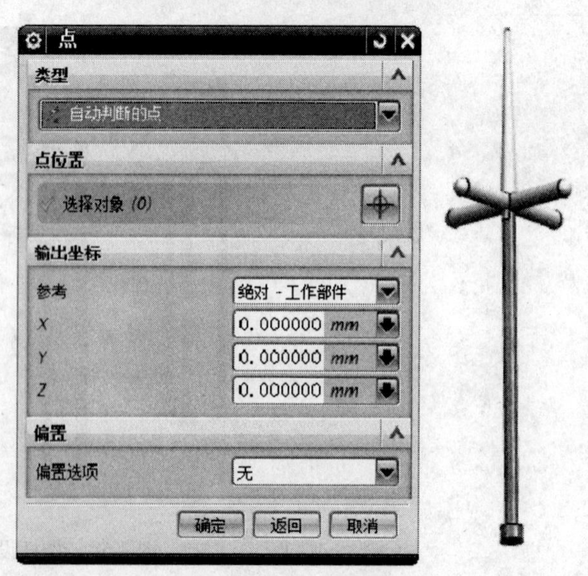

图3-60　拉料杆设计

（7）单击菜单栏中“HB_MOULD M6.6”→“顶针（推杆）系列”→“顶针避空”，单击【避空公制顶针】，输入动模板和推板的避空间隙为0.5mm（双边），推杆高度避空值为0，软件自动将推杆位的避空位做好。

（8）在“特征”工具条中，单击“求差”按钮，目标体选择动模型芯，工具体选择 12 根推杆和 1 根拉料杆，设置选项中“保存工具”，单击 应用 按钮。再次进行“求差”操作，目标体选择型芯，工具体选择 12 根推杆和 1 根拉料杆，设置选项中“保存工具”，单击 应用 按钮，依次完成 4 个型芯的求差操作。

3.4.9　打冷却水和型腔型芯螺孔

（1）给定模和型腔打螺孔

在菜单栏中选择“HB_MOULD M6.6”→“螺丝（栓）系列”→“正向螺丝（栓）”，根据命令行的提示，选择螺栓放置实体面为定模板上表面，螺栓的定位类型单击 指定平面定位，定位平面同样选择定模板的上表面，弹出类选择对话框，选择过孔实体为定模板和型腔，单击 确定 按钮。内六角螺孔断点选择型腔放置在定模板的位置。

内六角螺栓类型选择 公制，公制内六角螺栓型号选 M16，螺栓的位置 *XY* 坐标（140，140），参考参数（见图 3-61），单击 确定 按钮，完成参数设计。再单击 取消 按钮，选择 四角镜相，完成定模和型腔的螺栓连接设计。

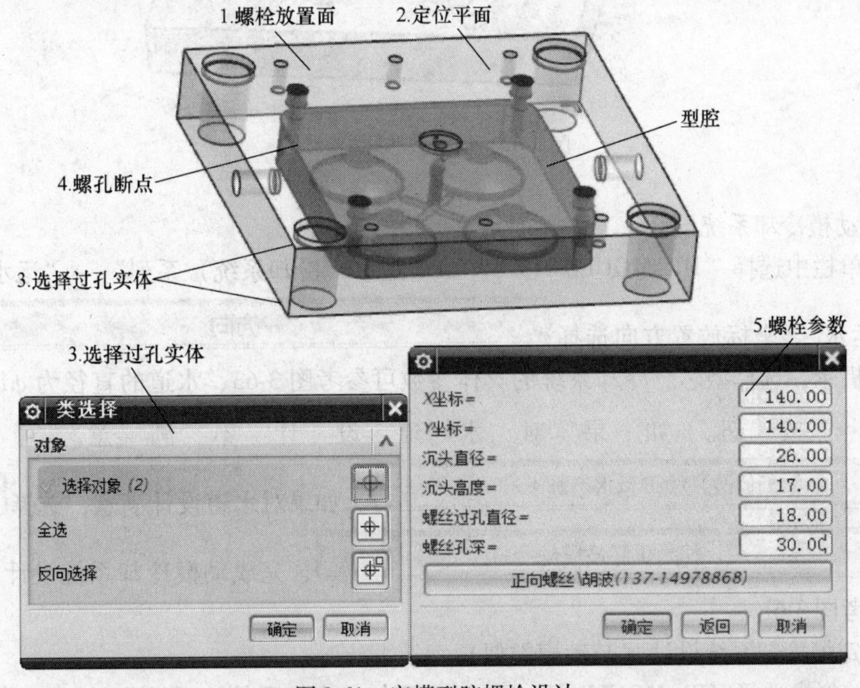

图 3-61　定模型腔螺栓设计

（2）给动模支撑板和型芯打螺孔

在菜单栏中选择“HB_MOULD M6.6”→“螺丝（螺栓）系列”→“正向螺丝”，根据命令行的提示，选择螺栓放置实体面为动模支撑板下表面，螺栓的定位类型单击 指定平面定位 ，定位平面同样选择动模板的下表面，弹出类选择对话框，选择过孔实体为动模板和动模型芯，单击 确定 按钮。内六角螺栓孔断点选择动模型芯的下表面，如图 3-62 所示。

内六角螺栓类型选择 公制 ，公制内六角螺栓型号选 M16 ，螺栓的位置 *XY* 坐标（140，140），参考参数如图 3-61 所示，单击 确定 ，完成参数设计。再单击 取消 ，选择 四角镜相 ，完成动模板和动模型芯的螺栓连接设计，结果如图 3-62 所示。

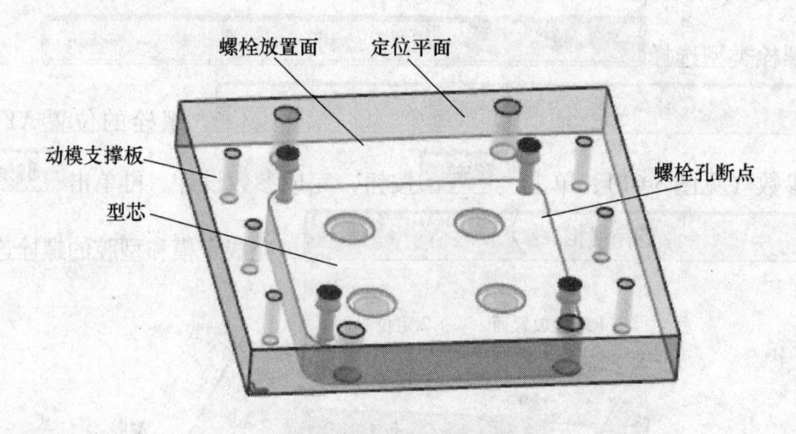

图 3-62 动模型芯螺栓设计

（3）动模冷却系统设计

在菜单栏中选择“HB_MOULD M6.6”→“运水（冷却系统）系列”→“运水”，单击“环绕型运水”，坐标放置方向选择 +X方向 。根据命令行提示，选择型芯。冷却系统的具体参数可参考图 3-63，水道的直径为 ϕ12mm，单击 OK 按钮。如果对水道设计不满意，可选择 重新修改环绕型运水参数 ，如果对水道设计满意，选择 取消 ，单击 切削模胚及模仁 ，完成动模冷却系统设计，冷却系统结果参考图 3-6b。

（4）定模冷却系统设计（与动模类似）

在菜单栏中选择“HB_MOULD M6.6”→“运水（冷却系统）系列”→“运水”，单击

“环绕型运水”，坐标放置方向选择 +X方向 。根据命令号提示，选择型腔。冷却系统的具体参数可参考图 3-64，水路的直径为 ϕ12mm，单击 OK 按钮。如果对水道设计不满意，可选择 重新修改环绕型运水参数 ，如果对水道设计满意，选择 取消 按钮，单击 切削模胚及模仁 ，完成定模冷却系统设计，冷却系统结果参考图 3-6a。

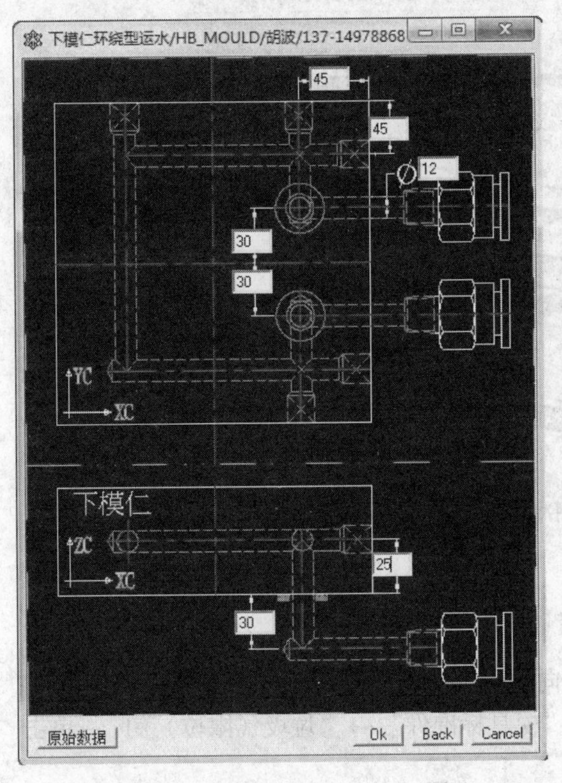

图 3-63　动模运水参数

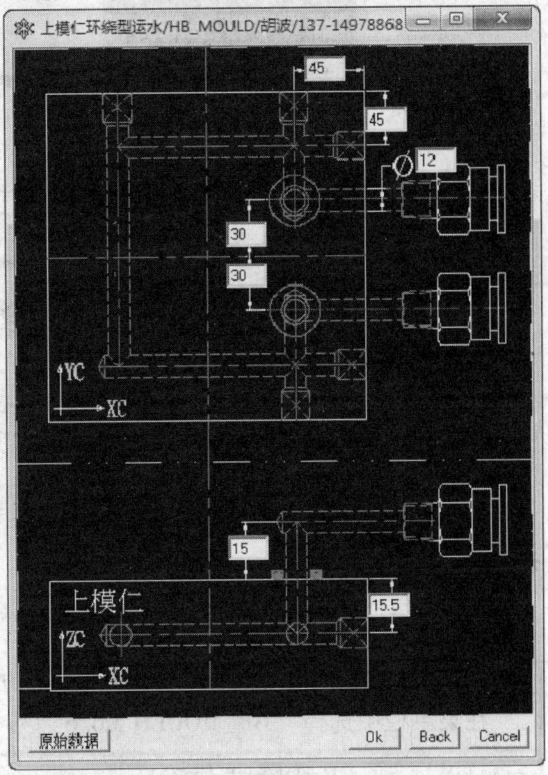

图 3-64　定模冷却系统参数

（5）调用冷却水接口

在菜单栏中选择“HB_MOULD M6. 6”→“运水（冷却系统）系列”→“水嘴（冷却水接口）”，选择一个冷却水接口模式，如图 3-65，单击 PT3/8 水嘴 ，冷却水接口方向即为刚创建的水道进出口方向，单击 +X ，根据命令行提示，选择切削的模板为动模支撑板。根据命令行提示，选择冷却水接口放置点为刚建立的动模水道的进水口，弹出冷却水接口的沉孔尺寸对话框，直径为 ϕ30mm，深度为 25mm，单击

取消 按钮，弹出冷却水接口放置点对话框，选择冷却水接口放置点为刚建立的动模水道的出水口，完成出水口的冷却水接口设计，单击 取消 按钮，完成动模冷却水接口的调用。

同样的方法，完成定模冷却水接口的调用，结果如图 3-65 所示。

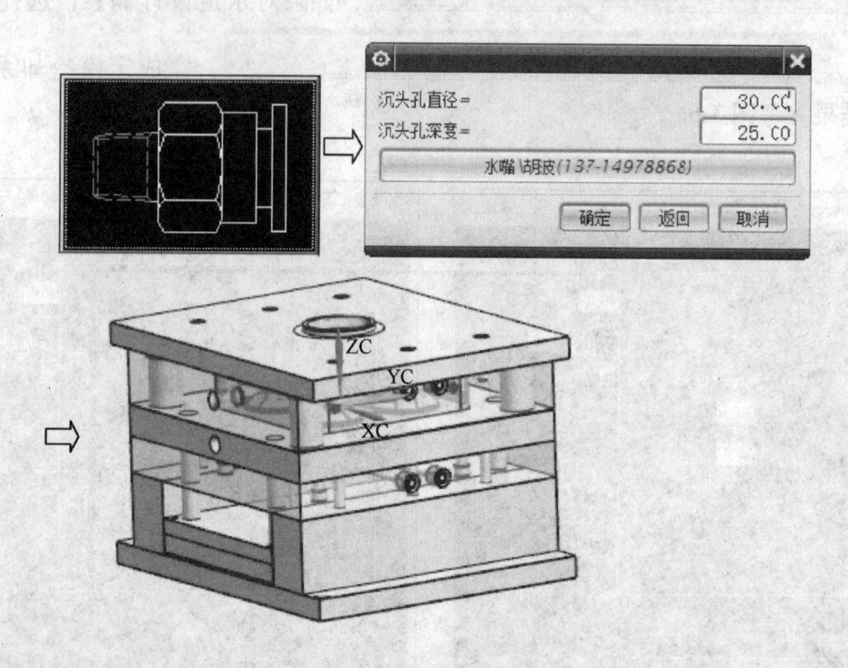

图 3-65　调用冷却水接口

3.4.10　调用其他标准件

（1）限位钉的设计

可在模板的 4 角各放置一个，即 *X* 和 *Y* 方向均为 2 个限位钉。

在菜单栏中选择“HB_MOULD M6.6”→“模具标准件”→“垃圾（限位）钉”，单击

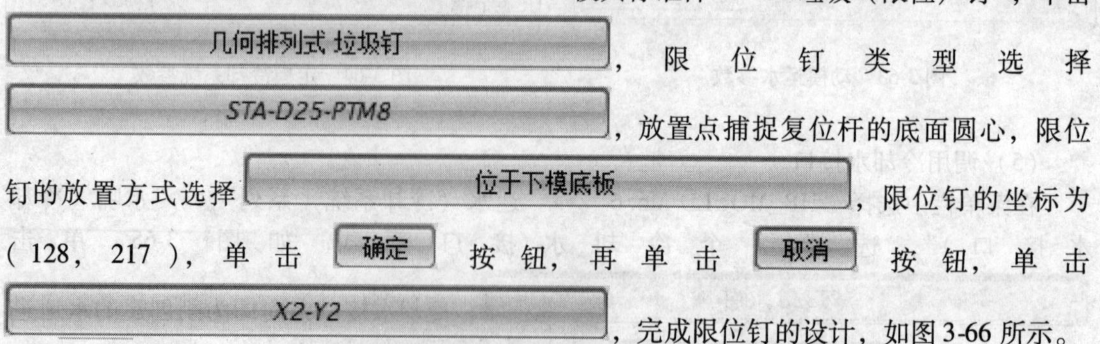

几何排列式 垃圾钉，限位钉类型选择 STA-D25-PTM8，放置点捕捉复位杆的底面圆心，限位钉的放置方式选择 位于下模底板，限位钉的坐标为（128，217），单击 确定 按钮，再单击 取消 按钮，单击 X2-Y2，完成限位钉的设计，如图 3-66 所示。

注意：在推杆底板和模具底板之间按模架大小或高度加设限位钉作为支撑，作用是减少推杆底板和模具底板的接触面积，防止因掉入垃圾或模板变形导致推杆复位不良，限位钉也叫限位钉、止动垫。限位钉的位置在复位杆的同一轴心线处，需要有一定的数量防止推板变形。

（2）支撑柱设计

在菜单栏中选择“HB_MOULD M6.6”→“模具标准件”→“撑头”，输入撑头的直径为 ϕ60mm，撑头螺栓 M14，单击 确定 按钮，弹出撑头放置点对话框，输入放置点的坐标为（0，150，0），单击 确定 按钮，弹出撑头参数对话框，单击 确定 按钮，再单击 取消 按钮，选择 斜角镜相撑头，选择 自动剪切模板?是!YES!，结果如图 3-66 所示。

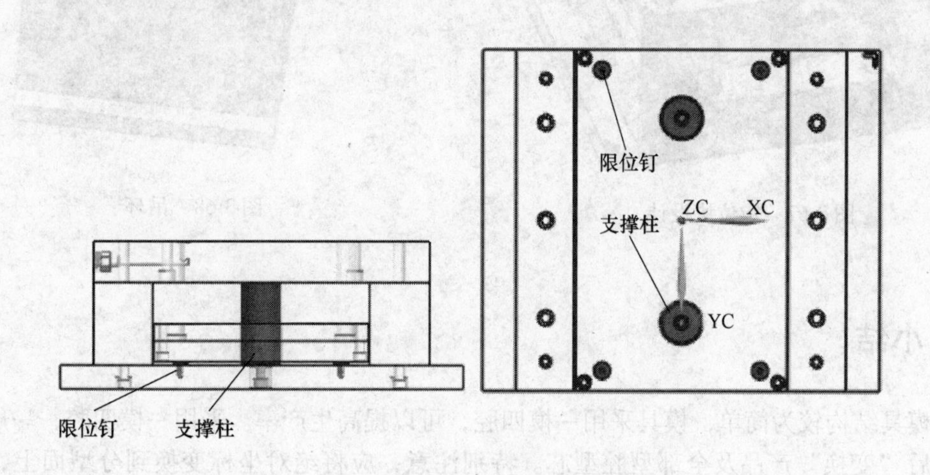

图 3-66　限位钉和支撑柱设计

（3）根据模架大小，可设计两个定位块

在菜单栏中选择“HB_MOULD M6.6”→“模具标准件”→“定位块”，选择 30X100 定位块，定位块的方向选择 竖放定位块。根据命令行提示，选择定位块的放置点（可任选一点，后面再进行修改），修改定位块的中心点坐标为（210，0），单击 确定 按钮，再单击 取消 按钮，选择 斜角镜相定位块，选择 切削模板定位块槽，完成定位块的设计，如图 3-67 所示。

（4）调用吊环

在菜单栏中选择“HB_ MOULD M6.6”→“模具标准件”→“吊环”，选择 M16 吊环，吊环方向选择 +Y，根据命令行的提示，选择吊环放置点，依次捕捉 +Y 方向的 2 个吊环孔，单击 取消 按钮。同样，完成 -Y 方向的 2 个吊环的调用，如图 3-68 所示。

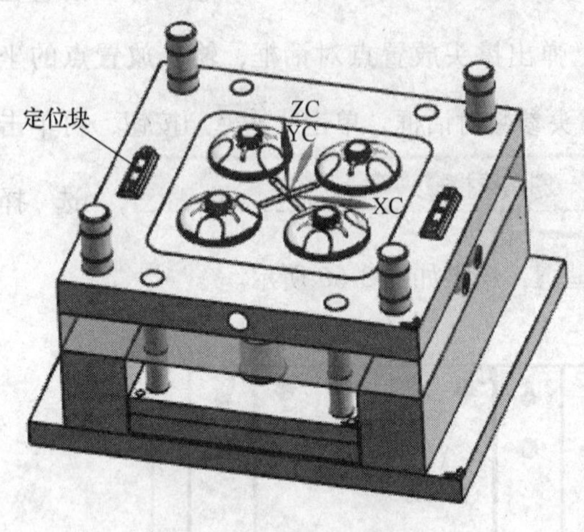

图 3-67　定位块设计

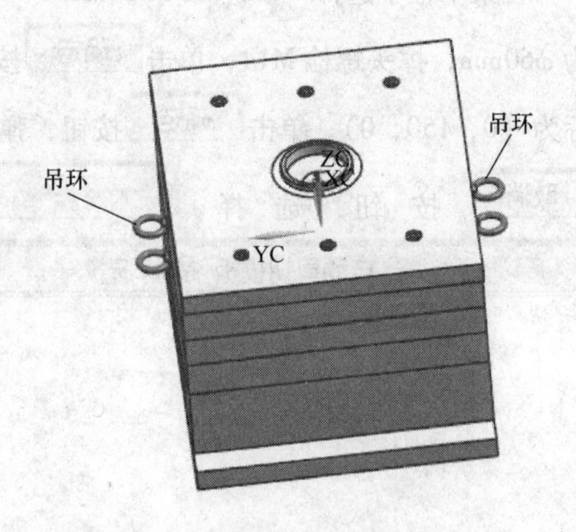

图 3-68　吊环

3.5　小结

本模具结构较为简单，模具采用一模四腔，可以提高生产率。采用一模四腔，一般是在开模以后“变换”产品及全部型腔型芯。特别注意，应将绝对坐标变换到分型面上，并对准模具中心。

设置冷却效果良好的冷却水回路是缩短成型周期、提高生产效率最有效的方法。如果不能实现均匀、快速冷却，则会使制件内部产生应力而导致产品变形或开裂，所以应根据制件的形状、壁厚及塑料的品种，设计、制造出能实现均匀、快速冷却的冷却回路。

冷却系统的设计原则：

1）冷却水孔应尽量多、孔径应尽量大；

2）冷却水道至型腔表面的距离应尽量相等，一般冷却水孔至型腔表面的距离应大于10mm，常用12～15mm；

3）浇口处应加强冷却，浇口附近的温度最高，离浇口距离越远温度越低，因此浇口附近应加强冷却；

4）降低进水和出水的温差；

5）注意干涉和密封的问题，避免将冷却管道开设在塑件熔合纹部位；

6）冷却水道的大小要易于加工和清理，一般孔径为8～10mm。

3.6　综合练习

本章的设计任务是电机盖模型，如图 3-69 所示（随书附带光盘中“exercise \ cp-03. prt”），根据客户提出的设计任务，见表3-2，选择合适的分型面，并设计出模具的浇注系统、推出系统，选用合适的模架完成三维总装图。

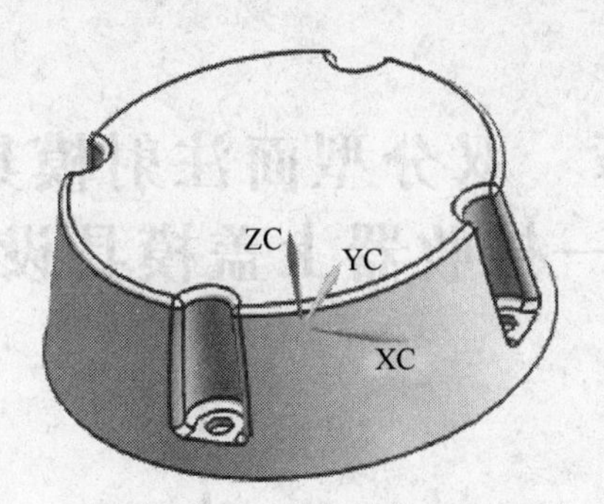

图 3-69　电机盖产品图

表 3-2　叉架产品客户要求

产品材料	用途	产品外观要求	材料收缩率	模腔排位及数量	产量	备注
ABS	电机盖	外表光滑，没有流纹、飞边等	5‰	一模四腔	20 万	产品要求装配，且装配在偏差内，防止表面缩水

第 4 章　双分型面注射模具设计
——接收器上盖模具设计

本章要点

📖掌握点浇口模架（DC 型）双分型面模具结构
📖掌握利用分型管理器工具进行手动分型
📖掌握双分面型面进料模具设计原则
📖掌握双分型面模具设计及装配方法

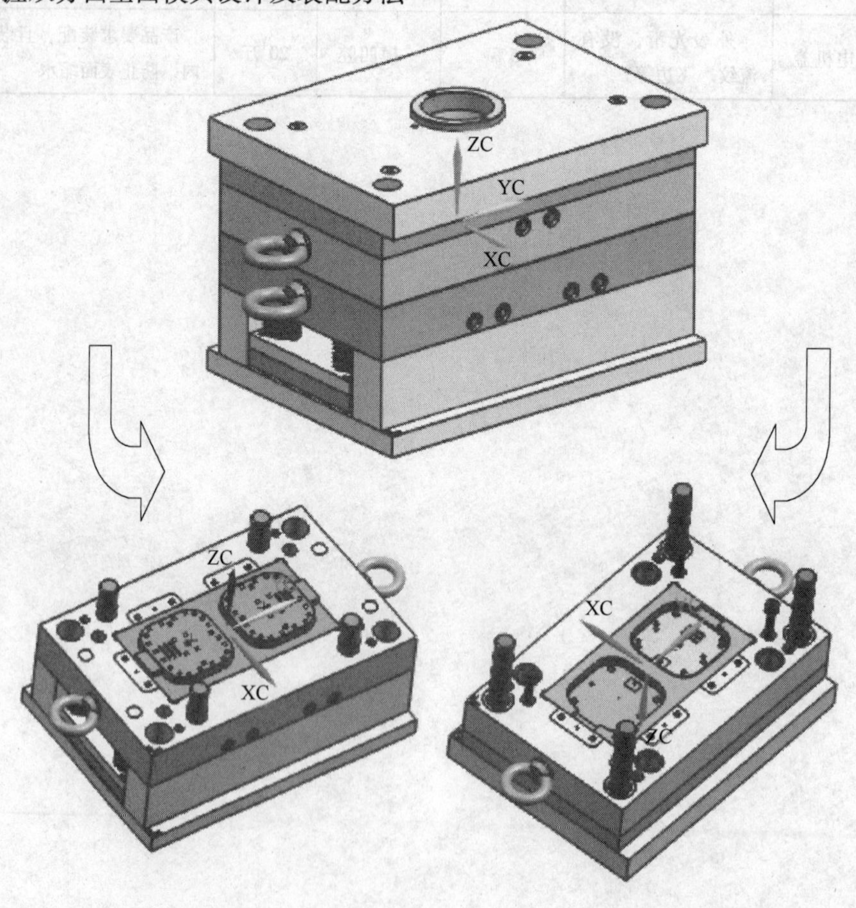

4.1　设计任务

本章的设计任务是接收器上盖模具，在接受设计任务时，客户提供的是接收器上盖产品的模型图，如图 4-1 所示，并提出一些设计要求见表 4-1。

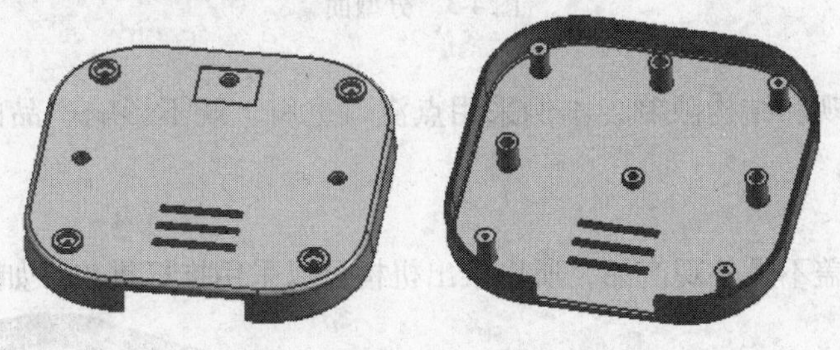

图 4-1　接收器上盖产品模型图

表 4-1　客户要求

产品材料	用途	产品外观要求	材料收缩率	模腔排位及数量	产量	备注
ABS	接收信号	塑件表面光洁，没有流纹、飞边等	5‰	一模两腔	5 万	碰穿位不得有飞边，防止表面缩水

4.2　设计思路分析

下面以接收器上盖产品的结构，进行模具设计思路分析：

1. 用途分析

该产品属于电器产品，用于包装电池，要求使用材料有一定的耐油性和耐化学腐蚀性；产品外表不能有气泡、凹陷和喷痕等瑕疵；产品的配合要求比较高。

2. 结构分析

（1）模具结构

接收器上盖产品结构比较简单，不需要进行特殊结构设计，采用一模两腔的三板式模具结构，如图 4-2 所示。

50
35
70
75
100
30

DCI－3666－A70－B75－C100

图 4-2　模具结构

（2）分型面

分型面取在制品最大截面处，为保证制品的外观质量和便于排气，分型面选在产品的底部，如图 4-3 所示。

（3）浇口类型

点浇口主要用于三板模的浇注系统，位置有很大的自由度，便于多点进料。分流道在流道推板和定模板之间，不受型腔的阻碍。对于大型制品多点进料、为避免制品成型时变形而采用的多点进料、一模多腔且分型面处不允许有浇口痕迹的制品非常合适。

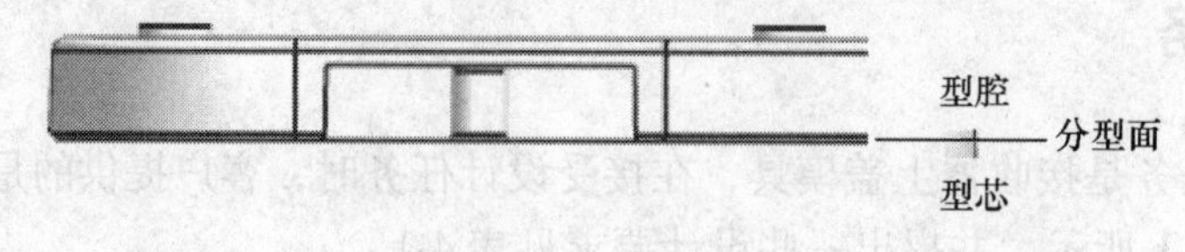

图 4-3　分型面

由于产品的外观和结构限制，本例采用点浇口进料，既不影响产品的外观，去除又方便，如图 4-4 所示。

（4）推出系统

由于接收器上盖不是外观产品，所以推出机构可以采用推杆推出，如图 4-5 所示。

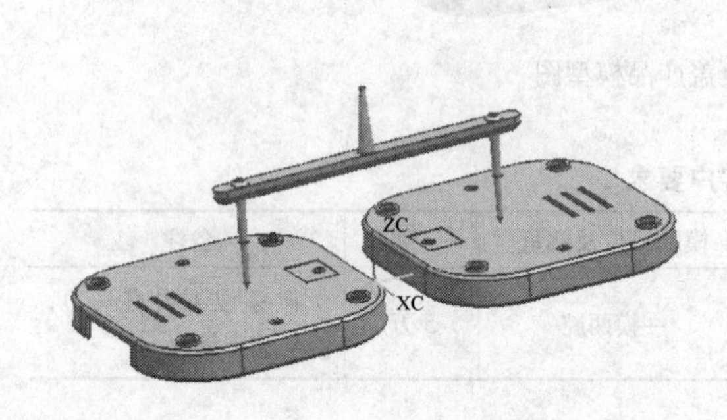

图 4-4　浇口设计

图 4-5　推出机构

（5）冷却系统

根据制品的形状、尺寸和模具结构，冷却水孔取 ϕ8mm。由于型芯和型腔的结构限制，动模和定模采用直流式冷却系统比较合理，如图 4-6 所示。

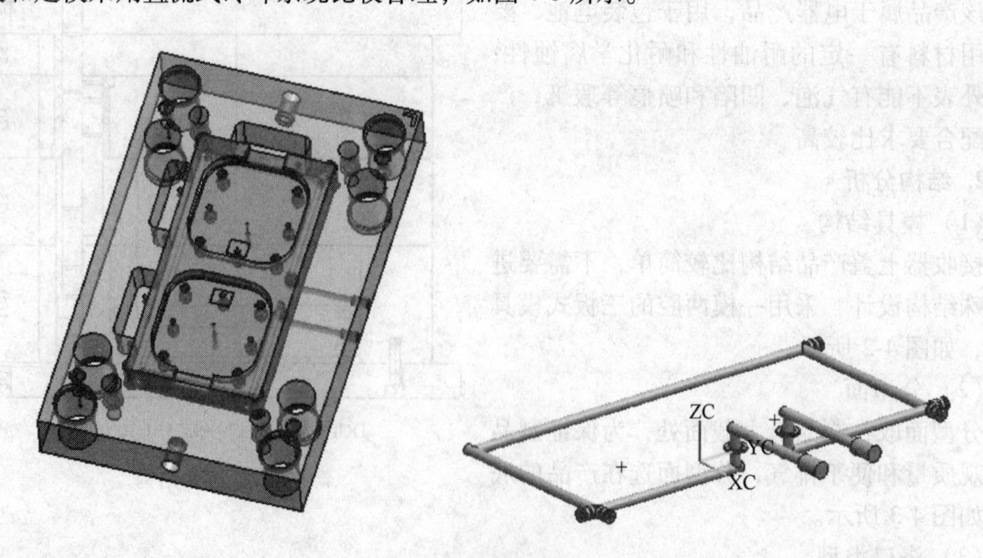

a) 定模冷却设计

图 4-6　定模、动模冷却系统设计

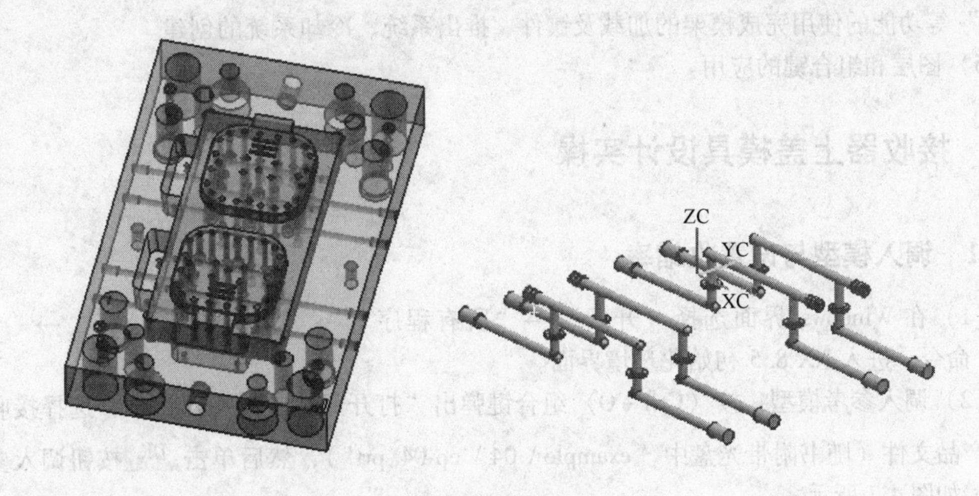

b) 动模冷却设计

图 4-6　定模、动模冷却系统设计（续）

4.3　模具设计流程及知识点

4.3.1　模具设计流程分析

本例将完全采用建模模块的功能进行模具设计，设计模具时设计出主要成型结构、模架的加载、流道系统、其他零部件的加载、冷却系统等的设计、最后完成推出系统设计。主要设计流程是：调入参考模型与缩放模型→创建补片完成破孔修补→创建型腔型芯→调入模架→设计流道系统→创建镶件→设计冷却系统→其他标准件的加载→设计推出系统。

4.3.2　主要知识点

本例主要包含如下知识点：

1）如何通过“缩放体”、“模具分型工具”、“检查区域”、“曲面补片”、“设计分型面”、“选择分型或引导线”、“遍历分型线”、“自动创建分型面”、“定义区域”、“分型导航器”等功能完成产品的分型。

2）如何通过“求差”、“移除参数”、“移动对象”、“实例几何体”等命令完成型腔型芯的布局。

3）如何通过“投影”、“HB_MOULD”外挂“模具标准件”、“浇口系列”等功能完成浇注系统设计。

4）如何通过“HB_MOULD”外挂完成标准模架模坯的调用、“开框”、“镶针

（杆）”等功能的使用完成模架的加载及镶件、推出系统、冷却系统的创建。

5）图层和组合键的应用。

4.4 接收器上盖模具设计实操

4.4.1 调入模型与设置收缩率

（1）在 Windows 界面选择“开始”→“所有程序”→“Siemens NX 8.5”→“ NX 8.5”命令，进入 NX 8.5 初始化环境界面。

（2）调入参考模型：按〈Ctrl + O〉组合键弹出“打开部件文件”对话框，选择接收器上盖产品文件（随书附带光盘中“example \ 04 \ cp-04. prt”），然后单击 OK 按钮调入参考模型，如图 4-7 所示。

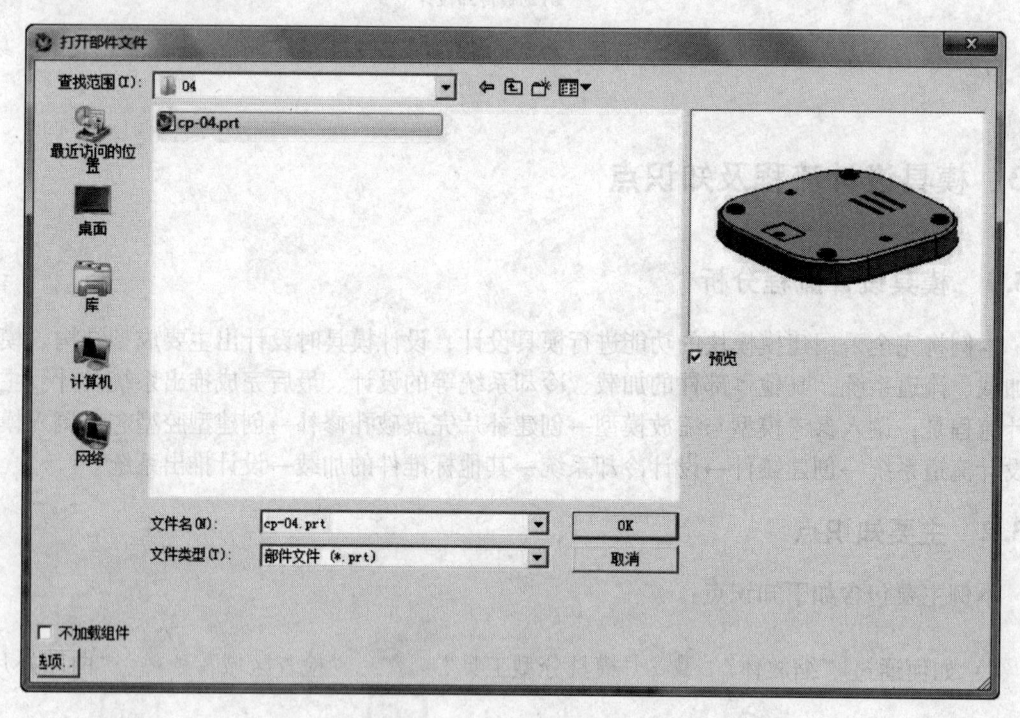

图 4-7 调入参考模型

（3）在“标准”工具条中单击“建模”按钮或按〈Ctrl + M〉组合键进入建模模块。

（4）复制产品：在菜单栏中选择“格式”→“复制至图层”选项，类选择的对象选择接收器上盖产品，单击 确定 按钮，弹出“图层移动”对话框，目标图层或类别输入 2，单击 确定 按钮，如图 4-8 所示。

（5）图层设置：在菜单栏中选择“格式”→“图层设置”选项，弹出“图层设置”对话框，如图 4-9 所示，将 2 层的产品的复制文件设置为不可见。

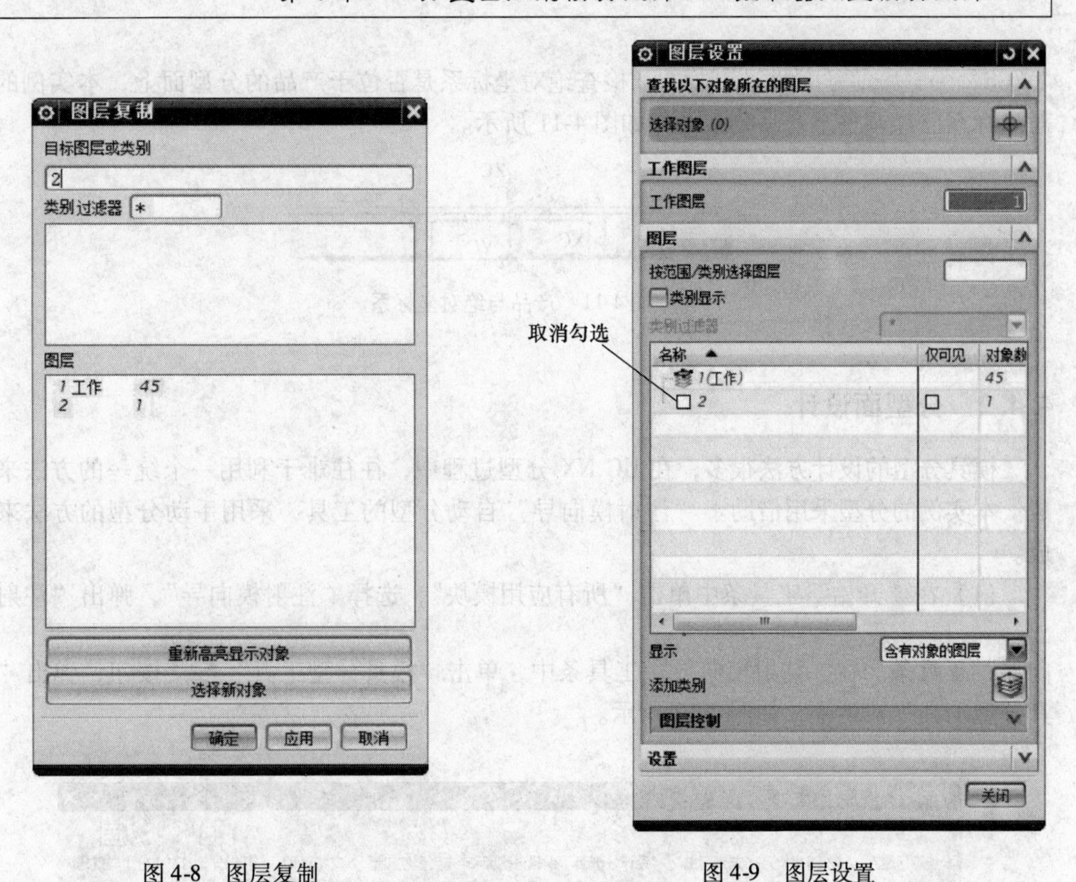

图 4-8　图层复制　　　　图 4-9　图层设置

（6）设置产品收缩率：在菜单栏中选择“插入”→“偏置/缩放”→“缩放体”选项，弹出“缩放体”对话框，选择接收器上盖产品，设置比例因子为 1.005，如图 4-10 所示。

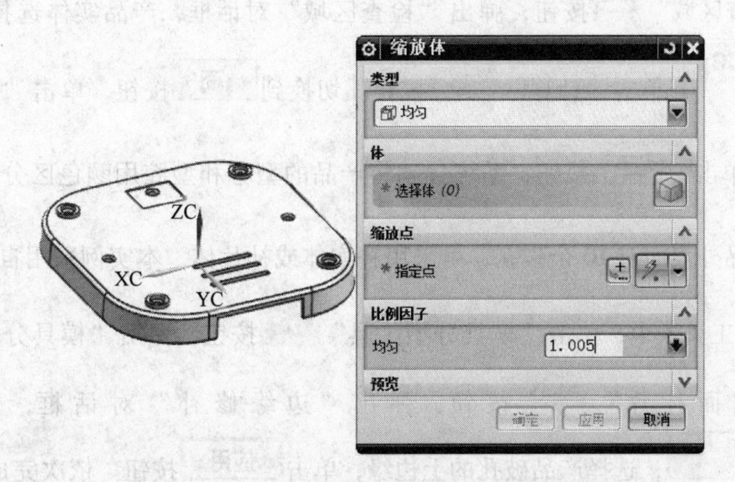

图 4-10　设置收缩率

（7）检查 NX 的绝对坐标系是否位于产品分型面中心：在菜单栏中选择“格式”→

“WCS”→ WCS 设置为绝对(A)，检查绝对坐标系是否位于产品的分型面上，本实例的绝对坐标系已经调整至产品分型面，如图 4-11 所示。

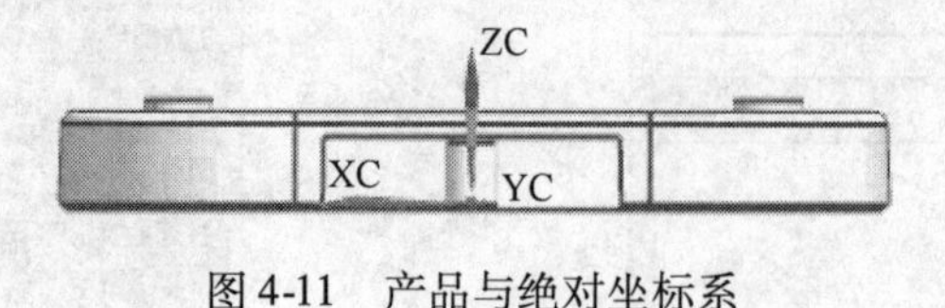

图 4-11 产品与绝对坐标系

4.4.2 分型面设计

模具分型的设计方法很多，在 UG NX 分型过程中，往往难于利用一个统一的方法来完成。本实例的分型采用借助于“注射模向导”自动分型的工具，采用手动分型的方法来完成。

（1）在“开始”工具条中单击“所有应用模块”，选择“注射模向导”，弹出“注射模向导”工具条。在“注射模向导”工具条中，单击“模具分型工具”按钮，弹出“模具分型工具”对话框，如图 4-12 所示。

图 4-12 模具分型工具

单击“检查区域”按钮，弹出“检查区域”对话框，产品实体选择接收器上盖，脱模方向选择 ZC，单击“计算”按钮。切换到 面 按钮，单击“设置所有面的颜色”，单击 确定 按钮，系统自动将产品的型芯和型腔用颜色区分开来，如图 4-13 所示。

（2）本产品外表面有 10 个破孔，可采用补实体或补片体，本实例采用自动补片体。在“注射模向导”工具条中，单击“模具分型工具”按钮，弹出“模具分型工具”对话框。单击“曲面补片”按钮，弹出“边缘修补”对话框，环类型选择 移刀，选择产品破孔的上边缘，单击 应用 按钮。依次完成 10 个破孔的修补，单击 确定 按钮，如图 4-14 所示。

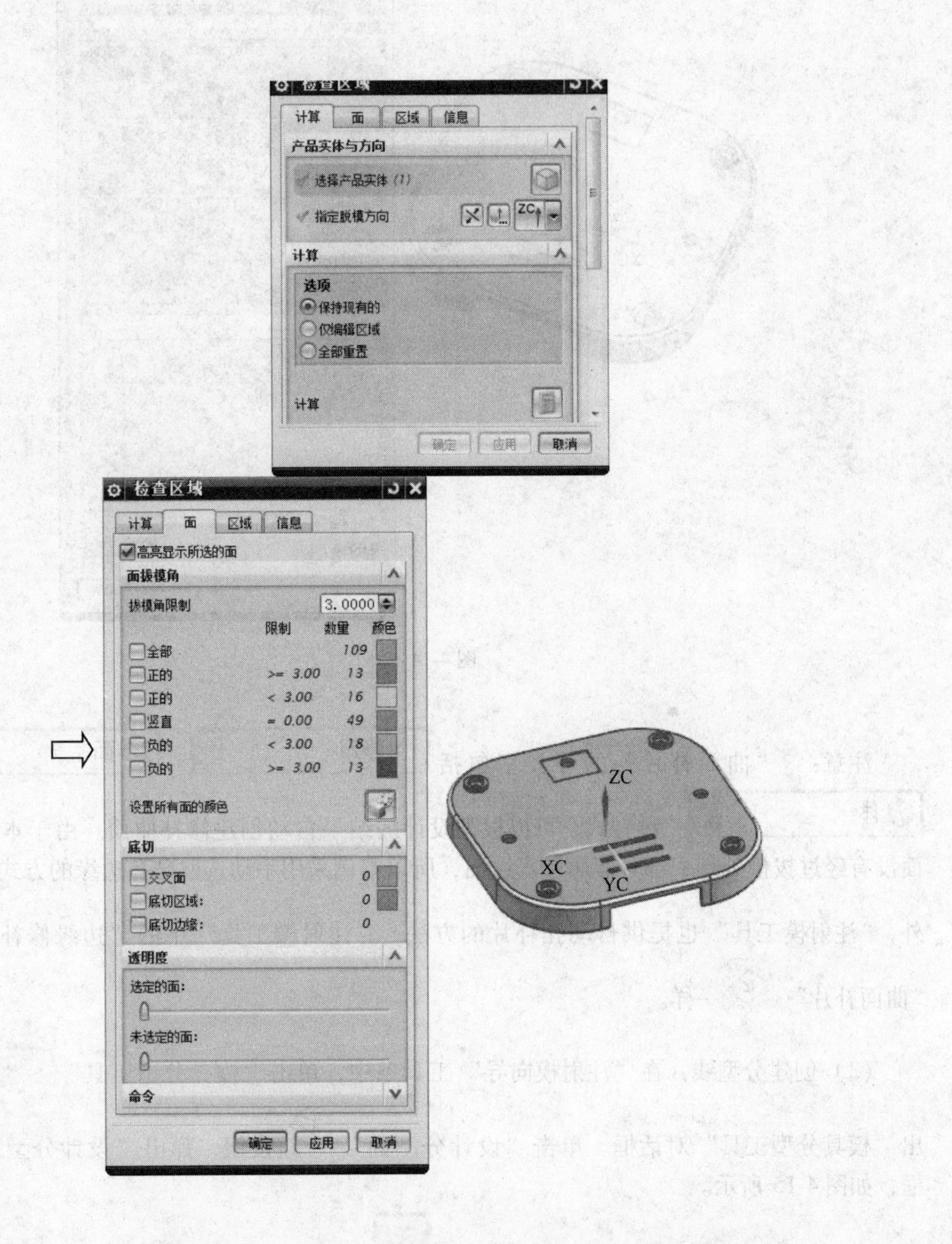
检查区域
计算
面
区域
信息
产品实体与方向
选择产品实体 (1)
指定脱模方向
ZC
计算
选项
保持现有的
仅编辑区域
全部重置
计算
确定
应用
取消
检查区域
计算
面
区域
信息
高亮显示所选的面
面拔模角
拔模角限制
3.0000
限制
数量
颜色
全部
109
正的
>= 3.00
13
正的
< 3.00
16
竖直
= 0.00
49
负的
< 3.00
18
负的
>= 3.00
13
设置所有面的颜色
底切
交叉面
0
底切区域:
0
底切边缘:
0
透明度
选定的面:
未选定的面:
命令
确定
应用
取消
ZC
XC
YC

图 4-13　检查区域

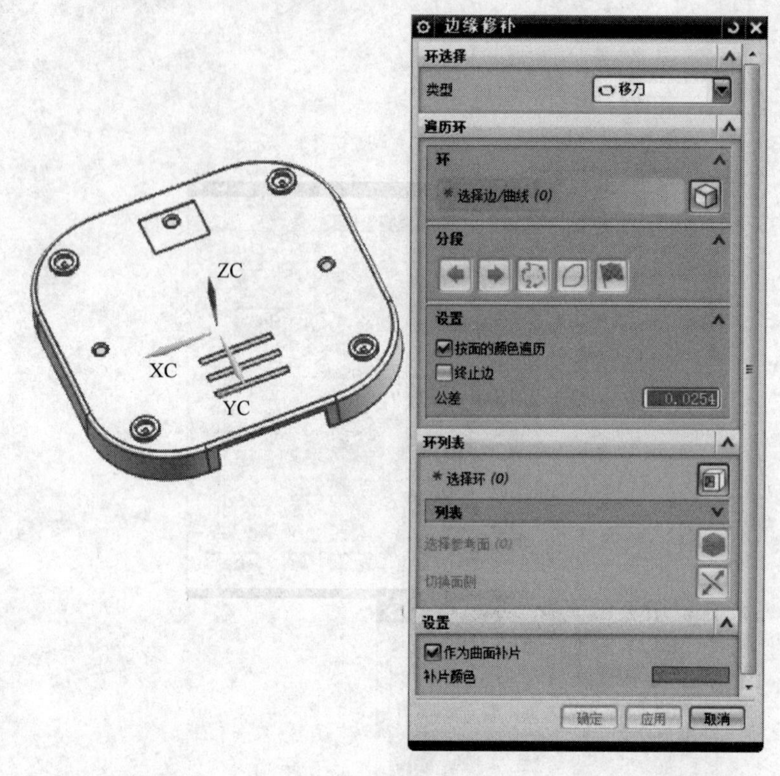

图 4-14　补片

注意：“曲面补片”的环类型包括 移刀 、 面 和 体 三种方式，可以根据设计的结果自动创建修补曲面。由于本产品的柱面没有经过拔模处理，部分面属于直纹面，所以本例采用手动选取破孔边缘的方式修补。此外，“注射模工具”也提供自动孔补片的方法，“注射模工具”中的“边缘修补”与“曲面补片”一样。

（3）创建分型线：在“注射模向导”工具条中，单击“模具分型工具”按钮，弹出“模具分型工具”对话框。单击“设计分型面”按钮，弹出“设计分型面”对话框，如图 4-15 所示。

单击“编辑分型线”的“遍历分型线”按钮，弹出“遍历分型线”对话框，如图 4-16 所示。选择产品的一条分型线，检查生成的分型线是否正确，如果正确，单击“接受”按钮，如果不正确，单击“循环候选项”按钮，最后单击 确定 按钮，完成分型线的设计。

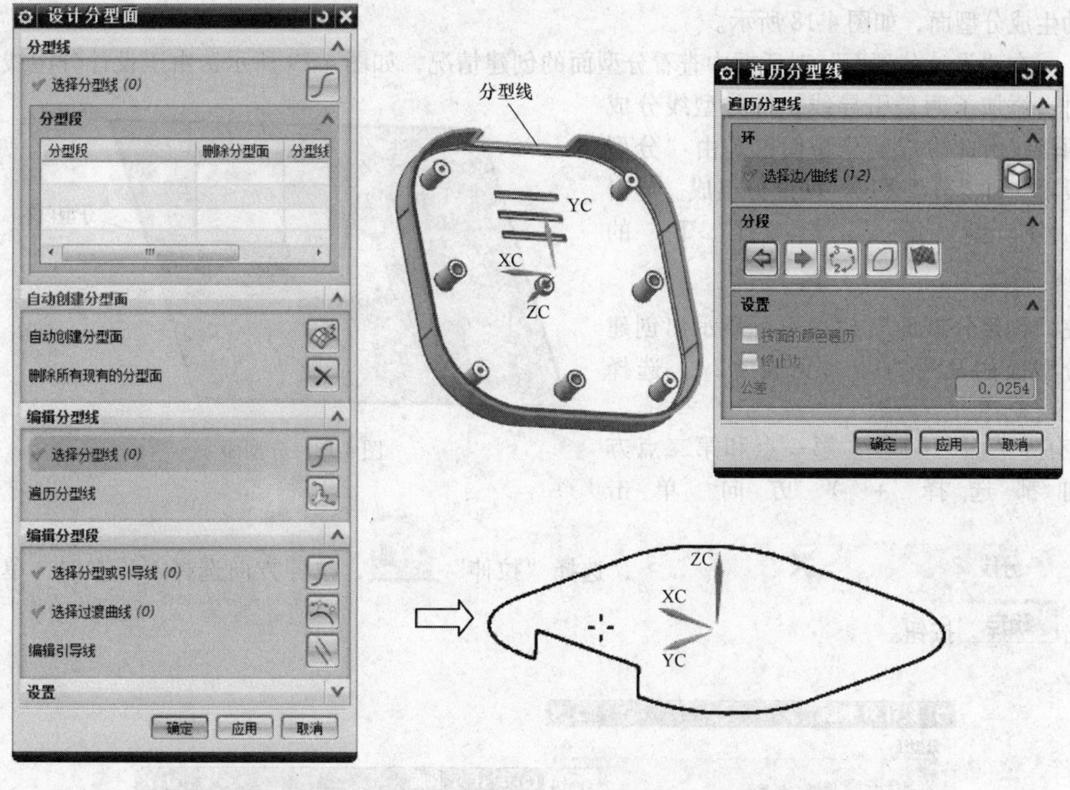

图 4-15　设计分型面对话框　　　　图 4-16　搜索分型线

注意：当产品的最大形状比较简单时，均可使用“自动搜索分型线”功能创建出正确的分型线。只有分型线是不能将型腔、型芯分割的，必须要有分型面，下面将要通过分型线生成分型面。

（4）引导线设计：如果创建的分型线不在同一平面时，则应该使用“编辑分型段”设计操作功能，分段定义分型线的延伸方向，在后面的分型面自动创建时，分型面的延伸就得到了简化。

由于分型线不在同一平面，一般选择“引导线”的方法去选取。在“设计分型面”对话框中，如图 4-15 所示，单击“编辑分型段”栏目下的“选择分型或引导线”按钮，依次选择分型线 1 和分型线 2，由此创建了引导线 1 和引导线 2，如图 4-17 所示。

（5）分型面设计：分型面功能是创建修剪型芯和型腔的分型片体，分型面应该尽可能做得单一、规律、光顺，应该避免分型处产生尖角。

在“设计分型面”对话框（见图 4-15）中单击“自动创建分型面”栏目下的“自动创建分型面”的按钮，系统自

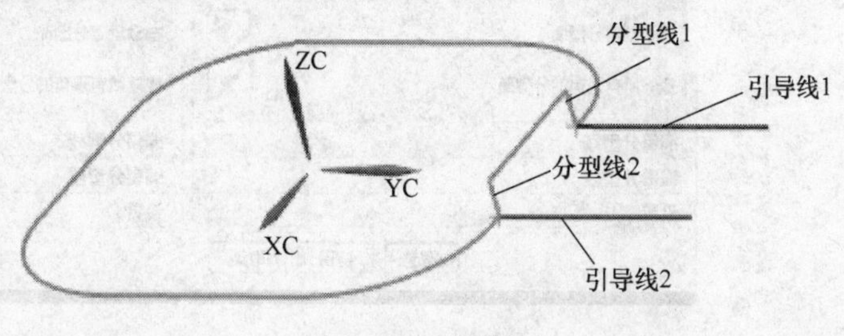

图 4-17　引导线

动生成分型面，如图 4-18 所示。

在“设计分型面”对话框中查看分型面的创建情况，如图 4-19 所示，由于设计分型线时，添加了两条引导线，将分型线分成两段，由此生成的分型面也是由“分型段 1”和“分型段 2”两部分组成。单击“分型段”栏目下的 分段 1 ✕ 9，在“创建分型面”栏目下，显示出创建分型面的几种方法（见表 4-2），选择“有界平面”，第一点和第二点方向都选择 +*Y* 方向。单击 分段 2 ✕ 3，选择“拉伸”，拉伸方向选择 +*Y* 方向，单击 确定 按钮。

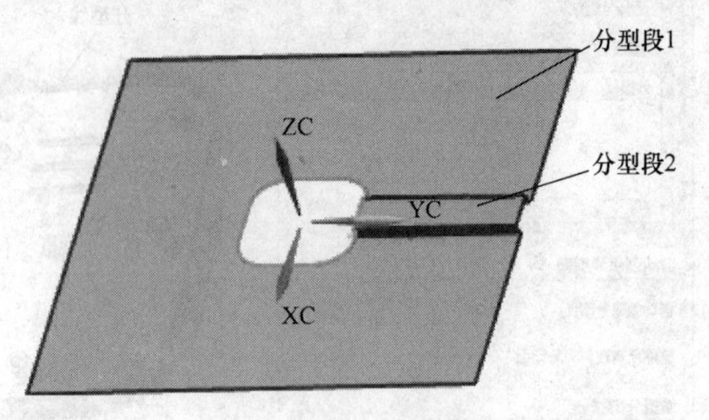

图 4-18　分型面

图 4-19　编辑分型面

表 4-2　创建分型面的分类

分　类	功 能 应 用
拉伸	与实体建模拉伸一样，如果只有一个方向，则使用拉伸创建分型面
扫掠	与曲面扫掠功能一样
有界平面	比较常用的一种创建过程，有点类似曲面功能中的扫掠功能，单击第一、第二方向按钮时，会利用扫掠功能自动创建分型面
修剪和延伸	分型线比较单一时，可以直接利用扩大的曲面进行创建分型面，且扩大面会自动被分型线修剪
条带曲面	呈放射状形成分型面

注意：拉伸方向应朝向坐标轴方向，否则不利于其他分型面的创建。分型面的投影面积必须大于型腔型芯，否则会影响分型。分型面的设计在塑件设计中有着非常重要的地位，是整个模具设计的基础。如果分型面没有确定，则进料方式、进料位置、推杆的排布、滑块、斜推杆的设计、排气的设计和冷却水道的设计都无从下手。

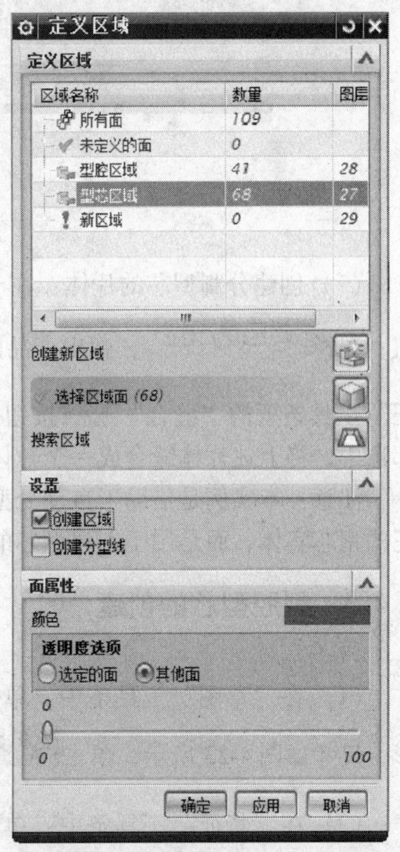

图 4-20　定义区域对话框

（6）在“注射模向导”工具条中，单击“模具分型工具”按钮，弹出“模具分型工具”对话框。单击“定义区域”按钮，弹出“定义区域”对话框，如图 4-20 所示，“设置”栏目下勾选“创建区域”复选框。

单击“定义区域”栏目下的“型腔区域 41”，单击“搜索区域”按钮，弹出搜索区域对话框，如图 4-21 所示，搜索区域“选择种子面”为型腔区域的任意一个面，边界边默认为分型线和破孔边缘，单击“确定”按钮。

同样的方法，单击“定义区域”栏目下的“型芯区域 68”，单击“搜索区域”按钮，弹

出搜索区域对话框，如图 4-21 所示，搜索区域“选择种子面”为型芯区域的任意一个面，边界边默认为分型线和破孔边缘，单击 确定 按钮。

注意：定义区域是参考设计区域的面来定义的，在设计区域时竖直面不指派，则在定义区域时将会有未定义的区域面。在定义区域中 型腔区域 41 + 型芯区域 68 = 所有面 109。

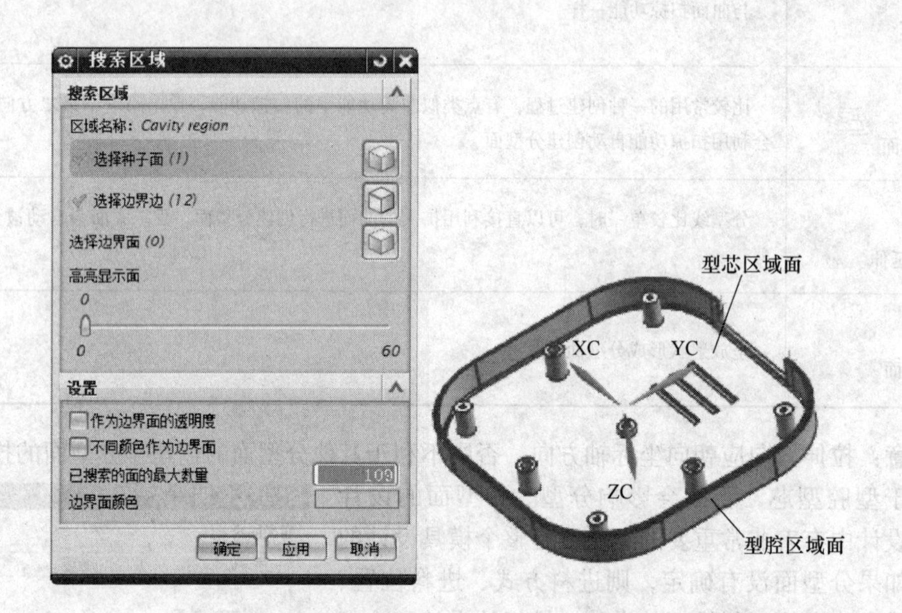

图 4-21　搜索区域

（7）创建分割型芯的片体：在“注射模向导”工具条中，单击“分型导航器” 按钮，选择 型芯，弹出产品的型芯区域片体、曲面补片和分型面的片体。单击“特征”工具条下的“缝合” 按钮，目标片体选择分型面片体，工具片体将其余的片体全部选中，将上述片体缝合成一个片体，如图 4-22 所示。

注意：本实例是借助于自动分型的工具进行手动分型的一种方法。此处创建的并不是真正的型芯实体，而是用于创建型芯的分型面片体。

4.4.3　型腔型芯的创建

（1）在“草图”工具条中，单击“草图” 按钮，在 *XY* 平面建草图，绘制一个矩形，尺寸如图 4-23 所示，单击 完成草图。

（2）在“特征”工具条中，单击“拉伸” 按钮，拉伸的截面选择刚创建的草图，拉伸限制选择 对称值 40mm，单击 确定 按钮，如图 4-24 所示。

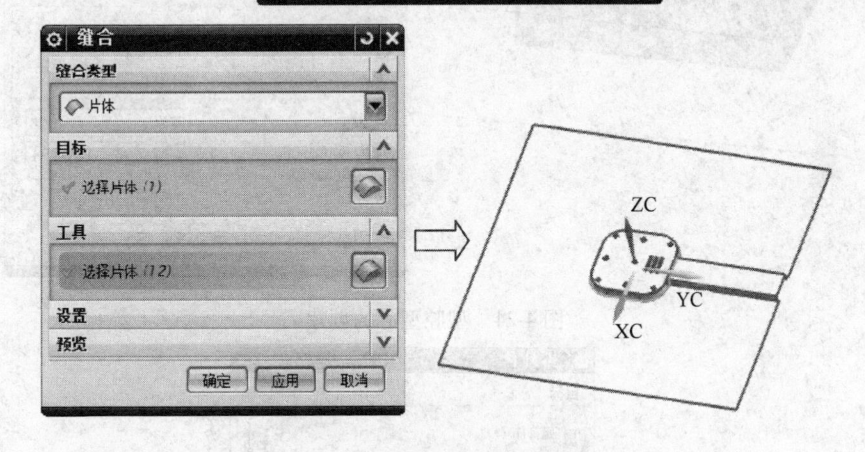

图 4-22 创建分割型芯的片体

（3）在“注射模向导”工具条中，单击“分型导航器”按钮，选择产品实体，调出接收器上盖产品实体。在“特征”工具条中，单击“求差”按钮，目标体选择刚拉伸的实体，工具体选择接收器上盖产品，设置选项中“保存工具”，单击确定按钮。

（4）将拉伸的实体分割。在菜单栏中选择“插入”→“修剪”→“拆分体”，目标选择拉伸的实体，分割的工具选择面或平面，选择刚创建的分割型芯的片体，单击确定按钮，如图 4-25 所示。

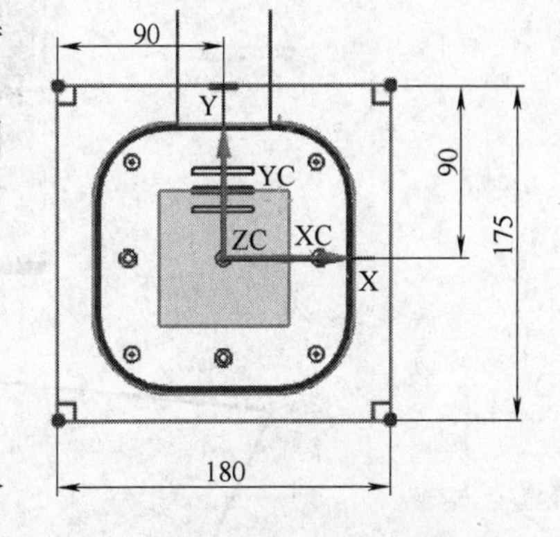

图 4-23 型腔型芯草图

（5）移除参数。在“编辑特征”工具条中，单击“移除参数”按钮，对象选择型腔型芯，单击确定按钮。

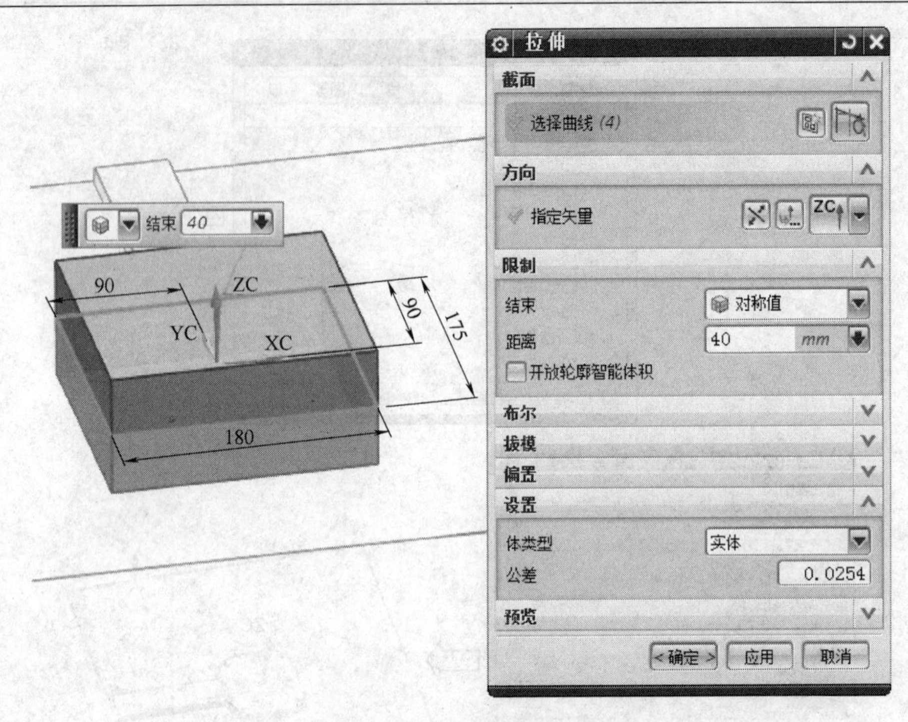

图 4-24 型腔型芯的创建

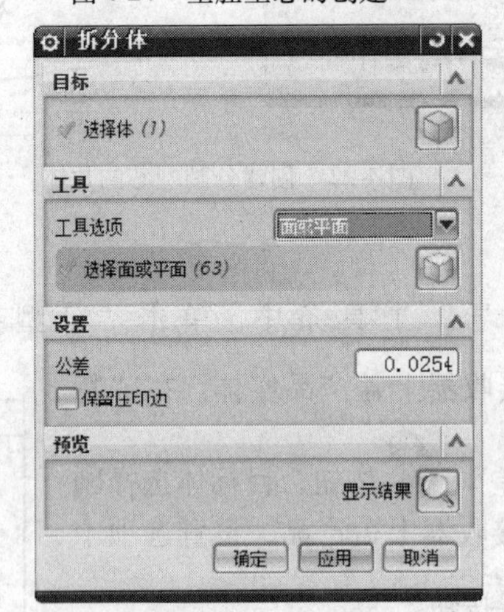

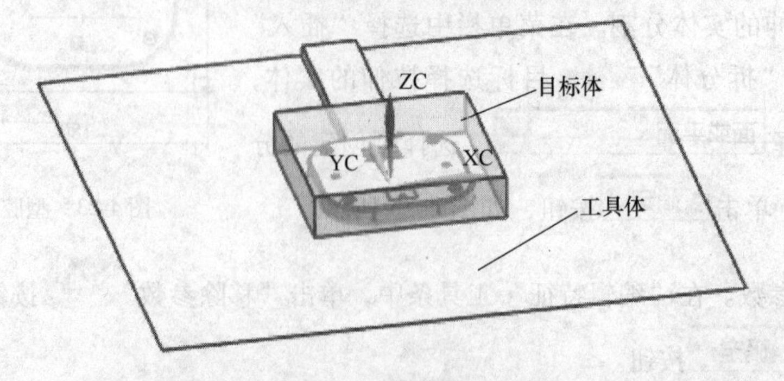

图 4-25 分割型腔型芯

(6) 分层管理。“移动图层” 将产品、型腔和型芯分别移动到 2、3、4 层（也可自己定义其他图层）。将草图及标准等“移动图层”到 255 层，把 255 层作为垃圾层，把一些无用的信息移至该图层，后面的设计也应分图层管理。分割后的型芯和型腔如图 4-26 所示。

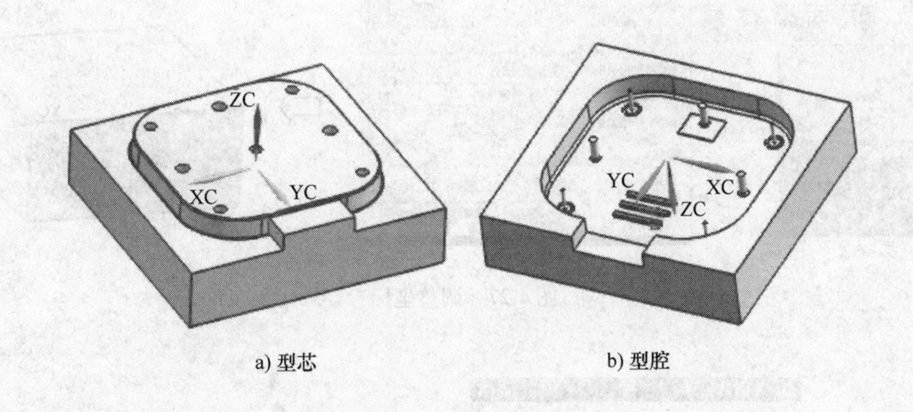

a) 型芯　　b) 型腔

图 4-26　型芯、型腔

注意：本例借助于自动分模的工具创建型腔分型面，然后利用分割体命令，得到型芯。读者也可尝试用同样的原理创建型腔分型面，或者同时创建型芯和型腔分型面，然后利用【修剪体】命令，分别求得型腔和型芯。

4.4.4　型腔型芯的布局

根据客户要求，将产品进行一出二排位设计。

(1) 调整坐标：单击菜单栏中“编辑”→“移动对象”，弹出“移动对象”对话框。移动的对象选择型腔、型芯及产品，变换运动选择 距离 ，方向为 $+YC$，距离输入 85mm，结果选择 移动原先的，单击 确定 按钮，如图 4-27 所示。

(2) 将产品进行一出二排位设计：在“特征”工具条中，单击“实例几何体”按钮，实例的类型选择“旋转”，要生成的实例几何特征选择型腔、型芯及产品，旋转轴制定矢量选择“*Z* 轴”，单击按钮，输入指定点为绝对的原点（0，0，0），单击 确定 按钮，角度输入 180°，副本数为 1，单击 确定 按钮，如图 4-28 所示。

(3) 在“特征”工具条中，单击“求和”按钮，分别将两个型腔求和，两个型芯求和，得到型腔、型芯如图 4-29 所示。

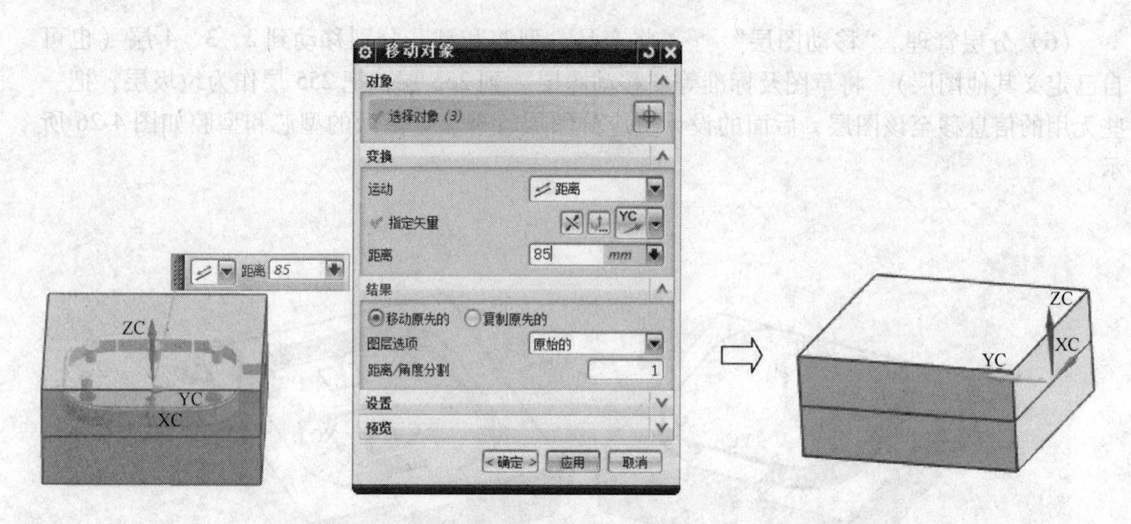

图 4-27　调整坐标

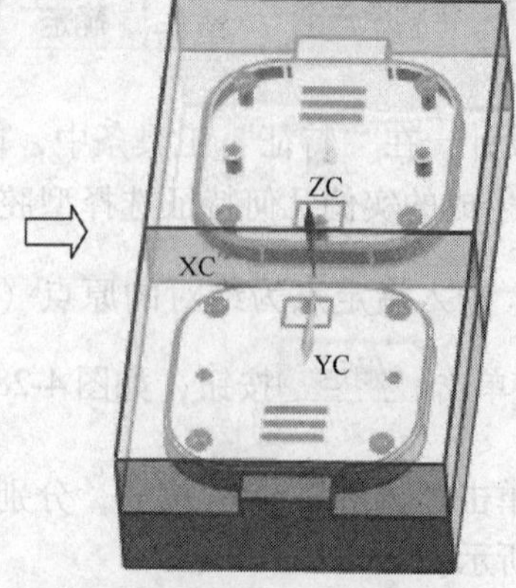

图 4-28　一出二排位设计

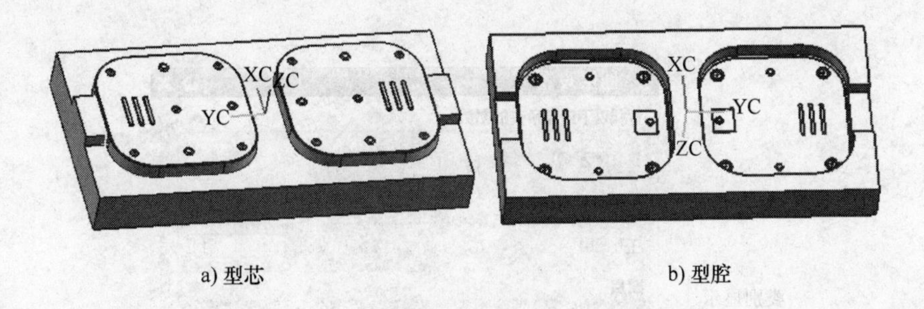

a) 型芯　　b) 型腔

图 4-29　合并后的型芯、型腔

4.4.5　模架导入

(1) 调入龙记细水口（点浇口模架 DC 型）DCI 型 3555 模架：单击菜单栏中“HB_MOULD M6.6”→“模胚系列”→“龙记”，单击 新建模胚 ，弹出龙记标准模胚对话框，设置参数如图 4-30 所示。选择细水口系列 DCI 型 35 系列 3555 模架，A 板（定模）70，B（动模）板 75，C 垫块板 100，单击 确定 按钮，完成模架的调用。

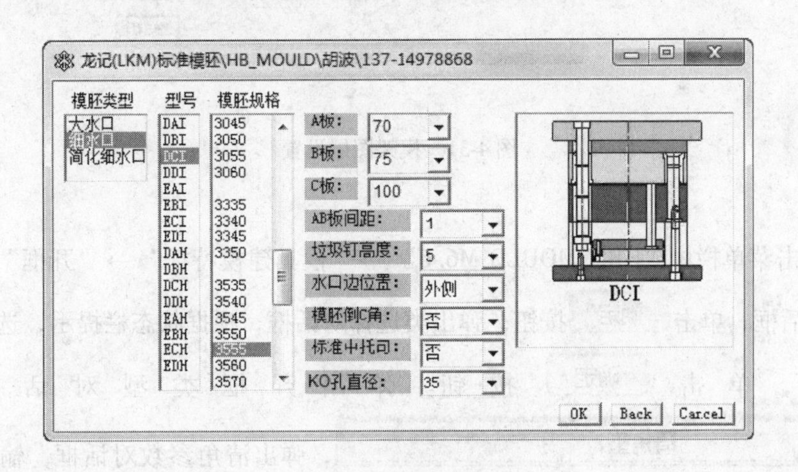

图 4-30　模架导入

(2) HB_MOULD 模架是分图层管理的，ALL-A-LPLATE（定模）是定模各图层，ALL-B-LPLATE（动模）是管理动模各图层。

将动模隐藏。单击菜单栏中“格式“图层设置”按钮，弹出图层设置对话框，勾选“类别显示”，勾选 ALL-B-LPLATE（动模），如图 4-31 所示，单击“关闭”。

单击（或用快捷键〈Ctrl + B〉）隐藏动模板和动模型芯，单击（或者快捷键〈Ctrl + Shift + B〉）反向隐藏，屏幕中只显示动模板和动模型腔。

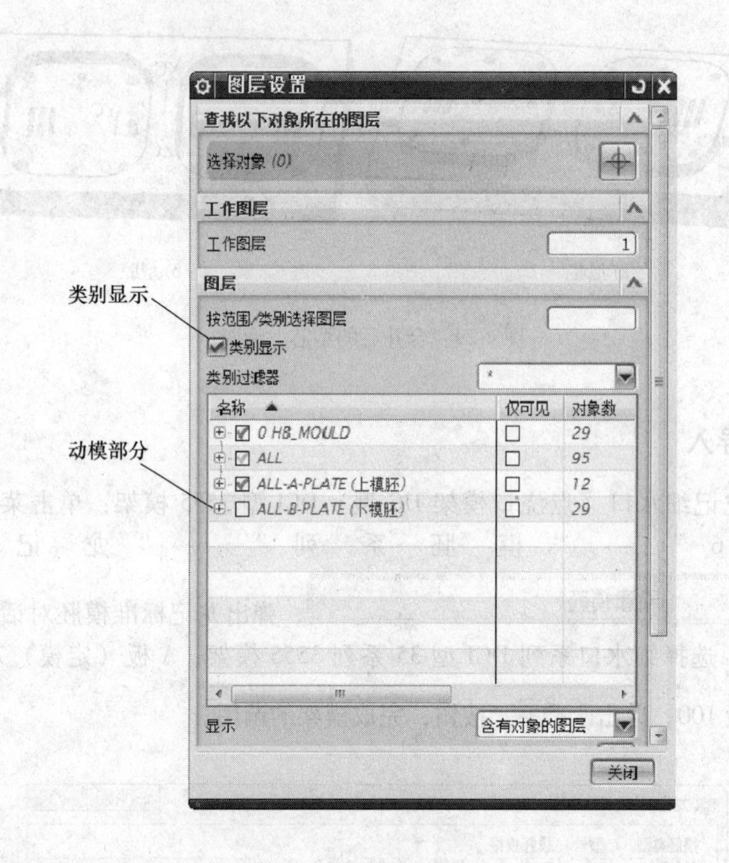

图 4-31　模架图层设置

（3）单击菜单栏中“HB_ MOULD M6. 6”→“模具建模特征”→“开框”，弹出开框间隙对话框，单击 确定 按钮，弹出类选择对话框，根据状态栏提示，选择模仁（动模型芯），单击 确定 按钮。弹出开框类型对话框，单击 清角型 ，弹出清角参数对话框，输入清角直径为 20mm，单击 确定 按钮，单击 取消 按钮，完成操作，如图 4-32 所示。

（4）单击（或用快捷键〈Ctrl + Shift + U〉）取消隐藏部件中的所有对象。单击（或用快捷键〈Ctrl + B〉）隐藏定模板和定模型腔，单击（或者快捷键〈Ctrl + Shift + B〉）反向隐藏，屏幕中只显示定模板和定模型腔。

单击菜单栏中“HB_MOULD M6. 6”→“模具建模特征”→“开框”，弹出开框间隙对话框，单击 确定 按钮，弹出类选择对话框，根据状态栏提示，选择定模型腔，单

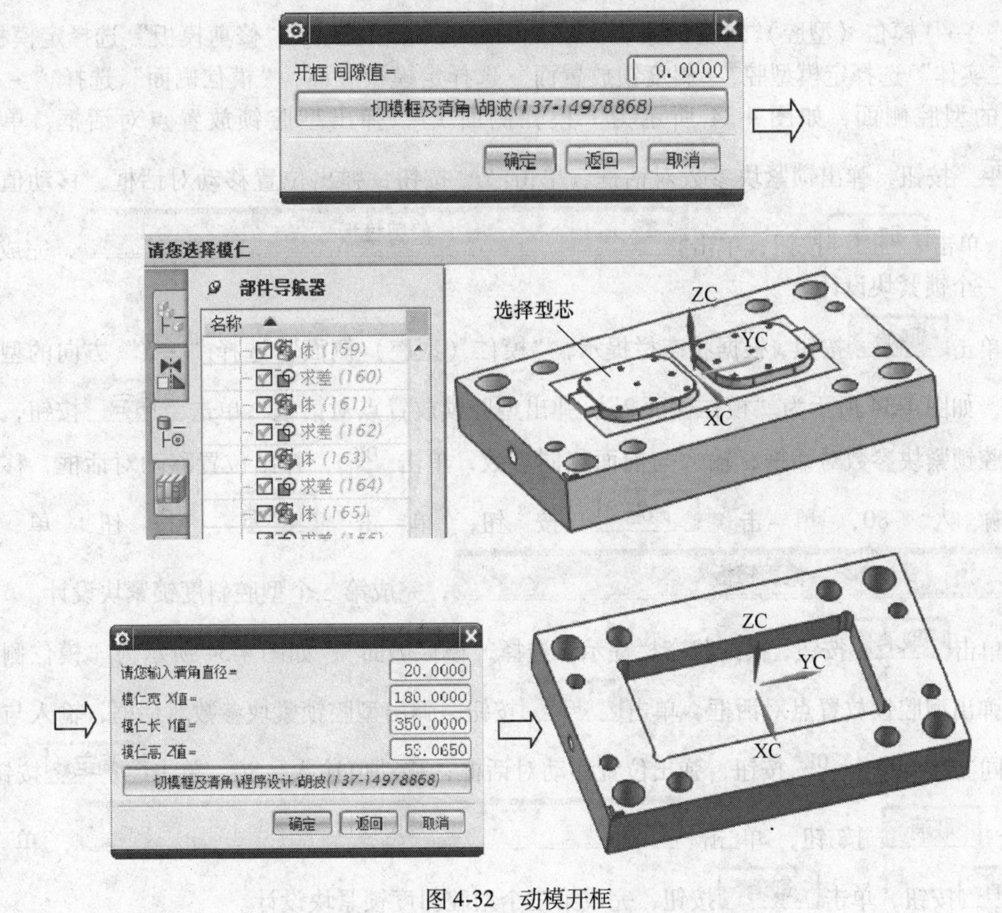

图 4-32　动模开框

击 确定 按钮。弹出开框类型对话框，单击 清角型，弹出清角参数对话框，输入清角直径为 20mm，参数与动模相同，单击 确定 按钮，单击 取消 按钮，完成操作，如图 4-33 所示。

注意：当一组对象中有许多对象时，可以在要选取的对象上按鼠标左键停留几秒钟，即可弹出“快捷拾取”供用户选择对象。

4.4.6　型腔型芯的斜度锁紧块

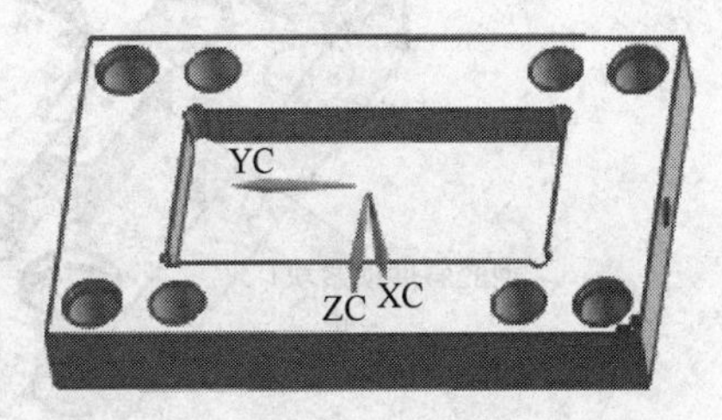

图 4-33　定模开框

因为本例的型腔型芯体积比较大，需要做型腔型芯斜度锁紧块的结构设计。

（1）单击（或用快捷键〈Ctrl + B〉）隐藏其他部件，屏幕中只显示定模板和定模型腔。

单击菜单栏中“HB_MOULD M6.6”→“模具标

准件”→“模仁（型腔）斜度锁紧块”，根据状态栏提示，“修剪模板”选择定模板，“模仁实体”选择定模型腔，“斜度锁放置面”选择定模板底面，“模仁侧面”选择“-Y”方向的型腔侧面，如图4-34所示为“模仁侧面1”，弹出型腔锁放置点对话框，单击确定按钮，弹出锁紧块参数对话框，单击OK按钮，弹出位置移动对话框，移动值输入0，单击取消按钮，单击修剪模板，完成定模第一个锁紧块设计。

单击取消按钮，根据状态栏提示，“模仁（型腔）侧面”选择“-X”方向的型腔侧面，如图4-34所示为“模仁侧面2”，弹出型腔锁放置点对话框，单击确定按钮，弹出型腔锁紧块参数对话框，输入与前面相同参数，单击OK，弹出位置移动对话框，移动值输入80，单击确定按钮，单击取消按钮，单击修剪模板，完成第二个型腔斜度锁紧块设计。

单击取消按钮，根据状态栏提示，选择“模仁侧面”，如图4-34所示为“模仁侧面2”，弹出型腔锁放置点对话框，单击确定按钮，弹出型腔锁紧块参数对话框，输入与前面相同参数，单击OK按钮，弹出位置移动对话框，移动值输入-80，单击确定按钮，单击取消按钮，单击修剪模板，单击取消按钮，单击取消按钮，完成第三个型腔斜度锁紧块设计。

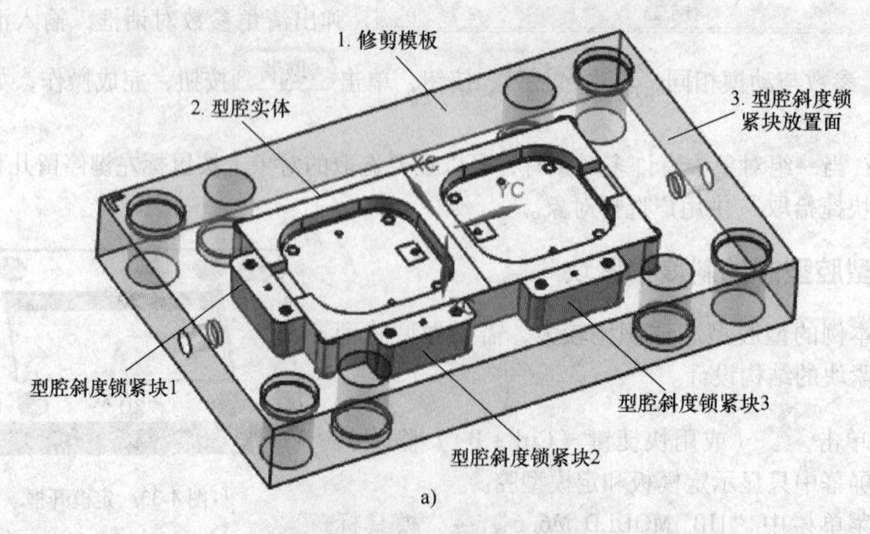

图4-34　定模型腔斜度锁紧块

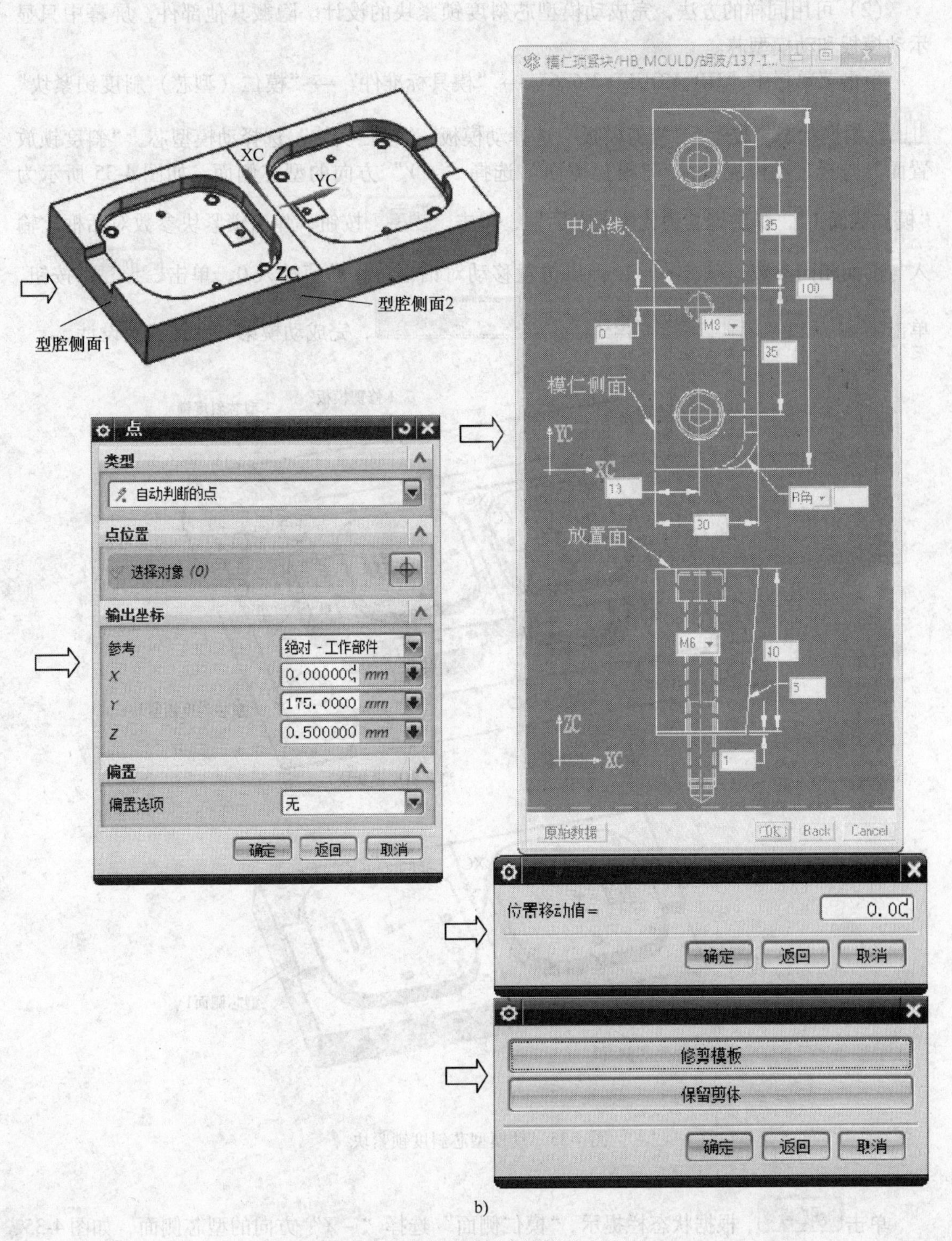

b)

图 4-34　定模型腔斜度锁紧块（续）

（2）可用同样的方法，完成动模型芯斜度锁紧块的设计。隐藏其他部件，屏幕中只显示动模板和动模型芯。

单击菜单栏中“HB_MOULD M6.6”→“模具标准件”→“模仁（型芯）斜度锁紧块”，根据状态栏提示，“修剪模板”选择动模板，“模仁实体”选择动模型芯，“斜度锁放置面”选择定动模板底面，“模仁侧面”选择“$-Y$”方向的型芯侧面，如图 4-35 所示为“模仁侧面 1”，弹出型芯锁放置点对话框，单击 确定 按钮，弹出锁紧块参数对话框，输入与前面相同参数，单击 OK ，弹出位置移动对话框，移动值输入 0，单击 取消 按钮，单击 修剪模板 ，完成动模第一个锁紧块设计。

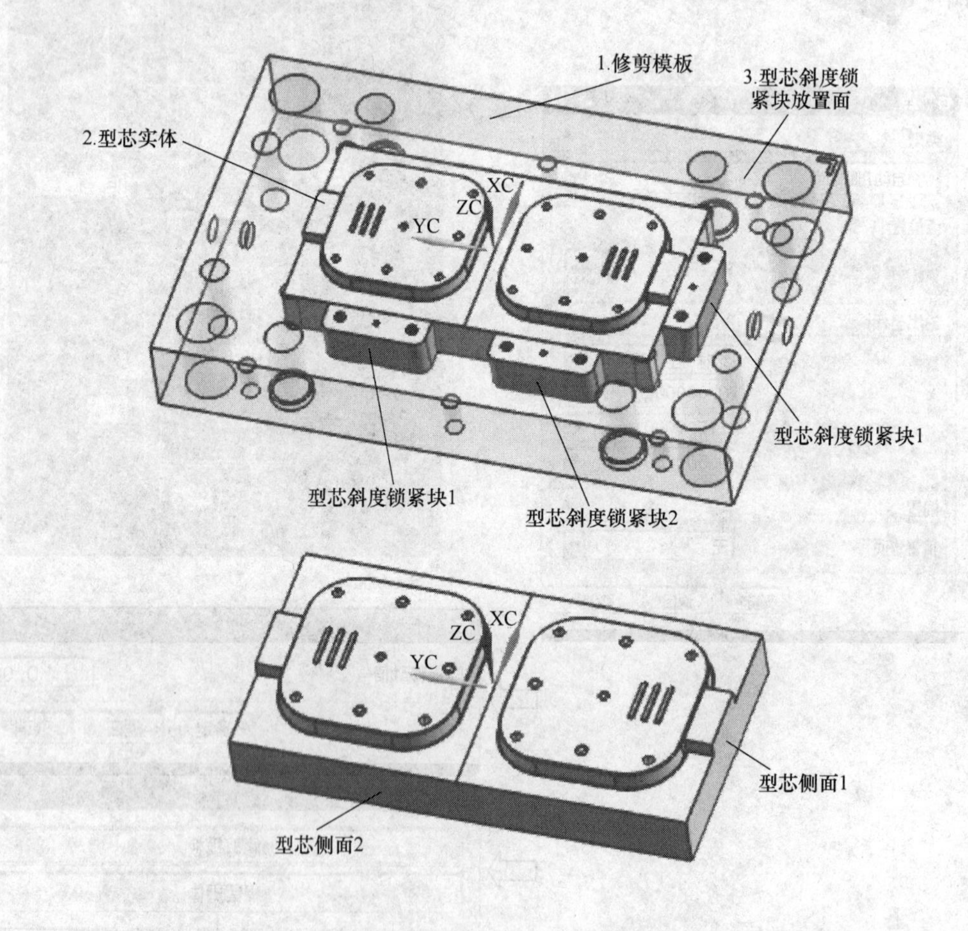

图 4-35　动模型芯斜度锁紧块

单击 取消 ，根据状态栏提示，“模仁侧面”选择“$-X$”方向的型芯侧面，如图 4-35 所示为“模仁侧面 2”，弹出型芯锁放置点对话框，单击 确定 ，弹出型芯锁紧块参数对话框，输入与前面相同参数，单击 OK 按钮，弹出位置移动对话框，移动值输入 80，单击

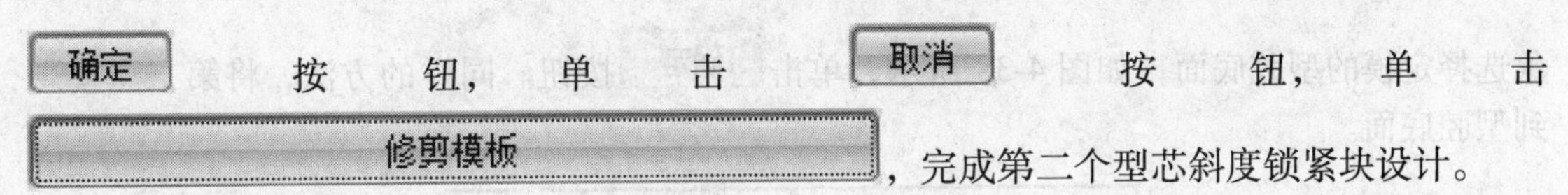

确定按钮，单击取消按钮，单击修剪模板，完成第二个型芯斜度锁紧块设计。

单击取消按钮，根据状态栏提示，选择“模仁侧面”，如图 4-35 所示为“模仁侧面 2”，弹出型芯锁放置点对话框，单击确定按钮，弹出型芯锁紧块参数对话框，输入与前面相同参数，单击OK按钮，弹出位置移动对话框，移动值输入 –80，单击确定按钮，单击取消按钮，单击修剪模板，单击取消按钮，单击取消按钮，完成第三个型芯斜度锁紧块设计。

4.4.7　浇注系统设计

（1）单击菜单栏中“HB_MOULD M6.6”→“模具标准件”→“灌嘴（浇口套）”，选择“深入节能型灌嘴”，具体参数如图 4-36，单击OK按钮，单击取消按钮，单击取消按钮。

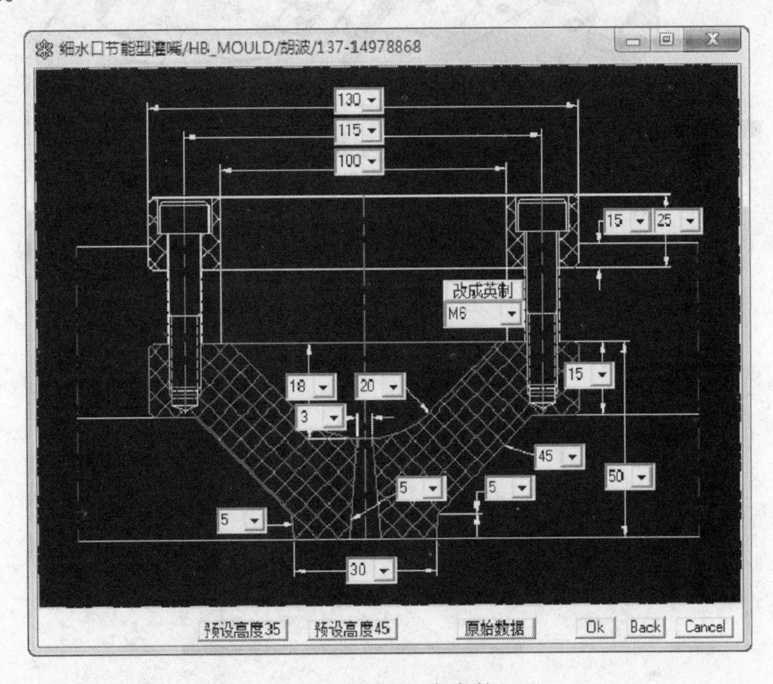

图 4-36　浇口套参数

（2）隐藏其他部件，屏幕中只显示定模型腔。

在 XY 平面绘制草图，绘制两对称点，点到原点的距离为 75mm，且在 Y 轴上，进料点位置如图 4-37 所示。

单击菜单栏中“曲线工具栏”→“投影”，投影点选择刚创建的第一点，投影对象选择定模的型腔底面，如图 4-38 所示，单击 确定 按钮。同样的方法，将第二点投影到型腔底面。

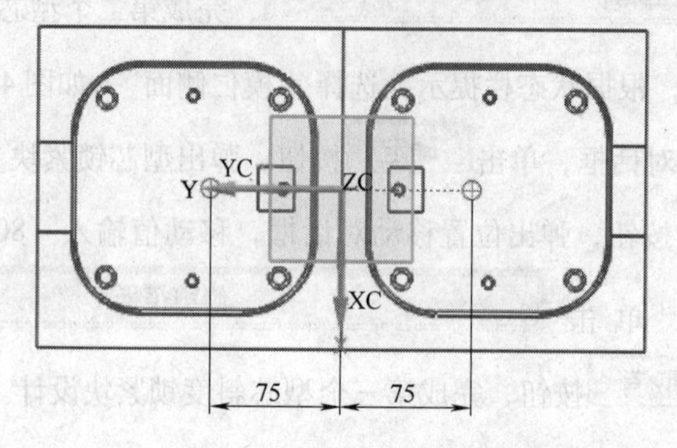

图 4-37　进料点位置草图

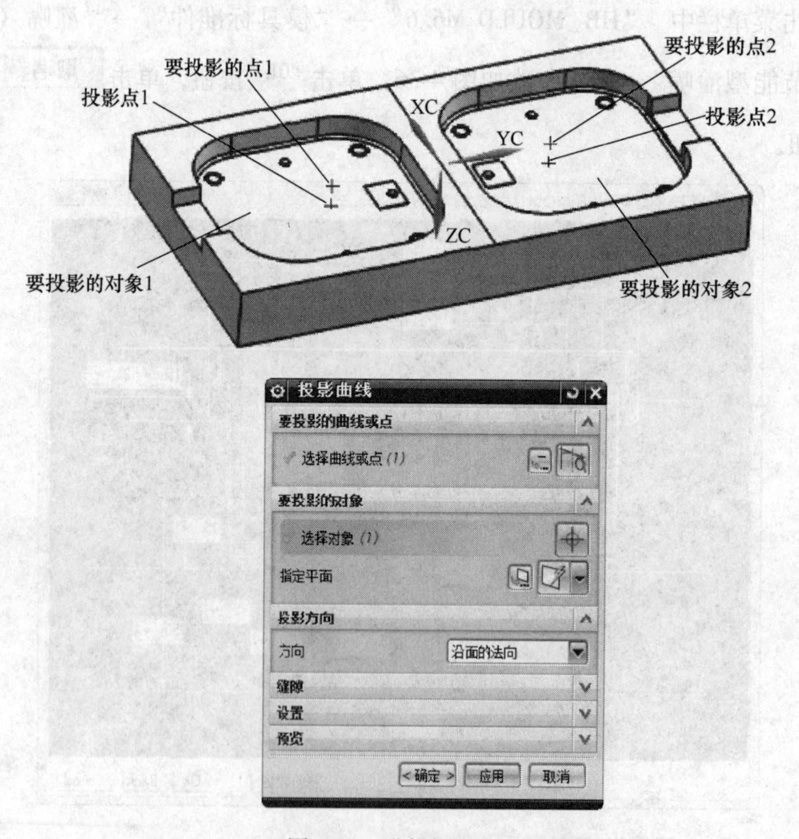

图 4-38　进料投影点

（3）将刚创建的草图和基准移动到 255 层。单击菜单栏中“HB_MOULD M6.6”→“水口（浇口）系列”→“点浇口”，根据状态栏提示，选择上模仁（型腔），弹出针点式（点浇口）细水口（三板式）+勾料针（拉料杆）参数图，如图 4-39 所示。单击 OK 按钮，根据状态栏提示，选择点浇式进料口的插入点为刚创建的“投影点 1”，单击自动修剪模仁模板。根据状态栏提示，选择点浇式进料口的插入点为“投影点 2”，单击 自动修剪模仁模板，单击 取消 按钮，如图 4-39 所示。

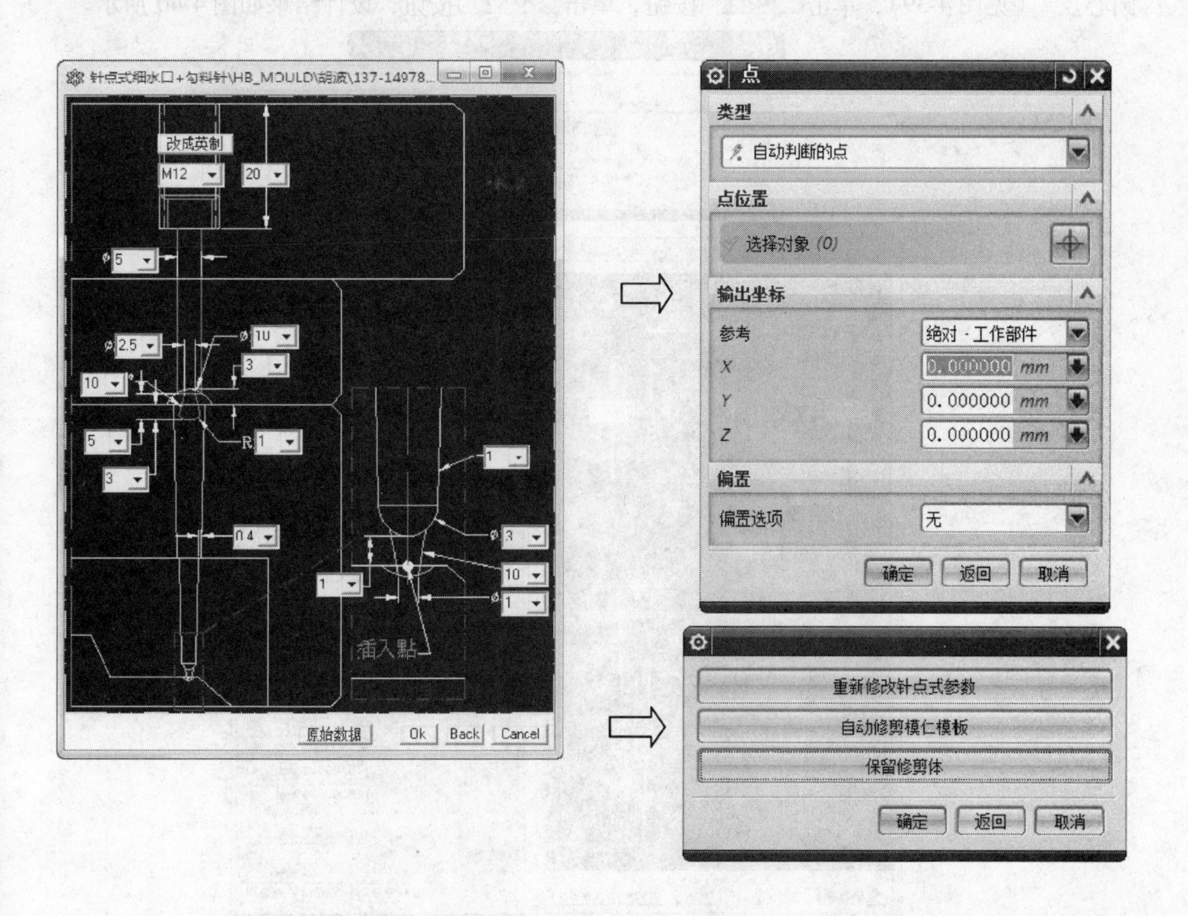

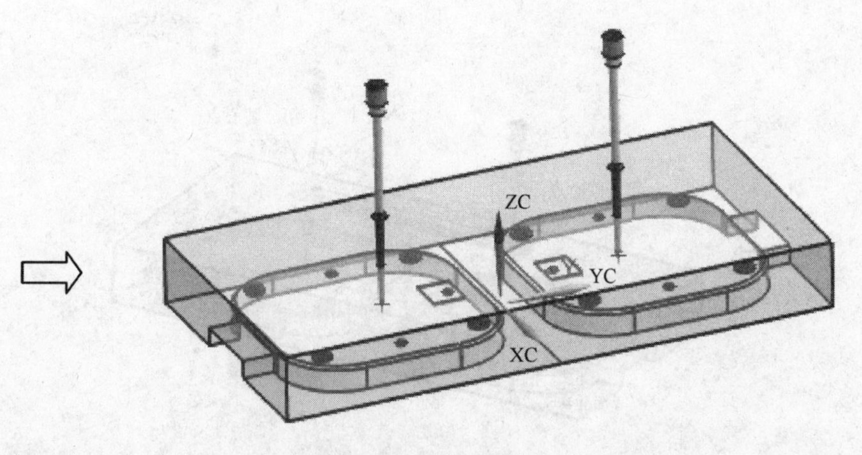

图 4-39　点浇口设计

（4）单击菜单栏中 “HB_MOULD M6.6”→“水口（浇口）系列”→“梯形道”，单击 细水口A板底面 ，弹出梯形道参数，如图 4-40 所示，单击 OK 。根据状态栏提示，选择第一插入点为“第一圆心点”，选择第二插入点为“第二圆心点”（见图 4-39），单击 取消 按钮，单击 取消 按钮，设计结果如图 4-40 所示。

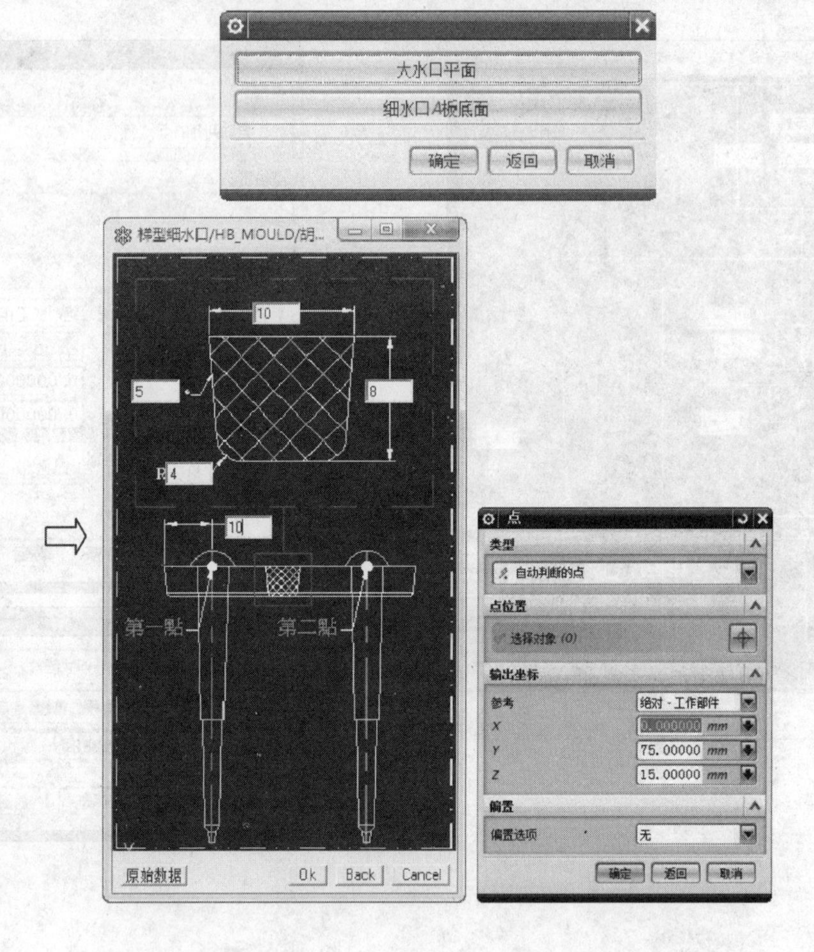

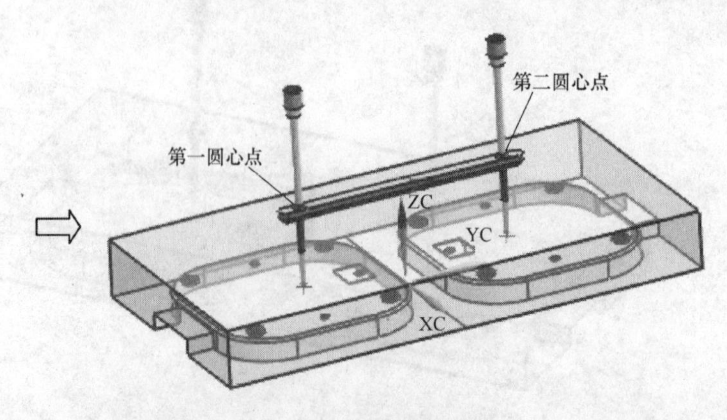

图 4-40　梯形流道设计

4.4.8　镶件设计

注意：由于型芯、型腔中有凸形圆柱，给加工带来一定的难度，最重要的是在大量注射产品时，该部位容易损坏，为了便于更换，就将它设计为镶件。同时，将狭窄的部位设计成镶件的形式，有利于模具排气，以避免产品烧焦。

（1）隐藏其他部件，屏幕中只显示定模型腔

单击菜单栏中“HB_MOULD M6.6”→“模具特征建模”→“镶针”，根据状态栏提示，镶针挂台的方向为 +Z方向 ，型腔实体选择“定模仁（型腔）”，选择一个镶针面，单击 确定 按钮，弹出镶针直径对话框，单击 确定 按钮，如图 4-41 所示，依次选择 14 个镶针面，依次生成八个 ϕ8mm 的镶针和六个 ϕ7mm 的镶针。

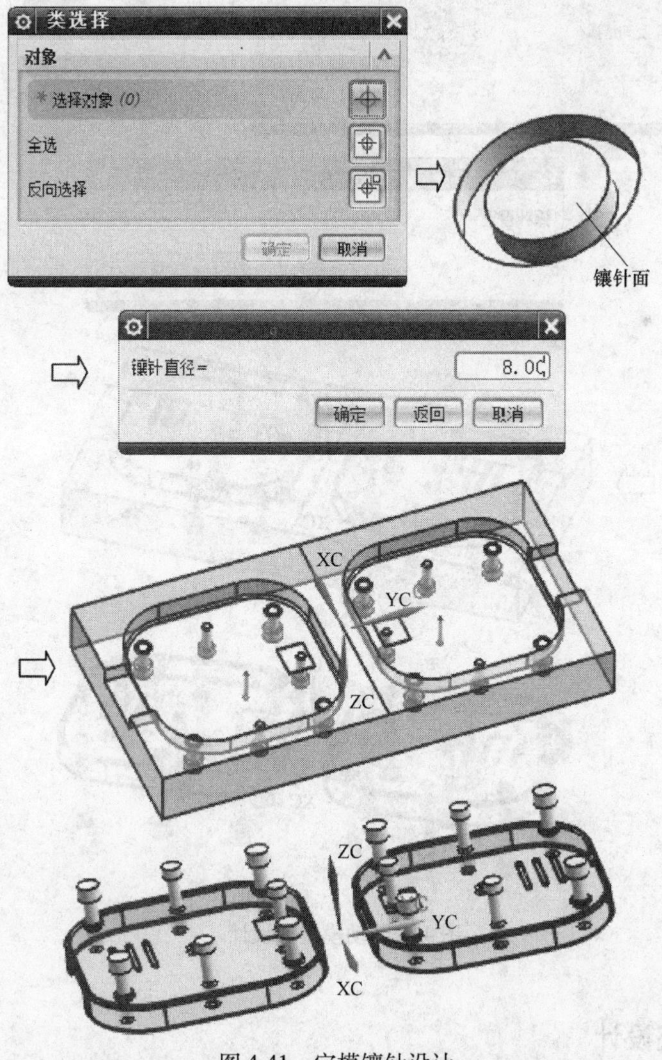

图 4-41　定模镶针设计

（2）隐藏其他部件，屏幕中只显示动模型芯

单击菜单栏中“HB_ MOULD M6.6”→“模具特征建模”→“镶针”，根据状态栏提示，镶针挂台的方向为 -Z方向 ，型芯实体选择“动模仁（型芯）”，选择 1 个镶针面，单击 确定 按钮，弹出镶针直径对话框，单击 确定 按钮，如图 4-42 所示，依次选择 16 个镶针面，依次生成 10 个 ϕ8mm 的镶针和 6 个 ϕ9mm 的镶针。

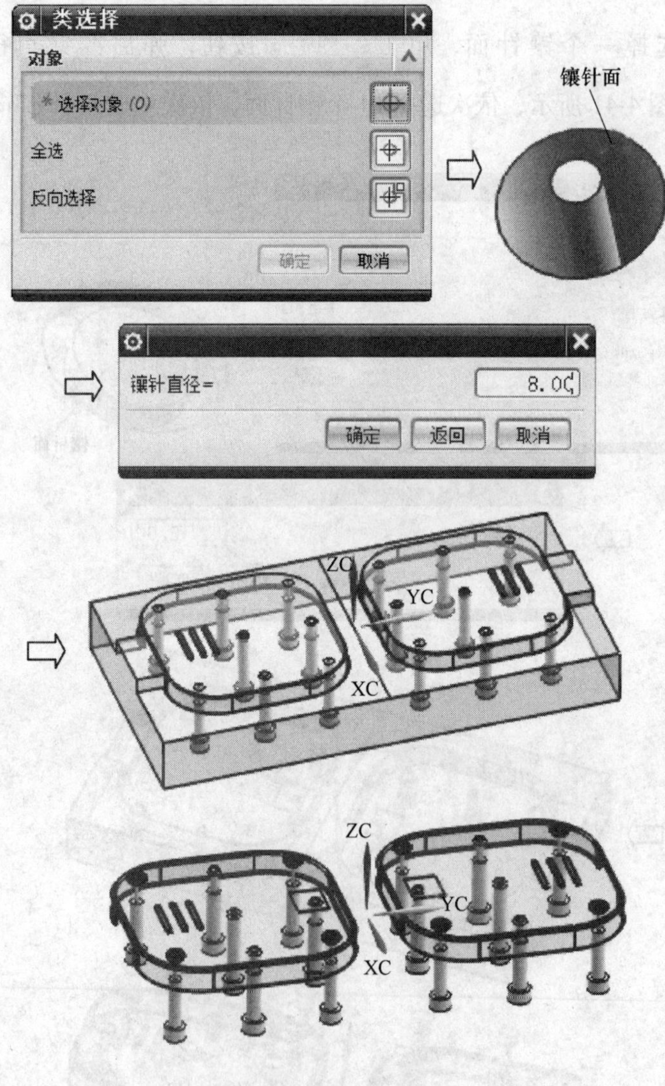

图 4-42 动模镶针设计

4.4.9 冷却系统设计

（1）隐藏其他部件，屏幕中只显示定模板和定模型腔

在菜单栏中选择“HB_MOULD M6.6”→“运水（冷却系统）系列”→“运水”，单击“环绕型运水（冷却系统）”，坐标放置方向选择 +X方向 。根据命令行提示，选择定模型腔。冷却系统的具体参数可参考图 4-43，水道的直径为 ϕ8mm，单击 OK 按钮。如果对水道设计不满意，可选择 重新修改环绕型运水参数 ，如果对水道设计满意，选择 取消 按钮，单击 切削模胚及模仁 ，完成定模冷却系统设计，冷却系统结果参考图 4-6a。

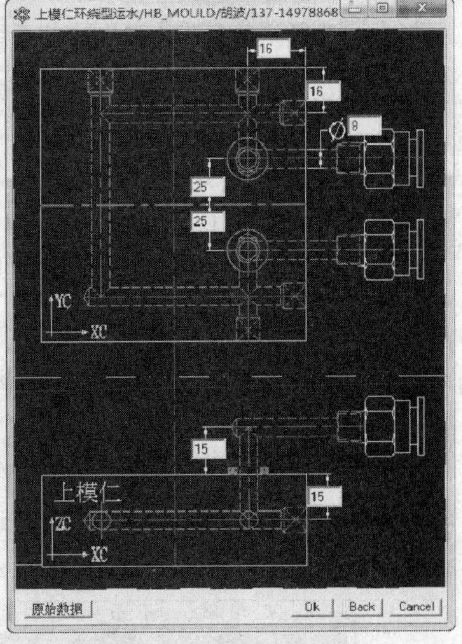

图 4-43　定模冷却系统参数

（2）隐藏其他部件，屏幕中只显示动模板和动模型芯

在菜单栏中选择“HB_MOULD M6.6”→“运水（冷却系统）系列”→“运水”，选择图 4-44 所示冷却方式，坐标放置方向选择 +X方向 。根据命令行提示，选择动模型芯，弹出冷却系统参数窗口，如图 4-45a 所示。单击 OK 按钮。如果对水道设计不满意，可选择 重新修改环绕型运水参数 ，如果对水道设计满意，选择 取消 按钮，单击 切削模胚及模仁 ，完成动模第一条水道设计。

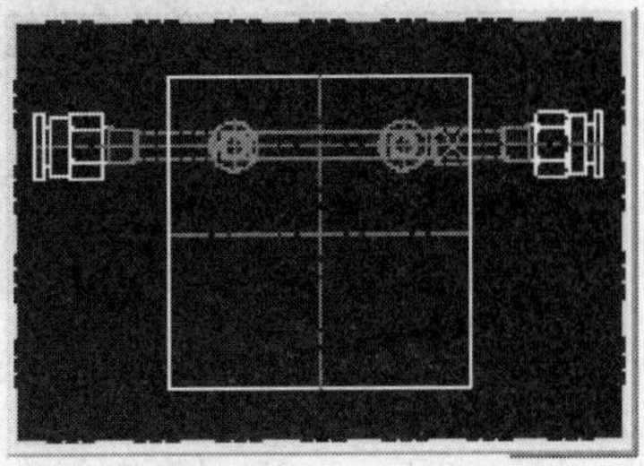

在菜单栏中选择“HB_ MOULD M6.6”→“运水系列”→“运水”，选择图 4-44 所示冷却方式，坐标放置方向选择 -X方向 。根据命令行提示，选择动模型芯，弹出冷却系统参数窗口，如图 4-45a 所示。单击 OK 按钮。如果对水道设计不满意，可选择 重新修改环绕型运水参数 ，如果对水道设计满意，选择 取消 按钮，单击 切削模胚及模仁 ，完成动模第二条水道设计。

图 4-44　动模环绕型冷却

在菜单栏中选择“HB_MOULD M6.6”→“运水系列”→“运水”，选择图 4-44 所示冷却方式，坐标放置方向选择 +X方向 。根据命令行提示，选择动模型芯，弹出冷却系统参数窗口，如图4-45b所示。单击 OK 。如果对水道设计不满意，可选择 重新修改环绕型运水参数 ，如果对水道设计满意，选择 取消 按钮，单击 切削模胚及模仁 ，完成动模第三条水道设计。

在菜单栏中选择“HB_MOULD M6.6”→“运水系列”→“运水”，选择图4-38所示冷却方式，坐标放置方向选择 -X方向 。根据命令行提示，选择动模型芯，弹出冷却系统参数窗口，如图4-45b所示。单击 OK 按钮。如果对水道设计不满意，可选择 重新修改环绕型运水参数 ，如果对水道设计满意，选择 取消 按钮，单击 切削模胚及模仁 ，完成动模第四条水道设计，结果如图4-45b所示。

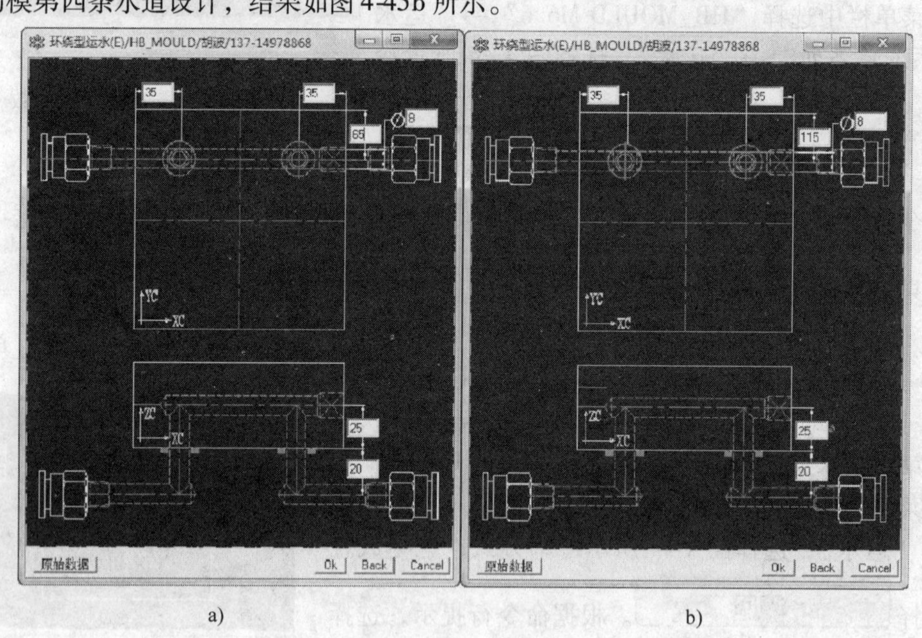

a) b)

图4-45 动模冷却系统参数

（3）调用冷却水接口

在菜单栏中选择“HB_MOULD M6.6”→“运水（冷却系统）系列”→“水嘴（冷却水接口）”，选择一个冷却水接口模式，如图4-45，单击 PT1/4 水嘴 ，冷却水接口方向即为刚创建的水道进出口方向，单击 +X ，根据命令行提示，选择切削的模板为定模板。根据命令行提示，选择冷却水接口放置点为刚建立的定模水道的进出水口，弹出冷却水接口的沉孔尺寸对话框，直径为 25mm，深度为 23mm，单击 取消 按钮，弹出冷却水接口放置点对话框，选择冷却水接口放置点为刚建立的定模水道的进出水口的圆心，单击 取消 按钮，完成定模板冷却水接口设计。

同样的方法，完成动模冷却水接口的调用。在菜单栏中选择“HB_MOULD M6.6”→“运水系列”→“水嘴”，选择一个冷却水接口模式，如图 4-46 所示，单击 PT1/4 水嘴 ，冷却水接口方向即为刚创建的水道进出口方向，单击 +X ，根据命令行提示，选择切削的模板为动模板。根据命令行提示，选择冷却水接口放置点为刚建立的动模水道的进出水口，弹出冷却水接口的沉孔尺寸对话框，直径为 25mm，深度为 23mm，单击 取消 按钮，弹出冷却水接口放置点对话框，选择冷却水接口放置点为刚建立的动模水道的 4 个进出水口的圆心，单击 取消 按钮，完成动模板 +*X* 方向冷却水接口设计。同样，完成 -*X* 方向 4 个冷却水接口的设计，结果如图 4-46 所示。

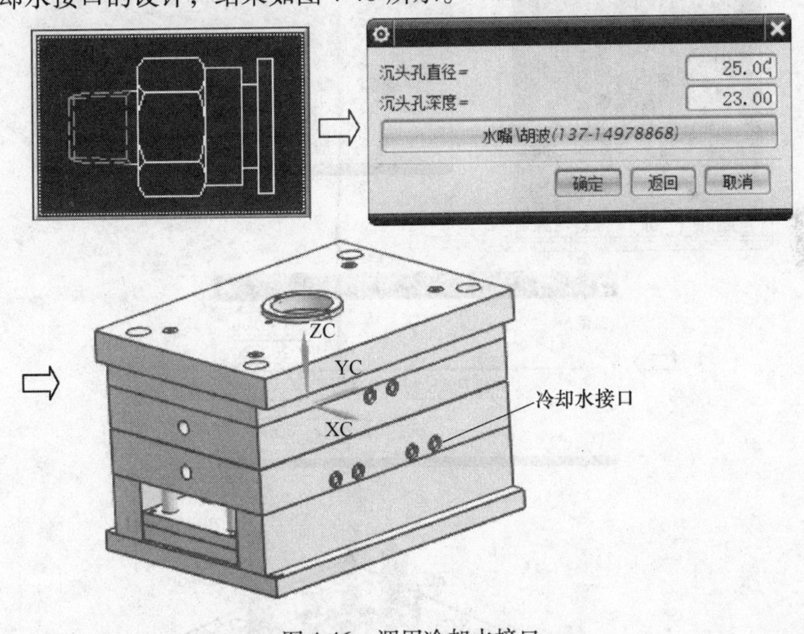

图 4-46　调用冷却水接口

4.4.10　模具其他标准件导入

(1) 在菜单栏中选择“HB_MOULD M6.6”→“模具标准件”→“小拉杆”，选择 通用小拉杆 ，弹出小拉杆插入点对话框，默认坐标原点（0，0，0），单击 确定 按钮，弹出标准小拉杆参数窗口，如图 4-47 所示，点击

OK 按钮。修改小拉杆 *XY* 坐标为（100，200），单击 确定 按钮，单击 取消 按钮，单击 四角-镜相小拉杆 按钮，结果如图 4-47 所示。

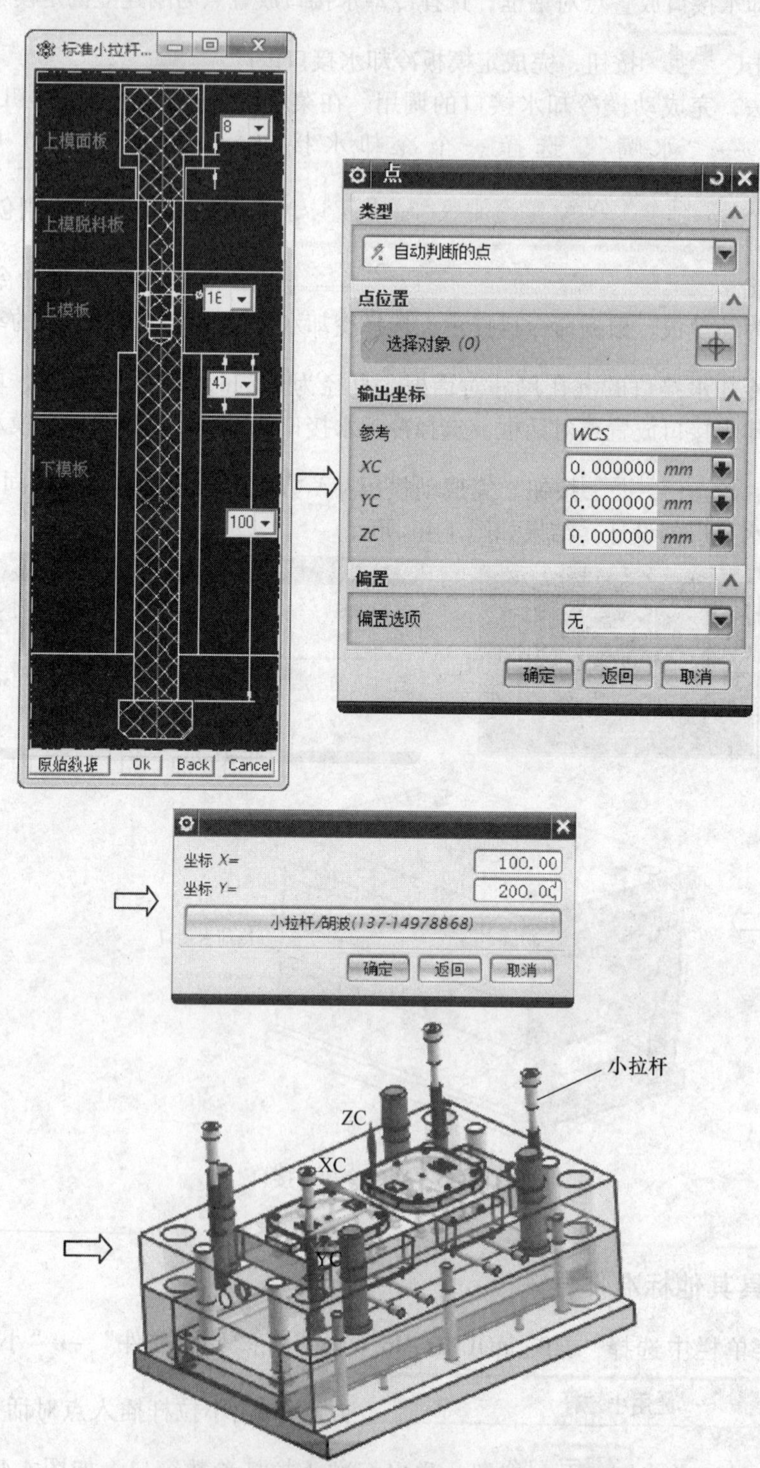

图 4-47　小拉杆

（2）在菜单栏中选择“HB_MOULD M6.6”→“模具标准件”→“胶塞（树脂开闭器）”，单击 模胚开闭器，单击 开闭器锁后模板 按钮，具体参数如图 4-48 所示，点击 OK，弹出开闭器坐标点对话框，默认坐标原点（0，0，0），单击 确定 按钮，修改开闭器 *XY* 坐标为（145，200），单击 确定 按钮，单击 取消 按钮，单击 四角镜相，结果如图 4-48 所示。

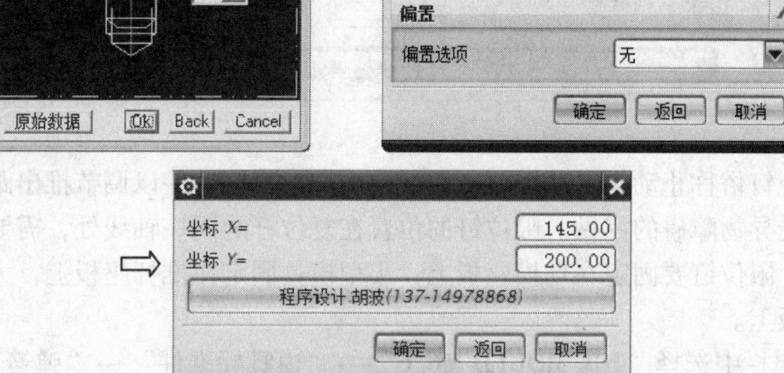

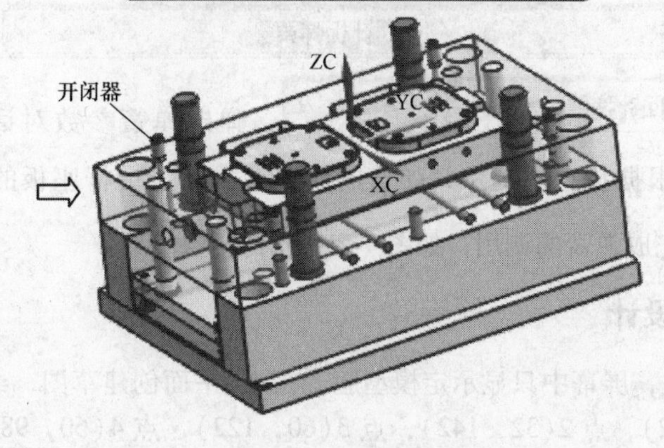

图 4-48　开闭器装配图

（3）在菜单栏中选择“HB_ MOULD M6.6”→“模具标准件”→“撑头（支撑柱）”，弹出支撑柱尺寸对话框，选择支撑柱的直径输入40，螺栓输入M10，单击 OK 按钮。弹出支撑柱坐标参数对话框，输入坐标（60，160），单击 确定 按钮，单击 取消 按钮。单击 四角镜相撑头 按钮，单击 自动剪切模板?是!YES! 。

弹出选择支撑柱坐标点参数窗口，输入坐标（60，0，0），单击 确定 按钮，单击 X轴镜相撑头 或者 斜角镜相撑头 ，单击 自动剪切模板?是!YES! 。单击 取消 按钮，完成支撑柱的调用，结果如图4-49所示。

（4）在菜单栏中选择“HB_MOULD M6.6”→“模具标准件”→“垃圾（限位）钉”，单击 几何排列式 垃圾钉 ，单击 STA-D20-PTM6 ，弹出限位钉任意相位最大角位置坐标点对话框，鼠标捕捉复位杆挂台底面圆心，选择 位于下模底板 。弹出限位钉坐标值尺寸窗口，单击 取消 按钮，单击 X2-Y4 ，结果如图4-50所示。

注意：限位钉俗称止动垫、垃圾钉，用于支撑推出机构，并以调节推出距离，用来放置推出机构时，受异物障碍的零件。限位钉的位置在复位杆的同一轴线处，需要有一定的数量防止推板变形。限位钉要固定在动模座板上，小型模具固定在推杆座板上，大型模具限位钉固定在动模座板上。

（5）在菜单栏中选择“HB_MOULD M6.6”→“模具标准件”→“弹簧”，弹簧的类型选择 顶针板弹簧 ，单击 回针弹簧 ，弹出弹簧参数对话框，如图4-51所示，单击 OK 按钮。根据状态栏提示，弹簧的放置点捕捉上推杆座板的复位杆孔的圆心，单击 取消 按钮，完成弹簧的调用，如图4-51所示。

4.4.11 推出机构设计

（1）隐藏其他部件，屏幕中只显示定模型腔。在*XY*平面创建草图，绘制10个点，坐标分别为：点1(12，142)，点2(32，142)，点3(60，122)，点4(60，98)，点5(60，72)，点6(60，48)，点7(35，28)，点8(16，28)，点9(18，72)，点10(18，100)如图4-52所示。依次按照坐标，对图中10个点进行尺寸标注。

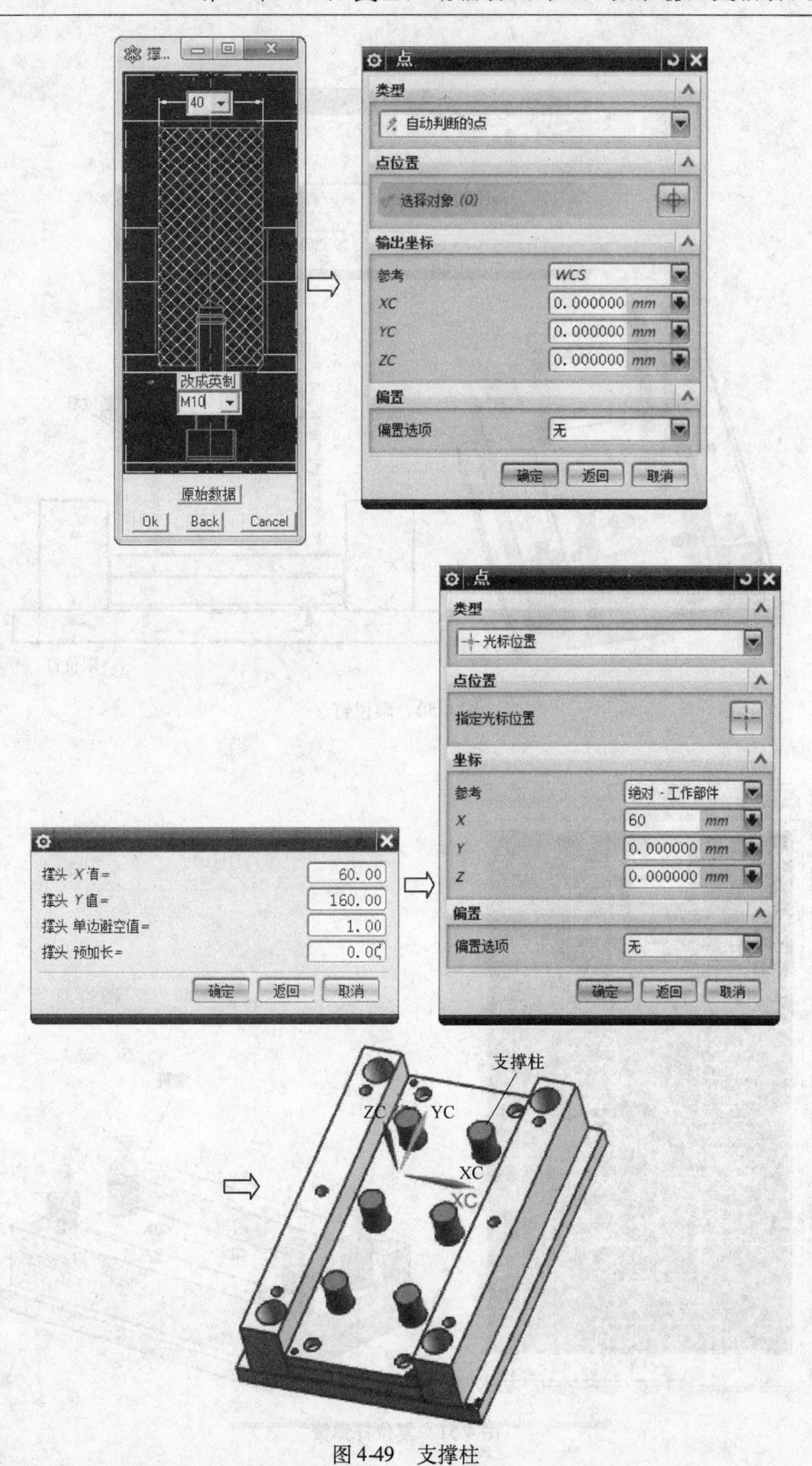
撑..
40
改成英制
M10
原始数据
Ok
Back
Cancel
点
类型
自动判断的点
点位置
选择对象 (0)
输出坐标
参考
WCS
XC
0.000000 mm
YC
0.000000 mm
ZC
0.000000 mm
偏置
偏置选项
无
确定
返回
取消
点
类型
光标位置
点位置
指定光标位置
坐标
参考
绝对 - 工作部件
X
60 mm
Y
0.000000 mm
Z
0.000000 mm
偏置
偏置选项
无
确定
返回
取消
撑头 X值=
60.00
撑头 Y值=
160.00
撑头 单边避空值=
1.00
撑头 预加长=
0.00
确定
返回
取消
支撑柱
ZC
YC
XC
XC

图 4-49　支撑柱

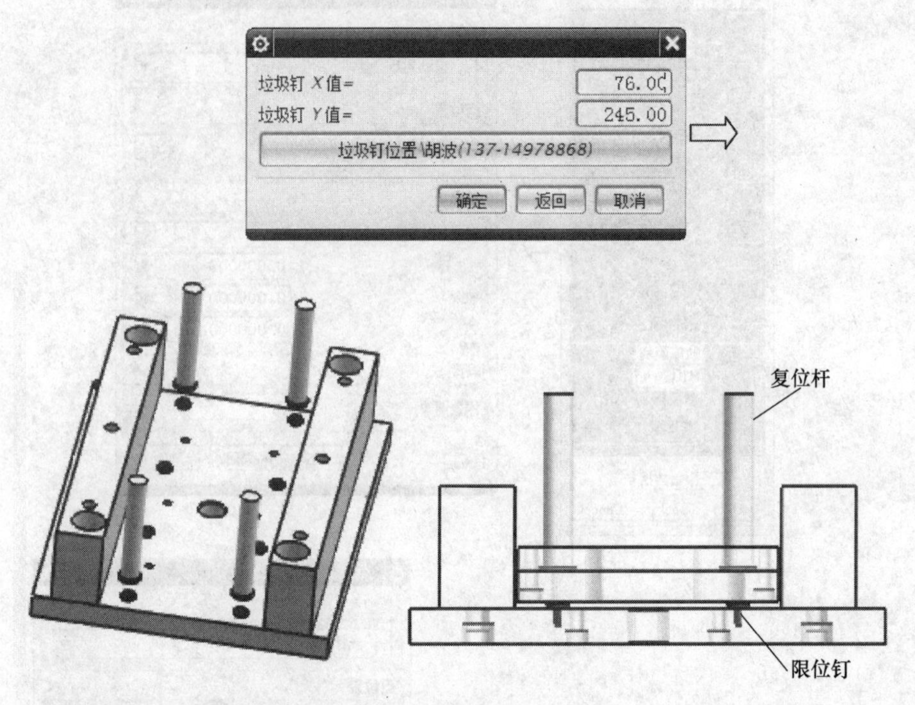

图 4-50　限位钉

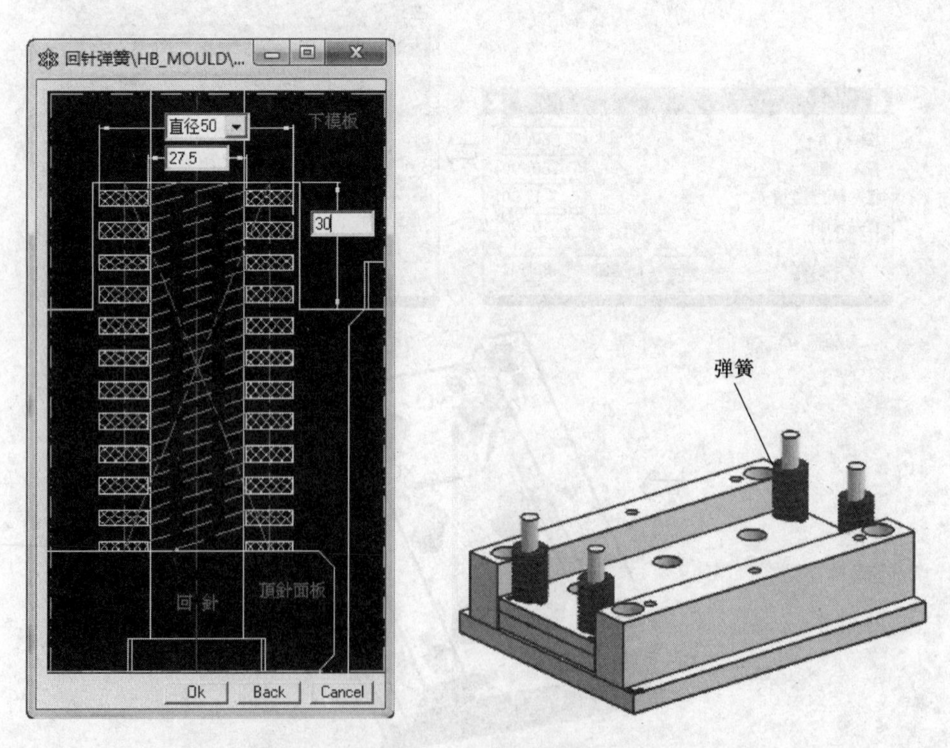

图 4-51　复位杆弹簧

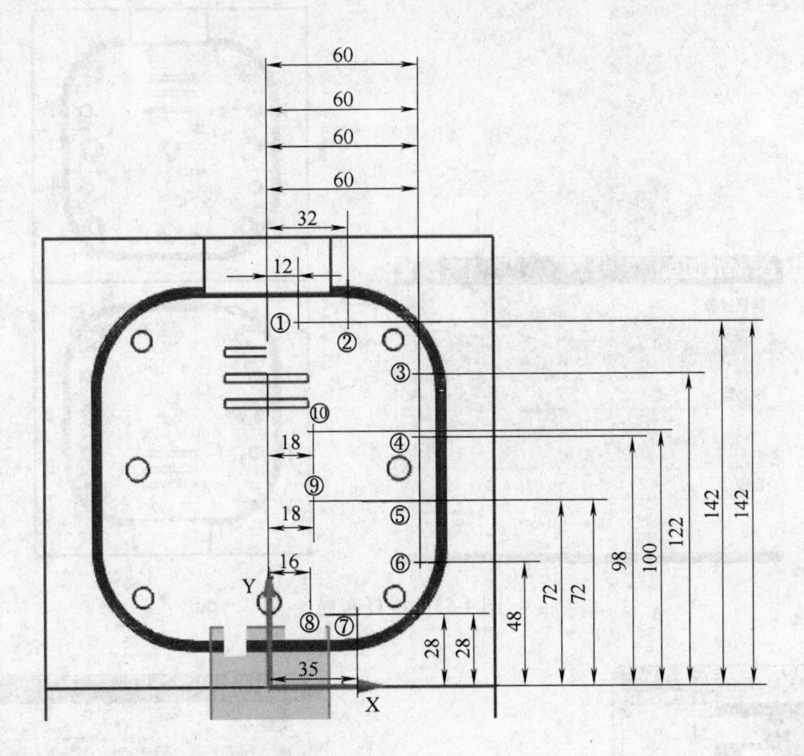

图 4-52　推杆平面位草图

(2) 单击“草图”工具条中的“镜像曲线”命令，镜像中心线选择 Y 轴，镜像几何体选择刚建立的 10 个点，单击 应用 按钮。继续镜像命令，镜像中心线选择 X 轴，镜像几何体选择刚建立的 20 个点，单击 确定 按钮，如图 4-53 所示，草图中共有 40 个点，单击 完成草图。

(3) 单击菜单栏中“HB_MOULD M6.6”→“顶针（推杆）系列”→“顶针”，单击 多点式公制顶针，弹出推杆参数对话框，设置参数如图 4-54 所示，单击 OK 按钮。根据提示，选择放置推杆点的位置，点的类型切换为 十 现有点，捕捉刚创建草图上的 40 个点，完成共 40 根推杆的设置，单击 取消 按钮，单击 取消 按钮，如图 4-54 所示。

(4) 单击菜单栏中“HB_MOULD M6.6”→“顶针（推杆）系列”→“修剪顶针”，单击 自动修剪公制顶针，弹出类选择对话框，根据状态栏提示，选择参考的产品或流道实体，依次选择两个产品，单击 确定 按钮，如图 4-55 所示。

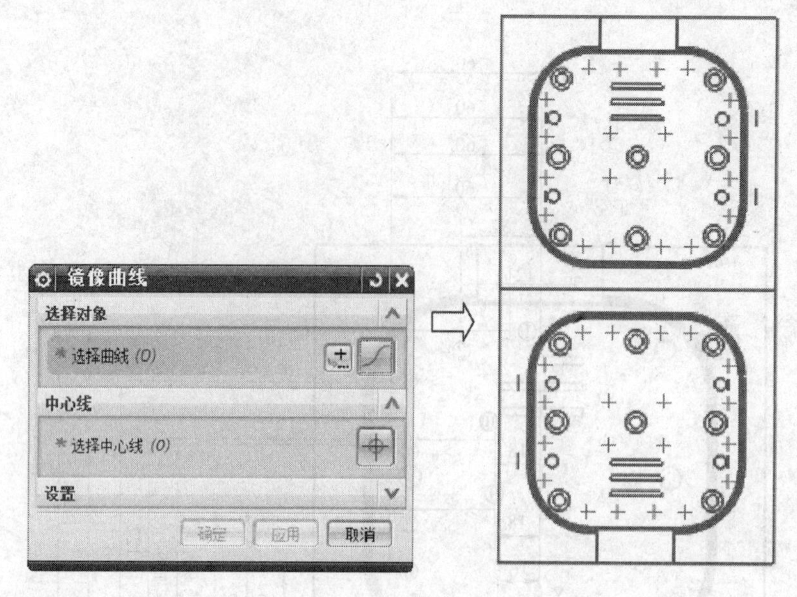

图 4-53　推杆布局

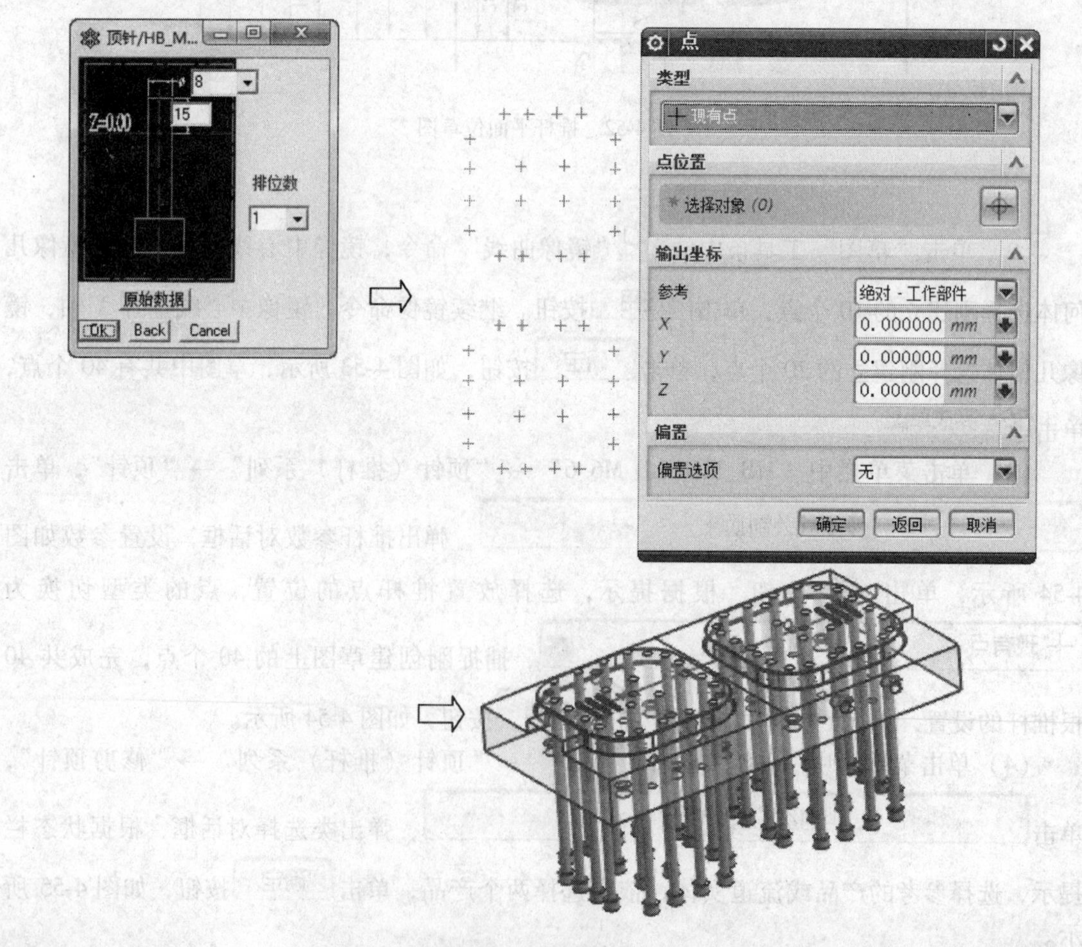

图 4-54　推杆设计

图 4-55　修剪推杆

注意：本例中放置推杆的型芯面为平面，也预先测量推杆和 $Z=0.00$ 之间的距离，在添加推杆时，直接修改推杆的长度。即推杆高出 $Z=0.00$ 的距离。或者将推杆高出 $Z=0.00$ 的距离输大一些，再采用“替换面”命令，选择要替换的表面为推杆面，再选择替换面为型芯表面。或者采用“修剪体”命令，利用分型面的片体或型芯表面扩大的片体去修剪推杆。

（5）单击菜单栏中“HB_MOULD M6.6”→“顶针（推杆）系列”→“顶针（推杆）避空”，单击 避空公制顶针 ，输入动模板和推杆板的避空间隙为 0.5mm（双边），推杆高度避空值为 0，软件自动将推杆位的避空位做好，如图 4-56 所示。

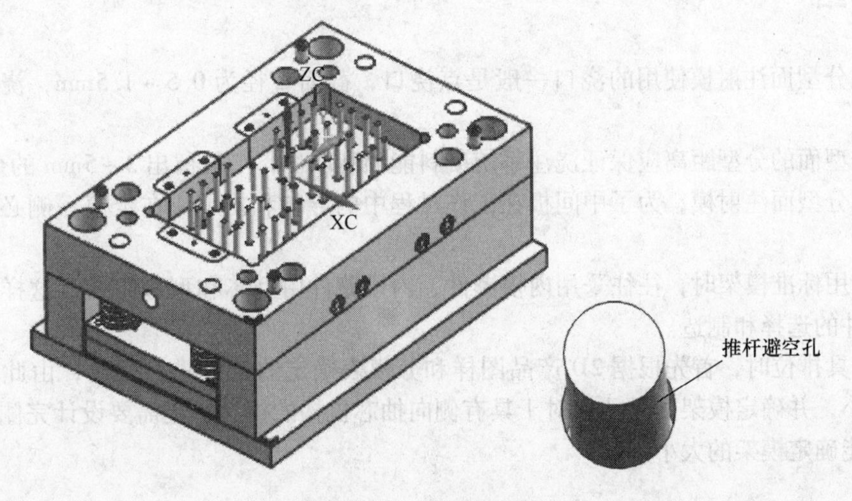

图 4-56　推杆避空孔

（6）在“特征”工具条中，单击“求差”按钮，目标体选择动模型芯，工具体选择 40 根推杆，设置选项中“保存工具”，单击 应用 按钮。再次进行“求差”操作，目标体选择型芯，工具体选择 40 根推杆，设置选项中“保存工具”，单击 确定 按钮。

（7）调用吊环：在菜单栏中选择“HB_MOULD M6.6”→“模具标准件”→“吊环”，选择 M24 吊环，吊环方向选择 +Y，根据命令行的提示，选择吊环放置点，依次捕捉 +Y 方向的两个吊环孔，单击 取消 按钮。同样，完成 -Y 方向的两个吊环的调用，如图 4-57 所示。

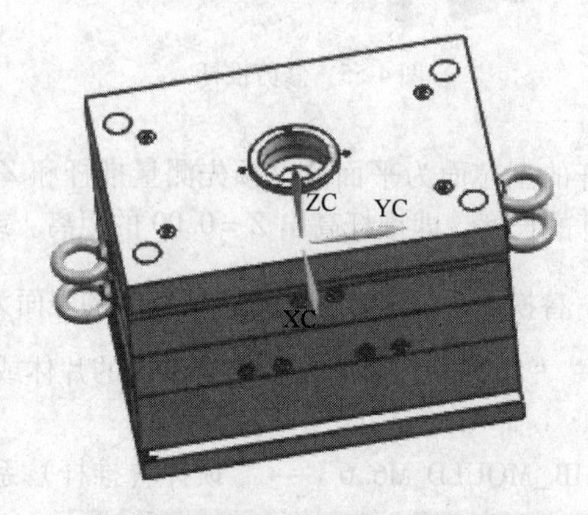

图 4-57　吊环

4.5　小结

1）双分型面注射模使用的浇口一般是点浇口，截面直径为 0.5 ~ 1.5mm，浇口不能过小、过大。

2）分型面的分型距离应保证浇注系统凝料能顺利取出，一般留出 3 ~ 5mm 的余量。

3）双分型面注射模，为了中间板在工作过程中的导向和支承，在定模一侧必须设置导柱。

4）使用标准模架时，往往采用内模镶件，内模镶件由型芯和型腔组成，这样有利于成型零件镶件的选择和制造。

5）模具排位时，首先根据 2D 产品图样和分模表确定的数量进行摆放，由此确定内模镶件的大小，并确定模架的尺寸。对于具有侧向抽芯机构的模具，还需要设计完侧向抽芯机构后，才能确定模架的大小。

4.6　综合练习

本章的设计任务是接收器下盖模型，如图 4-58 所示（随书附带光盘中“exercise \ cp-04.prt”），根据客户提出的设计任务，见表 4-3，选择合适的分型面，并设计出模具的浇注系统、推出系统，选用合适的模架完成三维总装图。

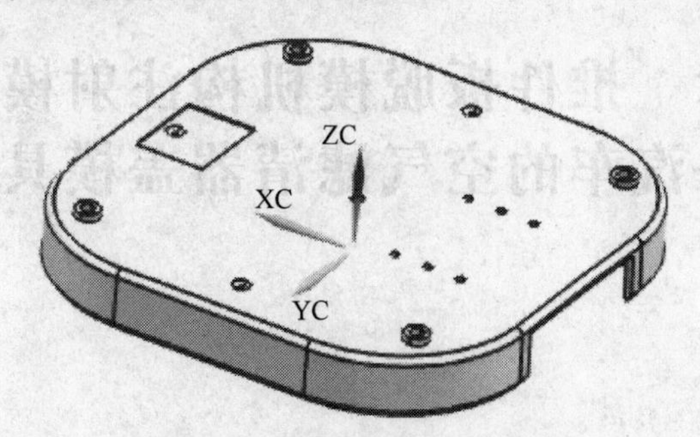

图 4-58　接收器下盖产品图

表 4-3　塑料瓶盖产品客户要求

产品材料	用途	产品外观要求	材料收缩率	模腔排位及数量	产量	备注
ABS	接收器下盖	外表光滑，没有飞边	5‰	一模两腔	20 万	产品要求装配，且装配在偏差内，防止表面缩水

第 5 章　推件板脱模机构注射模具设计
——汽车的空气滤清器盖模具设计

本章要点

📖掌握单分型面推件板脱模机构的设计
📖掌握直接式进料的设计
📖掌握冷却系统设计

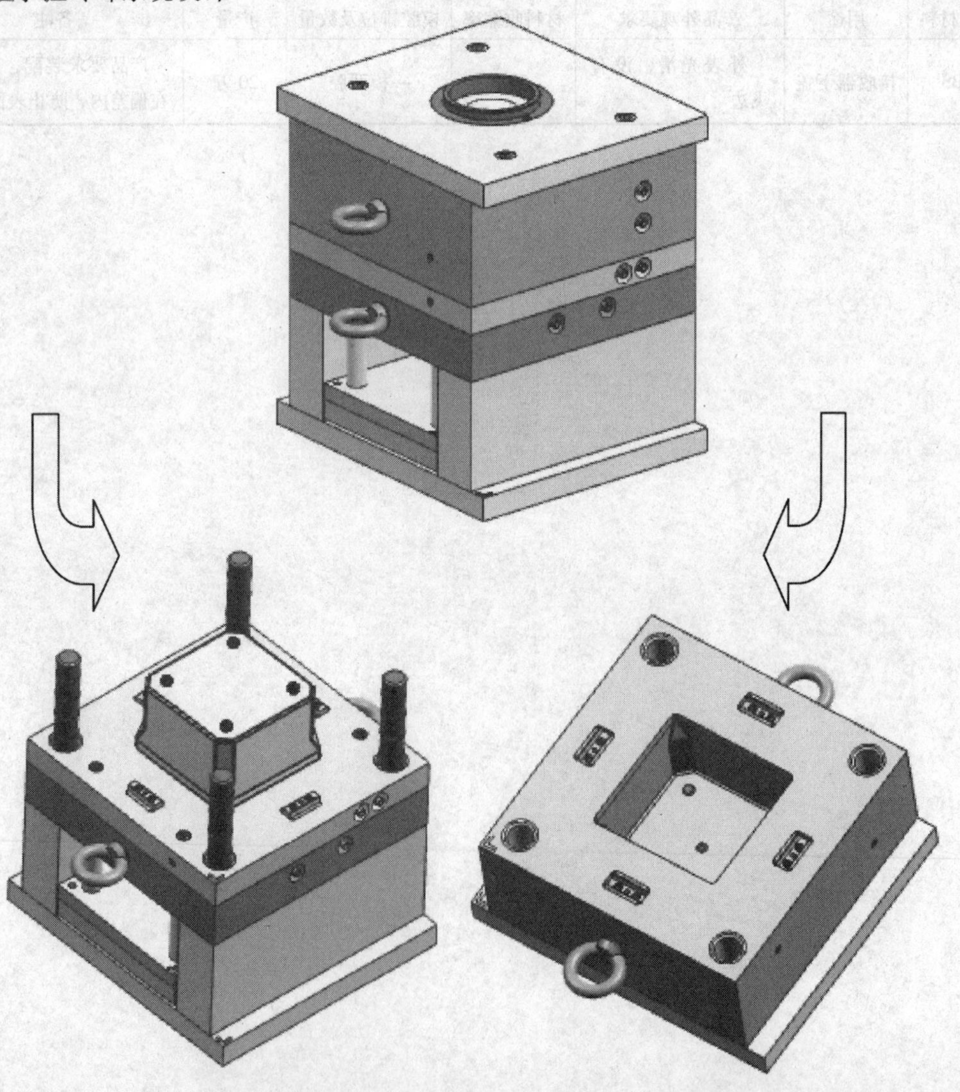

5.1 设计任务

本章的设计任务是汽车的空气过滤器盖子模具，在接受设计任务时，客户提供的是汽车的空气过滤器盖子产品的模型图，如图 5-1 所示，并提出一些设计要求见表 5-1。

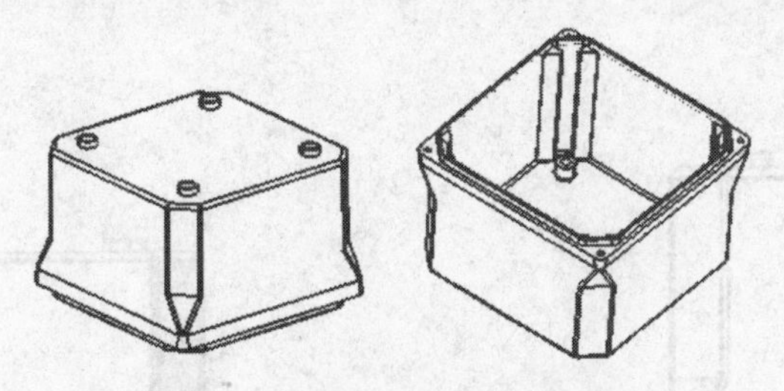

图 5-1　空气过滤器盖子产品模型图

表 5-1　客户要求

产品材料	用途	产品外观要求	材料收缩率	模腔排位及数量	产量	备注
ABS	汽车上空气过滤器盖子产品	外表光滑，没有流纹、飞边等	6‰	一模一腔	10 万	产品要求装配，且装配在偏差内，防止表面缩水

5.2 设计思路分析

下面以产品的结构，进行模具设计思路分析：

1. 用途分析

汽车空气过滤器的作用是过滤掉空气中的风沙以及一些悬浮颗粒物，从而使进入发动机的空气都比较纯净，这样才能使得发动机工作正常。

该产品是汽车的空气过滤器盖，注射条件为高温、高压，故对模具有较高强度要求，尺寸定位要求比较高，产品也要有一定耐磨性和耐腐蚀性，选用的材料为 ABS。

2. 结构分析

（1）模具结构

该塑件为透明制品，不允许有推出痕迹，需要进行特殊结构设计（推板），可采用一模一腔的二板式模具结构，如图 5-2 所示。

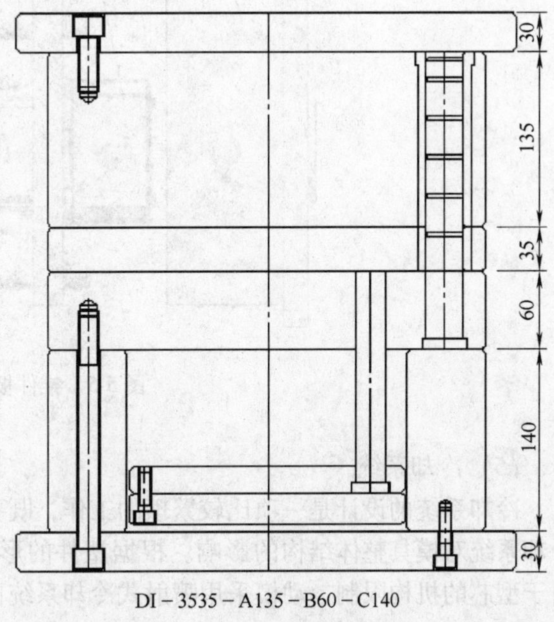

图 5-2　模架结构

（2）分型面

分型面取在制品最大截面处，为保证制品的外观质量和便于排气，分型面选在产品的底部，如图 5-3 所示。

（3）浇口类型

由于产品较大，型腔数量又是一模一腔，可以采用直接式进料，进料速度快且均匀，如图 5-4 所示。

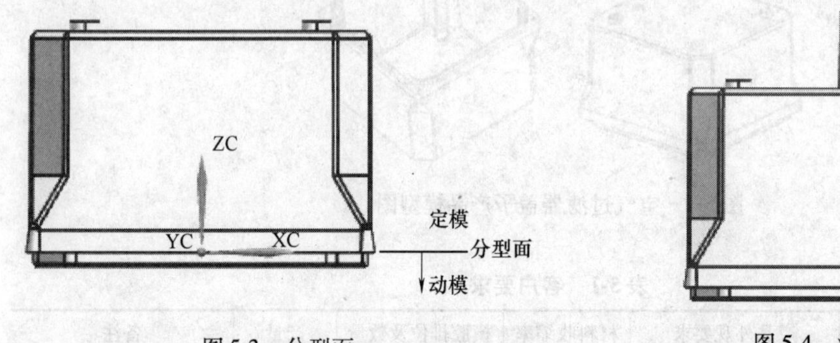

图 5-3　分型面

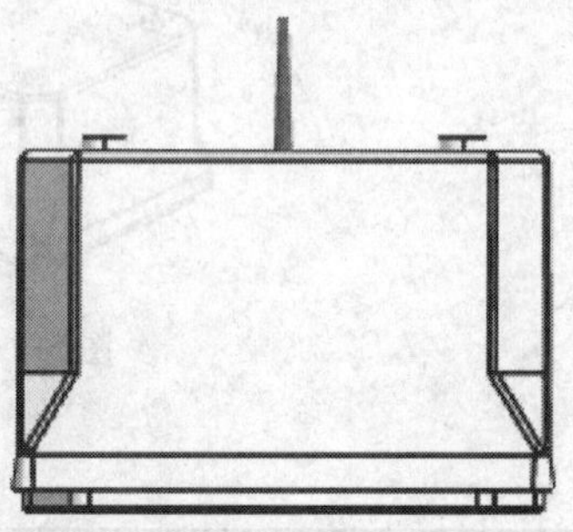

图 5-4　浇口设计

（4）脱模机构

从产品分析来看，该塑件大，且为透明产品，要灵活处理推出机构的位置及方式，塑件的表面不允许有推出痕迹，脱模机构均匀布置，保证产品被推出时受力均匀、平稳、不变形，所以采用推件板结构，图 5-5 所示为推件板平面图。

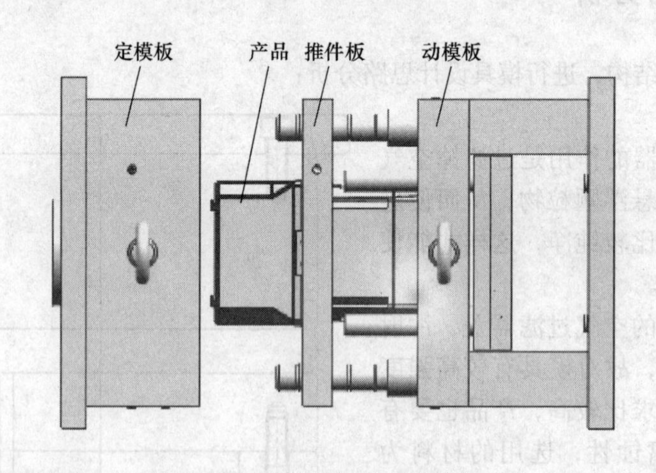

图 5-5　推件板平面图

（5）冷却系统

冷却系统的设计是一项比较繁琐的工作，既要考虑冷却效果及冷却的均匀性，又要考虑冷却系统对模具整体结构的影响。根据塑件的形状、尺寸和模具结构，冷却孔径取 10mm。由于型芯的机构限制，动模采用喷射式冷却系统比较合理而定模和推板均采用冷却效果较好的循环式冷却系统，如图 5-6 所示。

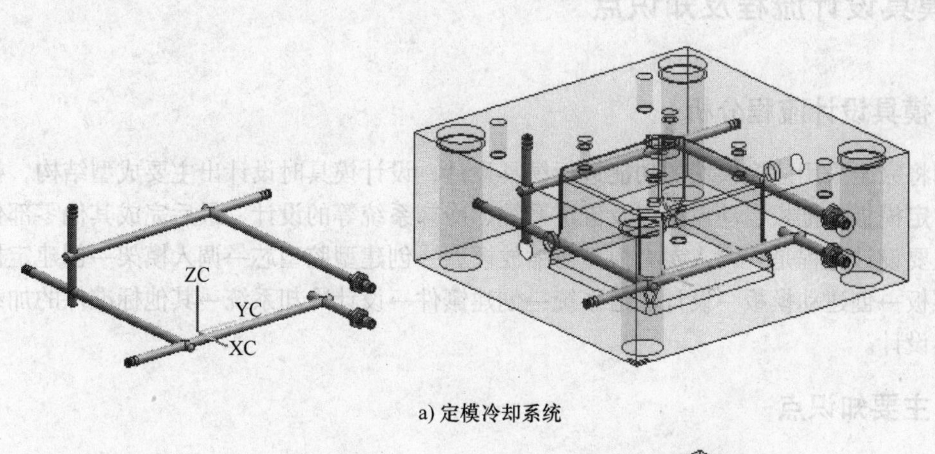

a) 定模冷却系统

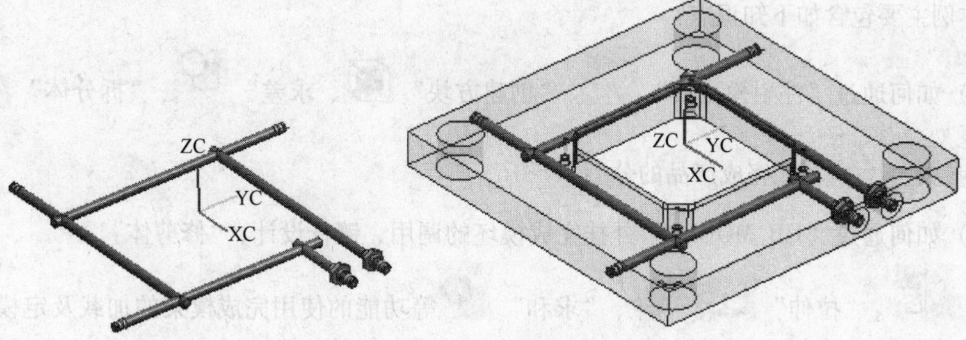

b) 推板冷却系统

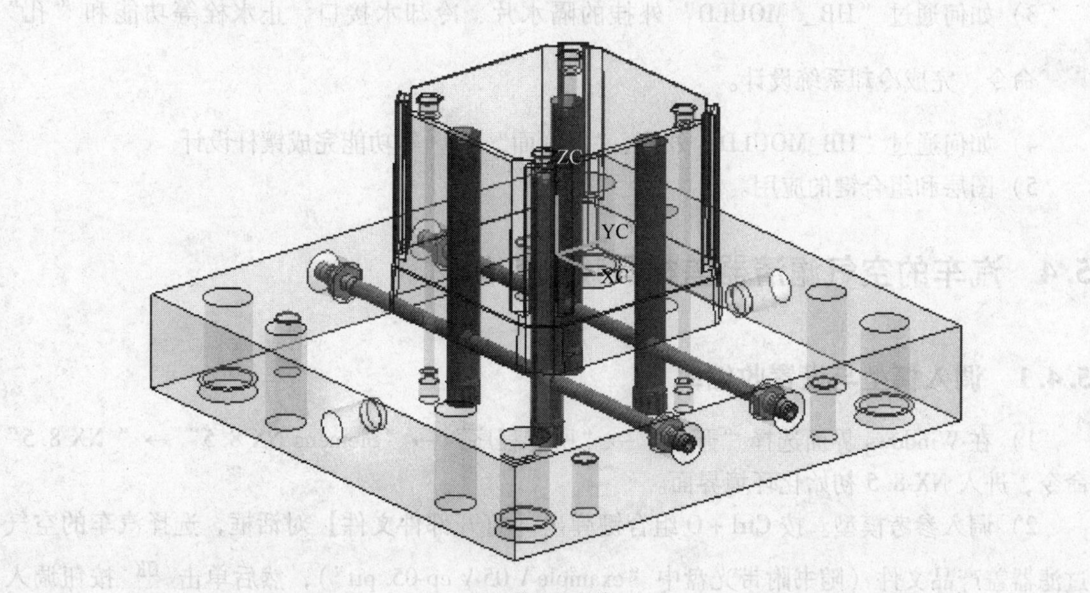

c) 动模冷却系统

图 5-6　冷却系统

5.3 模具设计流程及知识点

5.3.1 模具设计流程分析

本例将完全采用建模模块的功能进行模具设计，设计模具时设计出主要成型结构，模架的加载、定模板、推板、动模板以及流道系统、冷却系统等的设计，最后完成其他零部件的加载。主要设计流程是：调入参考模型与缩放模型→创建型腔型芯→调入模架→创建定模板→创建推板→创建动模板→设计流道系统→创建镶件→设计冷却系统→其他标准件的加载→完成模具设计。

5.3.2 主要知识点

本例主要包含如下知识点：

1）如何通过“注射模工具”、“创建方块”、求差”、“拆分体”、“移除参数”功能完成产品的分型。

2）如何通过“HB_MOULD”外挂完成模坯的调用、镶杆设计、“修剪体”、“替换面”、“拉伸”、、“求和”等功能的使用完成模架的加载及定模板、推板和动模板的创建。

3）如何通过“HB_ MOULD”外挂的隔水片、冷却水接口、止水栓等功能和“孔”命令，完成冷却系统设计。

4）如何通过“HB_MOULD”外挂、“偏置面”等功能完成镶杆设计。

5）图层和组合键的应用。

5.4 汽车的空气滤清器盖模具设计实操

5.4.1 调入模型与设置收缩率

1）在 Windows 界面选择“开始”→“所有程序”→“Siemens NX 8.5”→“ NX 8.5”命令，进入 NX 8.5 初始化环境界面。

2）调入参考模型。按 Ctrl + O 组合键弹出【打开部件文件】对话框，选择汽车的空气过滤器盖产品文件（随书附带光盘中“example \ 05 \ cp-05. prt”），然后单击 OK 按钮调入参考模型，如图 5-7 所示。

3）在“标准”工具条中单击“建模”按钮或按 Ctrl + M 组合键进入建模模块。

4）复制产品：在菜单栏中选择“格式”→“复制至图层”选项，类选择的对象选择接收器下盖产品，单击 确定 按钮，弹出“图层移动”对话框，目标图层或类别输入2，单击 确定 按钮。

5）图层设置：在菜单栏中选择“格式”→“图层设置” 选项，弹出图层设置对话框，将2层的产品的复制文件设置为不可见（具体的操作方法，参考第3章和第4章的步骤）。

6）设置收缩率：在菜单栏中选择“插入”→“偏置/缩放”→“缩放体” 选项，弹出“缩放体”对话框，选择汽车的空气过滤器盖产品，设置比例因子为1.006，如图5-7所示。

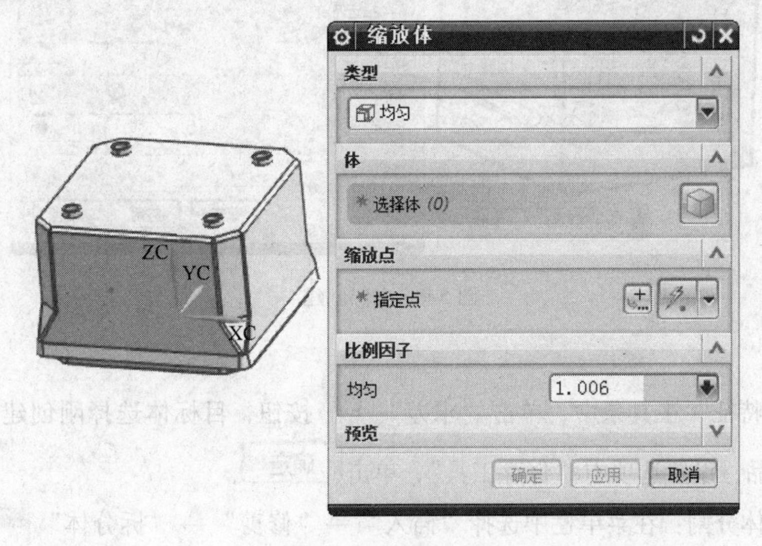

图5-7　设置收缩率

7）将产品绝对坐标系变换到产品分型面中心。该产品坐标已经做过调整，如图5-3所示。

5.4.2　产品分型

（1）在“开始”工具条中单击“所有应用模块”，选择“注射模向导”，弹出“注射模向导”工具条。在“注射模向导”工具条中，单击“注射模工具” 按钮，弹出“注射模”对话框，如图5-8所示。

（2）型腔、型芯的创建：单击“注射模工具”工具条下的“创建方块” 按钮，在选择示意图中，选择 体的面 ，设置创建方块的间隙参数输入5，单击键盘

图5-8　注射模工具

“Enter”，选择产品的任意一面，单击产品 - Z 方向的面参数箭头，将参数改成 35，单击 确定 按钮，如图 5-9 所示。

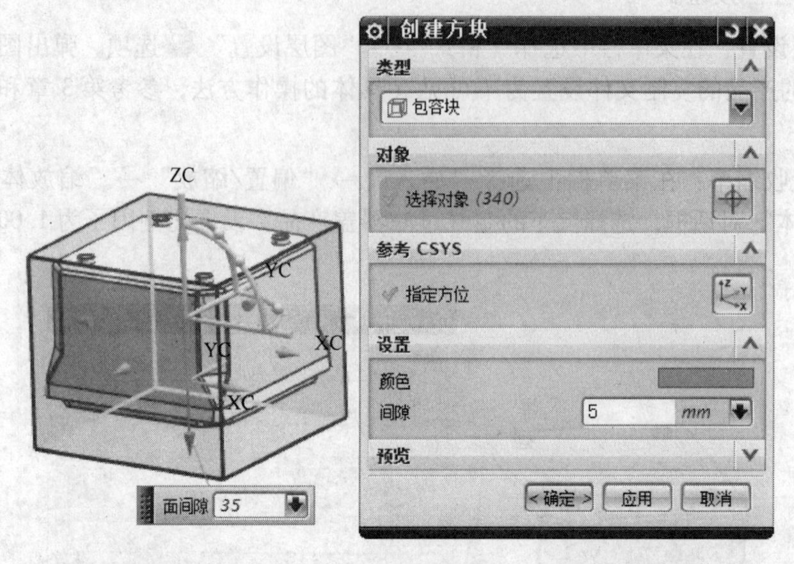

图 5-9　模仁创建

（3）在“特征”工具条中，单击“求差” 按钮，目标体选择刚创建的方块实体，工具体选择产品，设置选项中“保存工具”，单击 确定 。

（4）将实体分割：在菜单栏中选择“插入”→“修剪”→“拆分体” ，目标选择刚创建的方块实体，分割的工具选择 新建平面 ，指定平面为 ZC ，单击 确定 ，如图 5-10 所示。

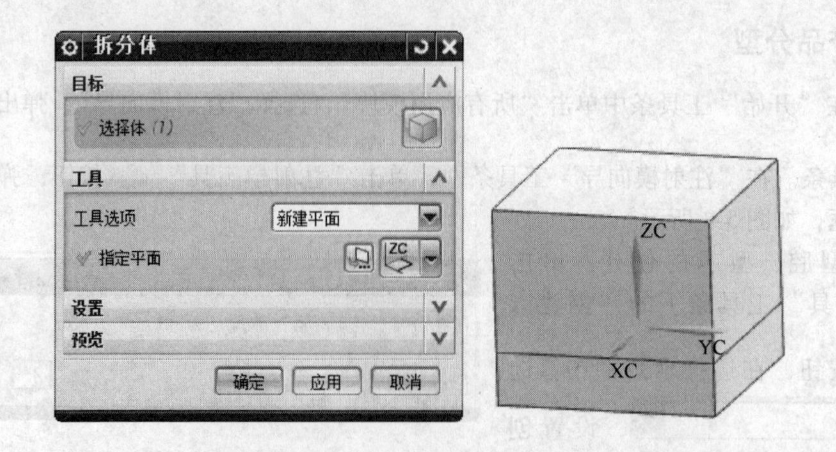

图 5-10　分割模仁

(5) 移除参数：在“编辑特征”工具条中，单击“移除参数” 按钮，对象选择型腔、型芯，单击 确定 ，型腔、型芯的分割结果如图 5-11 所示。

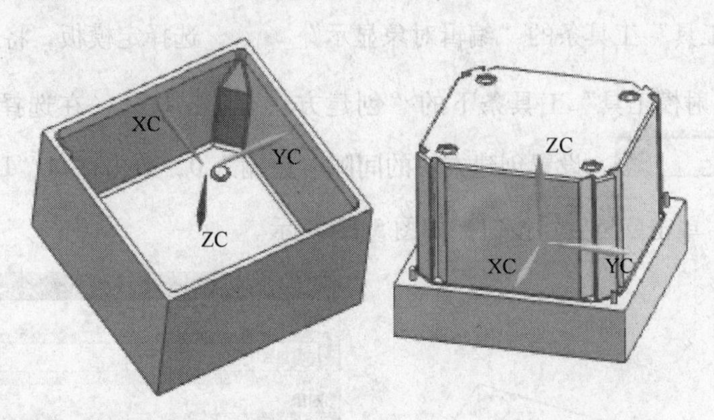

图 5-11　型芯、型腔

5.4.3　模架及各模板设计

(1) 调入龙记大水口 DI 型 3535 模架（直浇口模架 D 型）

单击菜单栏中“HB _ MOULD M6.6”→“模胚系列”→“龙记”，单击 新建模胚 ，弹出龙记标准模胚对话框，设置参数如图 5-12 所示。选择系列 DI 型 35 系列 3535 模架，A 板 135，B 板 60，C 板垫块 140，AB 板的间距 0，单击 确定 按钮，完成模架的调用。

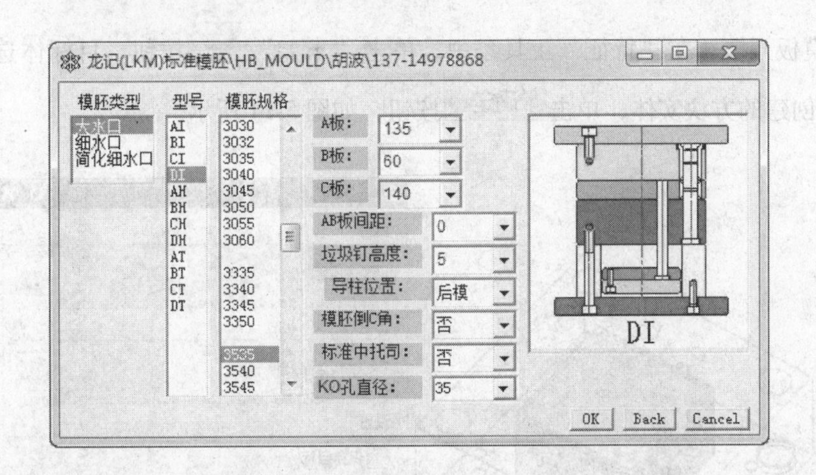

图 5-12　模架导入

注意：由于本模具为整体式，不设计型腔、型芯，所以此处定、动模板的间距为 0。

(2) A（定模）板设计

1) 单击“实用工具”工具条的“隐藏” （或用快捷键〈Ctrl + B〉）隐藏定模板和

定模型腔，单击“实用工具”工具条的“反向隐藏” （或者快捷键〈Ctrl + Shift + B〉）反向隐藏，屏幕中只显示定模板和定模型腔。

单击“实用工具”工具条的“编辑对象显示” ，选择定模板，将透明度调至 100。

2）单击“注射模工具”工具条下的“创建方块” 按钮，在选择示意图中，选择 体的面 ，设置创建方块的间隙参数输入 0，单击键盘“Enter”，选择定模型腔的任意一面，单击 确定 按钮，如图 5-13 所示。

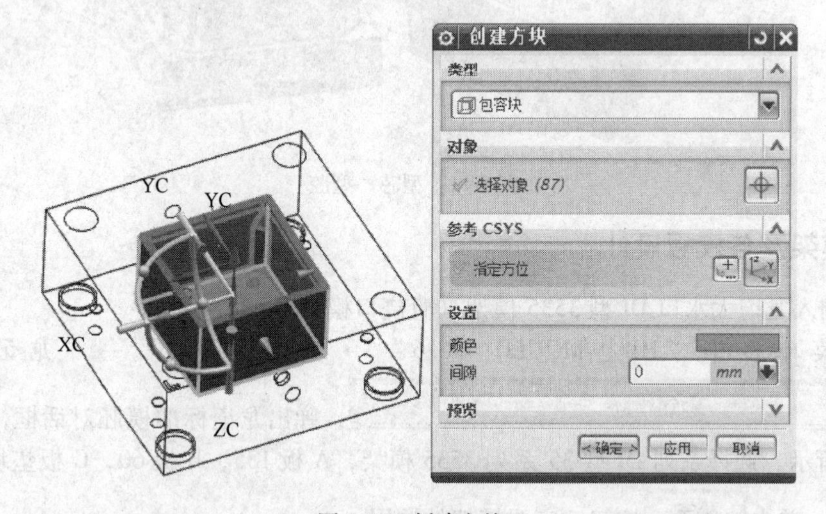

图 5-13　创建方块

3）定模板开框。在“特征”工具条中，单击“求差” 按钮，目标体选择定模板，工具体选刚创建的方块实体，单击 确定 按钮，如图 5-14 所示。

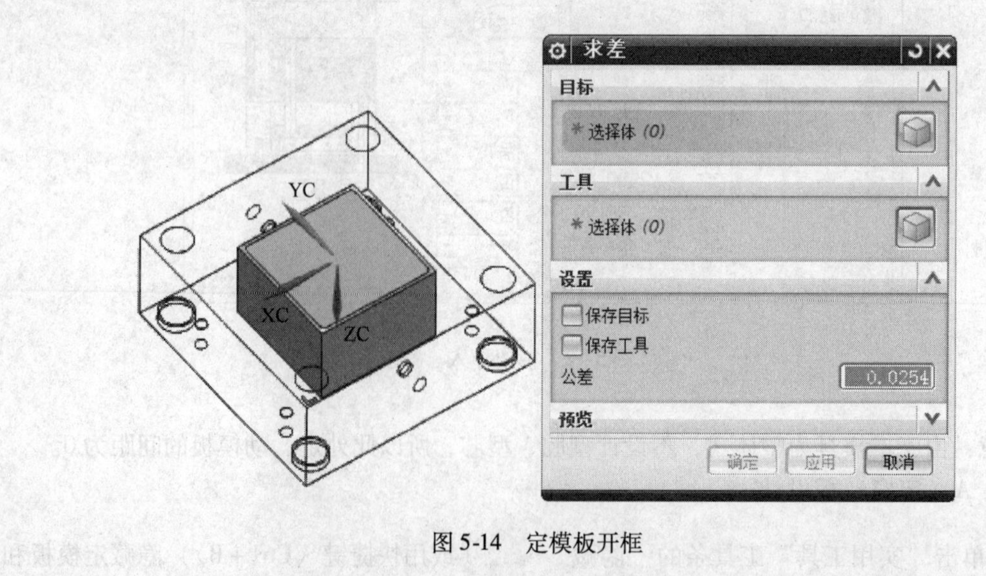

图 5-14　定模板开框

4）在“特征”工具条中，单击“求和”按钮，目标体选择定模板，工具体选择定模型腔，单击确定，结果如图 5-15 所示。

（3）推件板设计

1）使用快捷键〈Ctrl + Shift + U〉，将所有文件显示出来。单击“实用工具”工具条的“隐藏”（或用快捷键〈Ctrl + B〉）隐藏动模型芯，单击“实用工具”工具条的“反向隐藏”（或者快捷键〈Ctrl + Shift + B〉）反向隐藏，屏幕中只显示动模型芯。

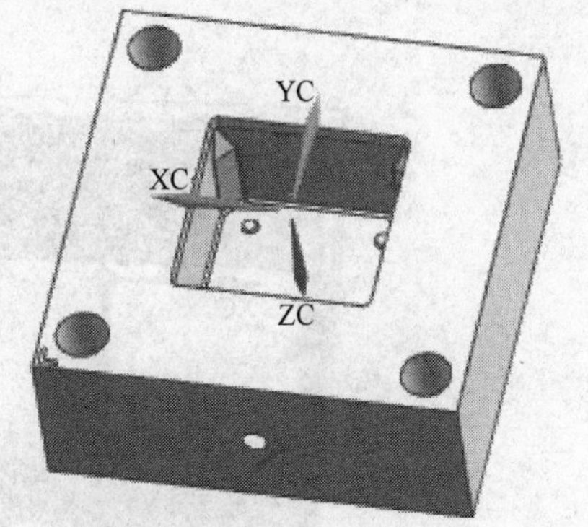

图 5-15　定模板设计

2）分割动模型芯：在“特征”工具条中，单击“拉伸”按钮，拉伸的截面为动模型芯底部曲线，如图 5-16 所示，拉伸的方向选择 $-Z$ 方向，拔模角选择从起始限制，角度为 $-3°$，设置体类型为片体，具体参数如图 5-16 所示。

3）分割动模型芯：在菜单栏中选择“插入”→“修剪”→“拆分体”，目标选择动模型芯，分割的工具选择面或平面，选择刚创建的拉伸片体，单击确定按钮，如图 5-17 所示。

4）移除参数：在“编辑特征”工具条中，单击“移除参数”按钮，对象选择动模型芯，单击确定按钮，动模型芯的拆分结果如图 5-18 所示。

5）使用快捷键〈Ctrl + B〉，隐藏动模型芯的中间部分，单击“注射模工具”工具条下的“创建方块”按钮，在选择示意图中，选择体的面，设置创建方块的间隙参数输入 0，单击键盘“Enter”，选择动模型芯的任意一面，单击确定按钮，如图 5-19 所示。

6）使用快捷键〈Ctrl + K〉，将推板显示出来。在“特征”工具条中，单击“求差”按钮，目标体选择推件板，工具体选择刚创建的箱体，单击确定按钮，结果如图 5-20 所示。

7）在“特征”工具条中，单击“求和”按钮，目标体选择推板，工具体动模型芯，单击确定按钮，结果如图 5-21 所示。

8）将推板底部高出部分进行替换。在“同步建模”工具条中，单击“替换面”按钮，弹出“替换面”对话框，要替换的面选择推件板底面的高出部分，替换的面选择推板底面，单击确定按钮，如图 5-22 所示。

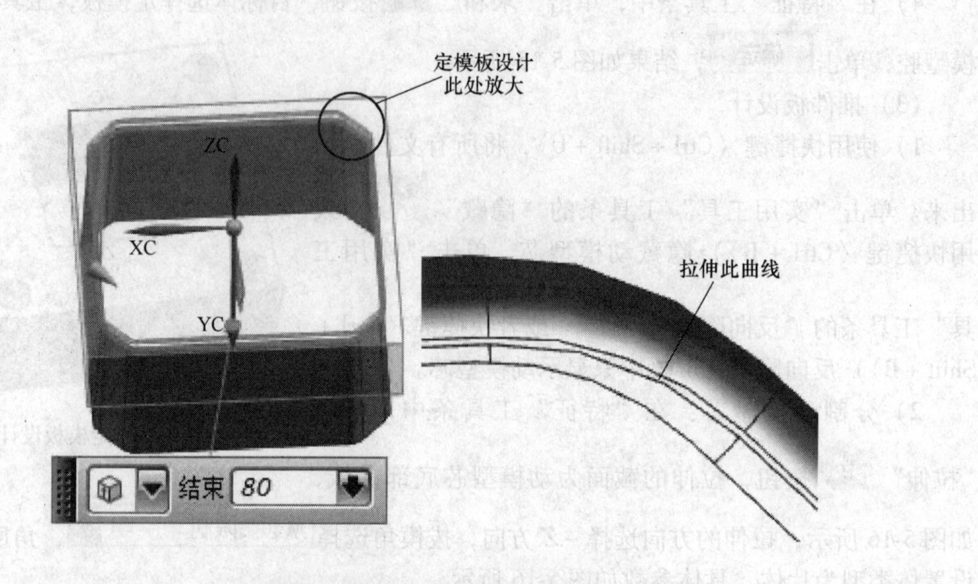
定模板设计
此处放大
ZC
XC
YC
拉伸此曲线
结束
80

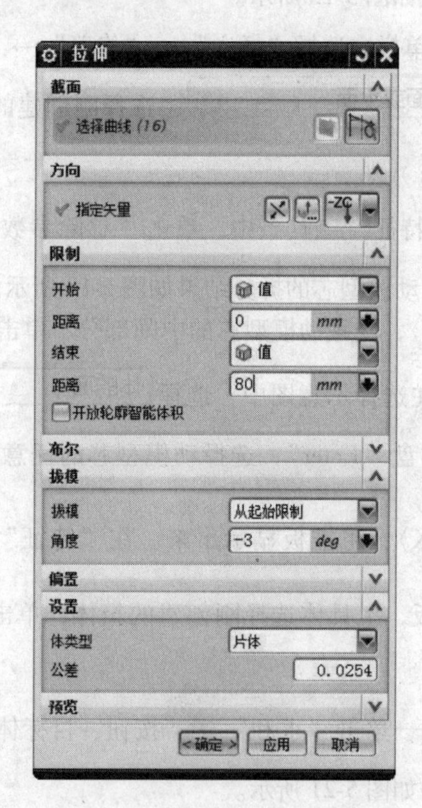
拉伸
截面
选择曲线 (16)
方向
指定矢量
-ZC
限制
开始
值
距离
0
mm
结束
值
距离
80
mm
开放轮廓智能体积
布尔
拔模
拔模
从起始限制
角度
-3
deg
偏置
设置
体类型
片体
公差
0.0254
预览
<确定>
应用
取消

图 5-16　拉伸曲线

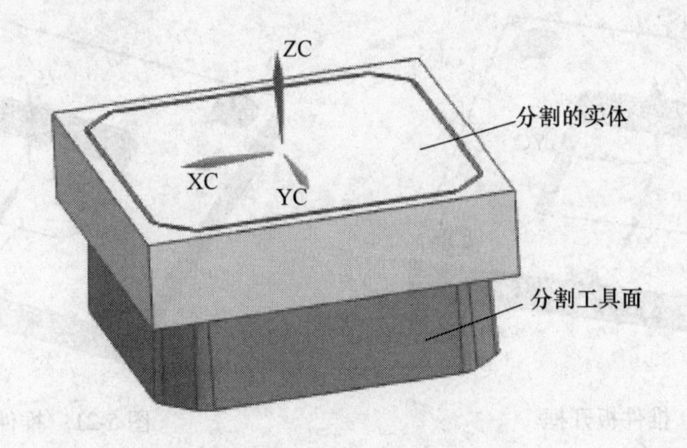

图 5-17　分割动模型芯

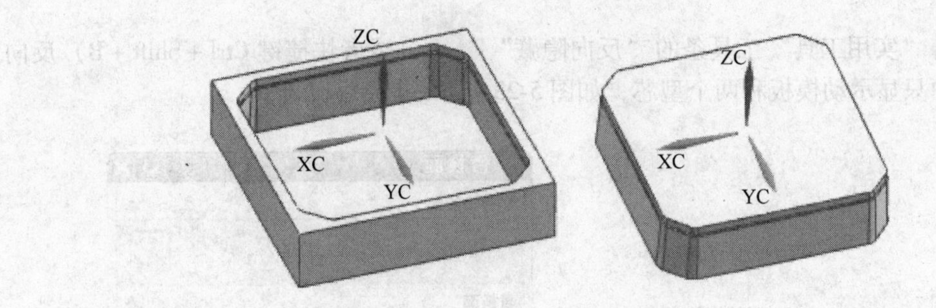

图 5-18　动模型芯拆分结果

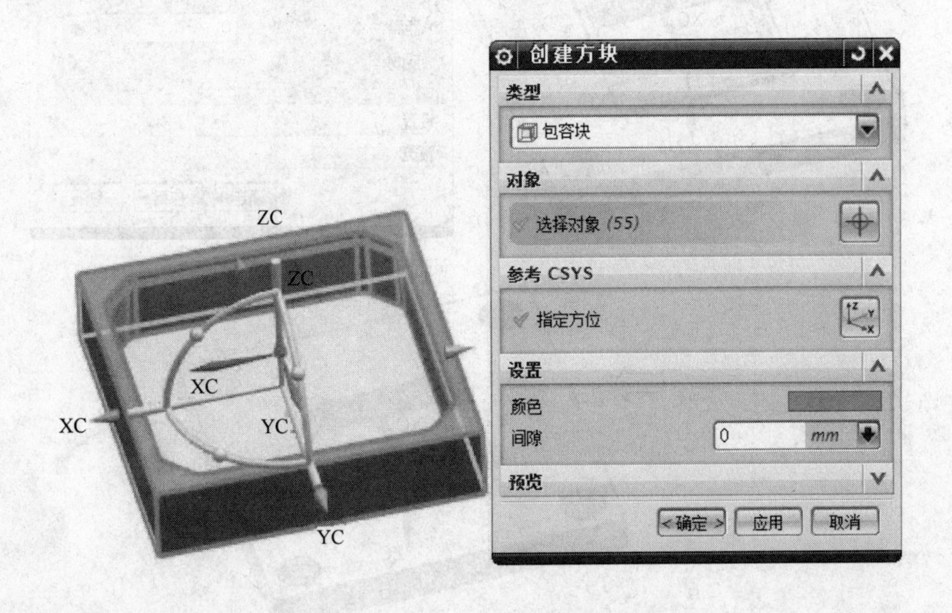

图 5-19　创建箱体

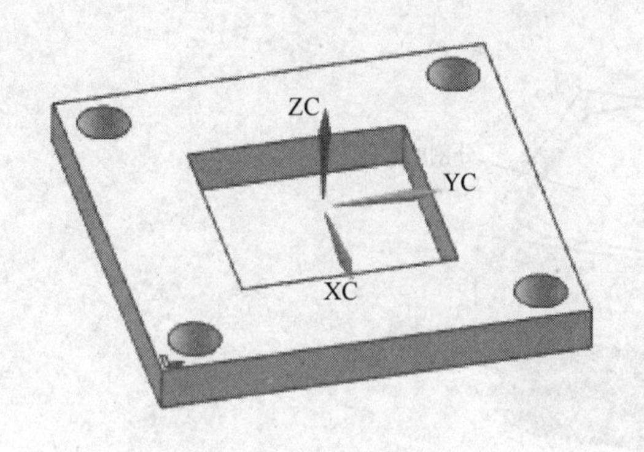

图 5-20　推件板开框

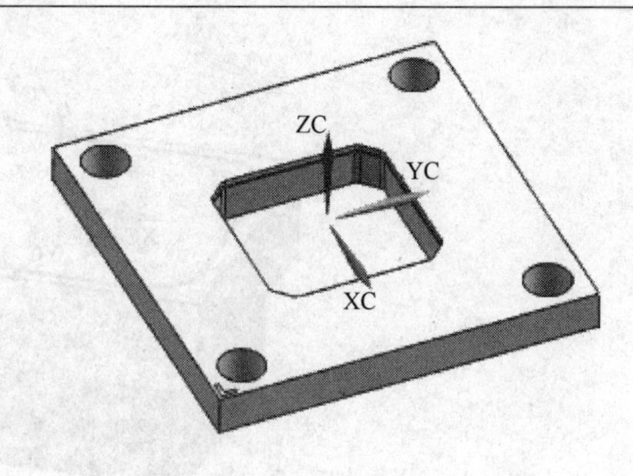

图 5-21　推件板设计

（4）B（动模）板设计

1）单击“实用工具”工具条的“隐藏”（或用快捷键 Ctrl + B）隐藏动模板和两个型芯，单击“实用工具”工具条的“反向隐藏”（或者快捷键 Ctrl + Shift + B）反向隐藏，屏幕中只显示动模板和两个型芯，如图 5-23 所示。

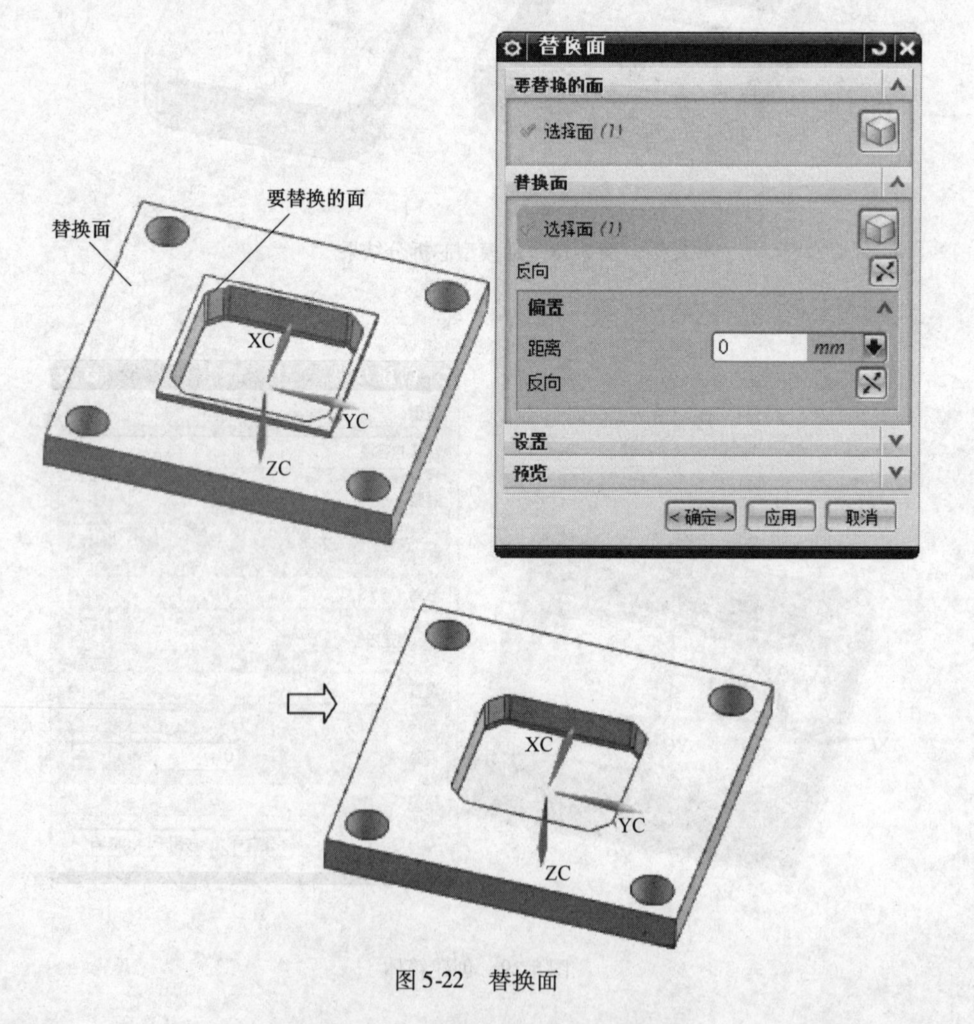

图 5-22　替换面

2）在“特征”工具条中，单击“求和”按钮，目标体选择动模板，工具体两个型芯，单击确定按钮。

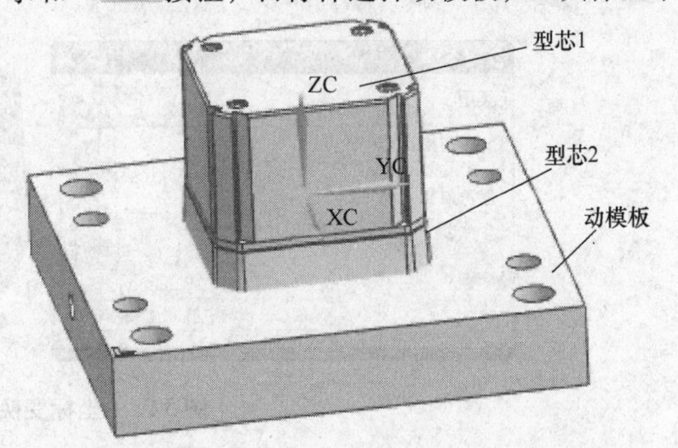

图 5-23　显示动模板和两个型芯

5.4.4　定模部分标准件设计

（1）定位圈（定位环）设计

单击菜单栏中“HB_MOULD M6.6”→“模具标准件”→“定位环”，选择“A 型定位环”，具体参数如图 5-24 所示，单击 OK，A 型定位环的 *X*、*Y* 坐标为（0，0），单击取消按钮，完成定位环的调用。

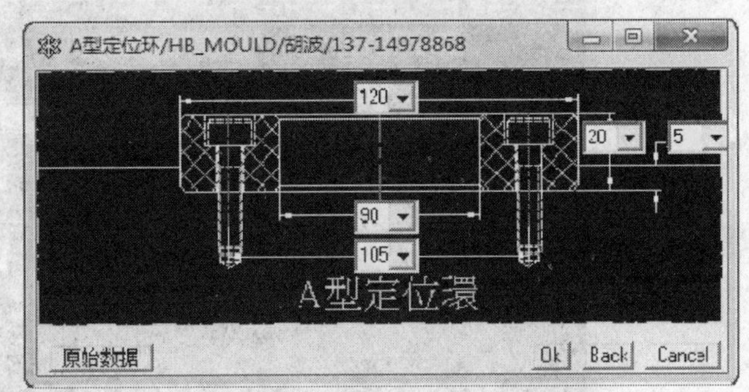

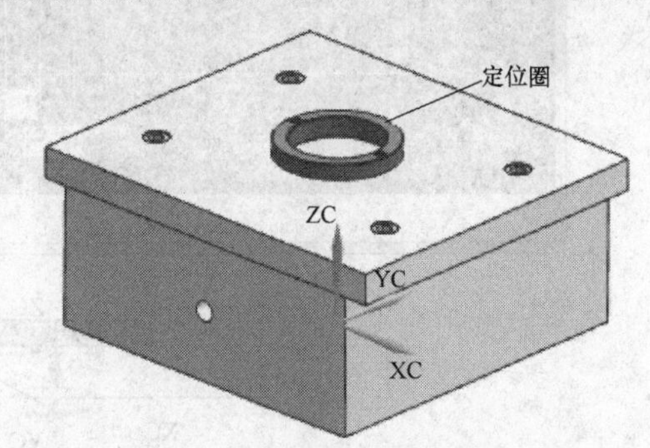

图 5-24　定位圈（定位环）

（2）浇口套设计

浇口套俗称唧嘴、灌嘴、浇口灌，是让熔融的塑料材料从注射机的喷嘴注入模具内部的流道组成部分，用于连接成型模具与注射机的金属配件。浇口套按照外观的不同可以分为：A 型、B 型、C 型、D 型、E 型等，常用的是 A、B、C 三种型号。A 型浇口套具有特殊的螺栓固定接口，通过螺栓进行固定，可防止注射压力过大导致浇口套脱落。

1）移动坐标：本套模具的进料方式为直接浇口，由于 HB 模具外挂默认的浇口套位置是到 *XY* 平面，此处需将临时坐标移动到到型腔底部。

在“实用工具”工具条中，单击“WCS 定向”，弹出 CSYS 对话框，选择类型为“对象的 CSYS”，参考对象选择产品的顶面，单击确定按钮，如图 5-25 所示。

2）单击菜单栏中“HB_MOULD M6.6”→“模具标准件”→“灌嘴（浇口套）”，选择“B 型灌嘴”，单击“唧嘴放置于A板”，弹出浇口套参数对话框，如图 5-26 所示，单击 OK 按钮，输入 *X*、*Y* 坐标为（0，0），单击取消按钮。

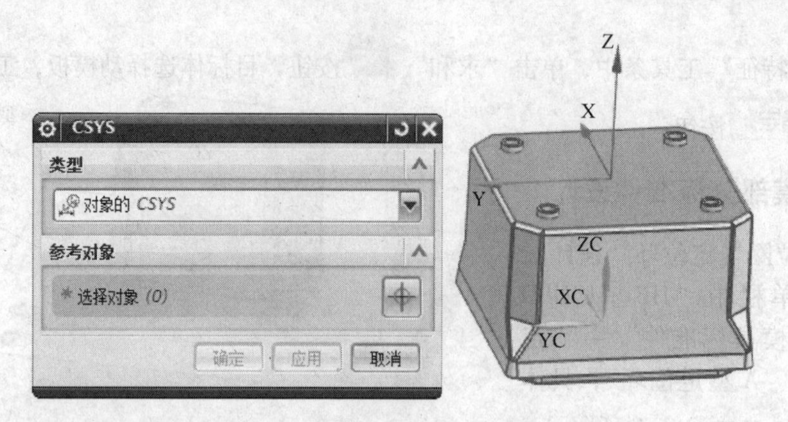

图 5-25 坐标变换

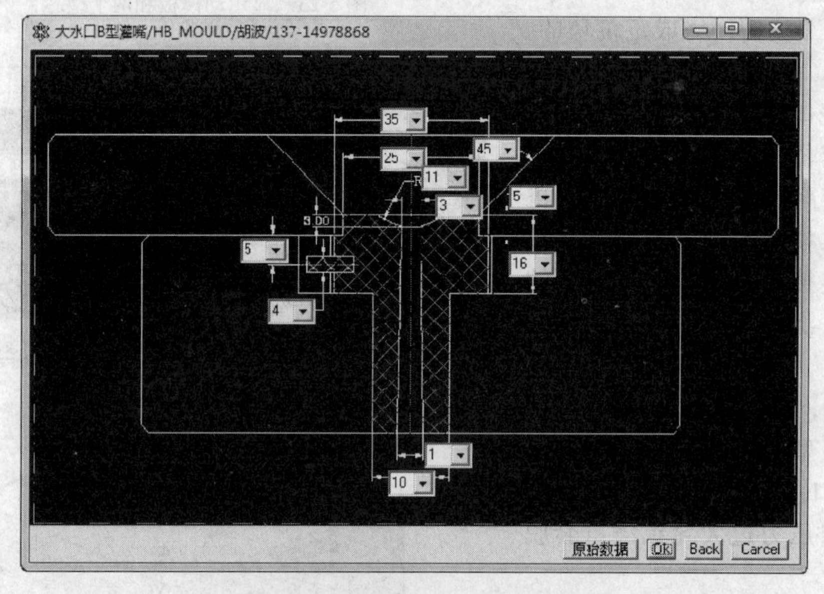

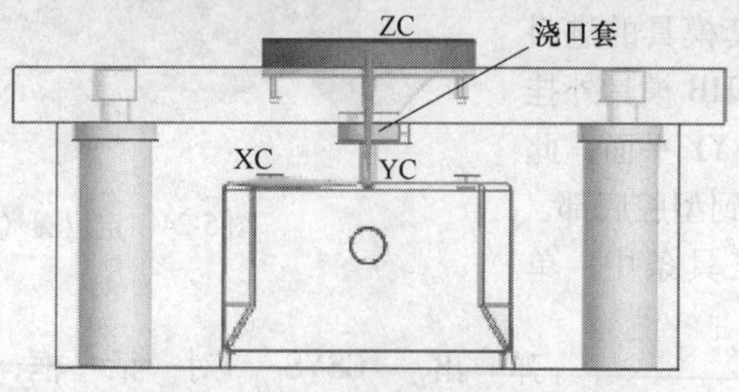

图 5-26 浇口套参数图

注意：直接式进料为主流道直接连接到产品上，没有分流道及冷料穴，在设计直接式进料时，为避免浇口料影响外观和装配，浇口应深入产品 0.5mm。

3）单击“格式”→“WCS”→ WCS 设置为绝对(A)，坐标恢复到系统的坐标原点。

4）检查型腔避空孔：检查定模板，发现定模板顶端的型腔避空不完整，如图 5-27 所示。

在“特征”工具条中，单击“拉伸”按钮，拉伸的截面选择定模板顶端未避空的线条，如图 5-28 所示，拉伸的方向选择 Z 方向，设置体类型为片体。

在“特征”工具条中，单击“修剪体”，修剪的目标体选择定模板，修剪的工具选项为“面或平面”，选择刚拉伸的片体，注意此时的箭头方向，箭头所指的方向为要修建掉的实体，如果方向不对，单击“工具”栏目下的“反向”，如果正确，单击“确定”按钮，结果如图 5-29 所示。

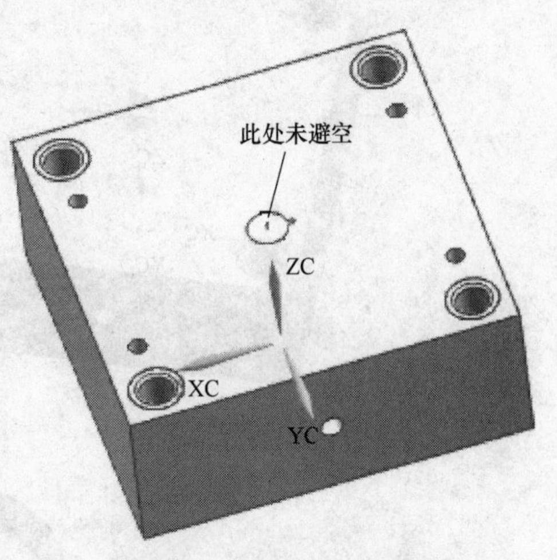

图 5-27　检查型腔避空孔

设计完成后，整理图层，将无用的片体等信息移动至 255 层垃圾层。

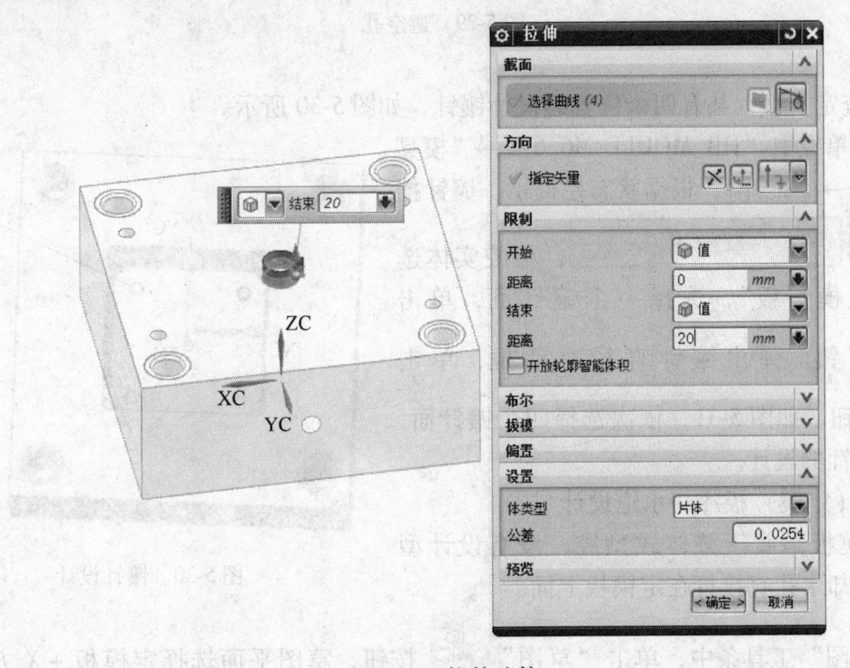

图 5-28　拉伸片体

（3）A（定模）板镶件设计

1）单击“实用工具”工具条的“隐藏”（或用快捷键〈Ctrl + B〉）隐藏定模板，单击“实用工具”工具条的“反向隐藏”（或者快捷键〈Ctrl + Shift + B〉）反向隐藏，屏幕中只显示定模板。

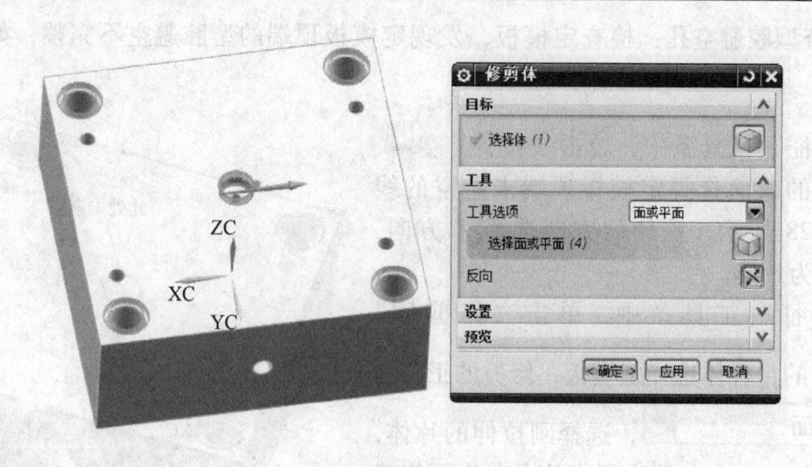

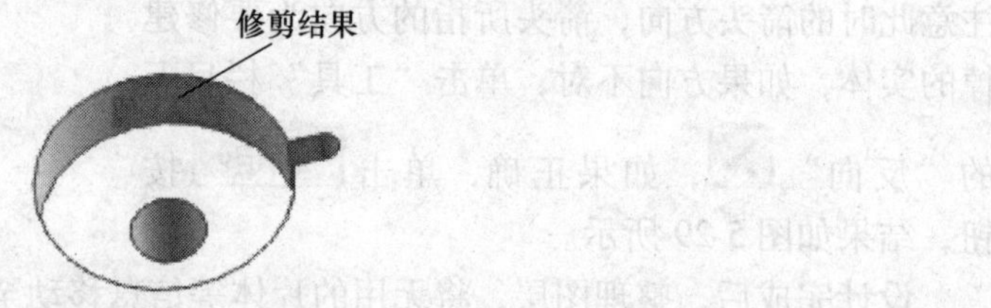

图 5-29　避空孔

2）检查定模板，共有四个位置需设计镶针，如图 5-30 所示。

单击菜单栏中“HB_MOULD M6.6”→“模具特征建模”→“镶针”，根据状态栏提示，镶针挂台的方向为 +Z方向 ，型腔实体选择“A（定模）板”，选择一个镶针面，单击 确定 按钮，弹出镶针直径对话框，单击 确定 按钮，如图 5-31，依次选择四个镶针面，完成 4 个镶针的设计。

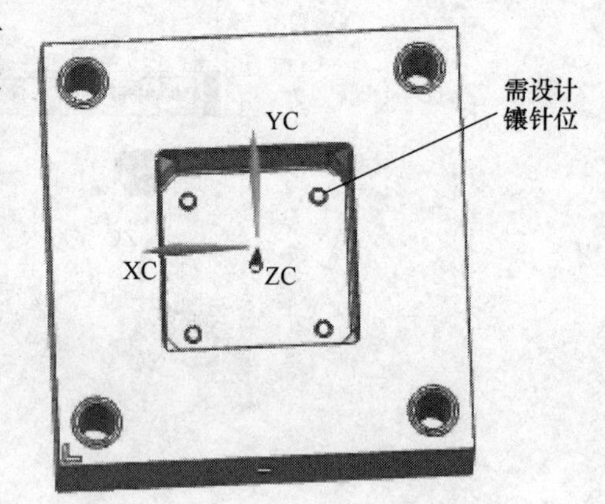

图 5-30　镶针设计

（4）A（定模）板冷却水道设计

1）定模板是属于整体式型腔，没有设计型腔，所以冷却水孔直接打在定模板上面。

在“草图”工具条中，单击“草图” 按钮，草图平面选择定模板 + X 方向的侧面，绘制冷却水孔 1 的定位点，如图 5-32 所示，单击 完成草图 。

在“特征”工具条中，单击“孔” 按钮，弹出孔参数对话框，如图 5-33 所示，草图的类型选择 常规孔 ，输入孔的直径为 ϕ10mm，深度为 280mm，孔的位置捕捉草绘的点，单击 确定 按钮，如图 5-34 所示。

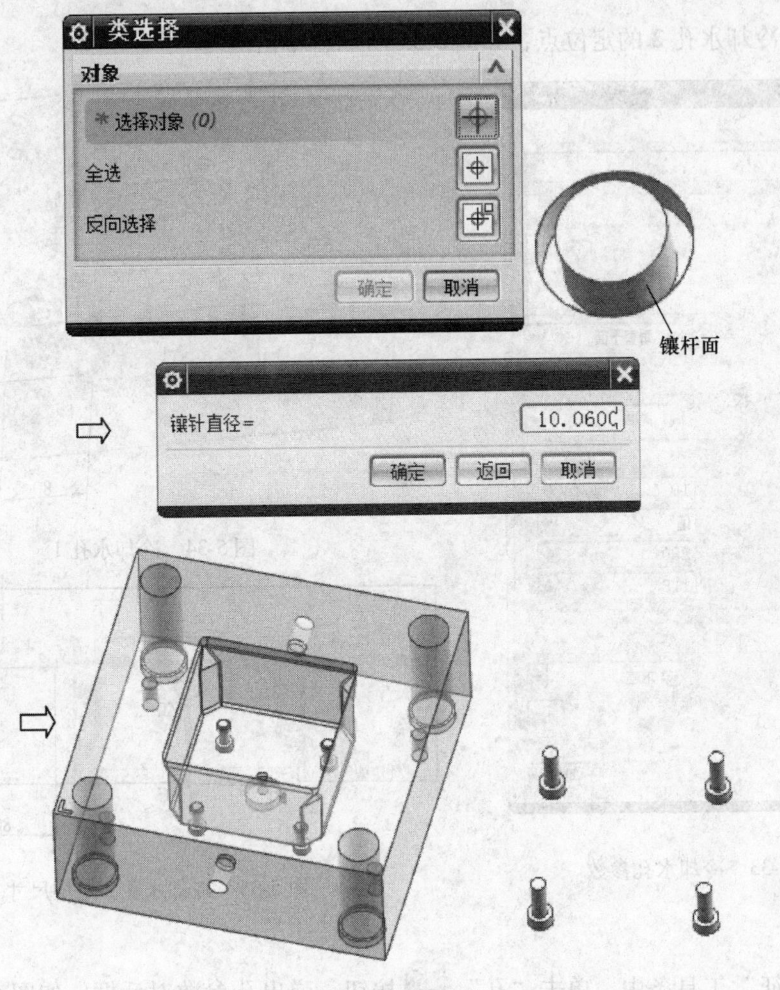

图 5-31　定模板镶针

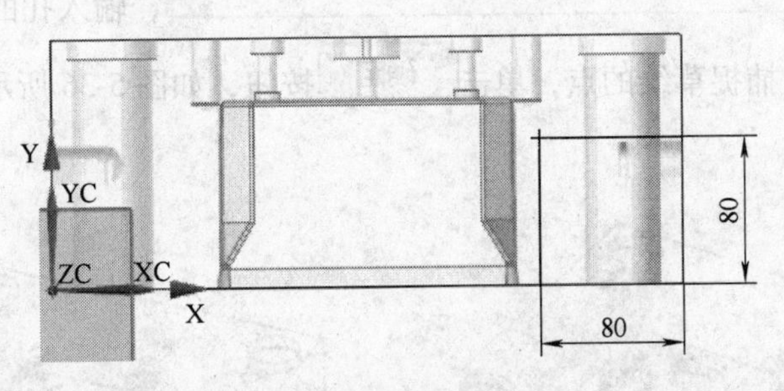

图 5-32　冷却水孔 1 定位尺寸

注意：孔的位置定位也可以通过在孔的位置指定点选择，软件进入创建草图界面，在草图中标注尺寸，确定冷却水孔的定位尺寸，从而定位孔的位置。

2）在“草图”工具条中，单击“草图” 按钮，草图平面选择定模板 + Y 方向的侧面，绘制冷却水孔 2 的定位点，如图 5-35 所示，单击 完成草图。

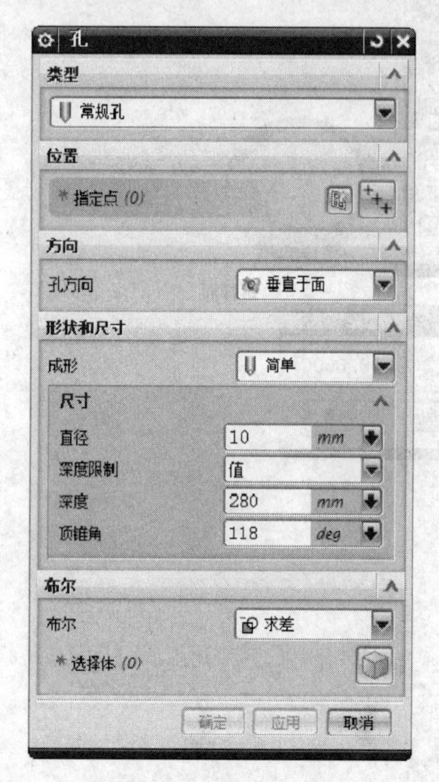

图 5-33　冷却水孔参数

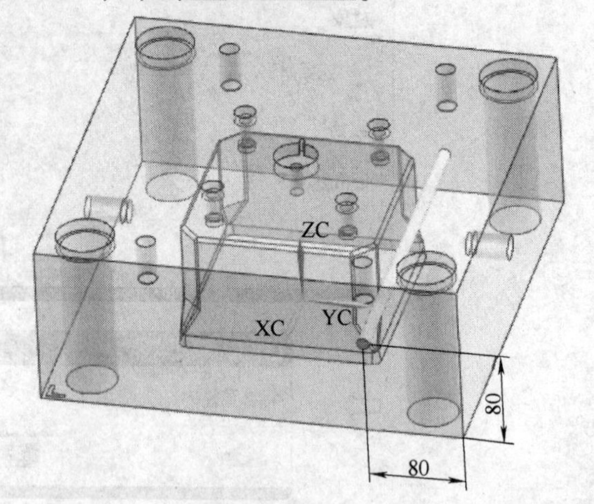

图 5-34　冷却水孔 1

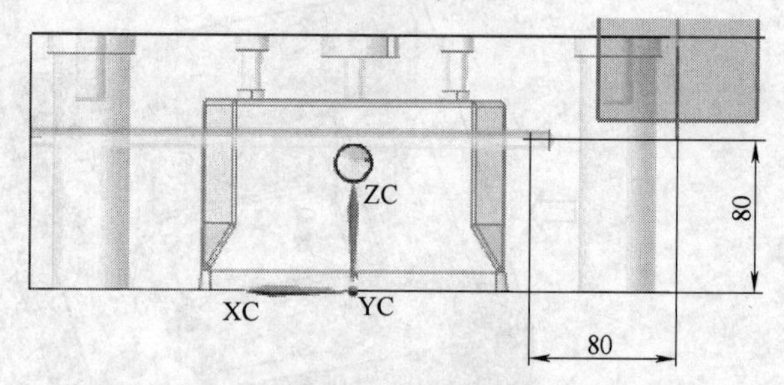

图 5-35　冷却水孔 2 定位尺寸

在“特征”工具条中，单击“孔” 按钮，弹出孔参数对话框，如图 5-33 所示，草图的类型选择 常规孔 ，输入孔的直径为 10mm，深度为 280mm，孔的位置捕捉草绘的点，单击 确定 按钮，如图 5-36 所示。

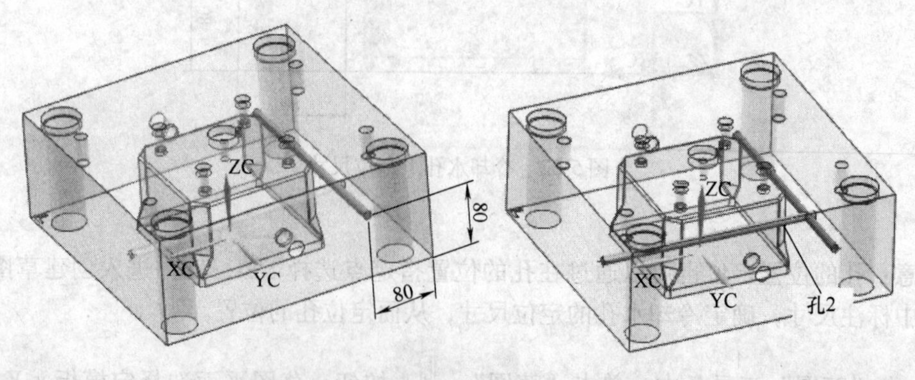

图 5-36　冷却水孔 2

3）在“草图”工具条中，单击“草图” 按钮，草图平面选择定模板 $-X$ 方向的侧面，绘制冷却水孔 3 的定位点，如图 5-37 所示，单击 完成草图。

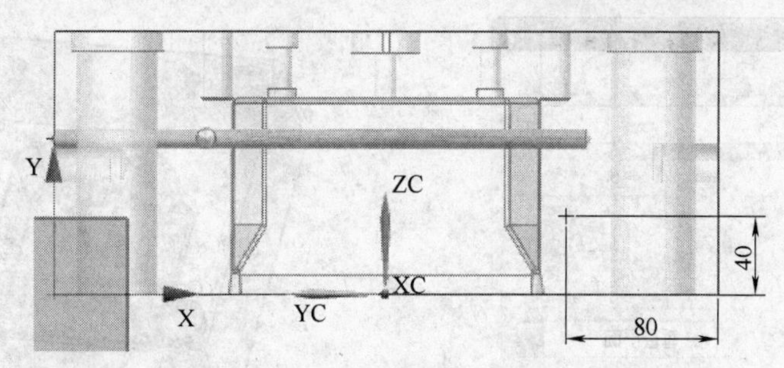

图 5-37　冷却水孔 3 定位尺寸

在“特征”工具条中，单击“孔” 按钮，弹出孔参数对话框，如图 5-33 所示，草图的类型选择 常规孔 ，输入孔的直径为 10mm，深度为 280mm，孔的位置捕捉草绘的点，单击 确定 按钮，如图 5-38 所示。

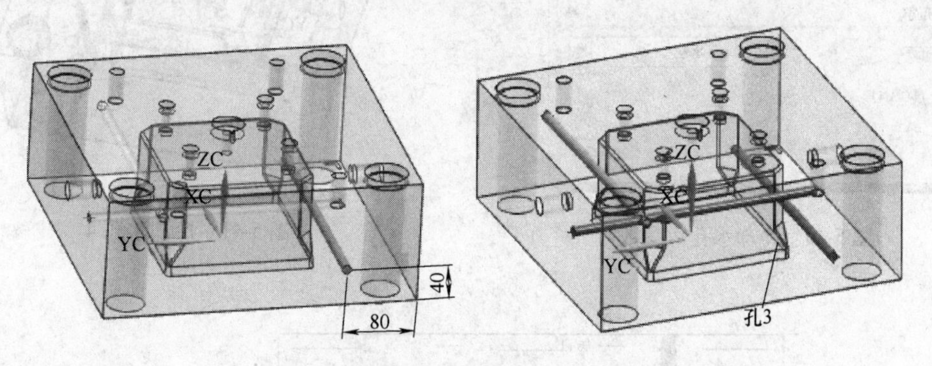

图 5-38　冷却水孔 3

4）将刚绘制的孔 2 和孔 3 连通起来。在“草图”工具条中，单击“草图” 按钮，草图平面选择定模板 $+Z$ 方向的表面，绘制冷却水孔 4 的定位点，如图 5-39 所示，单击 完成草图。

在“特征”工具条中，单击“孔” 按钮，弹出孔参数对话框，如图 5-40 所示，草图的类型选择 常规孔 ，输入孔的直径为 10mm，深度为 110mm，孔的位置捕捉草绘的点，单击 确定 按钮，如图 5-41 所示。

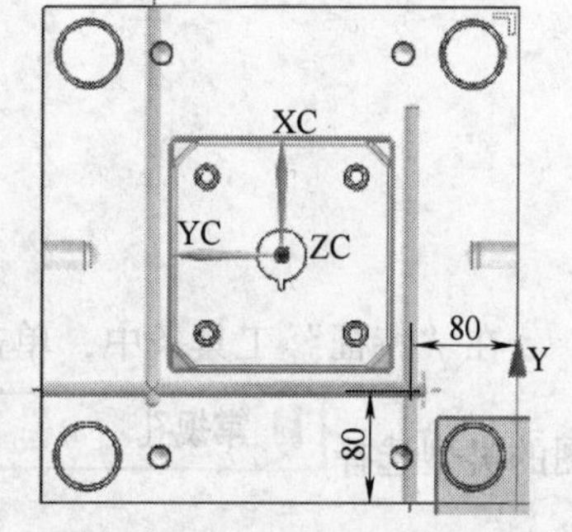

图 5-39　冷却水孔 4 定位尺寸

5）在“草图”工具条中，单击“草图” 按钮，草图平面选择定模板 -*Y* 方向的侧面，绘制冷却水孔 5 的定位点，如图 5-42 所示，单击 完成草图 。

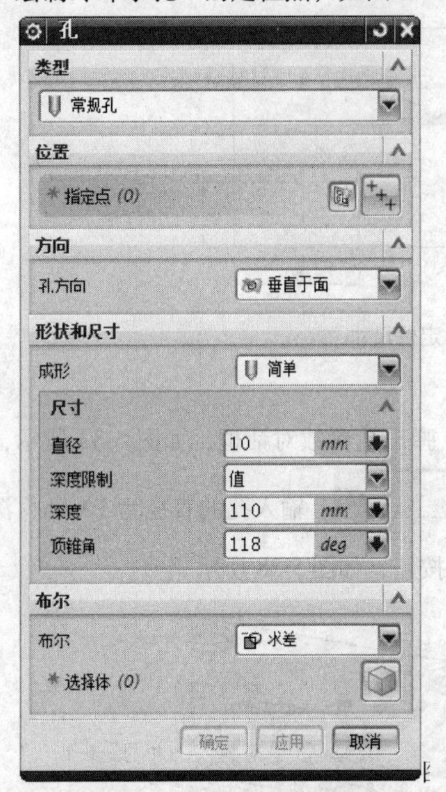

图 5-40　冷却水孔 4 参数

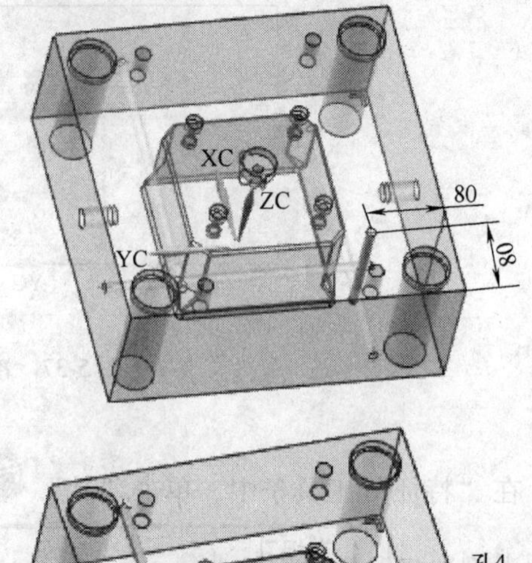

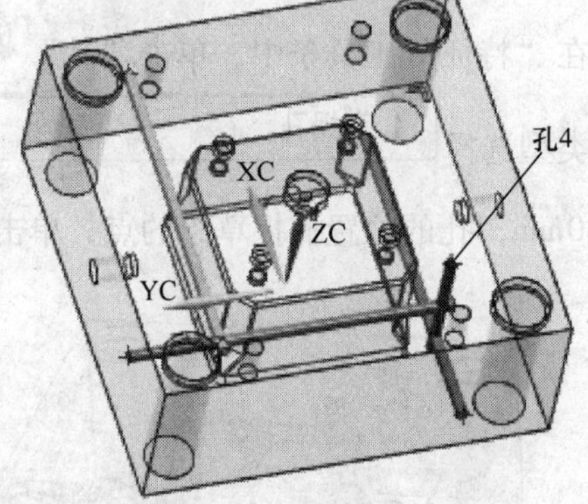

图 5-41　冷却水孔 4

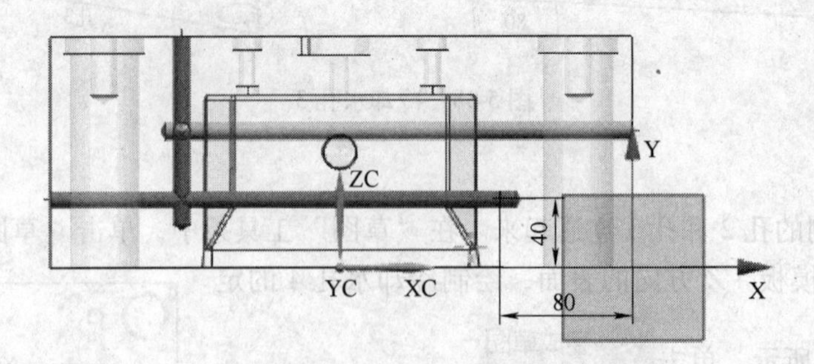

图 5-42　冷却水孔 5 定位尺寸

在“特征”工具条中，单击“孔” 按钮，弹出孔参数对话框，如图 5-33 所示，草图的类型选择 常规孔 ，输入孔的直径为 10mm，深度为 110mm，孔的位置捕捉草绘的点，单击 确定 按钮，如图 5-43 所示。

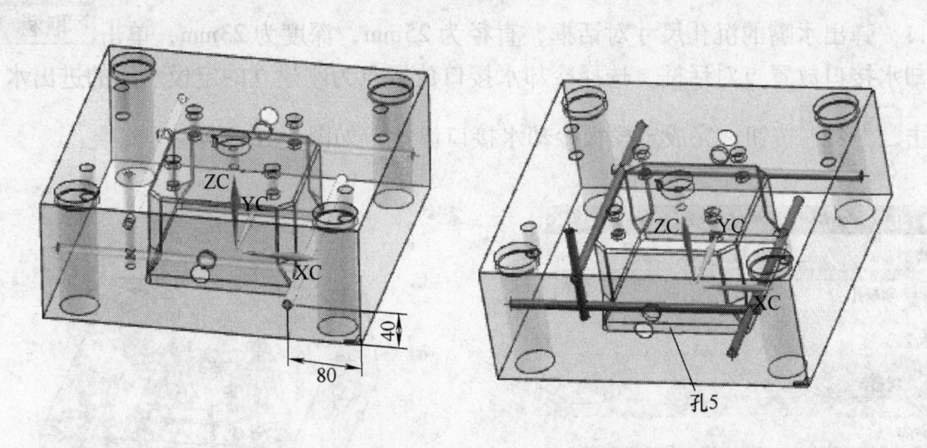

图 5-43　冷却水孔 5

6）在“草图”工具条中，单击“草图” 按钮，草图平面选择定模板 + X 方向的侧面，绘制冷却水孔 6 的定位点，如图 5-44 所示，单击 完成草图 。

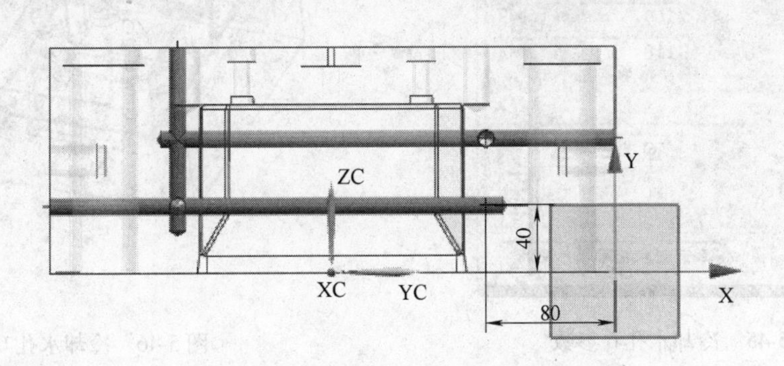

图 5-44　冷却水孔 6 定位尺寸

在“特征”工具条中，单击“孔” 按钮，弹出孔参数对话框，如图 5-45 所示，草图的类型选择 常规孔 ，输入孔的直径为 10mm，深度为 100mm，孔的位置捕捉草绘的点，单击 确定 按钮，如图 5-46 所示。定模板冷却水道的总体设计如图 5-47 所示。

7）调用冷却水接口：在菜单栏中选择“HB_MOULD M6. 6”→“运水（冷却系统）系列”→“水嘴（冷却水接口）”，选择冷却水接口模式，如图 5-51，单击 PT1/8 水嘴 ，冷却水接口方向即为刚创建的水道进出口方向，单击 +X ，根据命令行提示，选择切削的模板为定模板。根据命令行提示，选择冷却水接口放置点为刚建立的定模板水道的进出水口，弹出水嘴的沉孔尺寸对话框，直径为25mm，深度为23mm，单击 取消 按钮，弹出冷却水接口放置点对话框，选择冷却水接口放置点为刚建立的定模水道的进出水口的圆心，单击 取消 按钮，完成定模板冷却水接口设计，如图5-48所示。

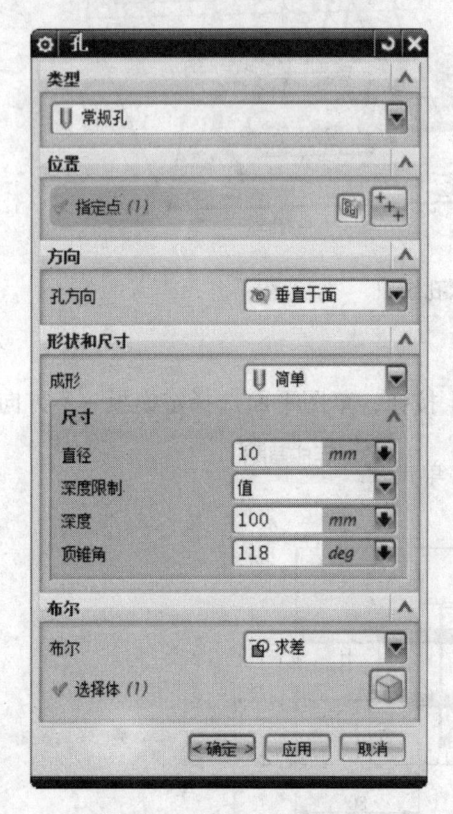

图5-45　冷却水孔6参数

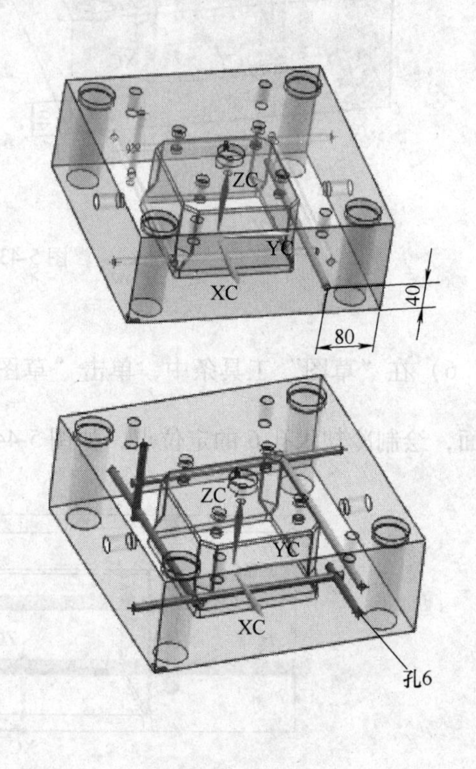

图5-46　冷却水孔6

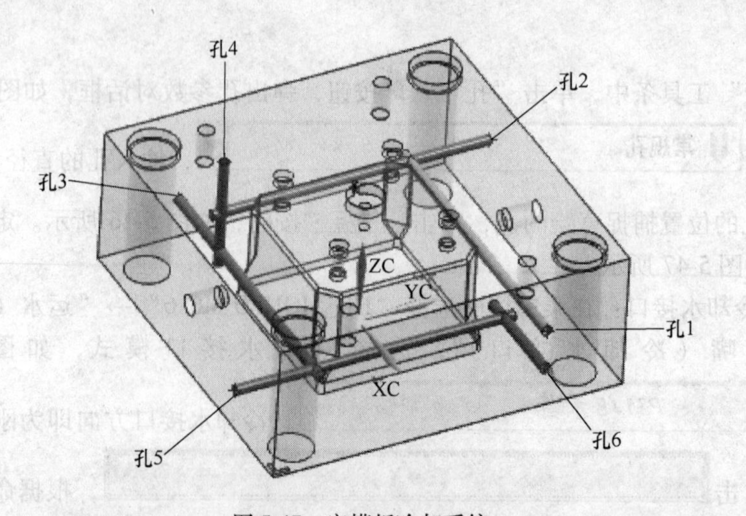

图5-47　定模板冷却系统

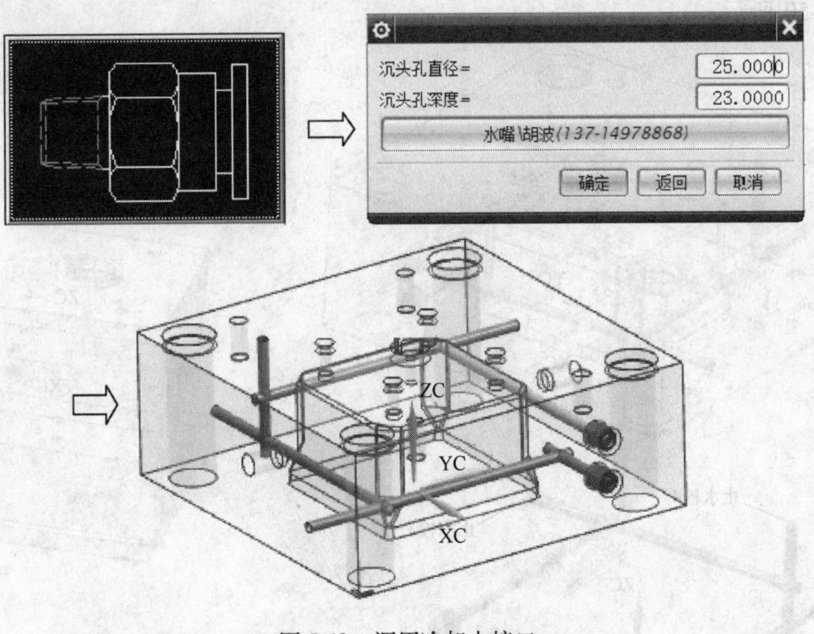

图 5-48　调用冷却水接口

8）调用止水栓：在菜单栏中选择“HB_MOULD M6.6”→“运水（冷却）系列”→“止水栓”，选择 直径 10 止水栓 ，止水栓的方向选择 -Y ，止水栓的放置点捕捉定模板 $-Y$ 方向的冷却水孔中心，完成止水栓 1 的调用，单击 返回 按钮。

止水栓的方向选择 -X ，止水栓的放置点捕捉定模板 $-X$ 方向的冷却水孔中心，完成止水栓 2 的调用，单击 返回 按钮。

止水栓的方向选择 +Y ，止水栓的放置点捕捉定模板 $+Y$ 方向的冷却水孔中心，完成止水栓 3 的调用，单击 返回 按钮。

止水栓的方向选择 +Z ，止水栓的放置点捕捉定模板 $+Z$ 方向的冷却水孔中心，完成止水栓 4 的调用，单击 取消 按钮，结果如图 5-49 所示。

（5）调用吊环

在菜单栏中选择“HB_ MOULD M6.6”→“模具标准件”→“吊环”，选择 M20 吊环 ，吊环方向选择 +Y ，根据命令行的提示，选择吊环放置点，依次捕捉 $+Y$ 方向的两个吊环孔，单击 取消 按钮。同样，完成 $-Y$ 方向的两个吊环的调用，如图 5-50 所示。

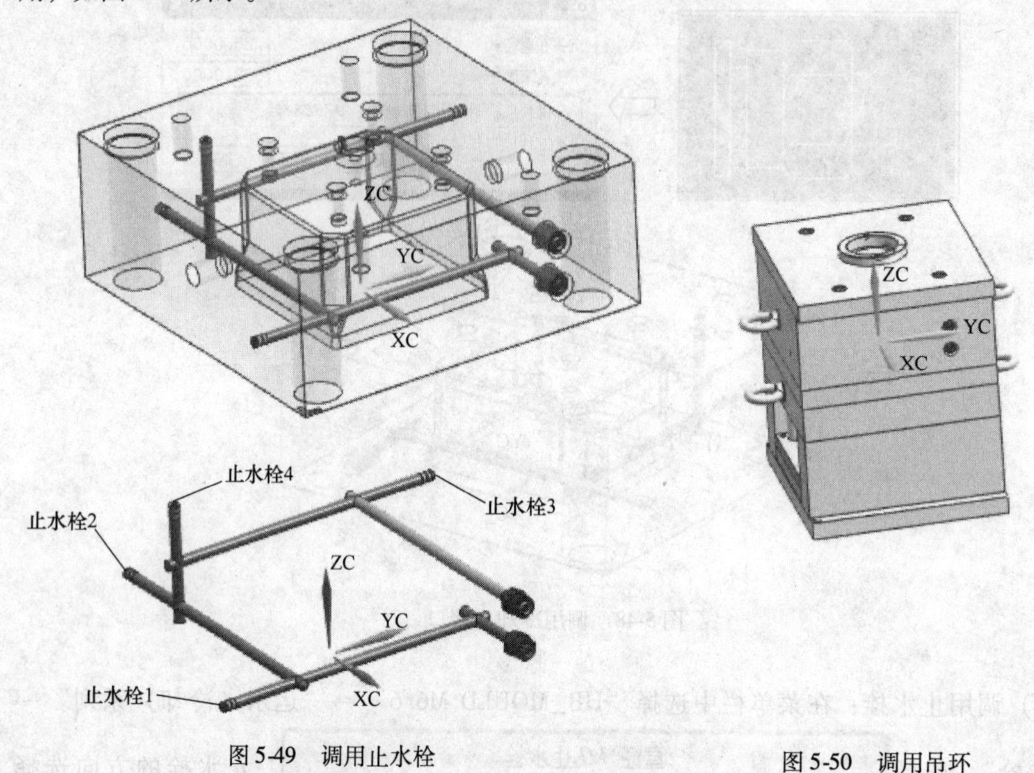

图 5-49　调用止水栓　　　　图 5-50　调用吊环

（6）设置定模标准件图层

定模标准件一般放在 50-64 层，具体按照个人习惯来定义。本章在这里做一个范例。

1）单击“实用工具”工具条的“图层设置”，弹出图 5-51 窗口，将 ☑ ALL-A-PLATE (上模胚) 和 ☑ ALL-B-PLATE (下模胚) 前面的“✓”取消。屏幕中只显示未定义图层的标准件，现对其依次定义。

2）单击“格式”→“移动至图层”，选择图中的定位圈和两个螺栓，单击 确定 按钮，在“目标图层或类别”栏目中，输入 50，如图 5-52 所示，单击 应用 按钮。

3）单击 选择新对象 ，选择两个冷却水接口，单击 确定 按钮，在“目标图层或类别”栏目中，输入 51 层，单击 应用 按钮。

4）单击 选择新对象 ，选择四个止水栓，单击 确定 按钮，在“目标图层或类别”栏目中，输入 52 层，单击 应用 按钮。

5）单击 选择新对象 ，选择两个吊环，单击 确定 按钮，在“目标图层或类别”栏目中，输入 54 层，单击 应用 按钮。

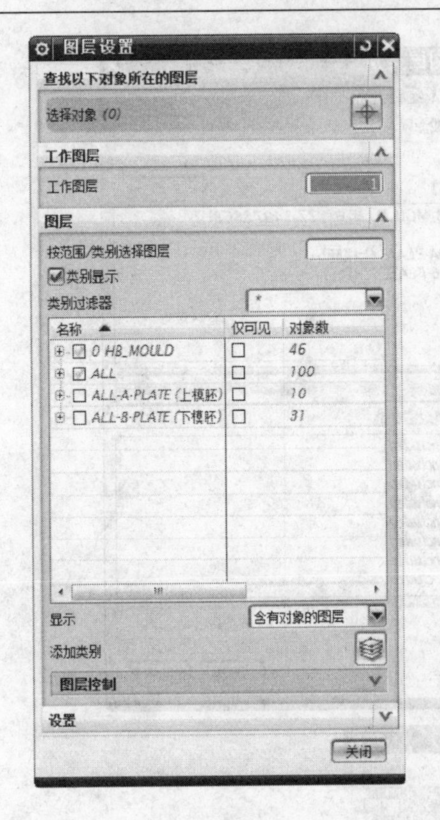

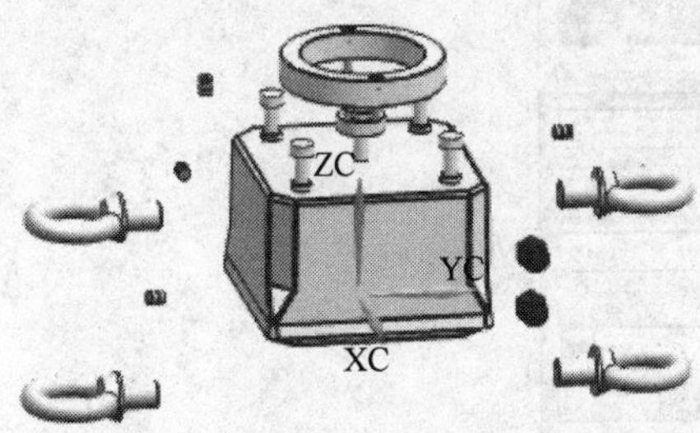

图 5-51　设置定模标准件图层

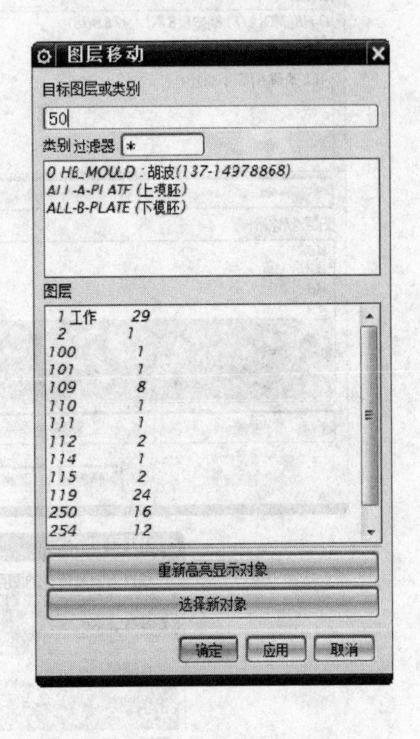

图 5-52　图层移动

6）单击 选择新对象 ，选择四个镶针，单击 确定 按钮，在“目标图层或类别”栏目中，输入 53 层，单击 确定 按钮。

7）单击“实用工具”工具条的“图层设置” ，单击 类别显示 按钮，单击“添加类别” 按钮，将类别过滤器中新添加的 New Category 1 重命名为 ALL-A-PLATE-BZJ，鼠标点选其他位置，完成重命名。选中 ALL-A-PLATE-BZJ ，右键单击 编辑... ，弹出图层类别对话框，如图 5-53 所示。在图层/状态/计数栏目下，选择 50，按住键盘 shift 按键的同时，选择 64，单击 添加 按钮，单击 确定 按钮，如图 5-53 所示。

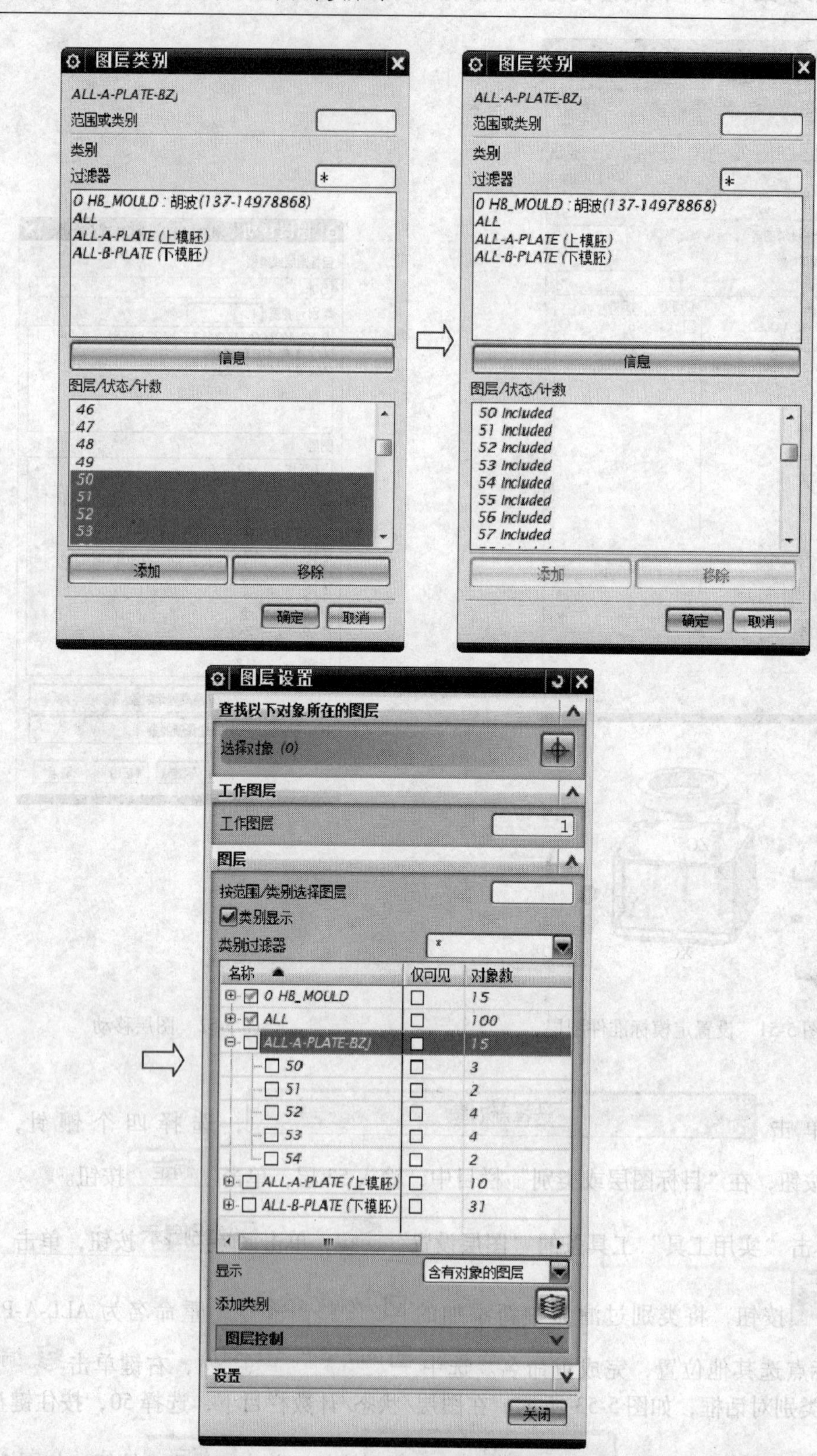
图层类别
ALL-A-PLATE-BZJ
范围或类别
类别
过滤器
*
0 HB_MOULD : 胡波(137-14978868)
ALL
ALL-A-PLATE (上模胚)
ALL-B-PLATE (下模胚)
信息
图层/状态/计数
46
47
48
49
50
51
52
53
添加
移除
确定
取消
图层类别
ALL-A-PLATE-BZJ
范围或类别
类别
过滤器
*
0 HB_MOULD : 胡波(137-14978868)
ALL
ALL-A-PLATE (上模胚)
ALL-B-PLATE (下模胚)
信息
图层/状态/计数
50 Included
51 Included
52 Included
53 Included
54 Included
55 Included
56 Included
57 Included
添加
移除
确定
取消
图层设置
查找以下对象所在的图层
选择对象 (0)
工作图层
工作图层
1
图层
按范围/类别选择图层
类别显示
类别过滤器
*
名称
仅可见
对象数
0 HB_MOULD
15
ALL
100
ALL-A-PLATE-BZJ
15
50
3
51
2
52
4
53
4
54
2
ALL-A-PLATE (上模胚)
10
ALL-B-PLATE (下模胚)
31
显示
含有对象的图层
添加类别
图层控制
设置
关闭

图 5-53　设置图层类别

5.4.5　推板标准件的导入

（1）推板镶件设计

1）单击“实用工具”工具条的“隐藏”（或用快捷键 Ctrl + B）隐藏推板和 4 个小镶杆，单击“实用工具”工具条的“反向隐藏”（或者快捷键 Ctrl + Shift + B）反向隐藏，屏幕中只显示推板和四个小镶针，如图 5-54 所示。

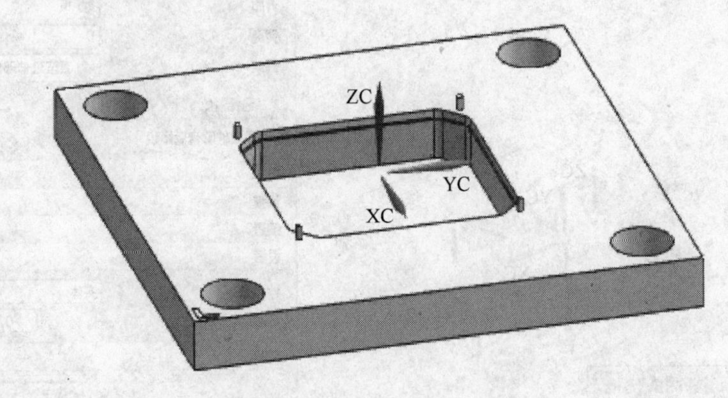

图 5-54　推板和四个小镶杆

2）由于推板是运动的，为防止镶杆窜动，需要将镶杆的挂台面加无头螺栓固定。在此设计镶针时，应同时考虑无头螺栓的尺寸和位置。

在“特征”工具条中，单击“拉伸”按钮，拉伸的界面选择四个镶杆与推板接触的边缘线，拉伸的为 $-Z$，拉伸的起始值为 0，结束选择“直至延伸部分”，选择推板底面，单击“确定”按钮，如图 5-55 所示。

3）在“特征”工具条中，单击“求和”按钮，目标体为小镶针，工具体为小镶针下的拉伸实体，分别将四个镶针和四个拉伸体依次求和，如图 5-56 所示。

4）镶杆挂台设计：单击菜单栏中“HB_MOULD M6.6”→“模具建模特征”→“镶针挂台”，选择“手动镶针挂台”，镶针挂台的方向选择“-Z方向”，选择其中一个镶针，选择模仁或切削体为推板，弹出镶针挂台参数窗口，挂台直径为 ϕ8mm，高度为 16mm，如图 5-57 所示，单击“确定”按钮，单击“取消”按钮。同样的方法，依次完成四个镶针挂台操作，结果如图 5-57 所示。

注意：设计镶针挂台的直径时，应同时考虑无头螺栓的尺寸。例如，镶针挂台直径为 8mm，无头螺栓可设为 M10，镶杆的挂台的高度为 10mm，无头螺栓的高度为 10mm。

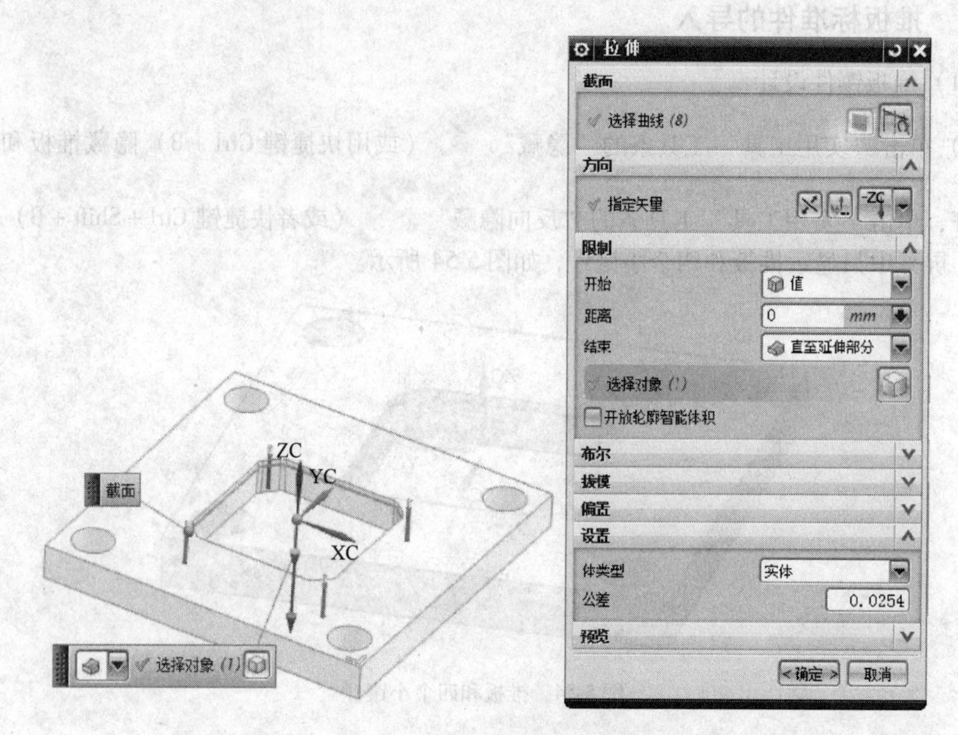

图 5-55　拉伸镶针底部边缘线

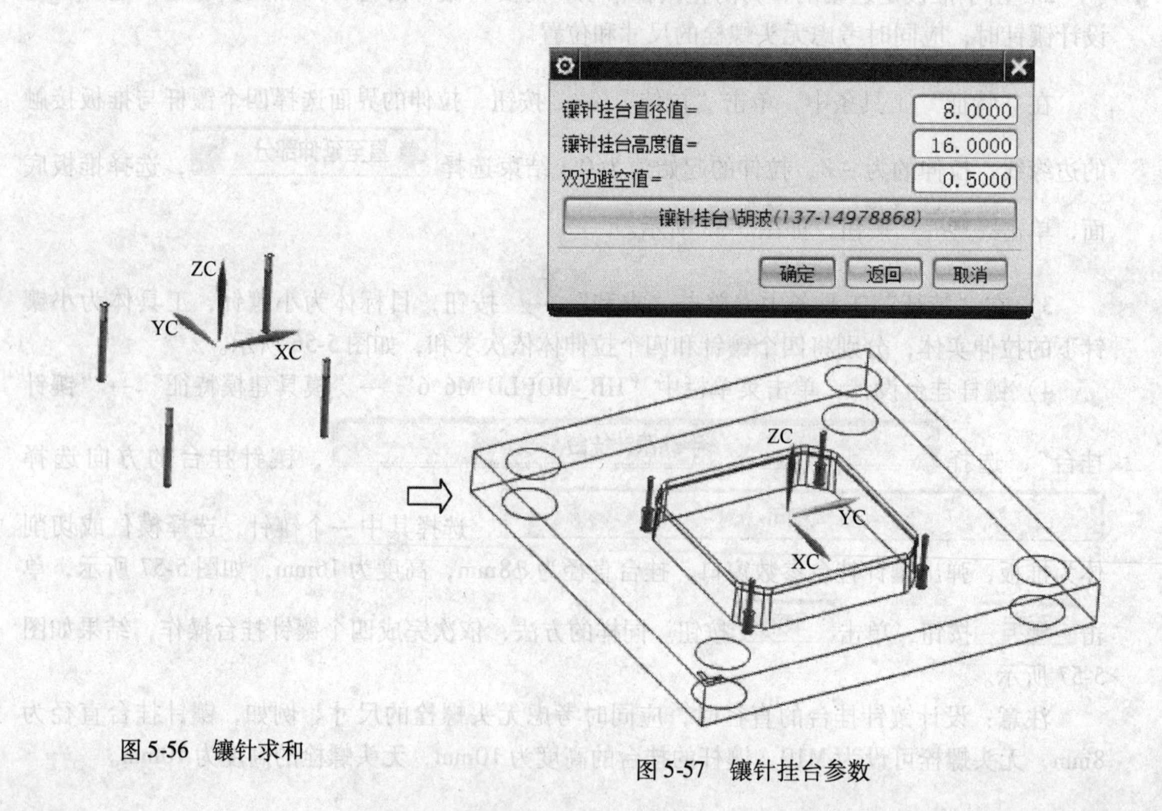

图 5-56　镶针求和

图 5-57　镶针挂台参数

5）在“特征”工具条中，单击“偏置面”按钮，偏置值输入 10，单击“反向”按钮，依次选择四个镶杆挂台的底面，单击确定按钮，如图 5-58 所示。

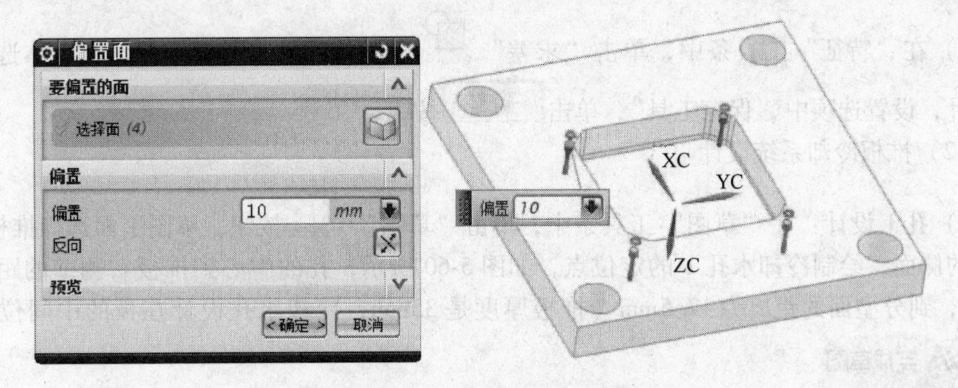

图 5-58　偏置镶针挂台底面

6）插入无头螺栓：单击菜单栏中“HB_MOULD M6.6”→“螺丝（螺栓）系列”→“无头螺丝”，根据状态栏提示，要切削的实体选择推板，无头螺栓的类型选择

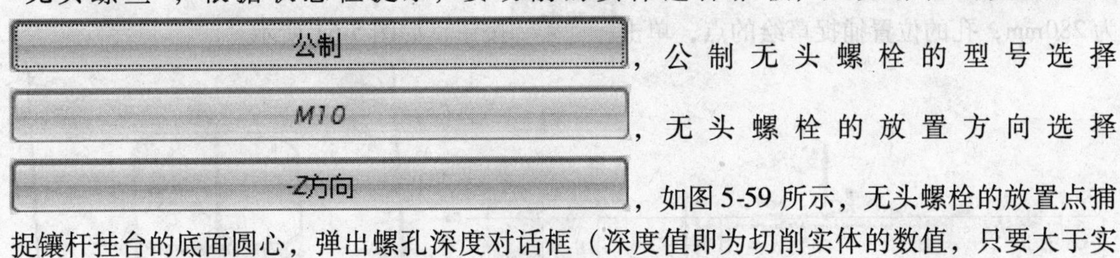

，公制无头螺栓的型号选择 M10，无头螺栓的放置方向选择 -Z方向，如图 5-59 所示，无头螺栓的放置点捕捉镶杆挂台的底面圆心，弹出螺孔深度对话框（深度值即为切削实体的数值，只要大于实

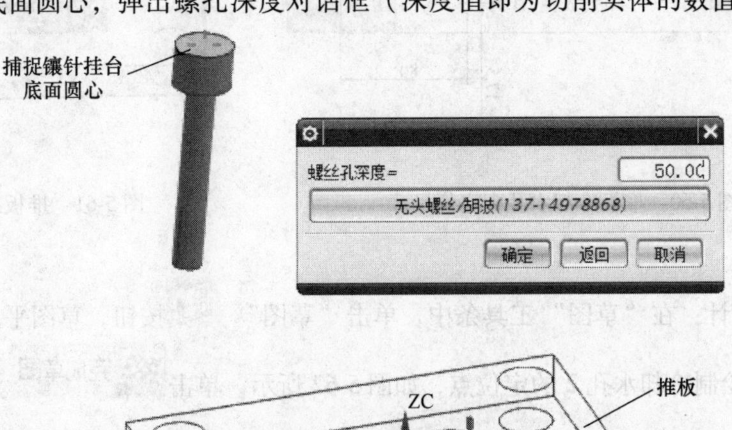

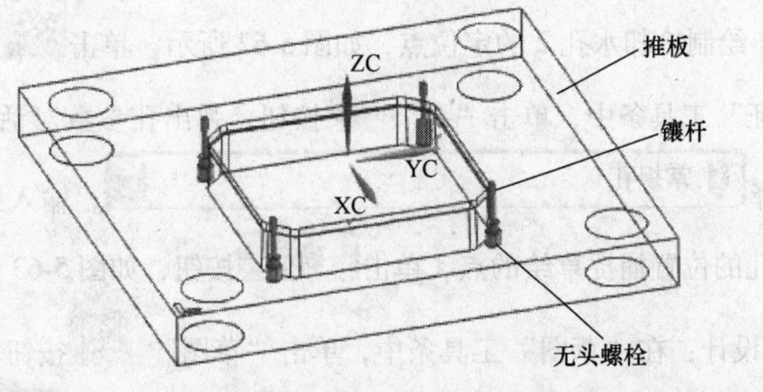

图 5-59　无头螺栓

际螺孔即可，在此系统默认 50)，单击 取消 按钮。依次选择另外三个镶针挂台中心，单击 取消 按钮。

7）在“特征”工具条中，单击“求差” 按钮，目标体选择推板，工具体选择四个镶针，设置选项中“保存工具”，单击 确定 按钮。

（2）推板冷却系统设计

1）孔 1 设计：在“草图”工具条中，单击“草图” 按钮，草图平面选择推板 + X 方向的侧面，绘制冷却水孔 1 的定位点，如图 5-60 所示，孔的中心到推板右侧壁的距离为 80mm，到分型面的距离为 17.5mm（推板厚度是 35mm，冷却水孔设计在板的中间位置），单击 完成草图。

在“特征”工具条中，单击“孔” 按钮，弹出孔参数对话框，如图 5-33 所示，草图的类型选择 常规孔，输入孔的直径为 10mm，深度为 280mm，孔的位置捕捉草绘的点，单击 确定 按钮，如图 5-61 所示。

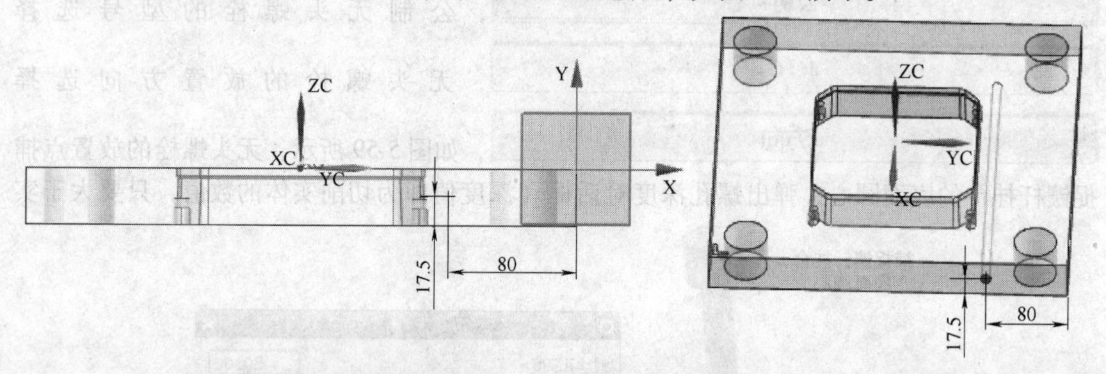

图 5-60 推板冷却水孔 1 定位尺寸

图 5-61 推板冷却水孔 1

2）孔 2 设计：在“草图”工具条中，单击“草图” 按钮，草图平面选择推板 + Y 方向的侧面，绘制冷却水孔 2 的定位点，如图 5-62 所示，单击 完成草图。

在“特征”工具条中，单击“孔” 按钮，弹出孔参数对话框，如图 5-33 所示，草图的类型选择 常规孔，输入孔的直径为 10mm，深度为 280mm，孔的位置捕捉草绘的点，单击 确定 按钮，如图 5-63 所示。

3）孔 3 设计：在“草图”工具条中，单击“草图” 按钮，草图平面选择推板 - X 方向的侧面，绘制冷却水孔 3 的定位点，如图 5-64 所示，单击 完成草图。

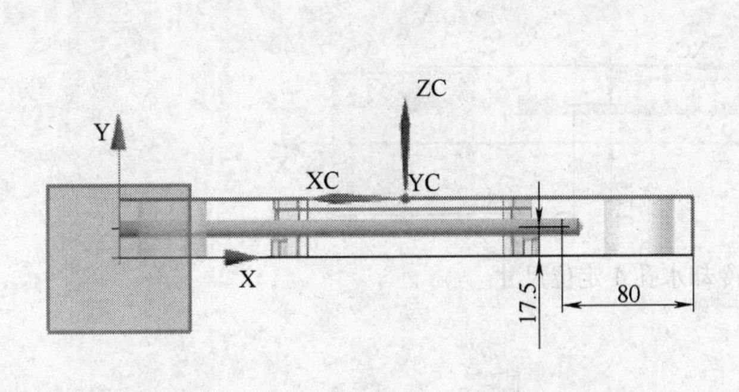

图 5-62　推板冷却水孔 2 定位尺寸

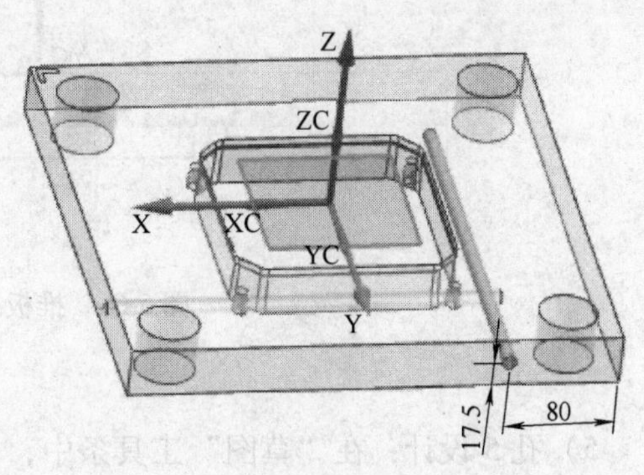

图 5-63　推板冷却水孔 2

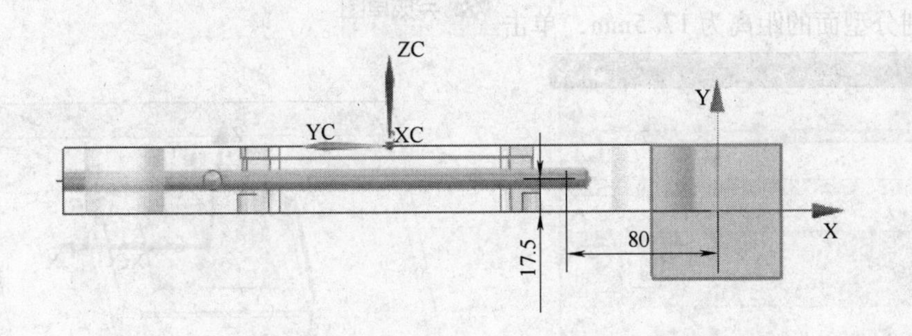

图 5-64　推板冷却水孔 3 定位尺寸

在“特征”工具条中，单击“孔” 按钮，弹出孔参数对话框，如图 5-33 所示，草图的类型选择 常规孔 ，输入孔的直径为 10mm，深度为 280mm，孔的位置捕捉草绘的点，单击 确定 按钮，如图 5-65 所示。

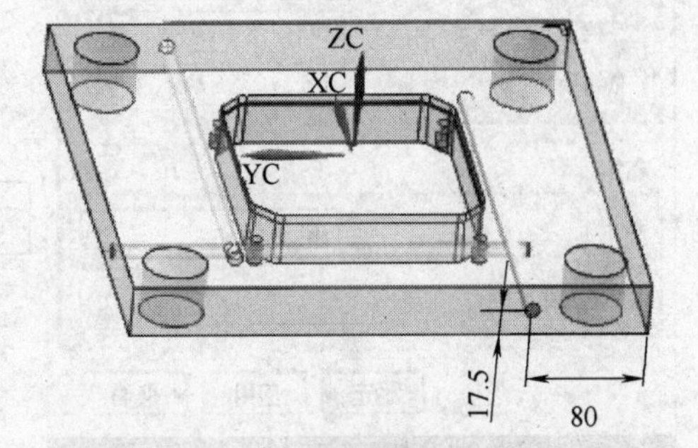

图 5-65　推板冷却水孔 3

4）孔 4 设计：在“草图”工具条中，单击“草图” 按钮，草图平面选择推板 $-Y$ 方向的侧面，绘制冷却水孔 4 的定位点，如图 5-66 所示，单击 完成草图 。

在“特征”工具条中，单击“孔” 按钮，弹出孔参数对话框，如图 5-67 所示，草图的类型选择 常规孔 ，输入孔的直径为 10mm，深度为 250mm，孔的位置捕捉草绘的点，单击 确定 按钮，如图 5-68 所示。

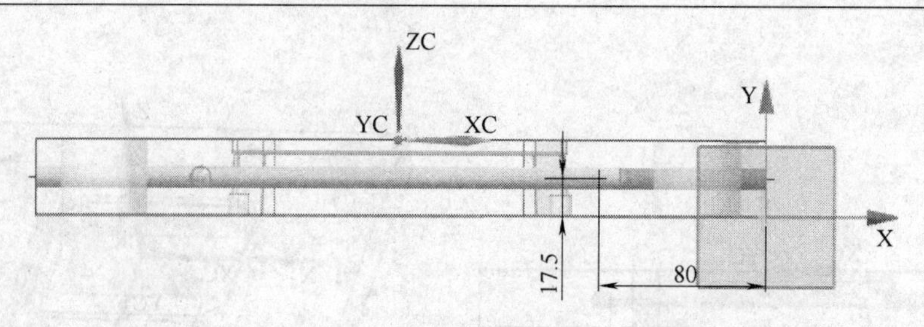

图 5-66　推板冷却水孔 4 定位尺寸

5）孔 5 设计：在“草图”工具条中，单击“草图”按钮，草图平面选择推板 - Y 方向的侧面，绘制冷却水孔 4 的定位点，如图 5-69 所示，孔的中心到推板右侧壁的距离为 120mm，到分型面的距离为 17.5mm，单击 完成草图。

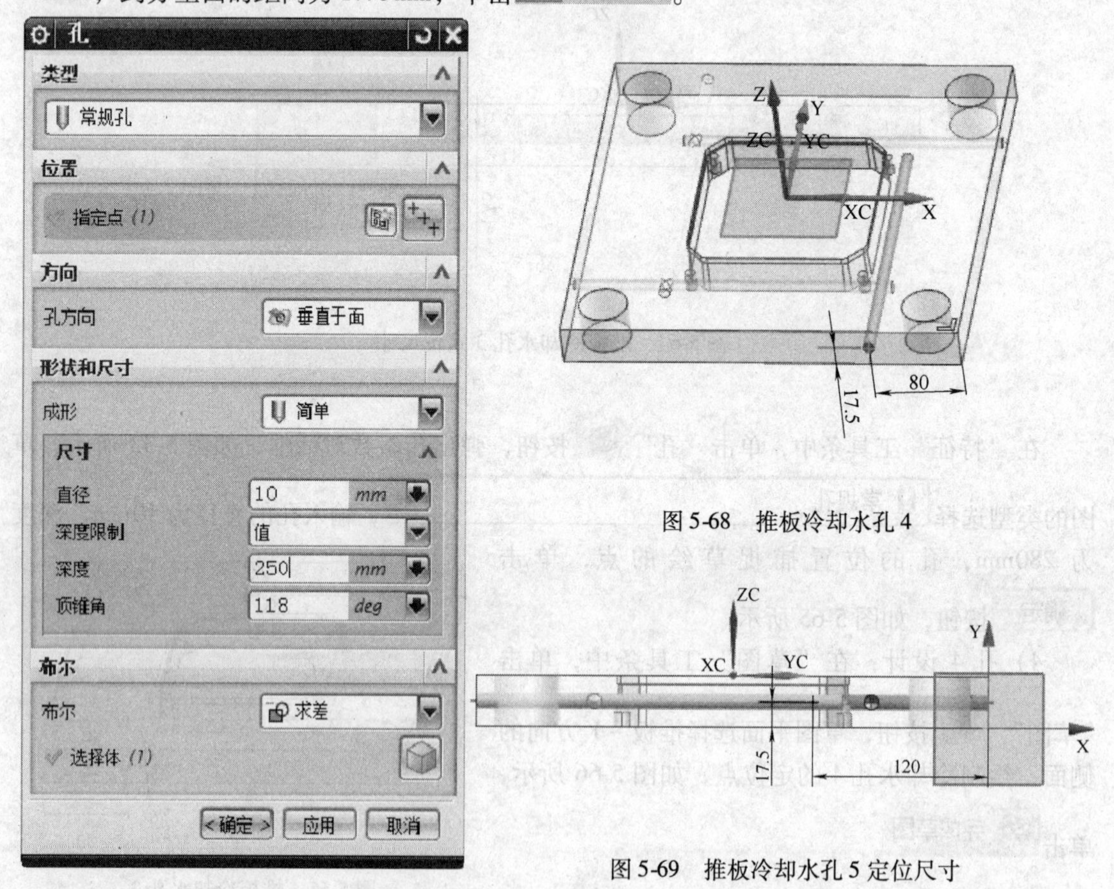

图 5-67　推板冷却水孔 4 参数

图 5-68　推板冷却水孔 4

图 5-69　推板冷却水孔 5 定位尺寸

在“特征”工具条中，单击“孔”按钮，弹出孔参数对话框，如图 5-70 所示，草图的类型选择 常规孔，输入孔的直径为 10mm，深度为 90mm，孔的位置捕捉草绘的点，单击 确定 ，如图 5-71 所示。推板冷却水的总体设计如图 5-72 所示。

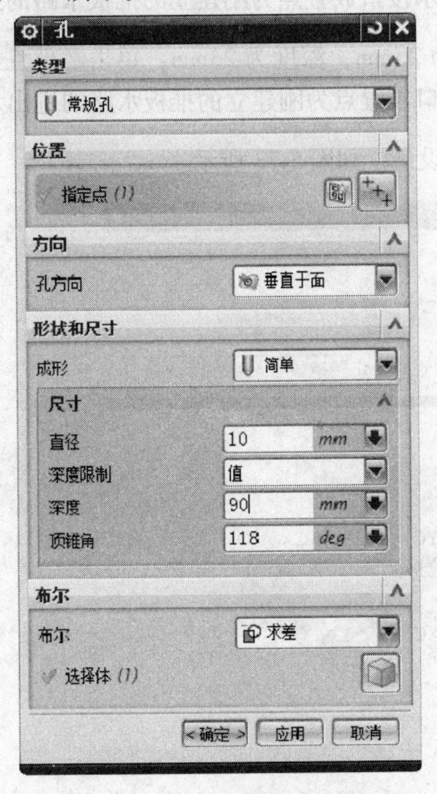

图 5-70　推板冷却水孔 5 参数

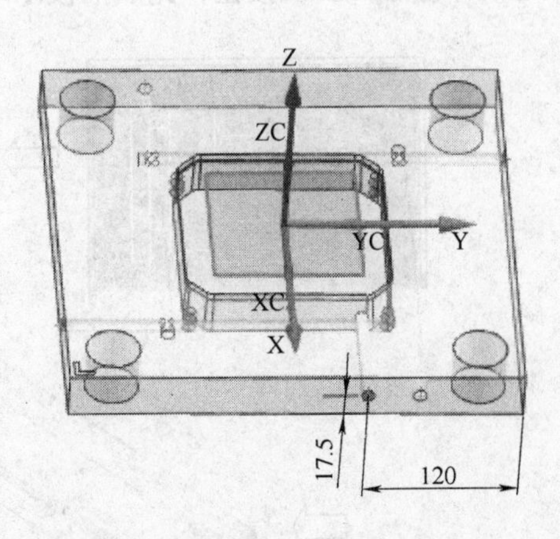

图 5-71　推板冷却水孔 5

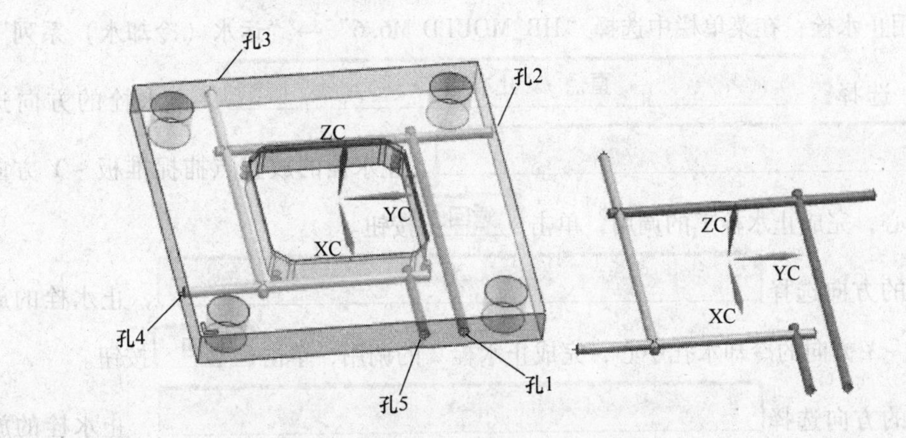

图 5-72　推板冷却水设计

6）调用冷却水接口：在菜单栏中选择“HB_MOULD M6. 6”→“运水（冷却水）系列”→“水嘴（冷却水接口）”，选择冷却水接口模式，如图 5-73 所示，单击 PT1/8 水嘴 ，冷却水接口方向即为刚创建的水路进出口方向，单击 +X ，根据命令行提示，选择切削的模板为推板。根据命令行提示，选择冷却水接口放置点为刚建立的推板水路的进出水口，弹出冷却水接口的沉孔尺寸对话框，直径为25mm，深度为23mm，单击 取消 按钮，弹出冷却水接口放置点对话框，选择冷却水接口放置点为刚建立的推板水路的进出水口的圆心，单击 取消 按钮，完成推板冷却水接口设计，如图5-73所示。

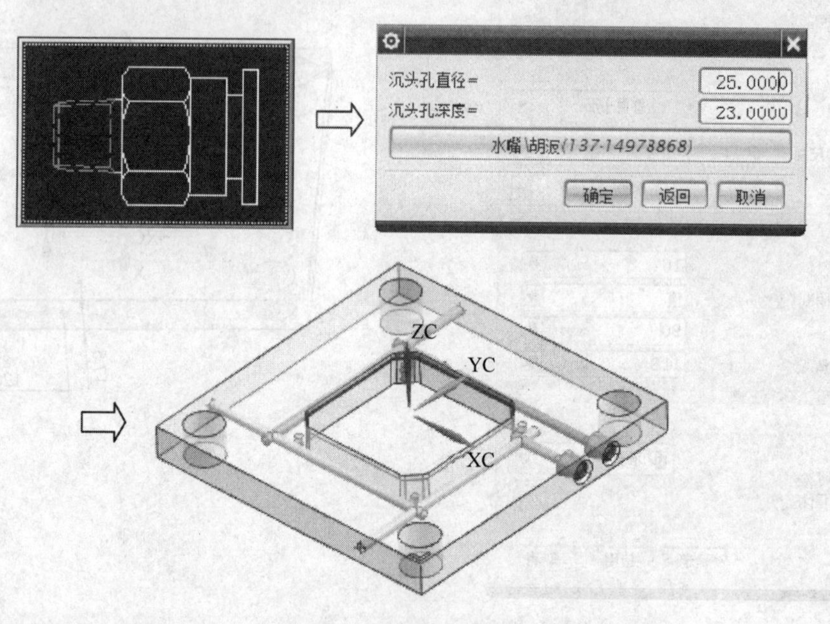

图5-73 推板冷却水接口

7）调用止水栓：在菜单栏中选择“HB_MOULD M6.6”→“运水（冷却水）系列”→“止水栓”，选择 直径 10 止水栓 ，止水栓的方向选择 -Y ，止水栓的放置点捕捉推板 -Y 方向的冷却水孔中心，完成止水栓1的调用，单击 返回 按钮。

止水栓的方向选择 -X ，止水栓的放置点捕捉推板 -X 方向的冷却水孔中心，完成止水栓2的调用，单击 返回 按钮。

止水栓的方向选择 +Y ，止水栓的放置点捕捉推板 +Y 方向的冷却水孔中心，完成止水栓3的调用，单击 返回 按钮，结果如图5-74所示。

（3）推板螺栓设计

如图5-75所示，在菜单栏中选择“HB_MOULD M6.6”→“螺丝（螺栓）系列”→“正向螺丝（螺栓）”，根据命令行的提示，选择螺栓放置实体面为推板上表面，螺栓的定位

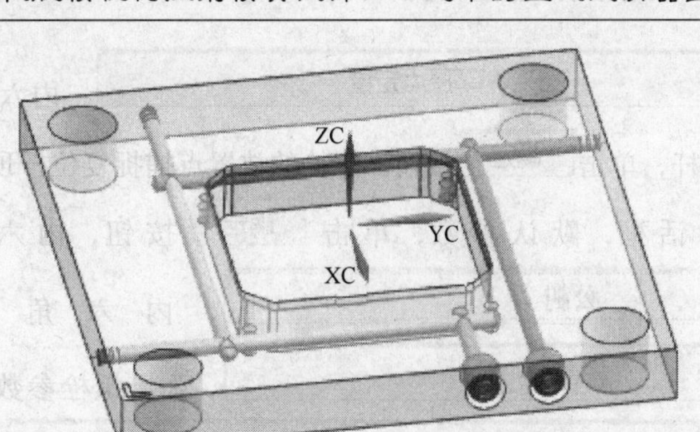

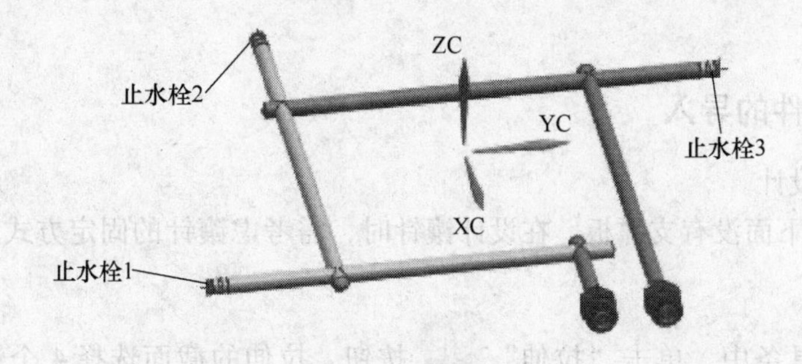

图 5-74　调用止水栓

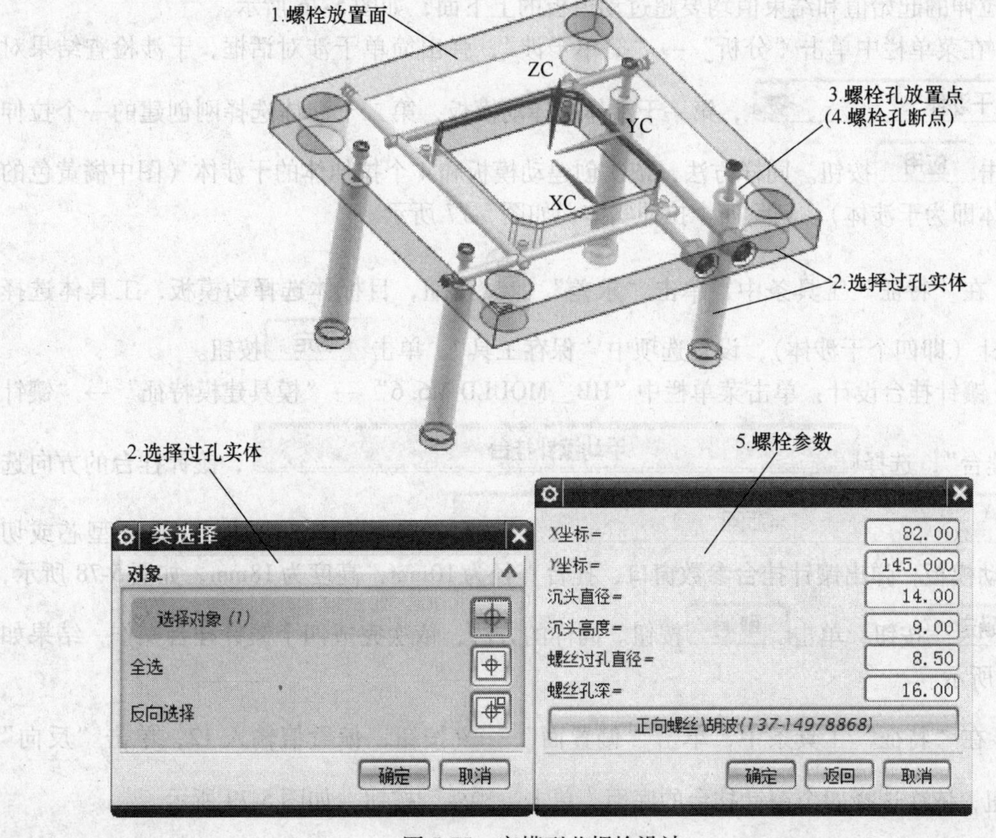

图 5-75　定模型芯螺栓设计

类型单击 以WCS原点定位 ，内六角螺栓的过孔实体选择推板和一个复位杆，单击 确定 按钮。螺栓的放置点捕捉复位杆顶面圆心，弹出内六角螺栓孔打断点对话框，默认参数，单击 确定 按钮，内六角螺栓的类型选择 公制 ，内六角螺栓型号选择 M8 ，弹出螺栓参数对话框，单击 取消 按钮，再单击 四角镜相 ，完成推板螺栓的设计。

5.4.6 动模标准件的导入

（1）动模镶针设计

1）由于动模板下面没有支撑板，在设计镶针时，需考虑镶针的固定方式。本例采用无头螺栓固定。

在“特征”工具条中，单击“拉伸” 按钮，拉伸的截面选择 4 个镶针的边缘线（考虑到此位置的产品可能有斜度，所以在拉伸时一定选择镶针底部的边缘线），如图 5-76 所示。拉伸的起始值和结束值均要超过动模板的上下面，如图 5-76 所示。

2）在菜单栏中单击“分析”→“简单干涉”，弹出简单干涉对话框，干涉检查结果对象选择 干涉体 ，第一干涉体选择动模板，第二干涉体选择刚创建的一个拉伸体，单击 应用 按钮。同样方法，依次创建动模板和 4 个拉伸体的干涉体（图中橘黄色的四个实体即为干涉体），删除四个拉伸实体，如图 5-77 所示。

3）在“特征”工具条中，单击“求差” 按钮，目标体选择动模板，工具体选择四个镶针（即四个干涉体），设置选项中“保存工具”，单击 确定 按钮。

4）镶针挂台设计：单击菜单栏中“HB_ MOULD M6.6”→“模具建模特征”→“镶针（杆）挂台”，选择 手动镶针挂台 ，镶针挂台的方向选择 -Z方向 ，选择其中一个镶针，选择型芯或切削体为动模板，弹出镶针挂台参数窗口，挂台直径为 10mm，高度为 18mm，如图 5-78 所示，单击 确定 按钮，单击 取消 按钮。同样的方法，依次完成四个镶针挂台操作，结果如图 5-78 所示。

5）在“特征”工具条中，单击“偏置面” 按钮，偏置值输入 12，单击“反向” 按钮，依次选择四个镶针挂台的底面，单击 确定 按钮，如图 5-79 所示。

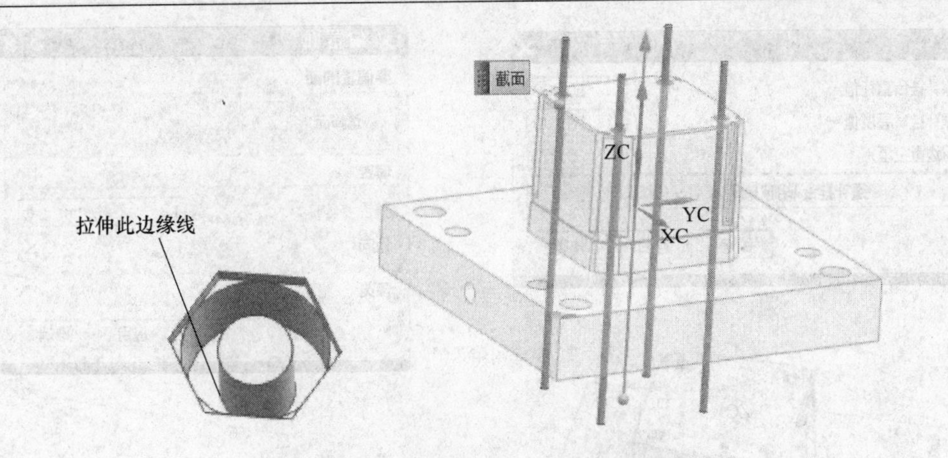

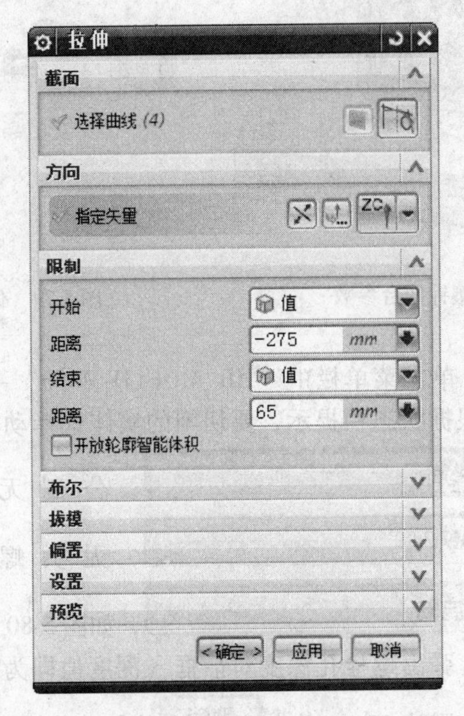

图 5-76　拉伸动模镶件边缘

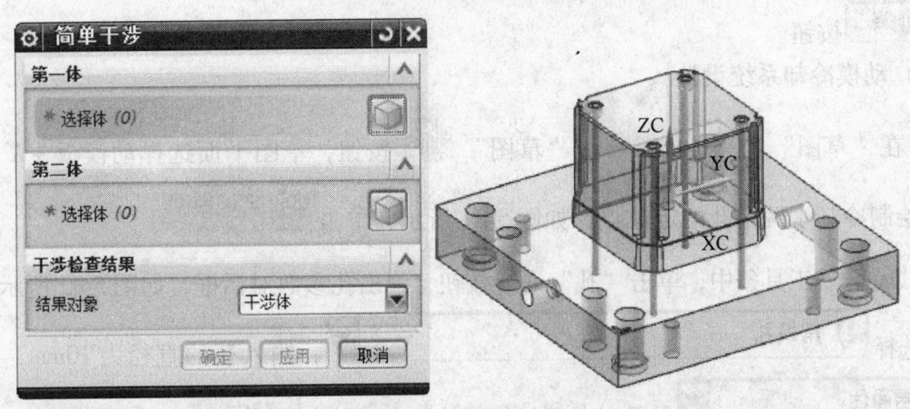

图 5-77　创建干涉体

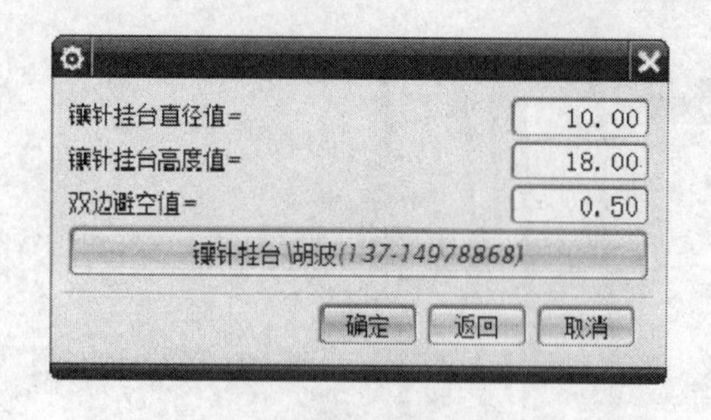

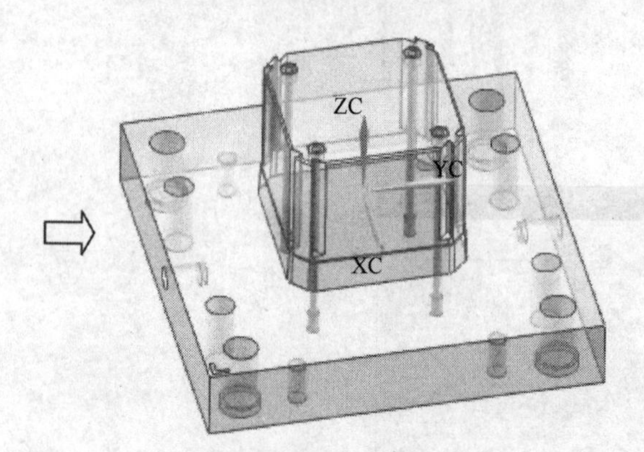

图5-78　动模板镶针挂台参数

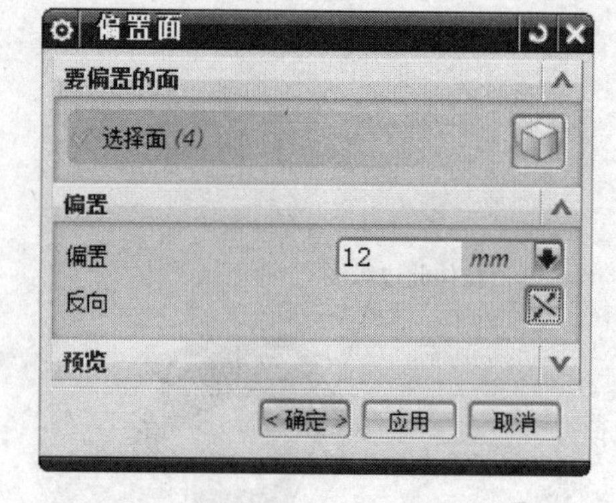

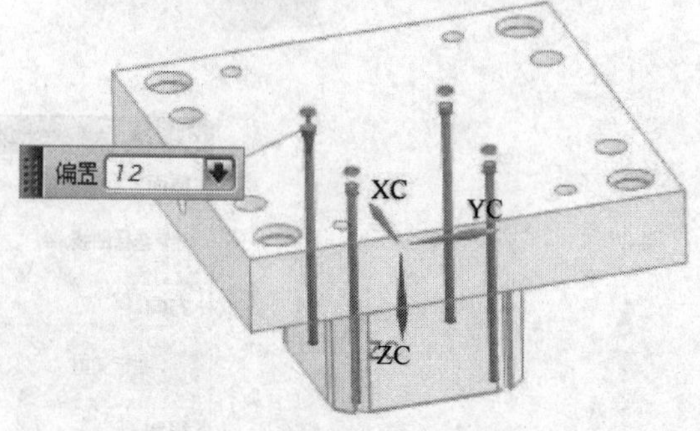

图5-79　偏置动模板镶针挂台底面

6）插入无头螺栓：单击菜单栏中“HB_MOULD M6.6”→“螺丝（螺栓）系列”→“无头螺丝（螺栓）”，根据状态栏提示，要切削的实体选择动模板，无头螺栓的类型选择［公制］，公制无头螺栓的型号选择［M12］，无头螺栓的放置方向选择［-Z方向］，如图5-80所示，无头螺栓的放置点捕捉镶针挂台的底面圆心，弹出螺栓孔深度对话框（深度值即为切削实体的数值，只要大于实际螺孔即可，在此系统默认50），单击［取消］按钮。依次选择另外3个镶针挂台中心，单击［取消］按钮。

（2）动模冷却系统设计

1）在“草图”工具条中，单击“草图”按钮，草图平面选择动模板+*X*方向的侧面，绘制冷却水两个孔的定位点，如图5-81所示，单击［完成草图］。

在“特征”工具条中，单击“孔”按钮，弹出孔参数对话框，如图5-82所示，草图的类型选择［常规孔］，输入孔的直径为10mm，深度限制选择［贯通体］，孔的位置捕捉草绘的点，单击［确定］按钮，如图5-82所示。

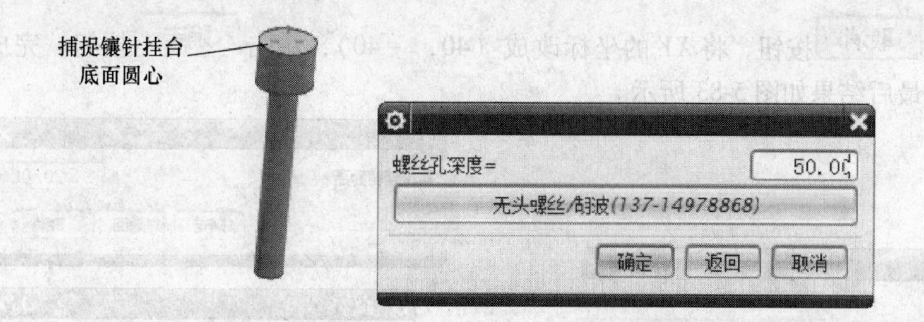

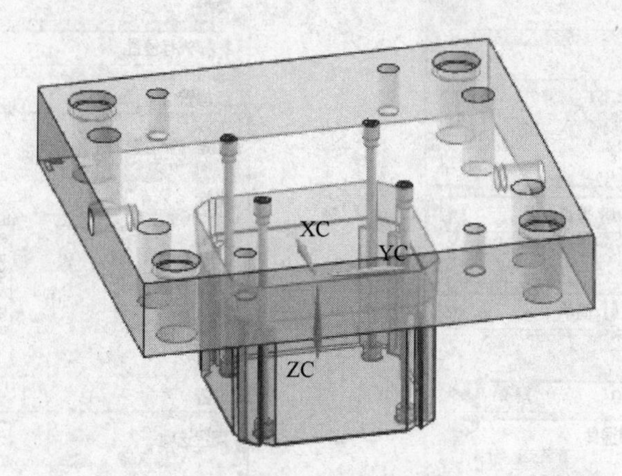

图 5-80　动模板无头螺栓

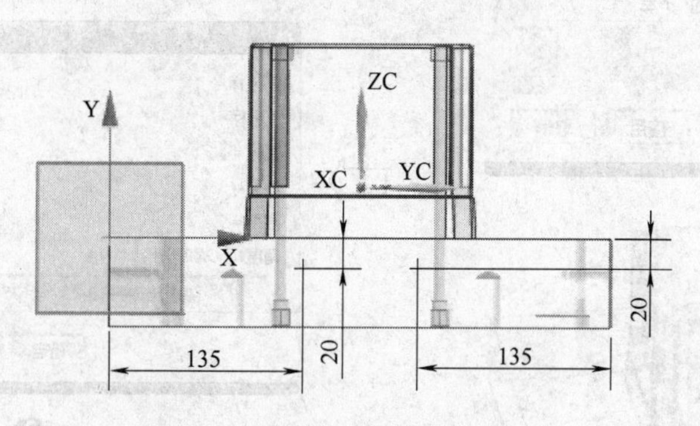

图 5-81　动模板冷却水孔定位尺寸

2）单击菜单栏中“HB_MOULD M6. 6”→“运水（冷却系统）系列”→“隔水片”，选择[带喉牙隔水片]，隔水片的放置底面选择动模板底面，弹出料位预留距离对话框，输入 20（即隔水片到产品面的距离），隔水片的型芯选择动模板，隔水片的插入点 *XY* 坐标输入（40，40,）（注：此处与 *Z* 轴的坐标无关），此时弹出隔水片的参数窗口，如图 5-83 所示，单击[确定]按钮。

单击[取消]按钮，将 *XY* 的坐标改成（-40，40），单击[确定]按钮。

单击[取消]按钮，将 *XY* 的坐标改成（-40，-40），单击[确定]按钮。

单击 取消 按钮，将 *XY* 的坐标改成（40，－40），单击 确定 按钮。完成隔水片的设计，最后结果如图 5-83 所示。

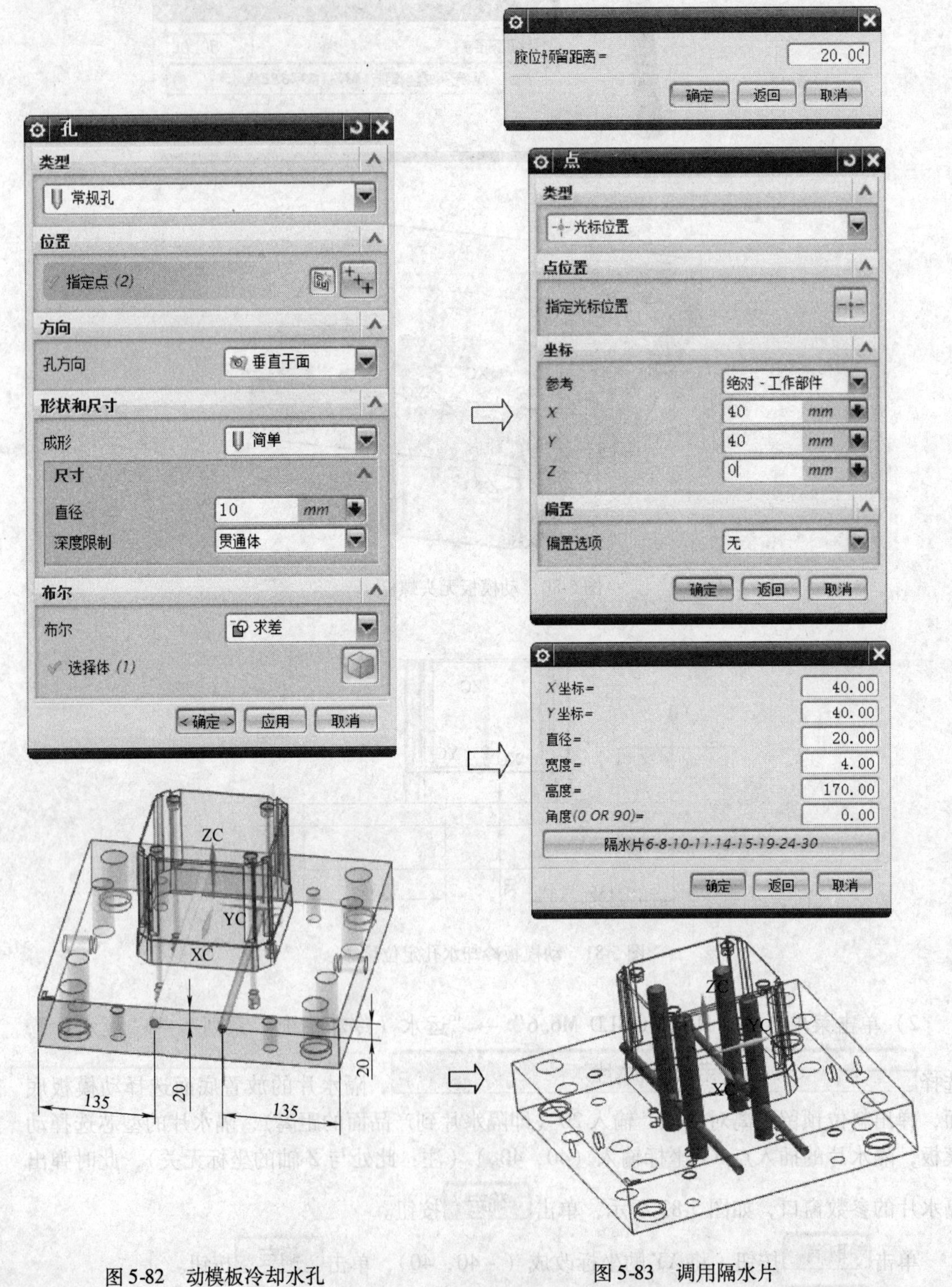

图 5-82　动模板冷却水孔　　　　图 5-83　调用隔水片

3）在“特征”工具条中，单击“求差”按钮，目标体选择动模板，工具体选择四个隔水片的切削实体，设置选项中不用“保存工具”，单击 确定 按钮，如图 5-84 所示。

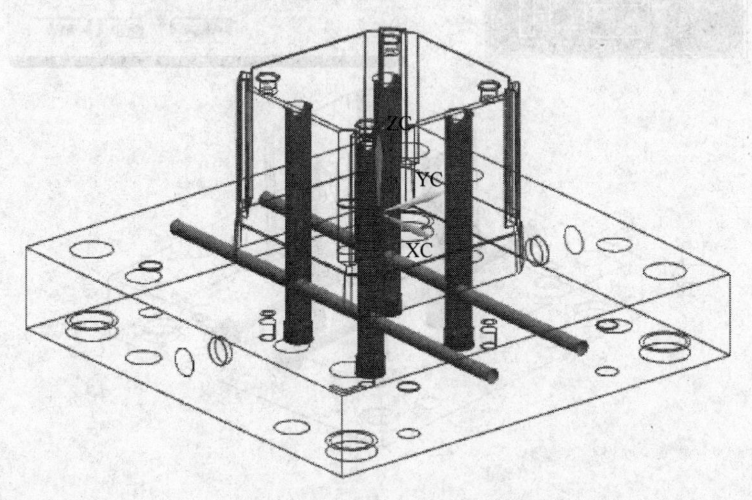

图 5-84　隔水片装配图

4）调用冷却水接口：在菜单栏中选择“HB_MOULD M6.6”→“运水（冷却水）系列”→“水嘴（冷却水接口）”，选择冷却水接口模式，如图 5-51，单击 PT1/8 水嘴，冷却水接口方向即为刚创建的水道进出口方向，单击 +X，根据命令行提示，选择切削的模板为 B 板（动模）。根据命令行提示，选择冷却水接口放置点为刚建立的 B 板（动模）水道的进出水口，弹出冷却水接口的沉孔尺寸对话框，直径为 25mm，深度为 23mm，单击 取消 按钮，弹出冷却水接口放置点对话框，选择冷却水接口放置点为刚建立的定模水道的进出水口的圆心，单击 取消 按钮，完成 B 板（动模）冷却水接口设计。

同理，调用 B 板（动模）$-X$ 方向的冷却水接口，如图 5-85 所示。

（3）限位钉设计

在菜单栏中选择“HB_MOULD M6.6”→“模具标准件”→“垃圾（限位）钉”，单击 几何排列式 垃圾钉，单击 STA-D20-PTM6，弹出限位钉任意相位最大角位置坐标点对话框，鼠标捕捉复位杆挂台底面圆心，选择 位于下模底板。弹出限位钉坐标值尺寸窗口，单击 取消 按钮，单击 X2-Y2，结果如图 5-86 所示。

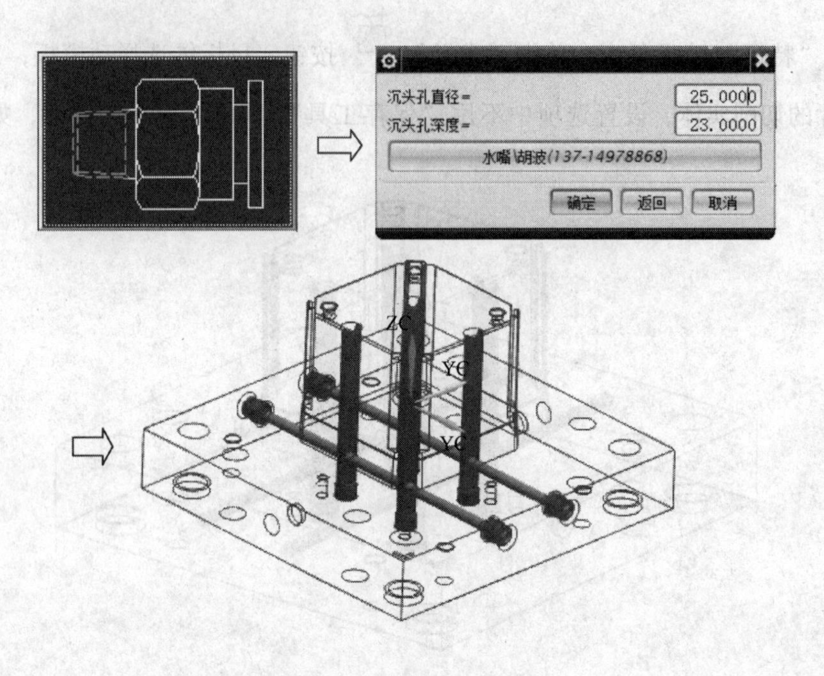

图 5-85　动模板冷却水接口

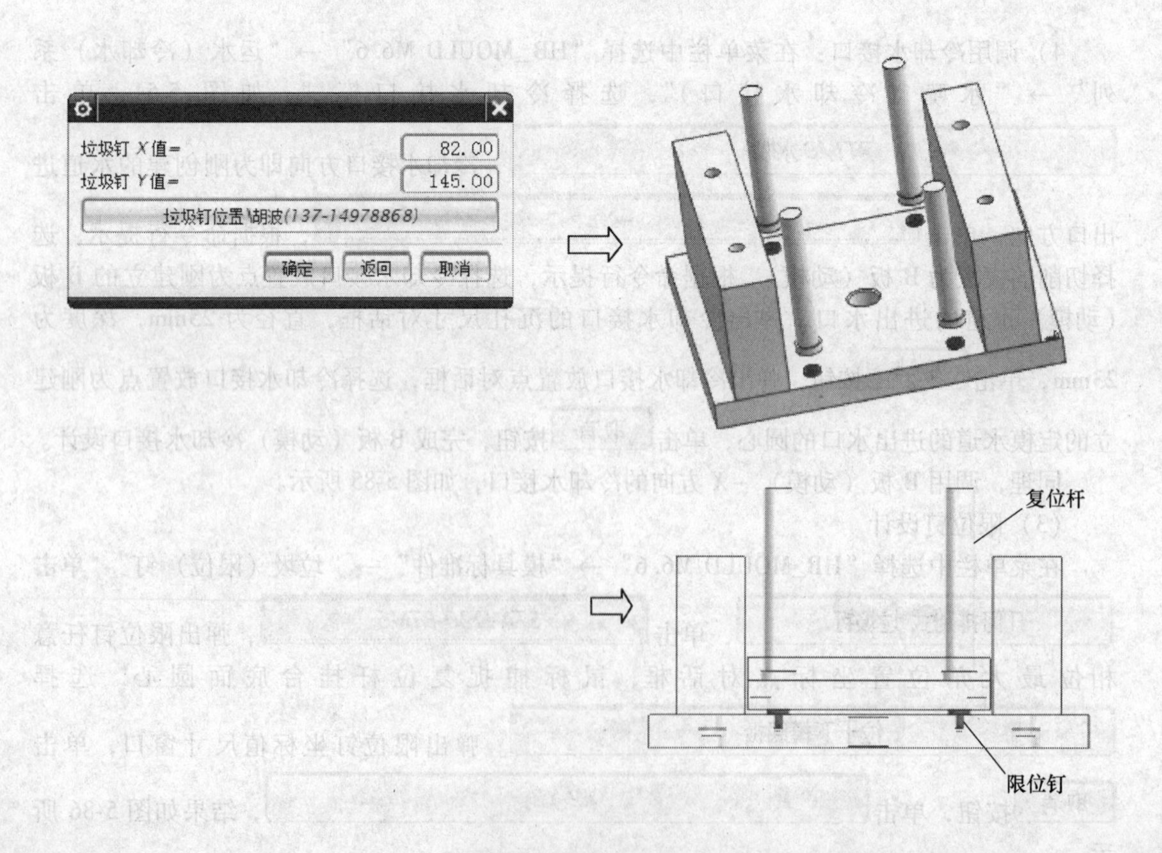

图 5-86　限位钉设计

（4）定位块设计

1）在菜单栏中选择“HB_MOULD M6.6”→“模具标准件”→“定位块”，选择 25X50 定位块，选择 竖放定位块，弹出定位块放置点对话框，选择推板 + *X* 方向的边缘中点（此处任意选一点即可，后面可修改放置点），弹出定位块中心点坐标对话框，如图 5-87 所示，输入定位块 *XY* 坐标（135，0），单击 确定 按钮，单击 取消 按钮，选择 斜角镜相定位块，选择 切削模板定位块槽。

2）在菜单栏中选择“HB_MOULD M6.6”→“模具标准件”→“定位块”，选择 25X50 定位块，选择 横放定位块，弹出定位块放置点对话框，选择推板 + *Y* 方向的边缘中点（此处任意选一点即可，后面可修改放置点），弹出定位块中心点坐标对话框，如图 5-88 所示，输入定位块 *XY* 坐标（135，0），单击 确定 按钮，单击 取消 按钮，选择 斜角镜相定位块，选择 切削模板定位块槽，结果如图 5-88 所示。

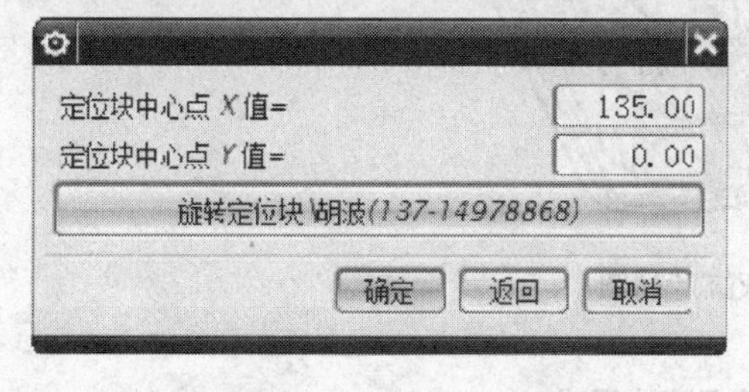

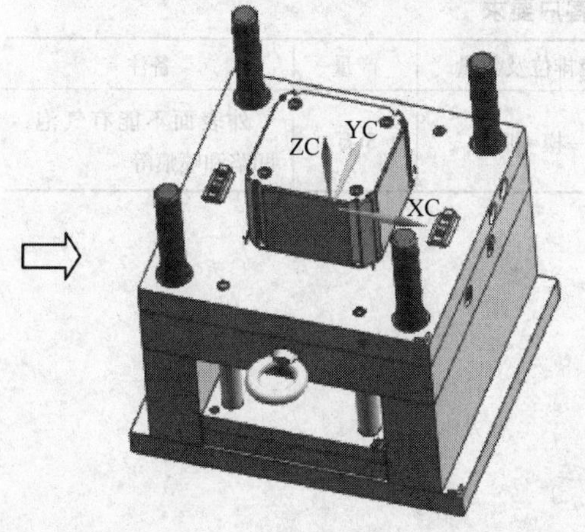

图 5-87　调用定位块

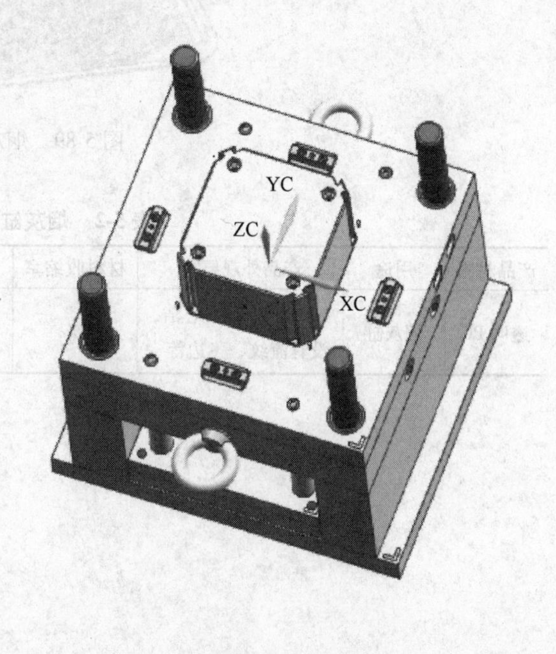

图 5-88　定位块效果图

5.5　小结

1）由于本产品较大，型腔数量为 1，底部有支撑面，故采用直接式进料。

2）直接式进料，在设计时应注意以下几个问题：

①为了将流道去除时不致影响装配，其浇口套应伸进产品为0.5～0.7mm；

②为了保证塑料能顺利的填充型腔，在正对浇口套的部位应加工一个凹形球面，以便于塑料的填充。

3）在设计推板时，与料位相接触的部分留10mm的封料位，再用斜度的形式做出，其余没有和料位直接接触的部分全部用斜面配合，方便推出和合模。

5.6 综合练习

本章的设计任务是烟灰缸模型，如图5-89所示（随书附带光盘中“exercise \ cp-05. prt”），根据客户提出的设计任务，见表5-2，选择合适的分型面，并设计出模具的浇注系统、推出系统，选用合适的模架完成三维总装图。

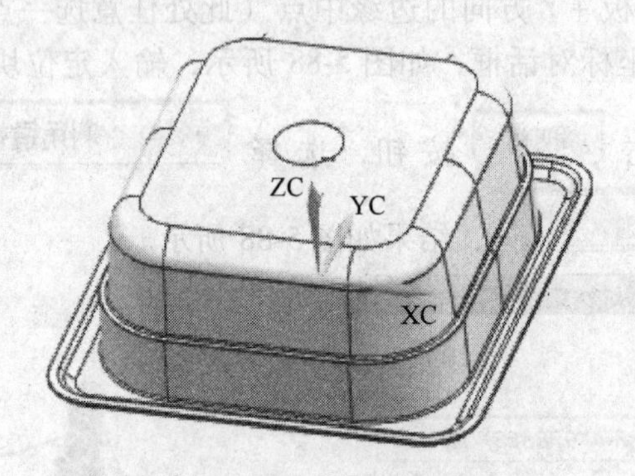

图5-89 烟灰缸产品图

表5-2 烟灰缸产品客户要求

产品材料	用途	产品外观要求	材料收缩率	模腔排位及数量	产量	备注
透明PC	烟灰缸	塑件表面光洁，没有流纹、飞边等	6‰	一模一腔	5万	外表面不能有气泡、凹陷和喷痕等

第 6 章　反向进料注射模具设计
——塑料盖板模具设计

本章要点

- 🕮如何使用手动分模的方法进行模具设计
- 🕮如何设计反进料的浇注系统
- 🕮如何创建冷却系统
- 🕮反向进料推出机构的设计

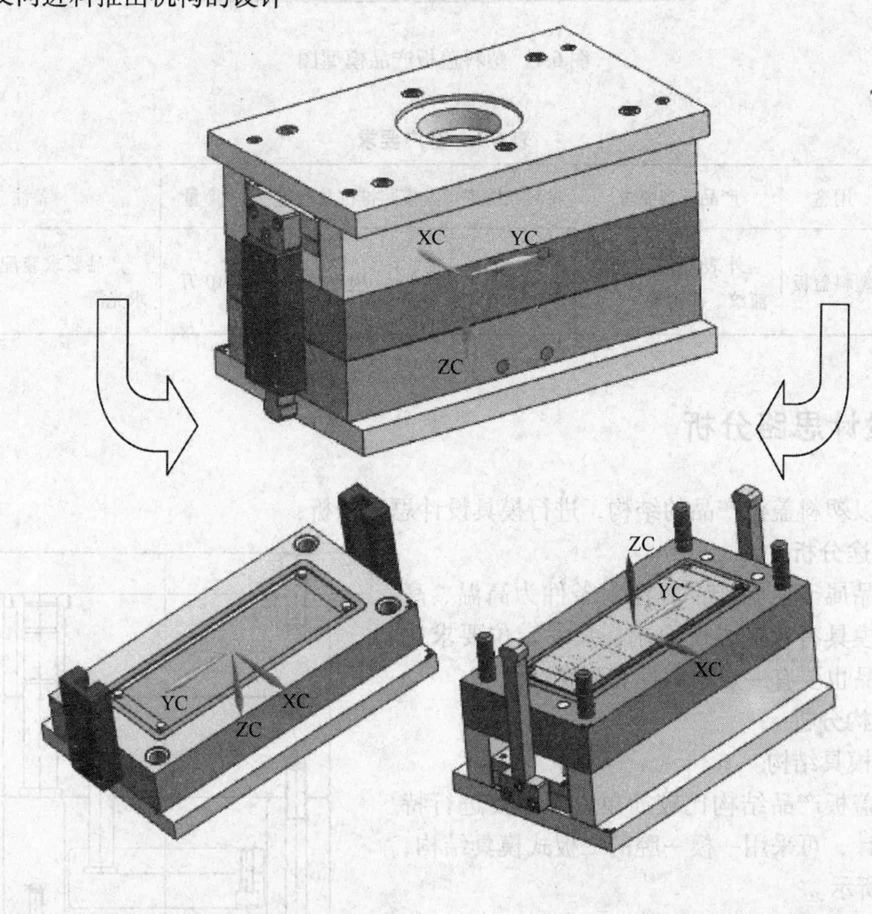

6.1 设计任务

本章的设计任务是塑料盖板模具，在接受设计任务时，客户提供的是塑料盖板产品的模型图，如图 6-1 所示，并提出一些设计要求见表 6-1。

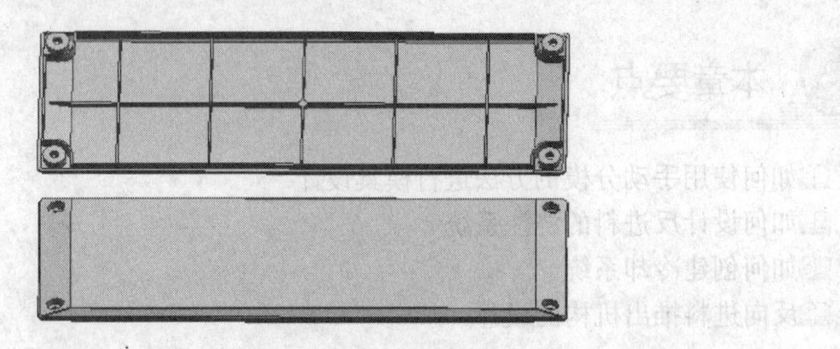

图 6-1 塑料盖板产品模型图

表 6-1 客户要求

产品材料	用途	产品外观要求	材料收缩率	模腔排位及数量	产量	备注
ABS	塑料盖板	外表光滑，没有流纹、飞边等	6‰	一模一腔	10 万	产品要求装配，表面要求光滑

6.2 设计思路分析

下面以塑料盖板产品的结构，进行模具设计思路分析：

1. 用途分析

该产品属于电器产品，注射条件为高温、高压，故对模具有较高强度要求，尺寸定位要求比较高，产品也要有一定耐磨性和耐腐蚀性。

2. 结构分析

（1）模具结构

塑料盖板产品结构比较简单，不需要进行特殊结构设计，可采用一模一腔的二板式模具结构，如图 6-2 所示。

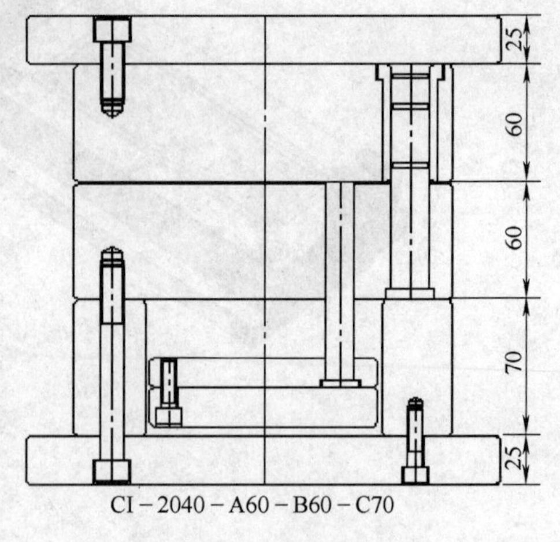

图 6-2 模具结构

（2）分型面

分型面取在制品最大截面处，为保证制品的外观质量和便于排气，分型面选在产品的底部，如图 6-3 所示。

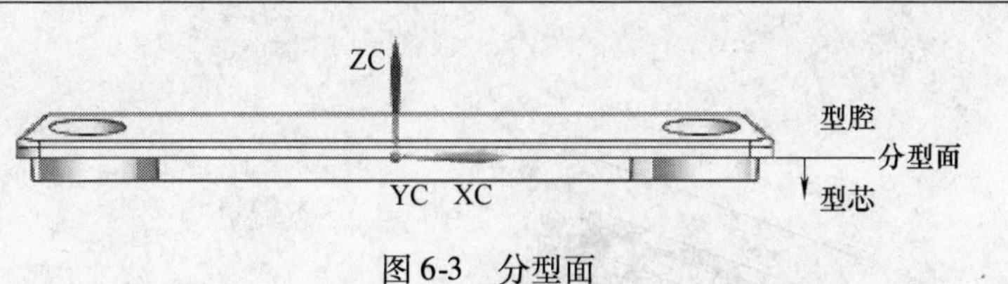

图 6-3　分型面

（3）浇口类型

由于产品的外观和结构限制，不允许在产品外表面留有进料痕迹，本例采用反向直接进料的方式，如图 6-4 所示。

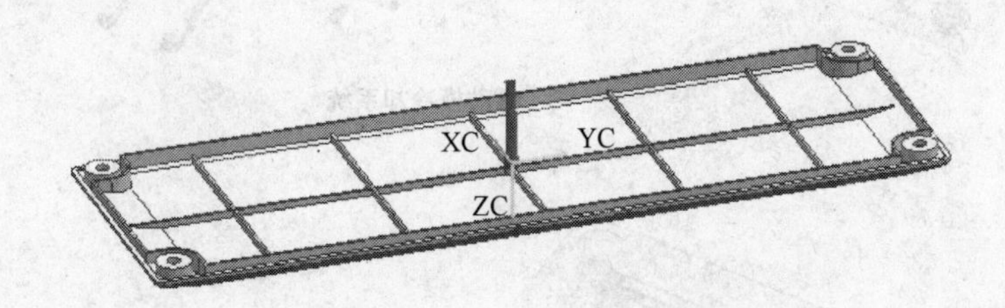

图 6-4　浇口方式

（4）推出系统

由于本例是反向进料，动模没有推出机构，若采用推杆推出，需再设计一个推出机构，如图 6-5 所示。

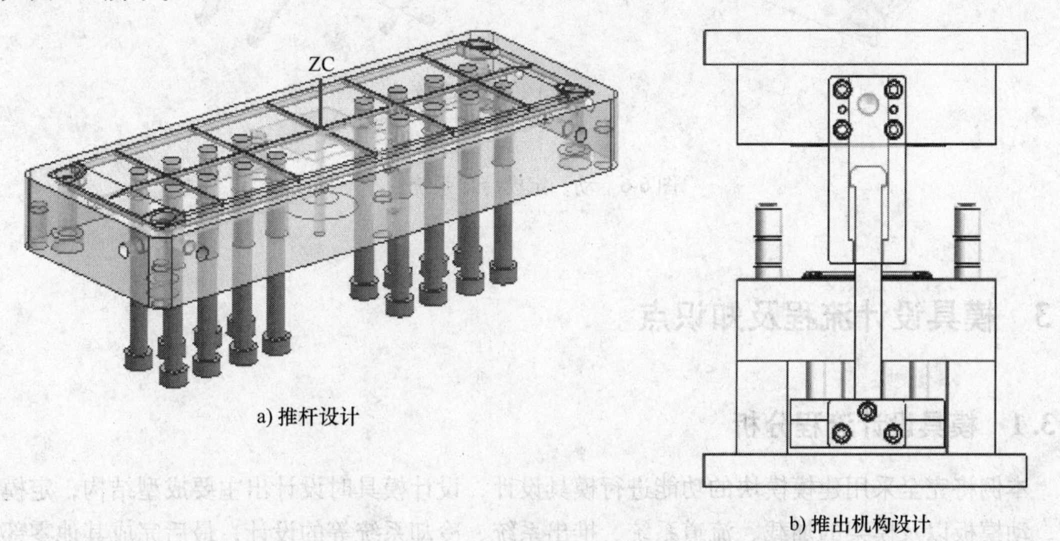

图 6-5　推杆及推出机构设计

（5）冷却系统

根据制品的形状、尺寸和模具结构，冷却孔取 6mm。由于型芯和型腔的结构限制，动模和定模采用循环式冷却系统比较合理，如图 6-6 所示。

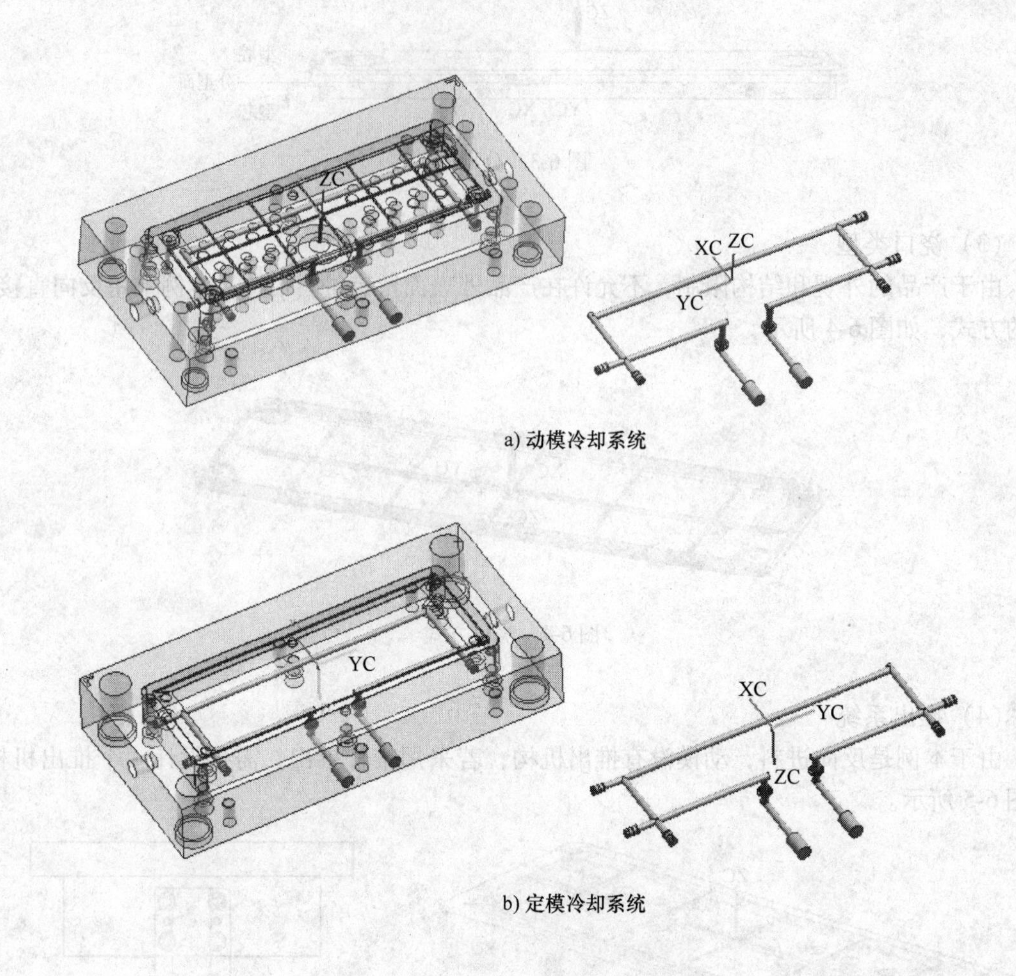

a) 动模冷却系统

b) 定模冷却系统

图 6-6 动、定模冷却系统

6.3 模具设计流程及知识点

6.3.1 模具设计流程分析

本例将完全采用建模模块的功能进行模具设计，设计模具时设计出主要成型结构，定模板、动模板以及模架的加载、流道系统、推出系统、冷却系统等的设计，最后完成其他零部件的加载。主要设计流程是：调入参考模型与缩放模型→创建补块完成破孔修补→创建型腔型芯→创建镶针→调入模架→设计流道系统→设计冷却系统→设计推出系统→完成模具设计。

6.3.2 主要知识点

本例主要包含如下知识点：

1）如何通过“草图”、“拉伸”、“创建方块”、“求差”、“移除参数”等功能完成产品的分型。

2）如何通过“HB_MOULD”外挂完成模坯的调用、“开框”、镶针、螺栓、冷却水和“孔”、“圆柱体”、“球”、“倒斜角”、“拔模”、WCS 坐标变换等功能的使用完成模架的加载、反向进料系统、冷却系统的创建。

3）如何通过“HB_ MOULD”外挂的“顶针（推杆）”、“顶针（推杆）避空”、“模仁（型腔型芯）避空”、“修剪顶针（推杆）”等功能完成推杆的设计，通过“偏置面”、“求和”等功能完成推出机构的设计。

6.4　塑料盖板模具设计实操

6.4.1　调入模型与设置收缩率

（1）在 Windows 界面选择“开始”→“所有程序”→“Siemens NX 8.5”→“ NX 8.5”命令，进入 NX 8.5 初始化环境界面。

（2）调入参考模型：按 <Ctrl + O> 组合键弹出“打开部件文件”对话框，选择塑料盖板产品文件（随书附带光盘中“example \ 05 \ cp-06. prt”），然后单击 OK 按钮调入参考模型，如图 5-7 所示。

（3）在“标准”工具条中单击“建模”按钮或按 Ctrl + M 组合键进入建模模块。

（4）复制产品：在菜单栏中选择“格式”→“复制至图层”选项，类选择的对象选择塑料盖板产品，单击确定按钮，弹出“图层移动”对话框，目标图层或类别输入 2，单击确定按钮。

（5）图层设置：在菜单栏中选择“格式”→“图层设置”选项，弹出图层设置对话框，将 2 层的产品的复制文件设置为不可见（具体的操作方法，参考第 3 章和第 4 章的步骤）。

（6）设置收缩率：在菜单栏中选择“插入”→“偏置/缩放”→“缩放体”选项，弹出“缩放体”对话框，选择塑料盖板产品，设置比例因子为 1. 006，如图 6-7 所示。

（7）将产品绝对坐标系变换到产品分型面中心。该产品坐标已经做过调整，如图 6-3 所示。

6.4.2　产品分型

（1）在“草图”工具条中，单击“草图”按钮，在 XY 平面建草图，单击“矩形”

，选择“从中心”开始绘制矩形，中心点选择原点（0，0），矩形宽度为120mm，高度为320mm，角度为0°，如图6-8所示，单击鼠标中键确认，单击完成草图。

注意：草图参数切换的时候，可用键盘“TAB”进行切换。

图6-7　设置收缩率

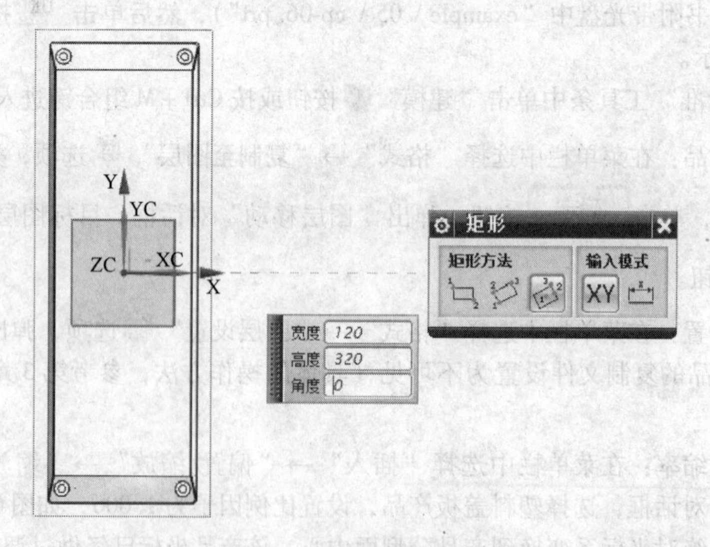

图6-8　创建型腔型芯草图

（2）在“特征”工具条中，单击“拉伸”按钮，拉伸的截面选择刚创建的草图，方向选择，拉伸的开始值输入35mm，结束值输入-40mm，如图6-9所示。

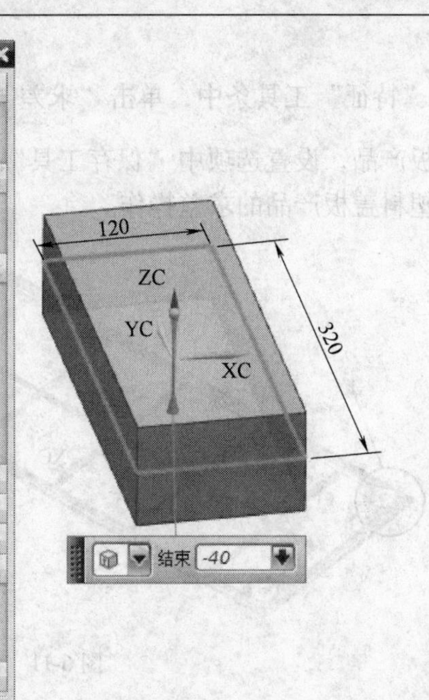

图 6-9　创建型腔型芯

（3）产品破口修补：产品外表面有四个缺口，可采用补实体或补片体，本实例采用补实体。

在“注射模向导”工具条中，单击“模具工具”，单击“创建方块”，弹出“创建方块”对话框，如图 6-10 所示。

创建方块的类型选择 包容块 ，对象选择产品缺口的圆柱面，面间隙为 0mm，单击 确定 ，如图 6-10 所示，依次完成四个破孔的修补。

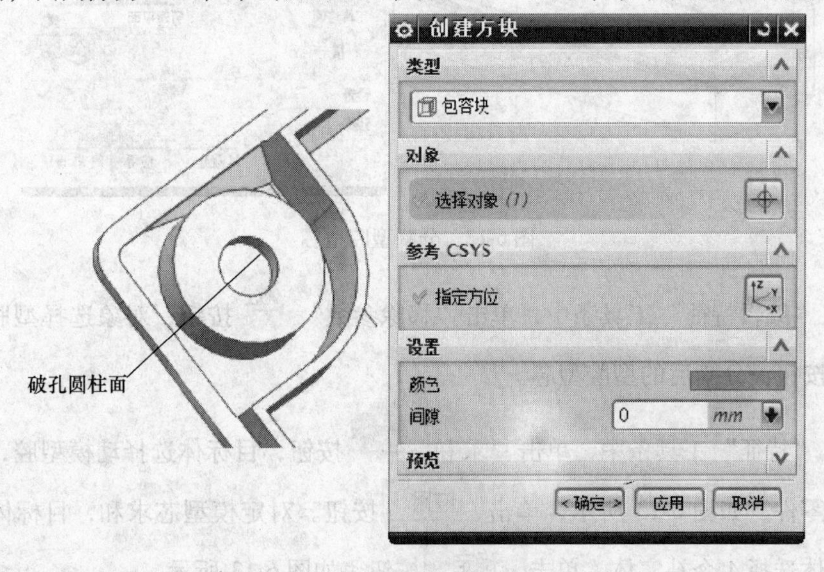

图 6-10　修补破孔

（4）在“特征”工具条中，单击“求差”按钮，目标体选择创建的方块，工具体选择塑料盖板产品，设置选项中“保存工具”，单击 确定 ，如图 6-11 所示，依次完成 4 个补实体和塑料盖板产品的求差操作。

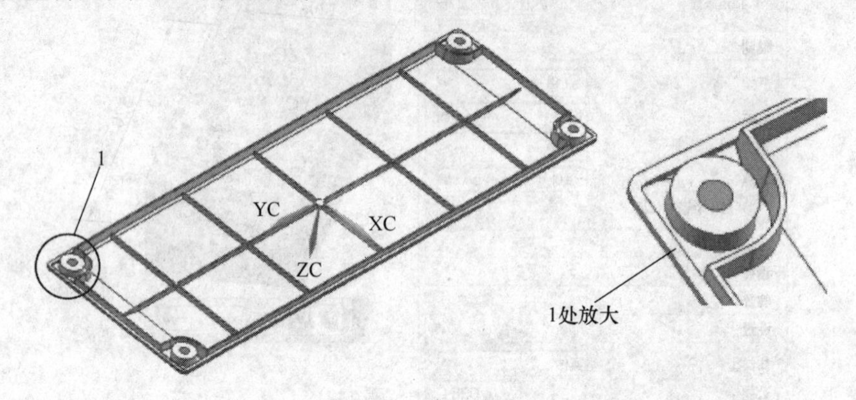

图 6-11　实体求差

（5）在“特征”工具条中，单击“求差”按钮，目标体选择前面草图拉伸的实体，工具体选择塑料盖板产品和 4 个补实体，设置选项中“保存工具”，单击 确定 。

（6）分割型腔型芯：在菜单栏中选择“插入”→“修剪”→“拆分体”，目标选择拉伸的实体，分割的平面选择 *XY* 平面，完成动模型芯、定模型腔的分割，如图 6-12 所示。

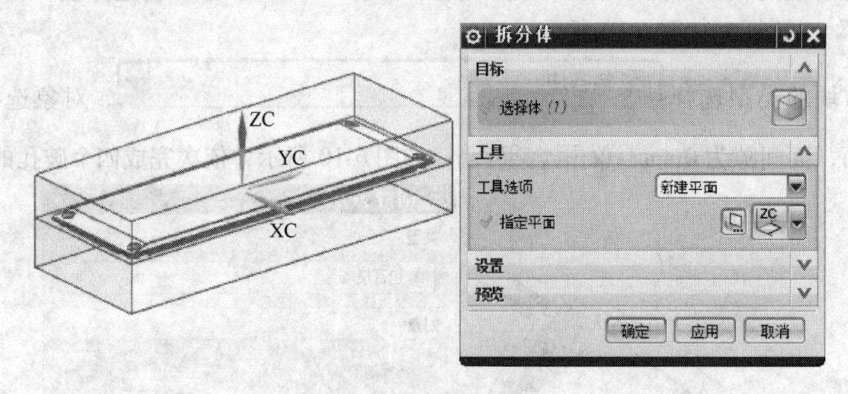

图 6-12　分割型腔型芯

（7）在“编辑特征”工具条中，单击“移除参数”按钮，对象选择型腔型芯，单击 确定 按钮，分割后的型腔型芯。

（8）在“特征”工具条中，单击“求和”按钮，目标体选择动模型腔，工具体选择型芯部分零件，如图 6-13 所示，单击 应用 按钮。对定模型芯求和，目标体选择定模型芯，工具体选择 4 个补实体，单击 确定 按钮，如图 6-13 所示。

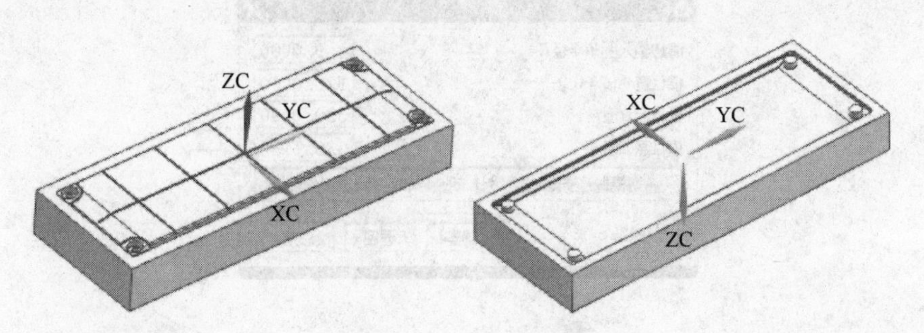

图 6-13　型芯、型腔

6.4.3　导入模架

(1) 调入龙记大水口 CI 型 2040 模架（直浇口模架 C 型）

单击菜单栏中“HB_MOULD M6.6”→“模胚系列”→“龙记”，单击 新建模胚 ，弹出龙记标准模胚对话框，设置参数如图 6-14 所示。选择大水口（二板式）系列 CI 型 20 系列 2040 模架，A（定模）板 60、B（动模）板 60、C 板垫块 70，单击 确定 按钮，完成模架的调用。

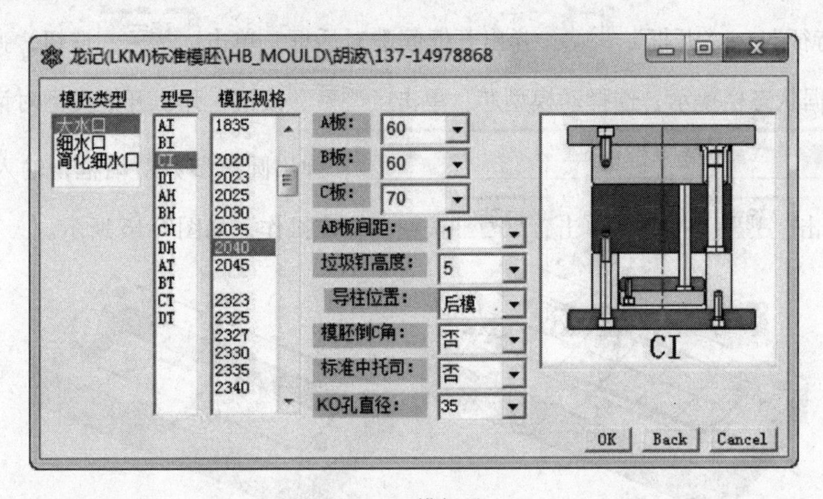

图 6-14　模架导入

(2) 模板开框设计

单击菜单栏中“HB_MOULD M6.6”→“模具建模特征”→“开框”，弹出开框间隙对话框，单击 确定 按钮，弹出类选择对话框，根据状态栏提示，选择定模型腔，单击 确定 按钮。弹出开框类型对话框，单击 圆角型 ，弹出圆角参数对话框，输入圆角半径为 9mm，单击 确定 按钮，单击 取消 按钮，完成操作，如图 6-15 所示。

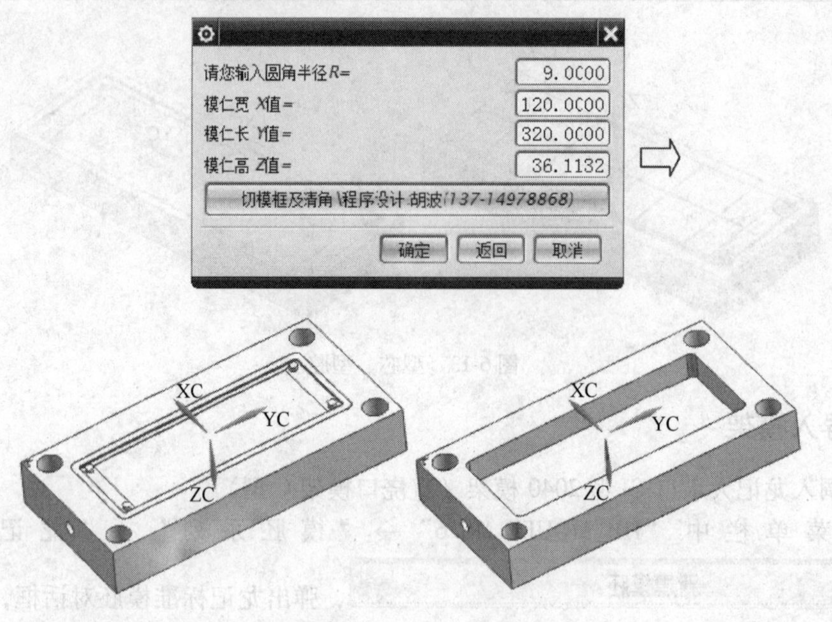

图 6-15　定模开框

用以上同样的方法，可完成动模的开框设计。单击菜单栏中“HB_MOULD M6.6”→“模具建模特征”→“开框”，弹出开框间隙对话框，单击 确定 按钮，弹出类选择对话框，根据状态栏提示，选择动模型芯，单击 确定 按钮。弹出开框类型对话框，单击 圆角型 ，弹出圆角参数对话框，输入圆角半径为9mm，单击 确定 按钮，单击 取消 按钮，完成操作，如图6-16所示。

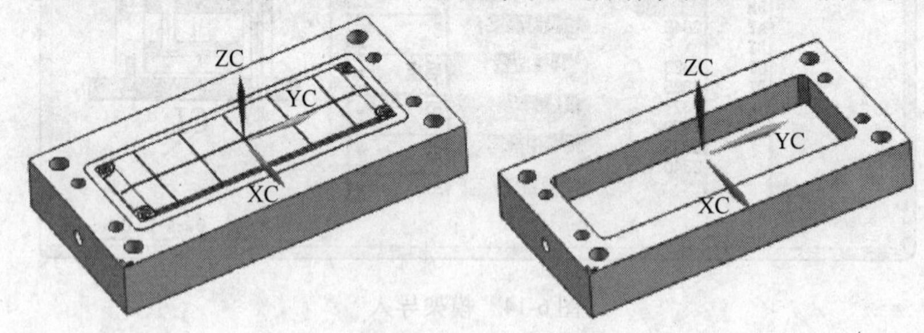

图 6-16　动模开框

（3）动模镶针设计

隐藏其他部件，屏幕中只显示动模板和动模型芯。

单击菜单栏中“HB_MOULD M6.6”→“模具特征建模”→“镶针”，根据状态栏提示，镶针挂台的方向为 -Z方向 ，型芯实体选择“动模仁（型芯）”，选择1个镶针面，单击 确定 按钮，弹出镶针直径对话框，单击 确定 按钮，如图6-17所示，依次选择4个镶针面，完成4个动模镶针的设计。

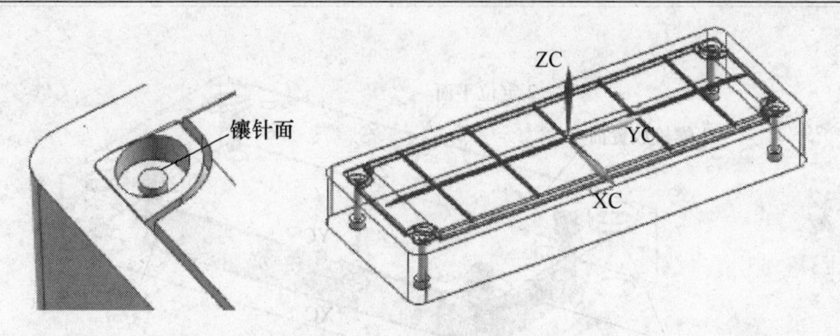

图 6-17　动模镶针设计

（4）定模镶针设计

隐藏其他部件，屏幕中只显示定模板和定模型芯。

单击菜单栏中“HB_MOULD M6. 6”→“模具特征建模”→“镶针”，根据状态栏提示，镶针挂台的方向为 +Z方向 ，型芯实体选择“定模仁（型芯）”，选择 1 个镶针面，单击 确定 按钮，弹出镶针直径对话框，单击 确定 按钮，如图 6-18 所示，依次选择 4 个镶针面，完成 4 个定模镶针的设计。

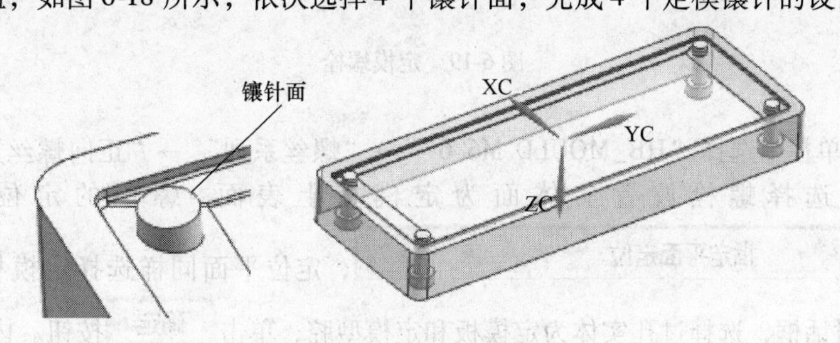

图 6-18　定模镶针设计

（5）定模螺栓设计

1）在菜单栏中选择“HB_MOULD M6. 6”→“螺丝（螺栓）系列”→“正向螺丝”，根据命令行的提示，选择螺栓放置实体面为定模板上表面，螺栓的定位类型单击 指定平面定位 ，定位平面同样选择定模板的上表面，弹出类选择对话框，选择过孔实体为定模板和定模型腔，单击 确定 按钮。内六角螺栓孔断点选择型腔放置在定模板的位置。

内六角螺栓类型选择 公制 ，公制内六角螺栓型号选 M10 ，螺栓的位置 *XY* 坐标（52，152），参考参数如图 6-19 所示，单击 确定 按钮，完成参数设计。再单击 取消 按钮，选择 四角镜相 。

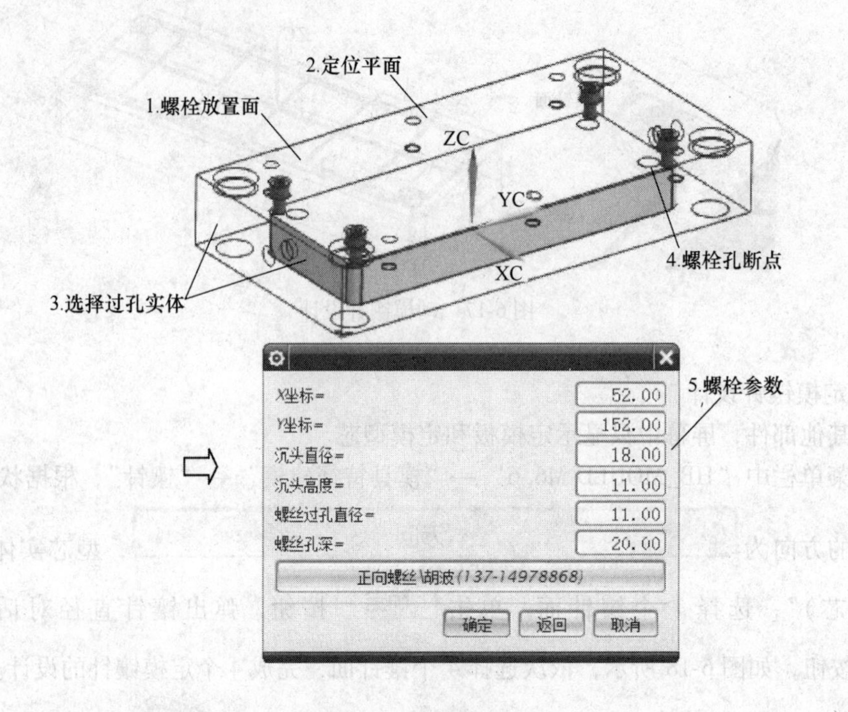

图 6-19　定模螺栓

2）在菜单栏中选择“HB_MOULD M6.6”→“螺丝系列”→“正向螺丝”，根据命令行的提示，选择螺栓放置实体面为定模板上表面，螺栓的定位类型单击 指定平面定位 ，定位平面同样选择定模板的上表面，弹出类选择对话框，选择过孔实体为定模板和定模型腔，单击 确定 按钮。内六角螺栓孔断点选择型腔放置在定模板的位置。

内六角螺栓类型选择 公制 ，公制内六角螺栓型号选 M10 ，螺栓的位置 *XY* 坐标（52，0），参考参数如图 6-20 所示，单击 确定 按钮，完成参数设计。再单击 取消 按钮，选择 斜角镜相 ，完成定模板和型腔的螺栓连接设计。

（6）动模螺栓设计

1）在菜单栏中选择“HB_MOULD M6.6”→“螺丝（螺栓）系列”→“正向螺丝”，根据命令行的提示，选择螺栓放置实体面为动模板底面，螺栓的定位类型单击 指定平面定位 ，定位平面同样选择动模板的上表面，弹出类选择对话框，选择过孔实体为动模板和动模型芯，单击 确定 按钮。内六角螺栓孔断点选择型芯放置在动模板的位置。

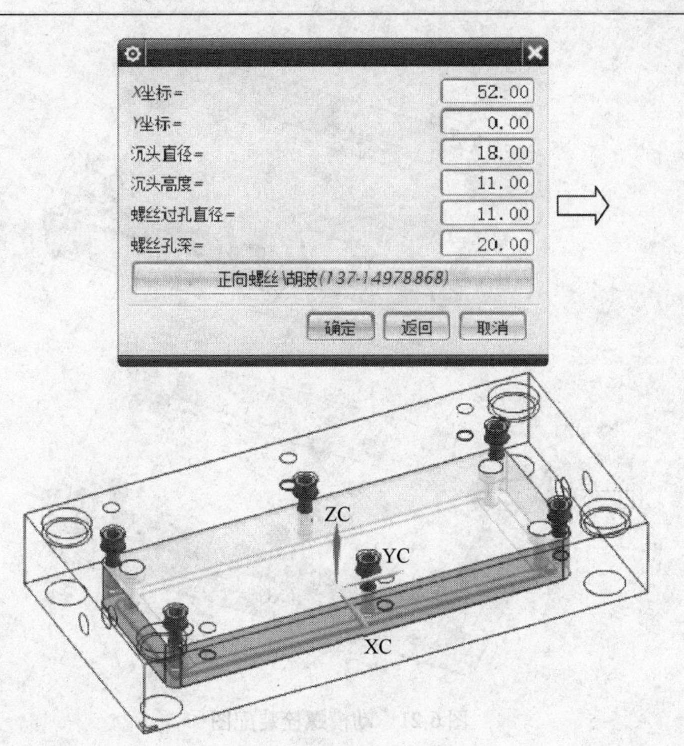

图 6-20　定模螺栓装配图

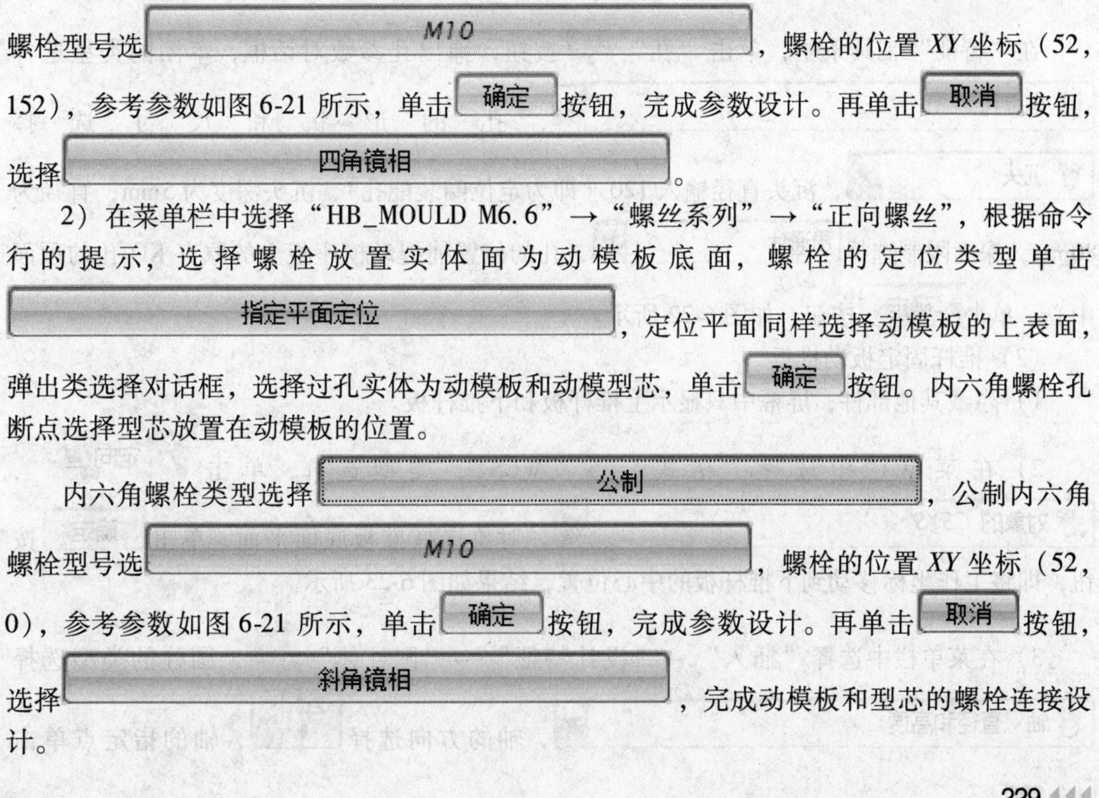

内六角螺栓类型选择 公制 ，公制内六角螺栓型号选 M10 ，螺栓的位置 XY 坐标（52，152），参考参数如图 6-21 所示，单击 确定 按钮，完成参数设计。再单击 取消 按钮，选择 四角镜相 。

2）在菜单栏中选择“HB_MOULD M6.6”→“螺丝系列”→“正向螺丝”，根据命令行的提示，选择螺栓放置实体面为动模板底面，螺栓的定位类型单击 指定平面定位 ，定位平面同样选择动模板的上表面，弹出类选择对话框，选择过孔实体为动模板和动模型芯，单击 确定 按钮。内六角螺栓孔断点选择型芯放置在动模板的位置。

内六角螺栓类型选择 公制 ，公制内六角螺栓型号选 M10 ，螺栓的位置 XY 坐标（52，0），参考参数如图 6-21 所示，单击 确定 按钮，完成参数设计。再单击 取消 按钮，选择 斜角镜相 ，完成动模板和型芯的螺栓连接设计。

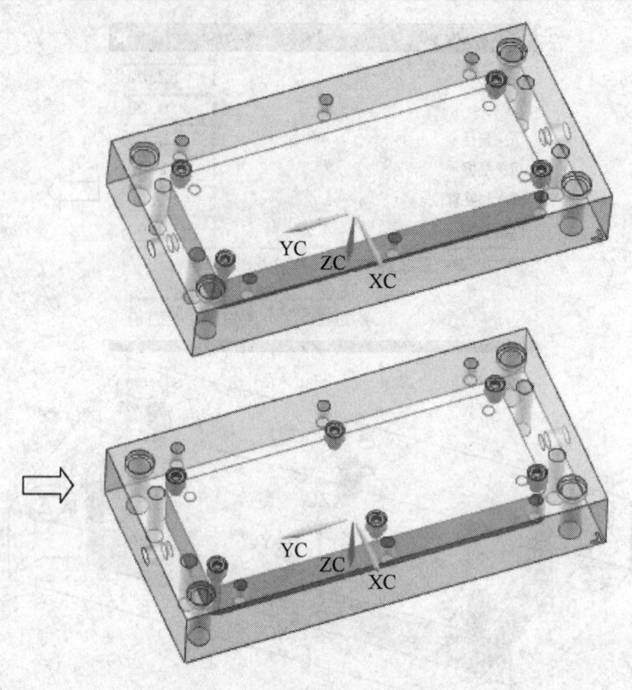

图 6-21　动模螺栓装配图

6.4.4 浇注系统设计

本套模具的主要特点是反向进料，即动模方向进料，此节为本套模具的特色。

（1）动模座板打孔

在“特征”工具条中，单击“孔” 按钮，弹出孔参数对话框，草图的类型选择 常规孔 ，孔的形状和尺寸选择 沉头 ，沉头直径输入 120（即为定位圈装配孔），沉头深度为 5mm，直径为 80mm，深度限制选择 贯通体 ，孔的位置捕捉动模座板上的原有 KO 孔的顶面中心，单击 确定 按钮，如图 6-22 所示。

（2）推杆固定板动推板

1）隐藏其他部件，屏幕中只显示上推杆板和下推杆板。

2）在菜单栏中选择“格式”→“WCS”，类型选择，单击 定向(N)... ，对象的 CSYS ，对象选择推板底面平面，单击 确定 按钮，即将工作坐标移动到下推杆板的中心位置，结果如图 6-23 所示。

3）在菜单栏中选择“插入”→“设计特征”→“圆柱体” ，圆柱的类型选择 轴、直径和高度 ，轴的方向选择 -ZC ，轴的指定点单击按钮，弹出点对话框，输出坐标为（0，0，0），圆柱直径输入 70mm，高度输入 100mm，单击 确定 按钮，如图 6-24 所示。

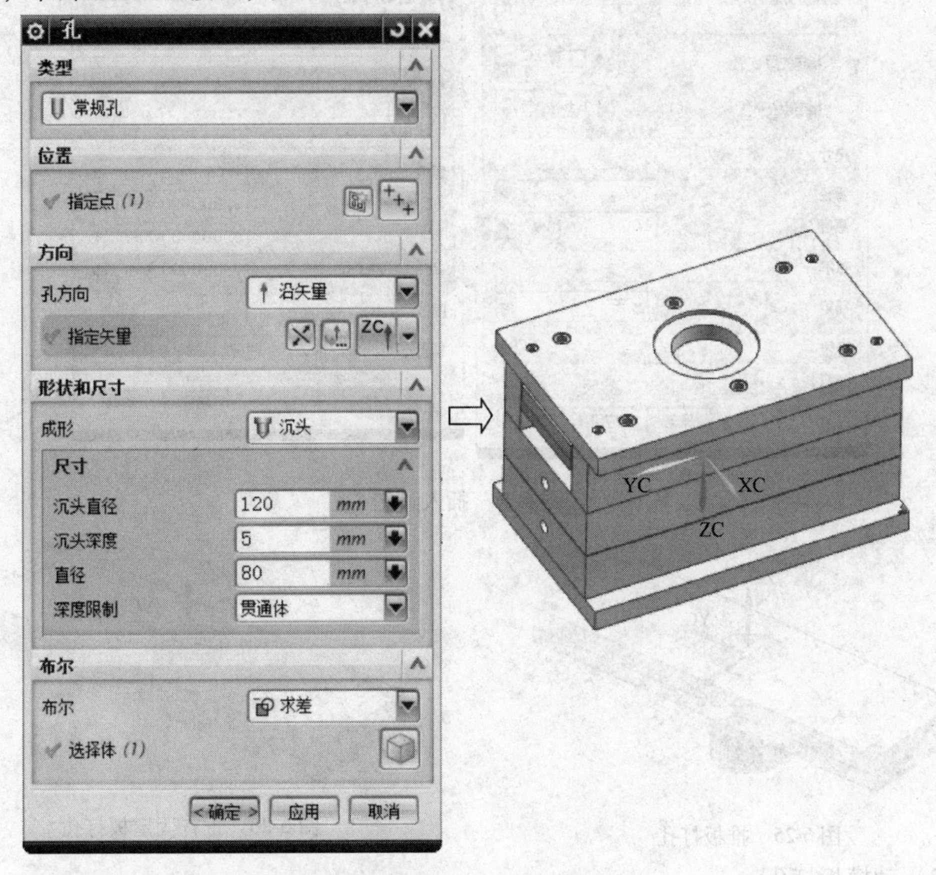

图 6-22　定模座板打孔

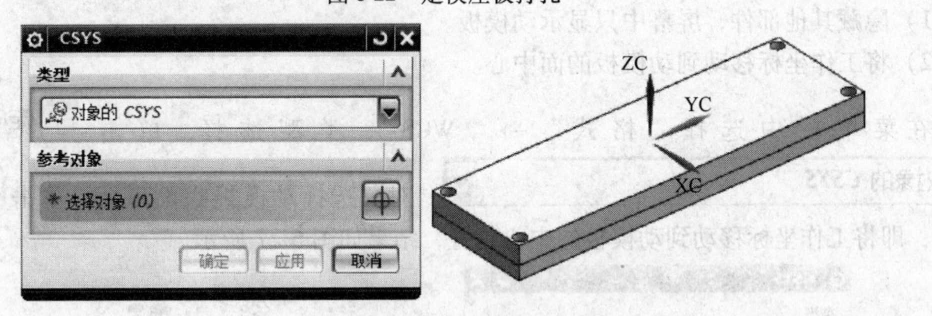

图 6-23　坐标变换

4）在“特征”工具条中，单击“求差” 按钮，目标体选择推板，工具体选择圆柱体，设置选项中“保存工具”，单击 确定 按钮，如图 6-25 所示。

5）在“特征”工具条中，单击“求差” 按钮，目标体选择推杆固定板，工具体选择圆柱体，单击 确定 按钮，如图 6-26 所示。

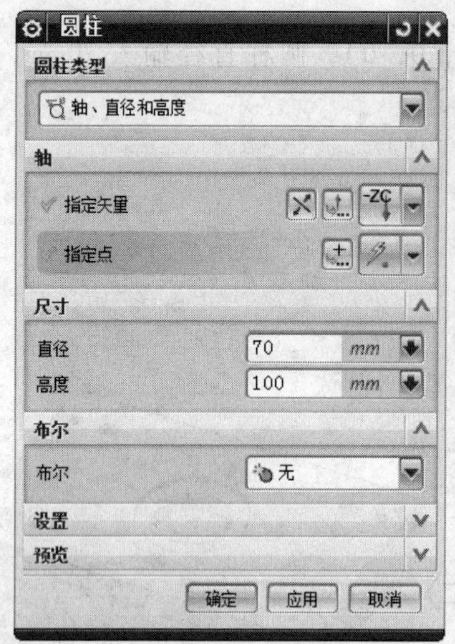

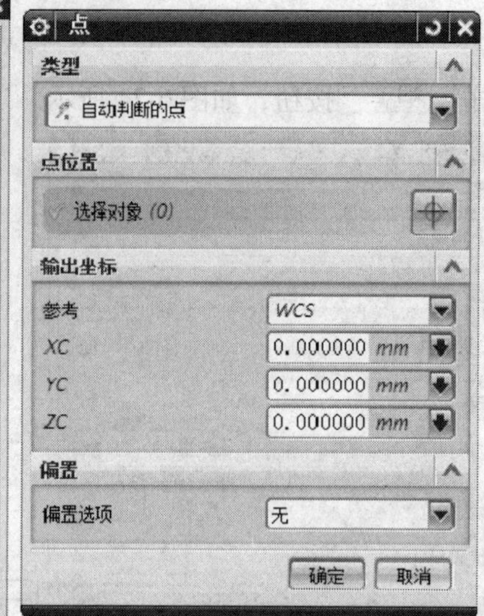

图 6-24　插入圆柱

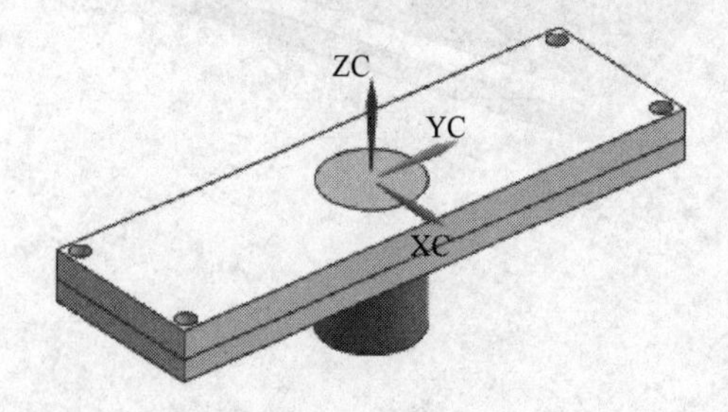

图 6-25　推板打孔

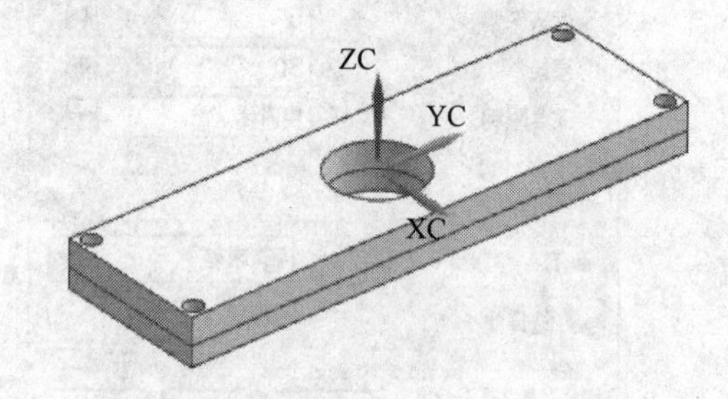

图 6-26　推杆固定板打孔

（3）动模板打孔

1）隐藏其他部件，屏幕中只显示动模板。

2）将工作坐标移动到动模板的面中心。

在菜单栏中选择“格式”→“WCS”，类型选择，单击 定向(N)...，对象的 CSYS，对象选择动模板底面平面，单击 确定 按钮，即将工作坐标移动到动模板的中心位置，结果如图 6-27 所示。

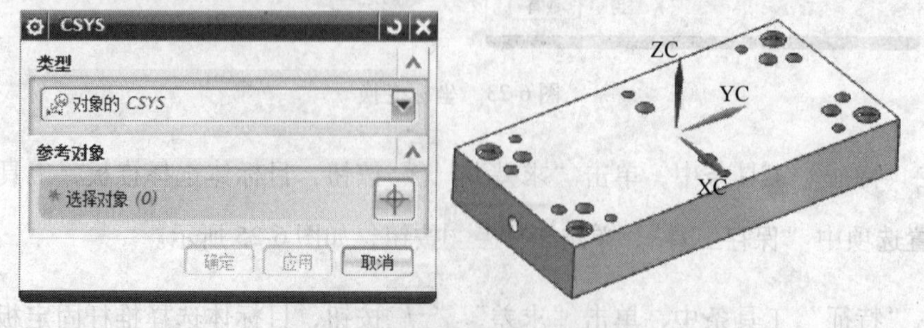

图 6-27　变换动模板工作坐标

3）在菜单栏中选择“插入”→“设计特征”→“圆柱体”，圆柱的类型选择“轴、直径和高度”，轴的方向选择“-ZC”，轴的指定点单击按钮，弹出点对话框，输出坐标为（0，0，0），圆柱直径输入 60mm，高度输入 100mm，布尔运算选择“求差”，对象选择动模板，单击“确定”按钮，如图 6-28 所示。

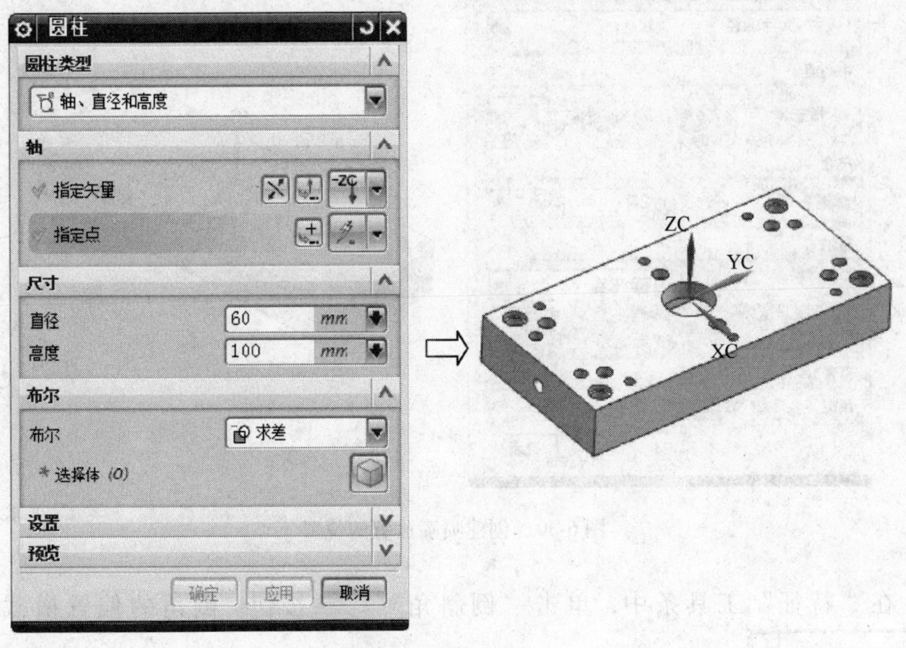

图 6-28　动模板打孔

（4）将动模型芯打孔，设计注射机喷嘴放置位置和主流道

1）隐藏其他部件，屏幕中只显示动模型芯。

2）在菜单栏中选择“格式”→“WCS”，单击“动态(D)...”，如图 6-29，单击 ZC，输入 Z 轴移动的距离为 -16mm，单击鼠标中间确认。

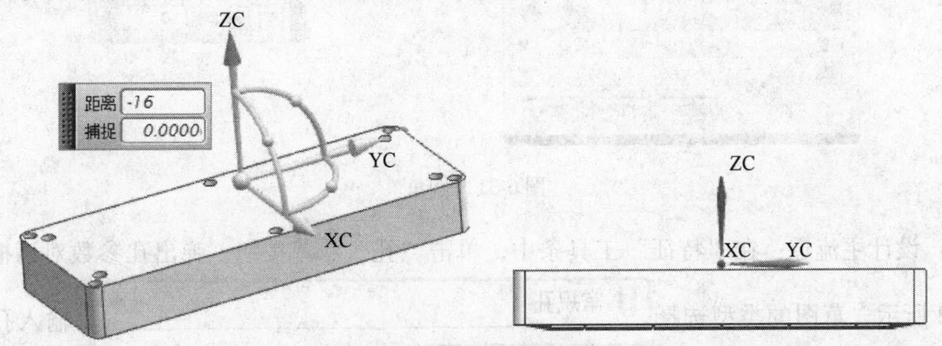

图 6-29　变换动模型芯坐标

3）创建喷嘴放置的位置。在菜单栏中选择“插入”→“设计特征”→“球”，球的类型选择“中心点和直径”，中心点单击按钮，输入坐标为 WCS 原点（0，0，0），输入球直径为 26mm，布尔运算选择“求差”，对象选择动模型芯，如图 6-30 所示。

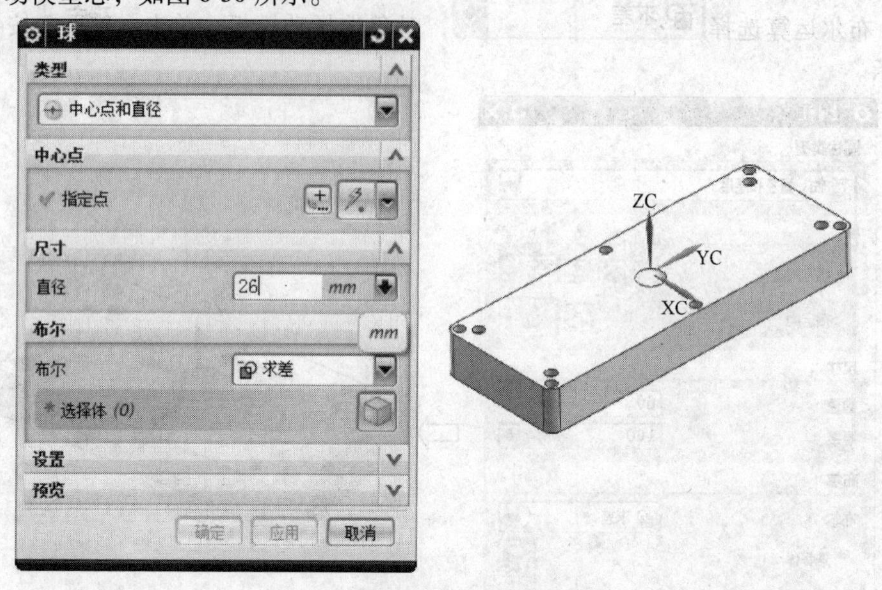

图 6-30　创建喷嘴放置的位置

4）在“特征”工具条中，单击“倒斜角”按钮，倒角的偏置横截面选择“对称”，距离输入 10mm，倒角的边缘刚创建的喷嘴放置面的边缘，选择如图 6-31 所示。

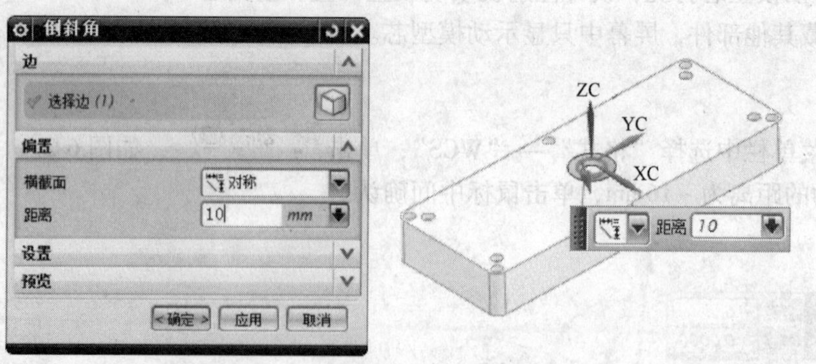

图 6-31　倒角

5）设计主流道：在“特征”工具条中，单击“孔”按钮，弹出孔参数对话框，如图 6-32 所示，草图的类型选择“常规孔”，输入孔的直径为 $\phi3.5$mm，深度限制选择“贯通体”，孔的位置捕捉喷嘴放置面的边缘的圆心，单击确定按钮。

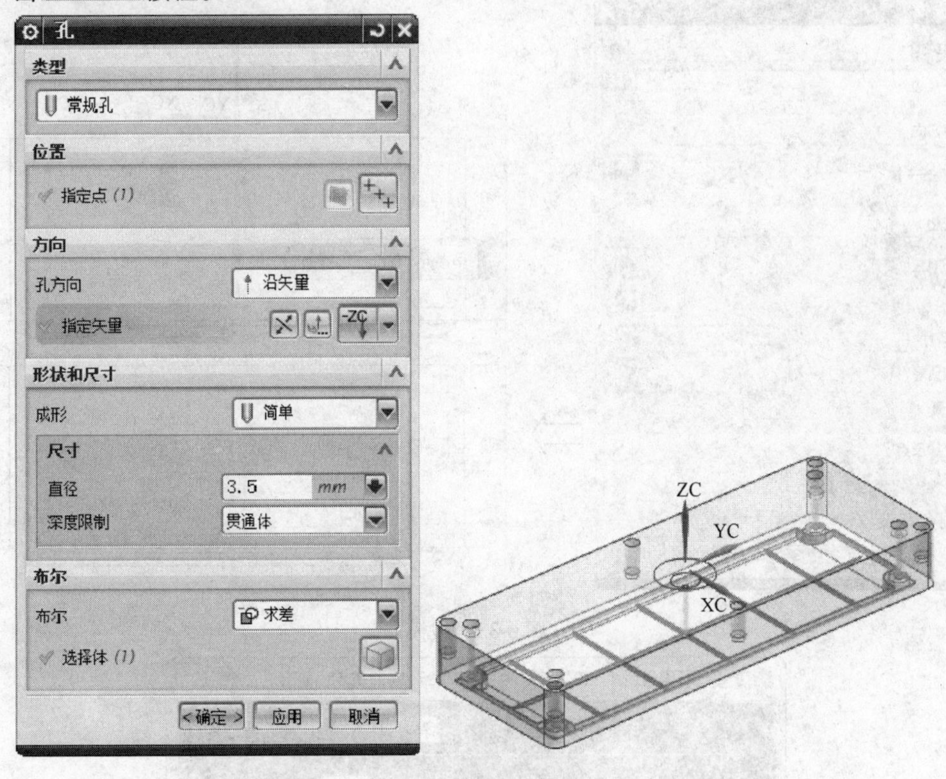

图 6-32　动模型芯打孔

6）在“特征”工具条中，单击“拔模”按钮，拔模类型选择从边，方向选择-ZC，固定的边缘选择刚创建的孔的边缘线，拔模角度输入 1.2°，单击确定按钮，如图 6-33 所示。

7）在菜单栏中选择“格式”→“WCS”，单击 WCS 设置为绝对(A)，将坐标切换到绝对的 WCS 原点。

6.4.5　冷却系统设计

（1）隐藏其他部件，屏幕中只显示定模板和定模型腔

在菜单栏中选择“HB_MOULD M6.6”→“运水（冷却系统）系列”→“运水（冷却系统）”，单击“环绕型运水（冷却系统）”，坐标放置方向选择+X方向。根据命令行提示，选择定模型腔。冷却系统的具体参数可参考图 6-34，水路的直径为 ϕ6mm，单击 OK 按钮。如果对水道设计不满意，可选择重新修改环绕型运水参数，如果对水道设计满意，选择取消按钮，单击切削模胚及模仁，完成定模冷

却系统设计，冷却系统结果参考图 6-6a。

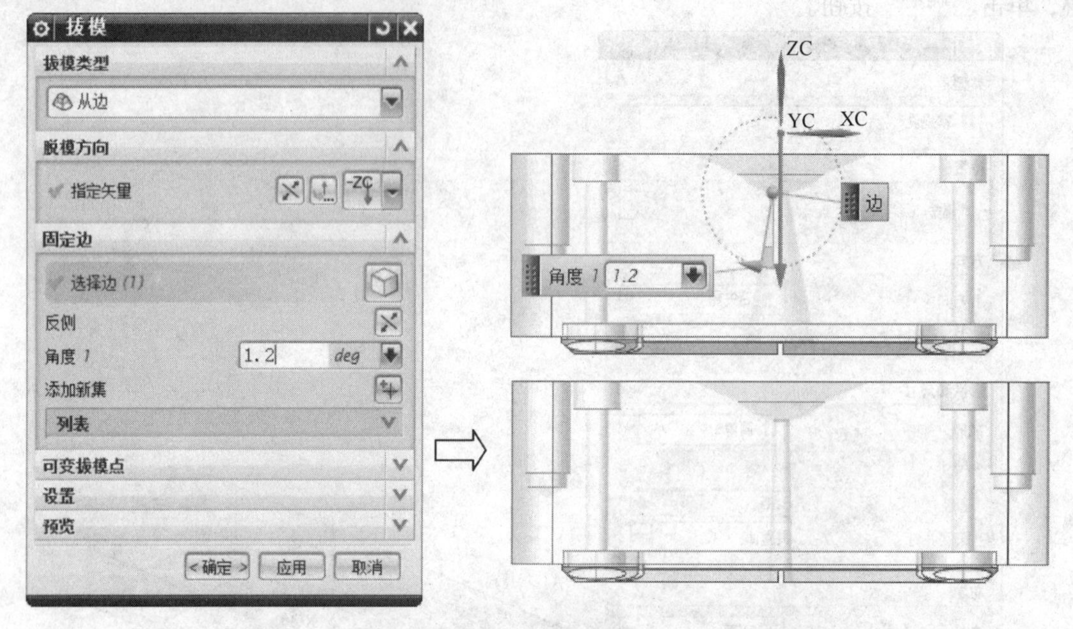

图 6-33　拔模

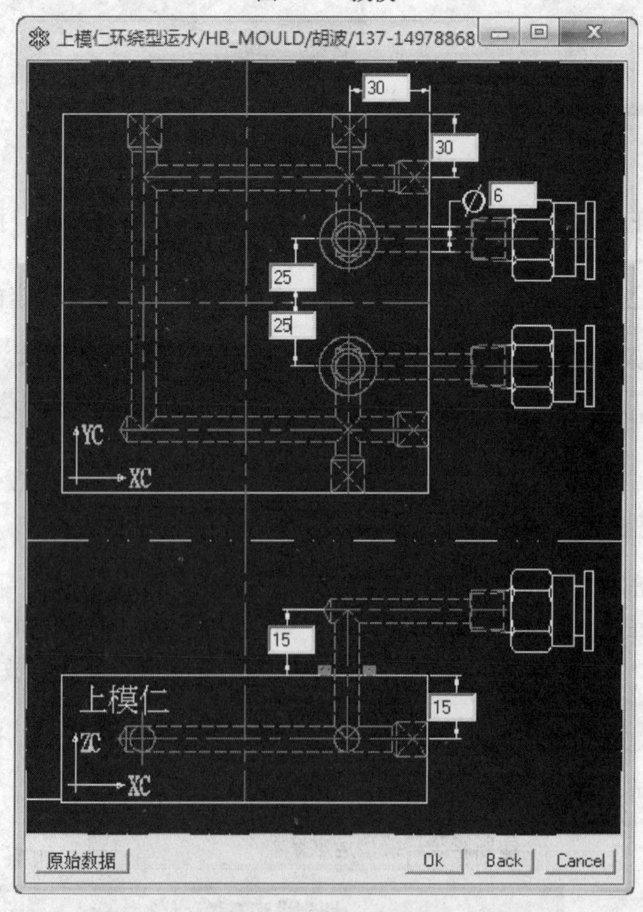

图 6-34　定模冷却参数

（2）隐藏其他部件，屏幕中只显示动模板和动模型芯

在菜单栏中选择“HB_MOULD M6.6”→“运水（冷却系统）系列”→“运水”，单击“环绕型运水”，坐标放置方向选择 +X方向 。根据命令行提示，选择动模型芯。冷却系统的具体参数可参考图 6-35，水道的直径为 ϕ6mm，单击 OK 按钮。如果对水道设计不满意，可选择 重新修改环绕型运水参数 ，如果对水道设计满意，选择 取消 按钮，单击 切削模胚及模仁 ，完成动模冷却系统设计，冷却系统结果参考图 6-6b。

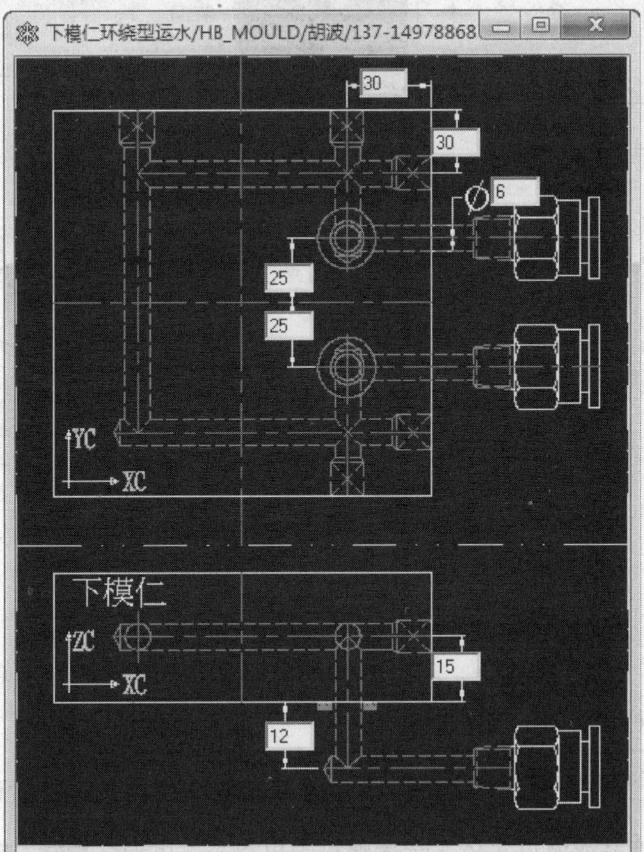

图 6-35　动模冷却参数

6.4.6　推杆设计

（1）隐藏其他部件，屏幕中只显示动模型芯：在“草图”工具条中，单击“草图”按钮，在 *XY* 平面建草图，尺寸如图 6-36 所示，草图中共有 16 个圆。

（2）单击菜单栏中“HB_MOULD M6.6”→“顶针（推杆）系列”→“顶针”，单击

多点式公制顶针，弹出推杆参数对话框，设置参数如图6-37 所示，单击 OK。根据提示，选择放置推杆点的位置，点的类型切换为 十 现有点，捕捉刚创建草图上的 16 个圆心点，完成共 16 根推杆的设置，单击 取消 按钮，单击 取消 按钮，如图 6-37 所示。

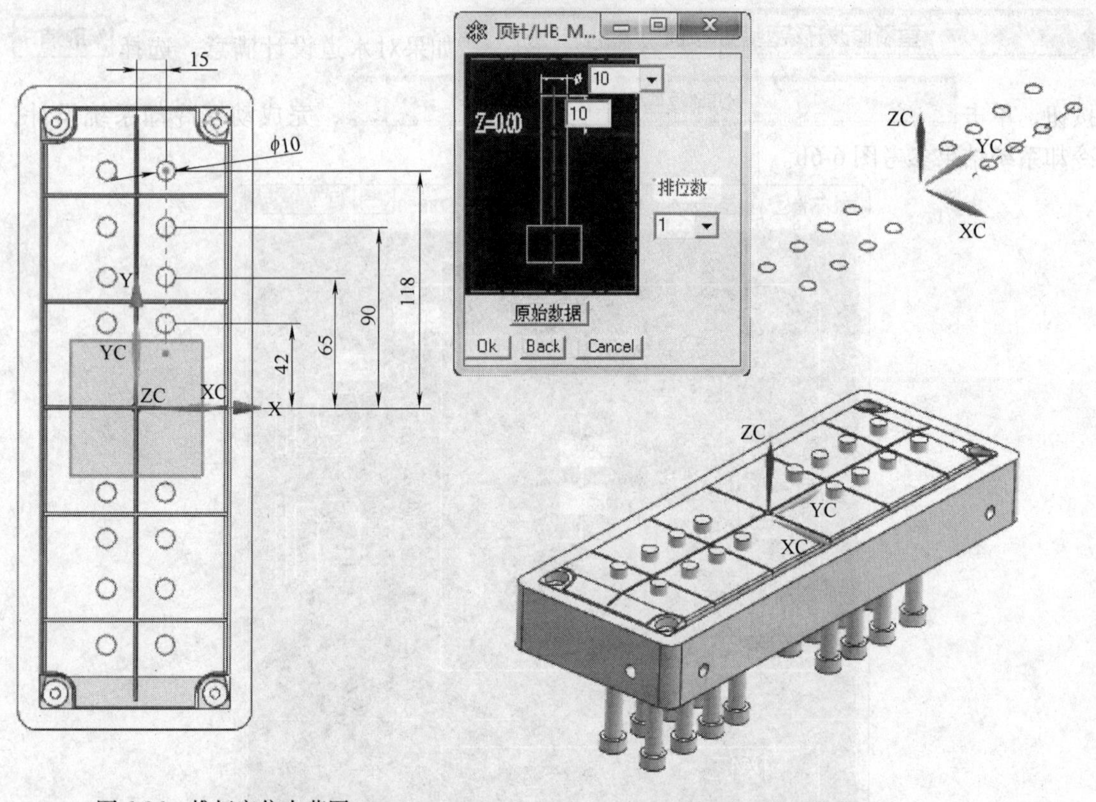

图 6-36　推杆定位点草图

图 6-37　设置推杆

（3）单击菜单栏中“HB_MOULD M6.6”→“顶针（推杆）系列”→“修剪顶针”，单击 自动修剪公制顶针，弹出类选择对话框，根据状态栏提示，选择参考的产品或流道实体，选择塑料盖板产品，单击 确定 按钮，如图 6-38 所示。

（4）单击菜单栏中“HB_MOULD M6.6”→“顶针（推杆）系列”→“顶针避空”，单击 避空公制顶针，输入下模板和推杆板的避空间隙为 1（双边），推杆高度避空值为 0，软件自动将动模和推杆板上的推杆避空孔做好。

（5）在“特征”工具条中，单击“求差” 按钮，目标体选择型芯，工具体选择 16 根推杆，设置选项中“保存工具”，单击 确定 按钮。

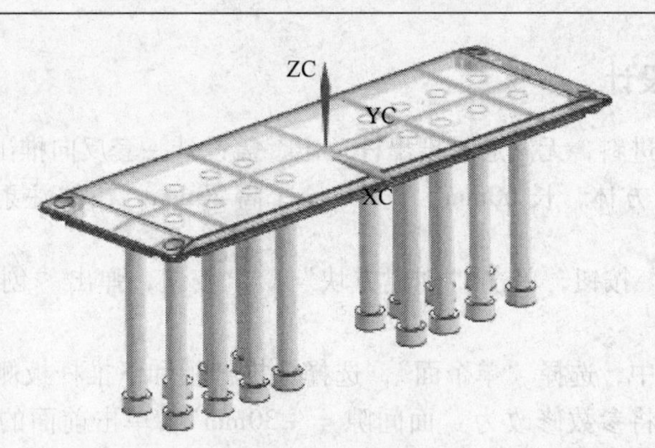

图 6-38　修剪推杆

（6）单击菜单栏中“HB_MOULD M6.6”→“顶针（推杆）系列”→“模仁（型芯）避孔”，输入逼空间隙（双边）为 1mm，料位预留高度为 20mm。根据状态栏提示，选择 16 根推杆，单击 确定 按钮，选择动模型芯。软件自动将动模型芯上的推杆避空孔做好，如图 6-39 所示。

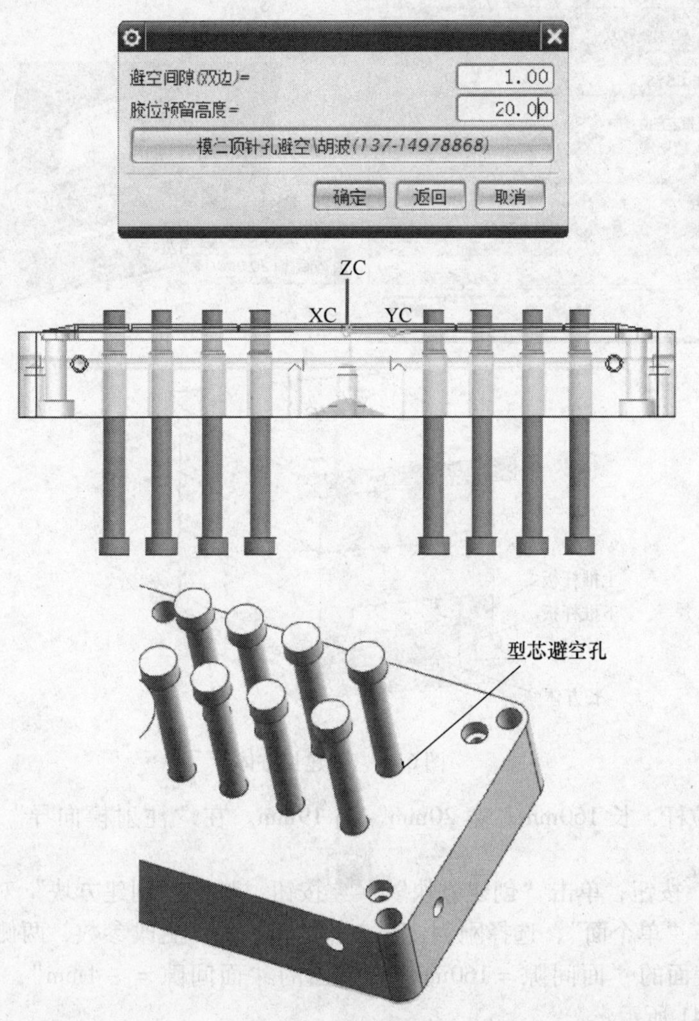

图 6-39　模仁避空

6.4.7 推出机构设计

本套模具为反向进料，无法通过推出杆顶出，需设计一套反向推出机构。

（1）创建一个长方体，长 60mm、宽 35mm、高 20mm。在“注射模向导”工具条中，单击“模具工具”按钮，单击“创建方块”按钮，弹出“创建方块”对话框，如图 6-40 所示。

在面规则示意图中，选择“单个面”，选择上推杆板和下推杆板侧面。更改参数，分别单击两侧面的箭头，将参数修改为“面间隙 = -30mm”，单击前面的箭头，将前面的面参数修改为“面间隙 -20mm”，其他“面间隙 =0mm”，如图 6-40 所示。

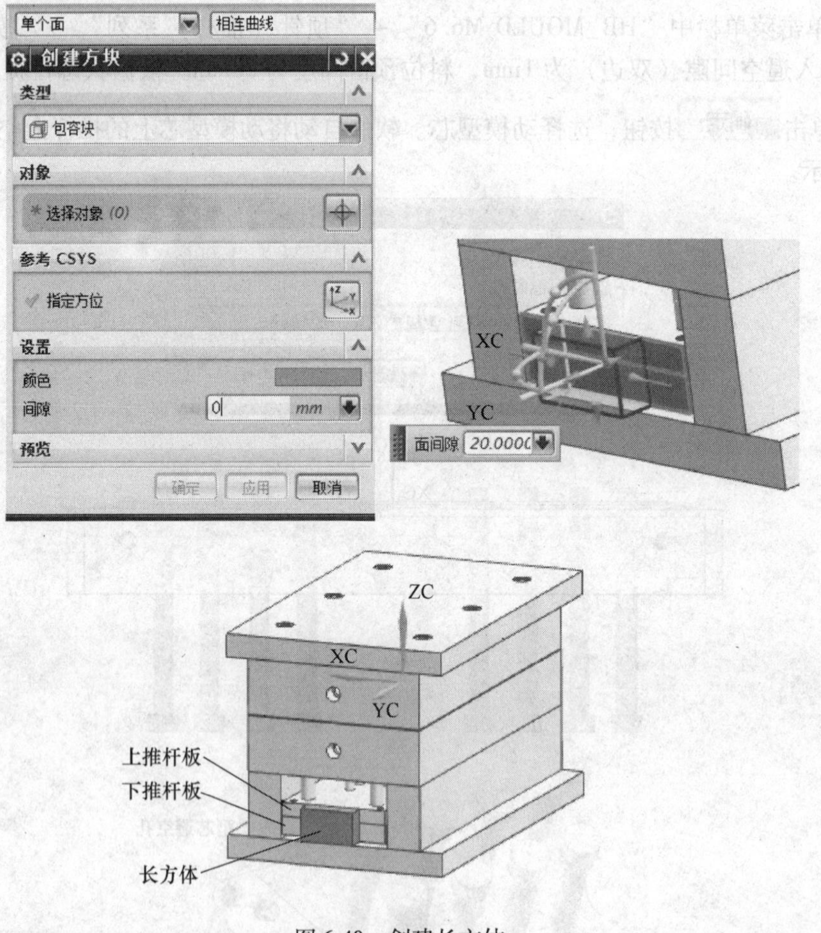

图 6-40 创建长方体

（2）创建拉杆，长 160mm、宽 20mm、高 19mm。在“注射模向导”工具条中，单击“模具工具”按钮，单击“创建方块”按钮，弹出“创建方块”对话框。在面规则示意图中，选择“单个面”，选择刚创建长方体的上表面。更改参数，两侧面的“面间隙 = -20mm”，上表面的“面间隙 = 160mm”，前面的“面间隙 = -1mm”，其他“面间隙 = 0mm”，如图 6-41 所示。

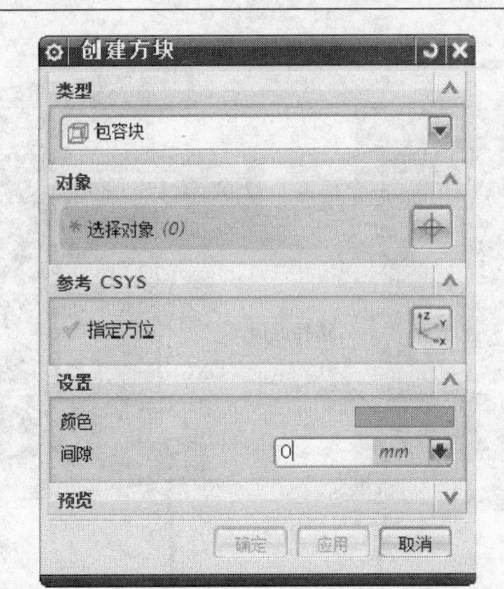

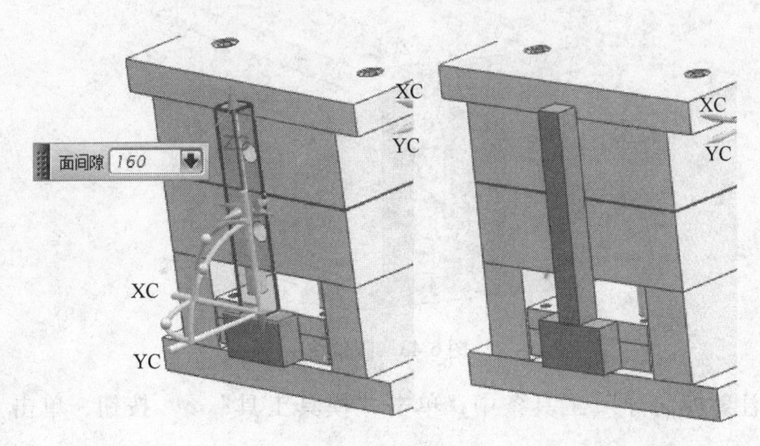

图 6-41　创建拉杆

(3) 在“注射模向导”工具条中，单击“模具工具” 按钮，单击“创建方块” 按钮，弹出“创建方块”对话框。在面规则示意图中，选择“单个面”，选择刚创建的拉杆的上表面。更改参数，两侧面的“面间隙＝4mm”，上表面的“面间隙＝15mm”，其他“面间隙＝0mm”，如图 6-42 所示。

(4) 创建推出机构限位块：在“注射模向导”工具条中，单击“模具工具” 按钮，单击“创建方块” 按钮，弹出“创建方块”对话框。在面规则示意图中，选择“单个面”，选择前面创建的长方体的上表面，如图 6-43 所示。更改参数，上表面的“面间隙＝142mm”，下表面的“面间隙＝－2mm”，前面的“面间隙＝8mm”，其他“面间隙＝0mm”，如图 6-43 所示。

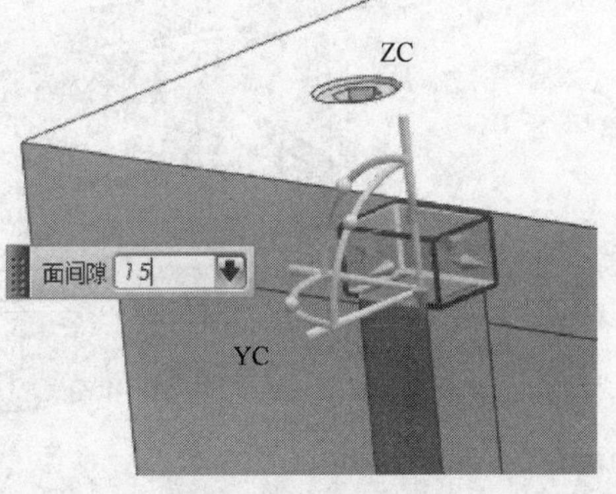

图 6-42　创建方块

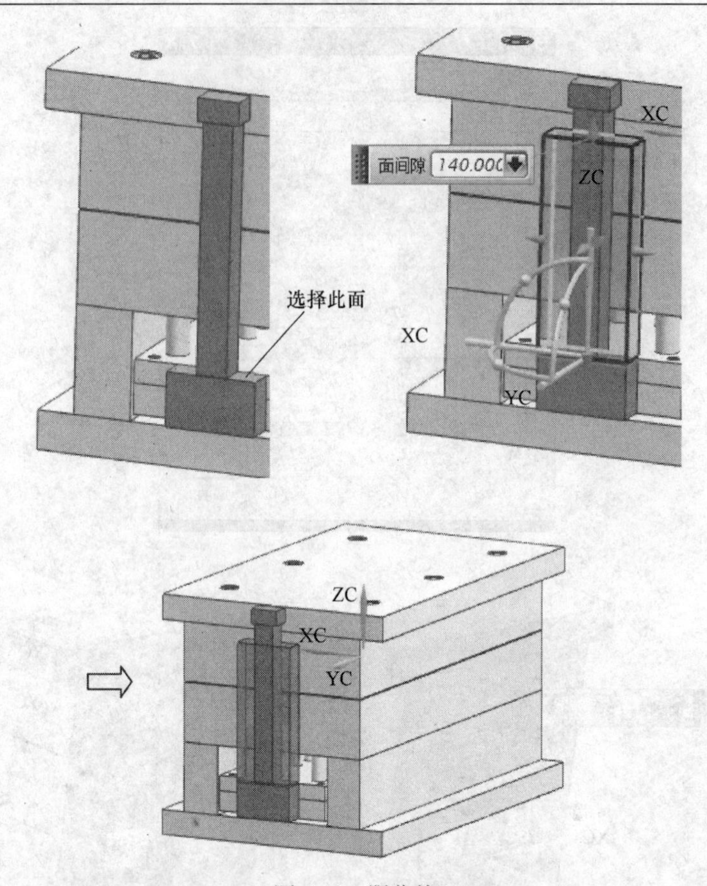

图 6-43　限位块

（5）在“注射模向导”工具条中，单击“模具工具”按钮，单击“创建方块”按钮，弹出“创建方块”对话框。在面规则示意图中，选择“单个面”，选择前面创建的方块的下表面，如图 6-44 所示。更改参数，上表面的“面间隙 = 140mm”，下表面的“面间隙 = −2mm”，其他“面间隙 = 0mm”，如图 6-44 所示。

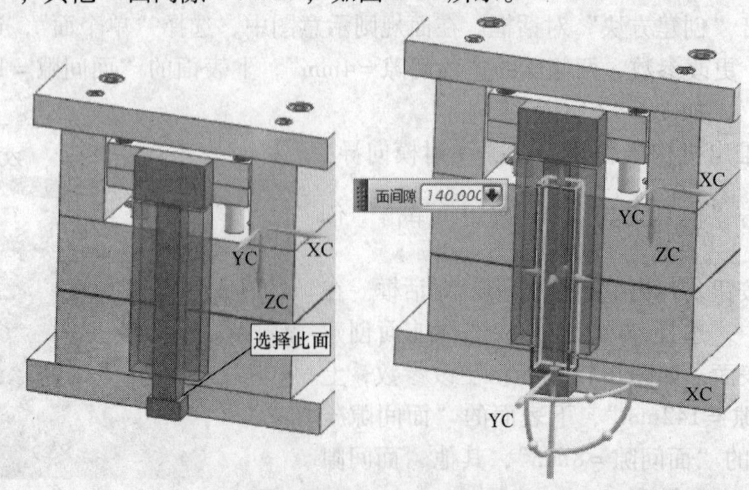

图 6-44　创建方块

(6) 在“特征”工具条中，单击“求差”按钮，目标体选择限位块，工具体选择刚创建的方块，单击确定按钮，如图6-45所示。

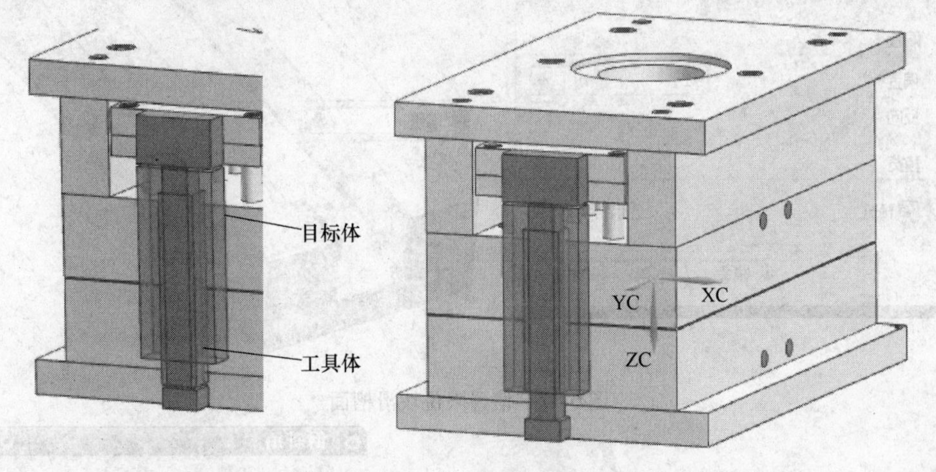

图6-45 限位块求差

(7) 在“特征”工具条中，单击“求差”按钮，目标体选择限位块，工具体选择拉杆，设置选项中“保存工具”，单击确定按钮，如图6-46所示。

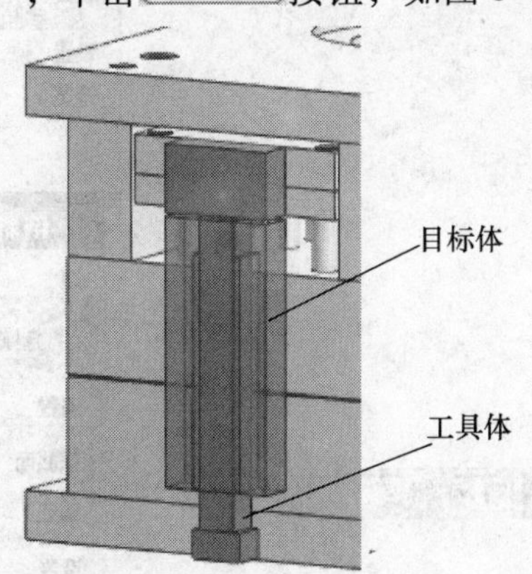

图6-46 限位块与拉杆求差

(8) 隐藏其他部件，只显示推出机构限位块。在“特征”工具条中，单击“偏置面”按钮，选择限位块滑槽的三个侧面，输入偏置参数为-1mm，如图6-47所示。

(9) 在“特征”工具条中，单击“求和”按钮，将拉杆的三个部分求和，如图6-48所示。

(10) 在“特征”工具条中，单击“倒斜角”按钮，将拉杆头部倒角5mm，其他边缘倒角为2mm，如图6-49所示。

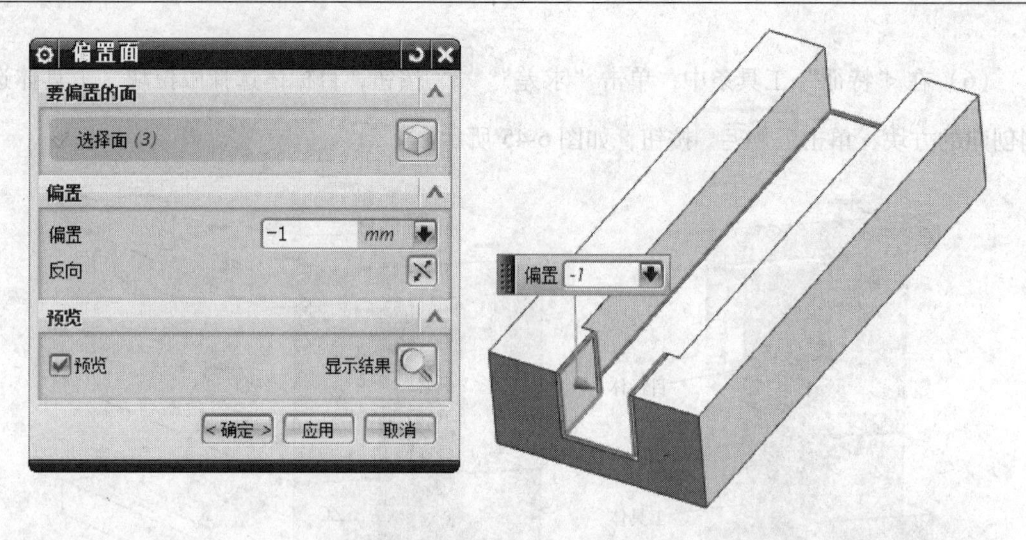

图 6-47　偏置限位块滑槽面

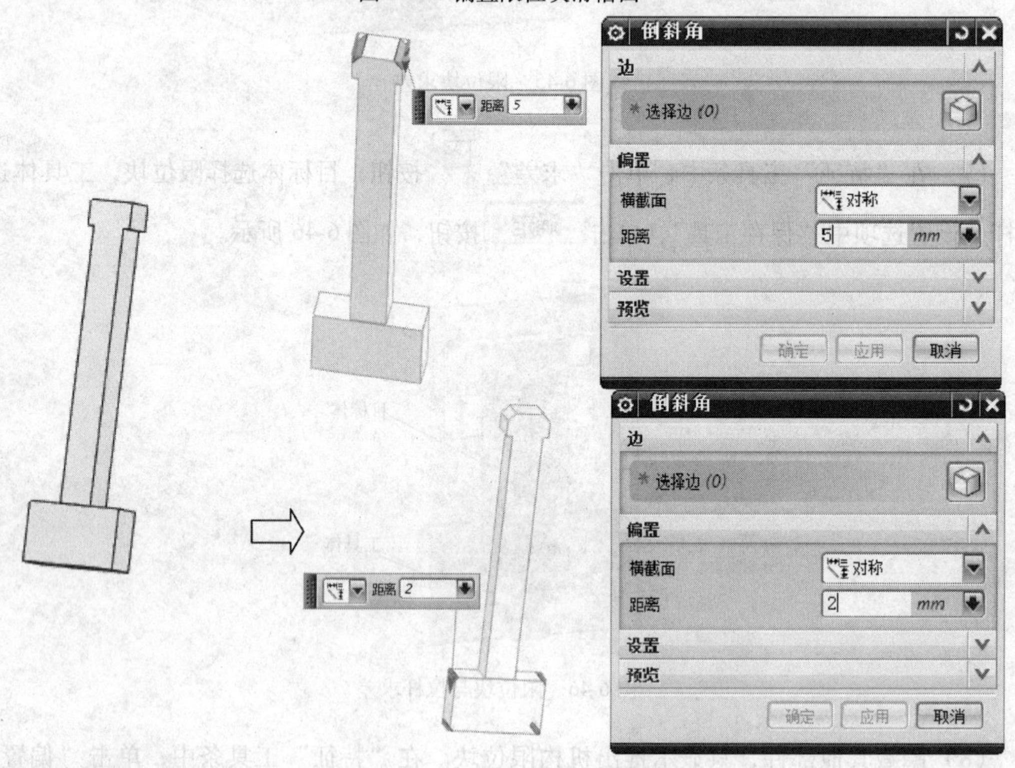

图 6-48　拉杆求和

图 6-49　倒角操作

（11）镜像推出机构。单击“格式”→“变换”，变换的对象选择推出机构的所有部件，单击 通过一平面镜像 ，镜像的平面类型选择 XC-ZC 平面 ，单击 确定 按钮，单击 复制 ，单击 取消 按钮，如图 6-50 所示。

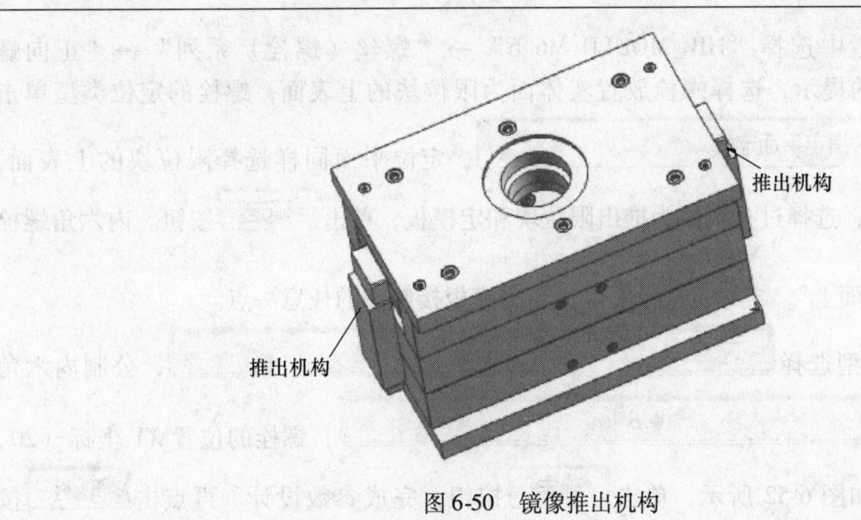

图 6-50　镜像推出机构

（12）在菜单栏中选择“HB_MOULD M6.6”→“螺丝（螺栓）系列”→“正向螺丝（螺栓）”，根据命令行的提示，选择螺栓放置实体面为限位块的上表面，螺栓的定位类型单击［指定平面定位］，定位平面同样选择限位块的上表面，弹出类选择对话框，选择过孔实体为顶出限位块和定模板，单击［确定］按钮。内六角螺栓孔断点选择“点在面上”，选择限位块与定模板接触面的任意一点。

内六角螺栓类型选择［公制］，公制内六角螺栓型号选［M8］，螺栓的位置 XY 坐标（20，-60），参考参数如图 6-51 所示，单击［确定］按钮，完成参数设计。再单击［取消］按钮，选择［X向镜相］。

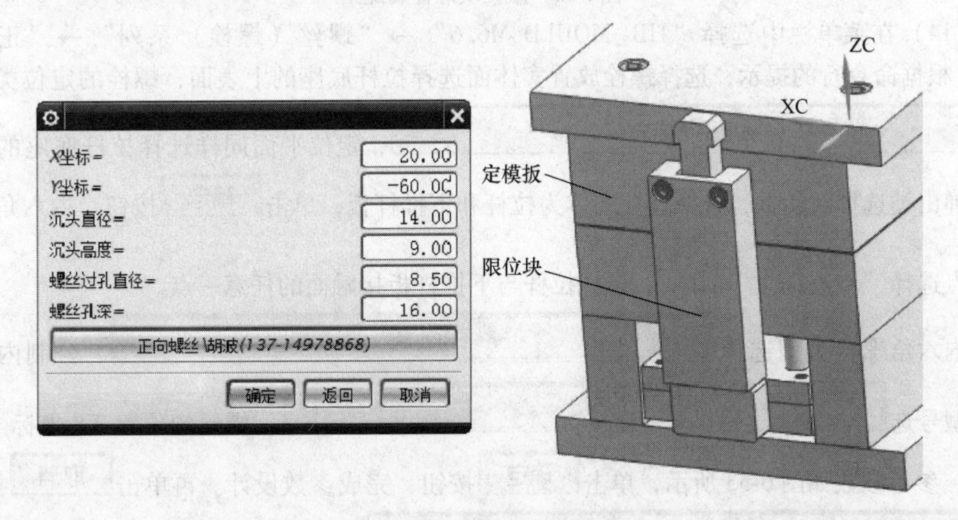

图 6-51　限位块螺栓

（13）在菜单栏中选择“HB_MOULD M6.6”→“螺丝（螺栓）系列”→“正向螺丝”，根据命令行的提示，选择螺栓放置实体面为限位块的上表面，螺栓的定位类型单击 指定平面定位 ，定位平面同样选择限位块的上表面，弹出类选择对话框，选择过孔实体为推出限位块和定模板，单击 确定 按钮。内六角螺栓孔断点选择“点在面上”，选择限位块与定模板接触面的任意一点。

内六角螺栓类型选择 公制 ，公制内六角螺栓型号选 M8 ，螺栓的位置 *XY* 坐标（20，-30），参考参数如图 6-52 所示，单击 确定 按钮，完成参数设计。再点击 取消 按钮，选择 X向镜相 ，限位块螺栓总体装配如图 6-52 所示。

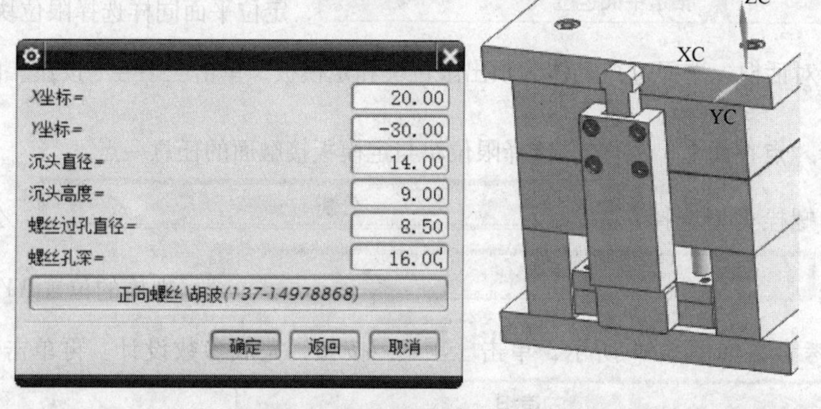

图 6-52　限位块螺栓装配图

（14）在菜单栏中选择“HB_MOULD M6.6”→“螺丝（螺栓）系列”→“正向螺丝”，根据命令行的提示，选择螺栓放置实体面选择拉杆底座的上表面，螺栓的定位类型单击 指定平面定位 ，定位平面同样选择拉杆底座的上表面，弹出类选择对话框，选择过孔实体为拉杆和下推杆板，单击 确定 按钮。内六角螺栓孔断点选择“点在面上”，选择拉杆与下推杆板接触面的任意一点。

内六角螺栓类型选择 公制 ，公制内六角螺栓型号选 M8 ，螺栓的位置 *XY* 坐标（20，7.5），参考参数如图 6-53 所示，单击 确定 按钮，完成参数设计。再单击 取消 按钮，选择 X向镜相 。

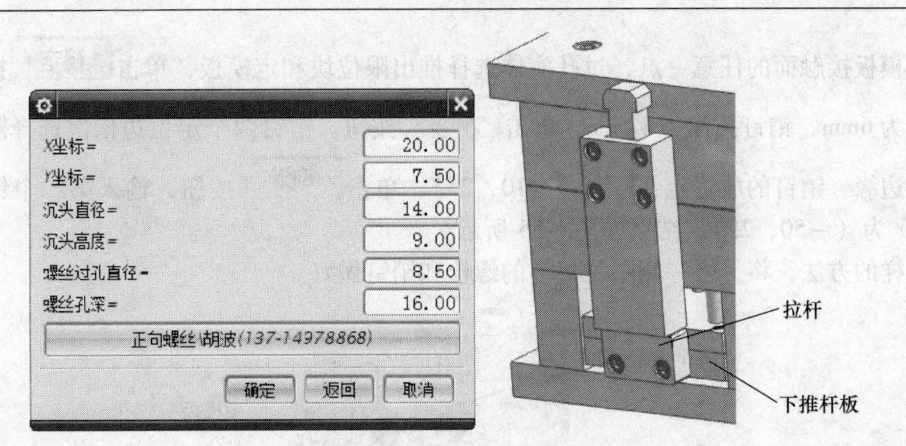

图 6-53　拉杆螺栓

（15）在菜单栏中选择“HB_MOULD M6.6”→“螺丝（螺栓）系列”→“正向螺丝”，根据命令行的提示，选择螺栓放置实体面选择拉杆底座的上表面，螺栓的定位类型单击 指定平面定位 ，定位平面同样选择拉杆底座的上表面，弹出类选择对话框，选择过孔实体为拉杆和上推杆板，单击 确定 按钮。内六角螺栓孔断点选择“点在面上”，选择拉杆与上推杆板接触面的任意一点。

内六角螺栓类型选择 公制 ，公制内六角螺栓型号选 M8 ，螺栓的位置 *XY* 坐标（0，-9），参考参数如图 6-54 所示，单击 确定 按钮，完成参数设计，再单击 取消 按钮。

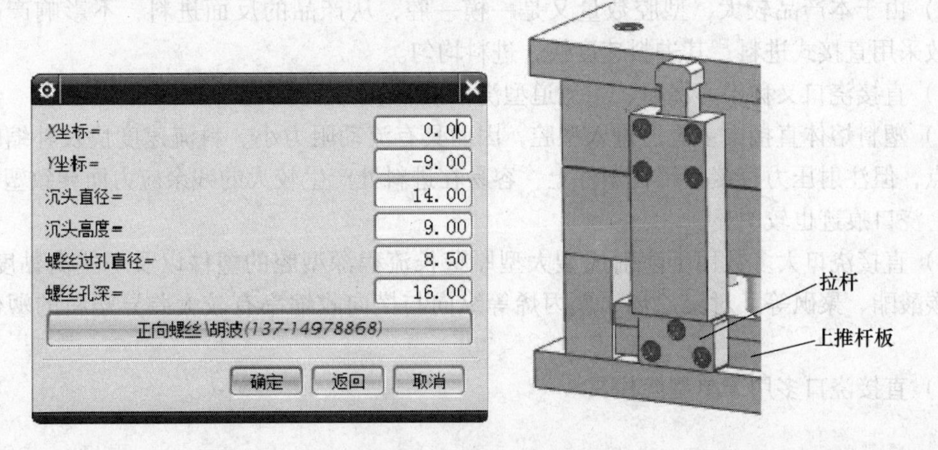

图 6-54　拉杆螺栓装配图

（16）在菜单栏中选择“HB_MOULD M6.6”→“顶针（推杆）系列”→“定位销钉”，销钉的类型选择 单柱销钉 ，根据命令行的提示，销钉的放置面选择推出限位块表面，销钉的打断点选择“点在面上”，选择限位块与定模板接触面的任意一点，过孔实体选择推出限位块和定模板，单击 确定 按钮，销钉直径为6mm，销钉孔深为42mm，单击 确定 按钮。销钉两个定位边依次选择限位块的两个测边缘，销钉的放置点 *XY* 为（-10，25），单击 取消 按钮，输入第二个销钉的放置点 *XY* 为（-50，25），结果如图6-55所示。

同样的方法，将另外一侧限位机构的螺栓和销钉做好。

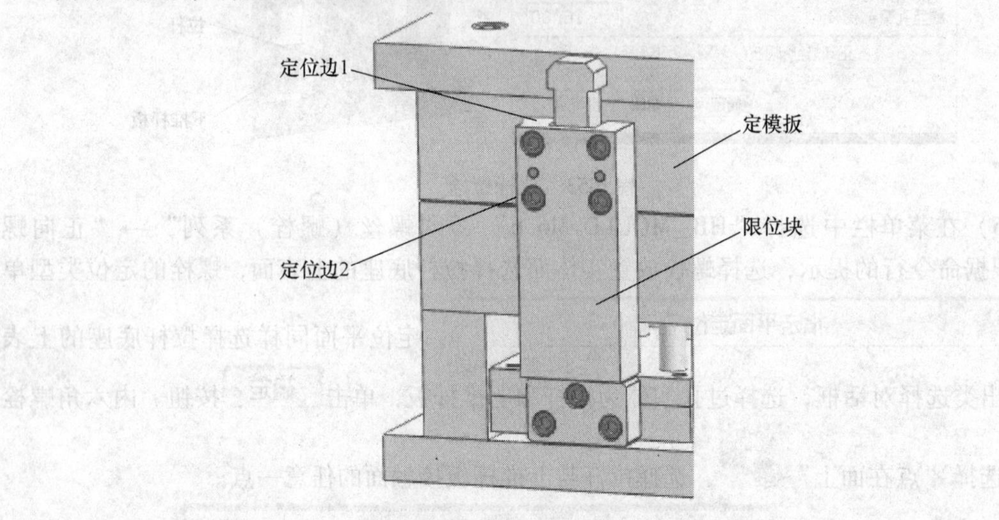

图6-55　定位销钉装配图

6.5　小结

1）由于本产品较大，型腔数量又是一模一腔，从产品的反面进料，不影响产品的外观，故采用直接式进料，其进料速度快，进料均匀。

2）直接浇口又称中心浇口、主流道型浇口或非限制性浇口。

3）塑料熔体直接由主流道进入型腔，因而具有流动阻力小、料流速度快及补缩时间长的特点，但注射压力直接作用在塑件上，容易在进料处产生较大的残余应力而导致塑件翘曲变形，浇口痕迹也较明显。

4）直接浇口大多数用于注射成型大型厚壁长流程深型腔的塑件以及一些高黏度塑料，如聚碳酸酯、聚砜等，对聚乙烯、聚丙烯等纵向与横向收缩率有较大差异塑料的塑件不适宜。

5）直接浇口多用于单型腔模具。

6.6　综合练习

本章的设计任务是叉架模型，如图6-56所示（随书附带光盘中“exercise\cp-06.prt”），根据客户提出的设计任务，见表6-2，选择合适的分型面，并设计出模具的浇注系统、推出系统，选用合适的模架完成三维总装图。

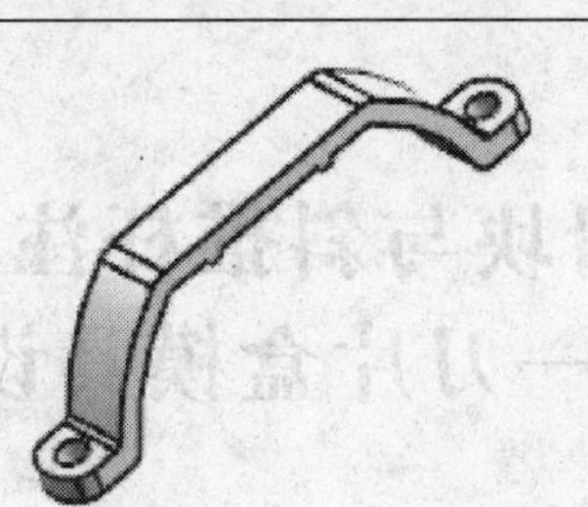

图 6-56 叉架产品图

表 6-2 叉架产品客户要求

产品材料	用途	产品外观要求	材料收缩率	模腔排位及数量	产量	备　注
ABS	理发剪的主要零部件	外表光滑，没有流纹、飞边等	5‰	一模两腔	10 万	产品要求装配，且装配在偏差内，防止表面缩水

第 7 章　滑块与斜推杆注射模具设计——刀片盒模具设计

本章要点

- 掌握滑块机构的设计
- 掌握斜推杆机构的设计
- 掌握一模出两件模具设计

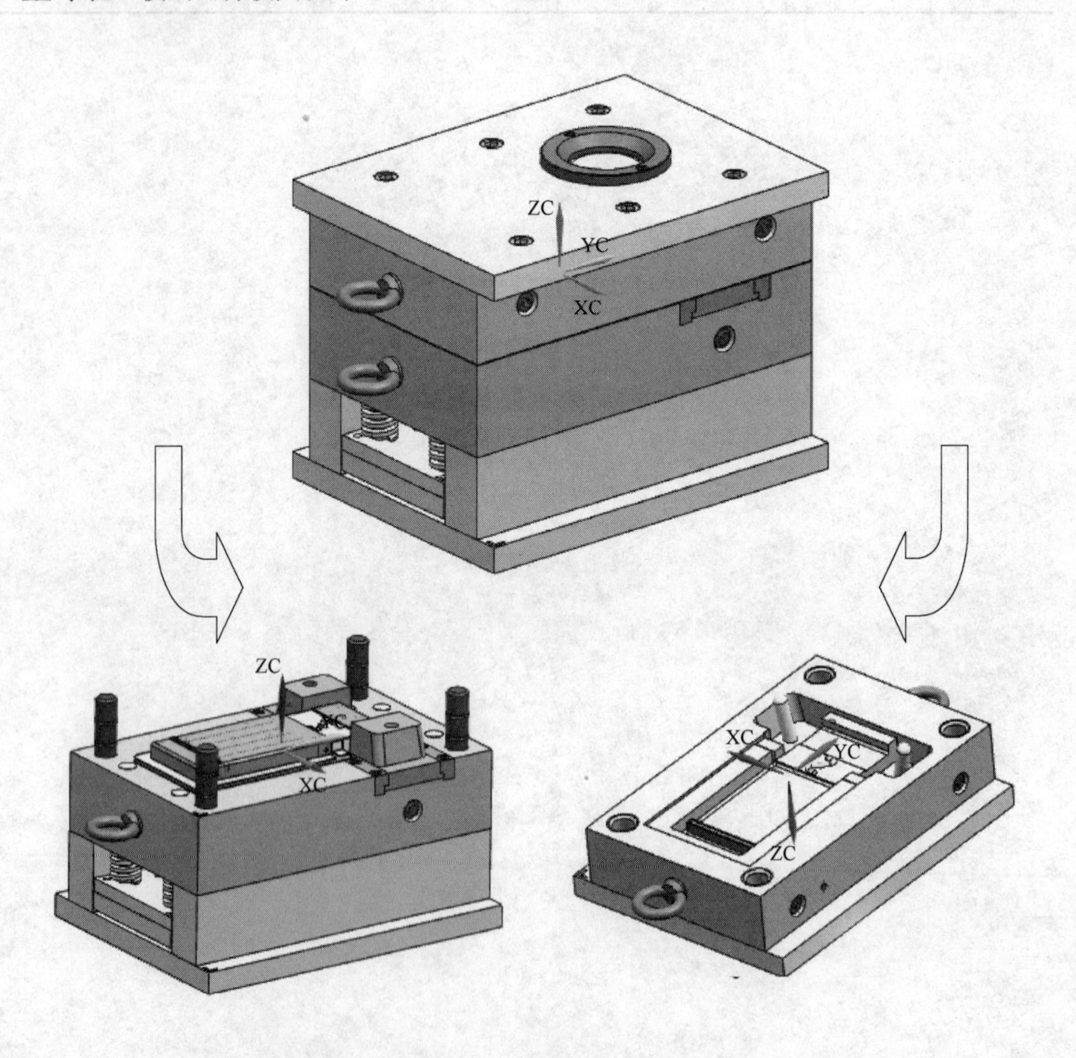

7.1 设计任务

本章的设计任务是刀片盒模具，在接受设计任务时，客户提供的是刀片盒上盖和下盖产品的模型图如图 7-1 所示，并提出一些设计要求见表 7-1。

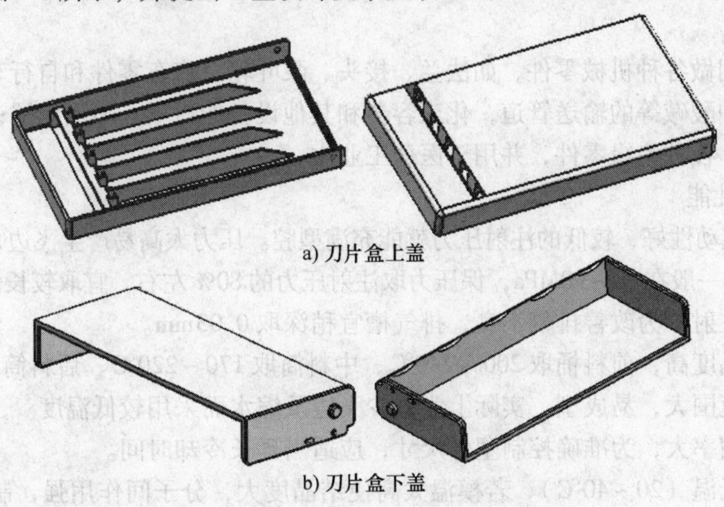

a) 刀片盒上盖

b) 刀片盒下盖

图 7-1　刀片盒上、下盖产品模型图

表 7-1　客 户 要 求

产品材料	用途	产品外观要求	材料收缩率	模腔排位及数量	产量	备　注
PP	刀片盒产品	外表光滑，没有流纹、飞边等	18‰	一模出两件	20 万	产品要求装配，且装配在偏差内

7.2 设计思路分析

下面以刀片盒产品的结构，进行模具设计思路分析：

1. 用途分析

该产品是刀片盒，注射条件为高温、高压，故对模具有较高强度要求，尺寸定位要求比较高，产品也要有一定耐磨性和耐腐蚀性。

2. 材料分析

刀片盒采用的材料为 PP 塑料。

（1）技术指标

PP 属于结晶型高聚物，有质轻、无毒、无味的特点，而且还具有耐腐蚀、耐高温、机械强度高的特点。注射用的聚丙烯树脂为白色、有蜡状感的颗粒。

聚丙烯容易燃烧，火焰上端呈黄色，下端呈蓝色，冒少量黑烟，并熔融滴落，离火后能继续燃烧，散发出石油味。

（2）使用性能

聚丙烯具有聚乙烯所有的优良性能，如卓越的介电性能、耐水性、化学稳定性，宜于成型加工等；还有聚乙烯所没有的许多性能，如屈服强度、抗拉强度、抗压强度和硬度及弹性比聚乙烯好。定向拉伸后，聚丙烯可制作铰链，有特别高的抗弯曲疲劳强度。聚丙烯熔点为164~170℃，耐热性能好，能在100℃以上温度下进行消毒灭菌。其低温使用温度达-15℃，低于-35℃时会脆裂。聚丙烯的高频绝缘性能好，而且由于其不吸水，绝缘性能不受湿度的影响，但在氧、热、光的作用下，极易解聚、老化，所以必须加入防老化剂。

（3）用途

聚丙烯可用做各种机械零件，如法兰、接头、泵叶轮、汽车零件和自行车零件；可作为水、蒸气、各种酸碱等的输送管道，化工容器和其他设备的衬里、表面涂层；可制造盖和本体合一的箱壳，各种绝缘零件，并用于医药工业中。

（4）成型性能

聚丙烯的流动性好，较低的注射压力就能充满型腔。压力太高易产生飞边，但太低缩水会严重，注射压力一般在80~90MPa，保压力取注射压力的80%左右，宜取较长保压时间补缩。

适于快速注射，为改善排气不良，排气槽宜稍深取0.03mm。

聚丙烯结晶度高，前料桶取200~240℃、中料筒取170~220℃、后料筒取160~190℃，因其成型温度范围大，易成型，实际上为减少飞边及缩水而采用较低温度。

因材料收缩率大，为准确控制塑件尺寸，应适当延长冷却时间。

模温易取低温（20~40℃），若模温太高使结晶度大，分子间作用强，制品刚性好、光泽度好，但柔软性、透明性差，缩水也明显。

背压以0.1MPa为宜，干粉着色工艺应适当提高背压，以提高混炼效果。

3. 结构分析

（1）模具结构

本套模具是一模出两件不同的产品，由于两件产品有侧凸或内凹，需要进行滑块机构和斜推杆机构设计，可采用一模一腔的两板式模具结构，如图7-2所示。

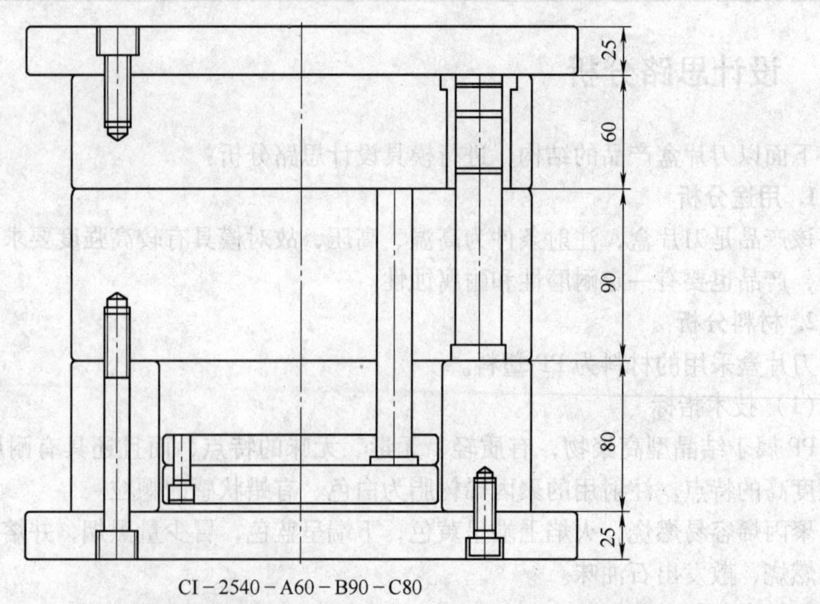

图7-2 模架结构

（2）分型面

分型面取在制品最大截面处，为保证制品的外观质量和便于排气，分型面选在产品的底部，如图 7-3 所示。

（3）浇口类型

由于产品较大，型腔数量是一模两件，可以采用 S 式侧进料，进料速度快且均匀，如图 7-4 所示。

（4）脱模机构

由于刀片盒无特殊外观要求，推出机构可以采用推杆推出，如图 7-5 所示。

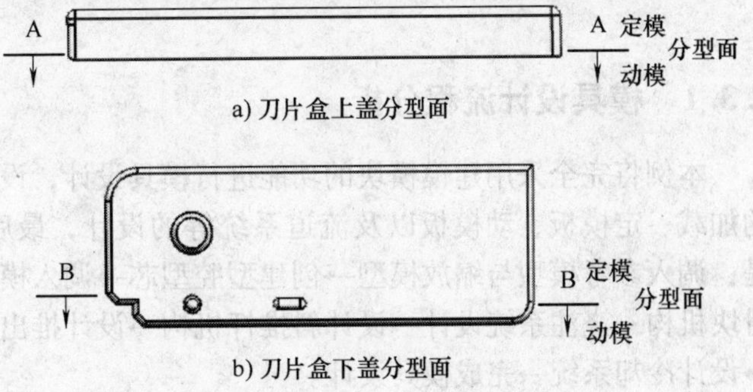

（5）冷却系统

动模和定模均采用循环式冷却系统，如图 7-6 所示。

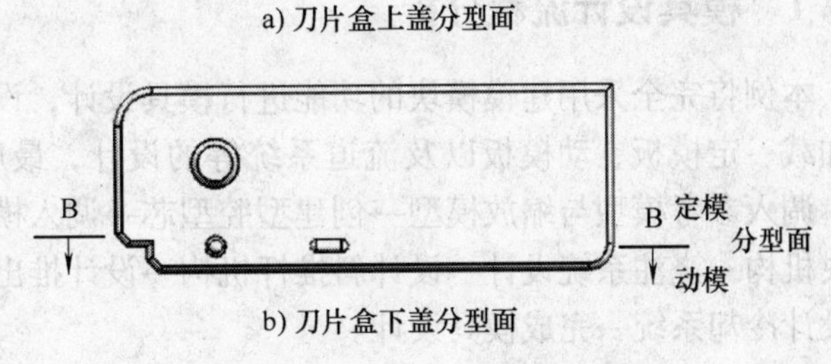

a) 刀片盒上盖分型面

b) 刀片盒下盖分型面

图 7-3　刀片盒上、下盖分型面

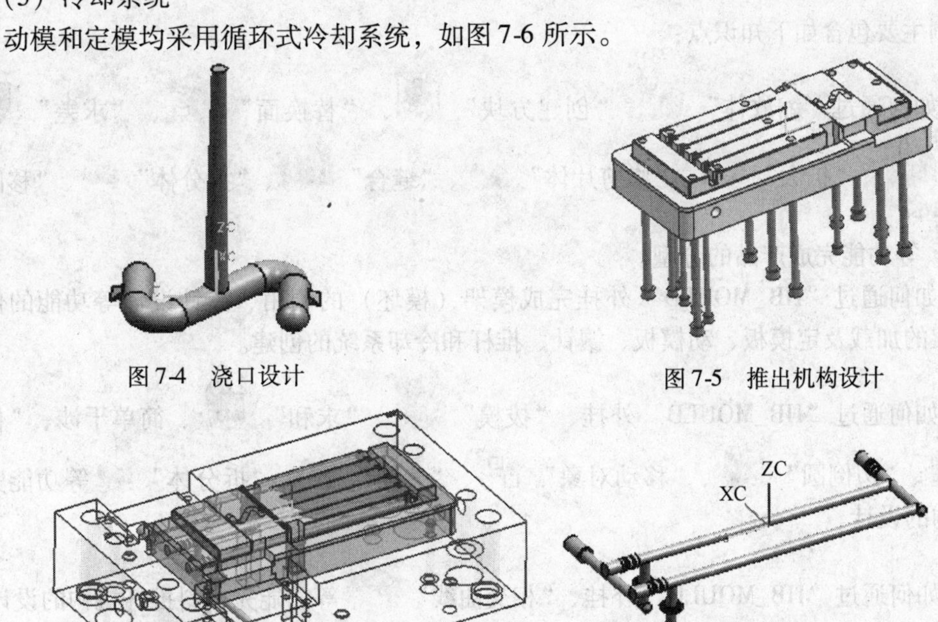

图 7-4　浇口设计

图 7-5　推出机构设计

a) 动模冷却系统

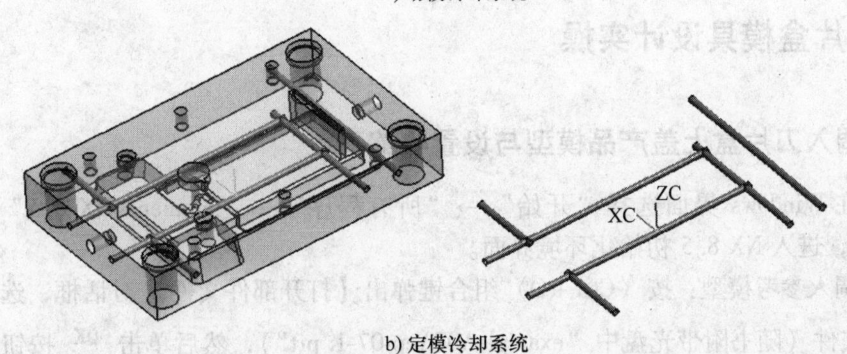

b) 定模冷却系统

图 7-6　冷却系统

7.3 模具设计流程及知识点

7.3.1 模具设计流程分析

本例将完全采用建模模块的功能进行模具设计，设计模具时设计出主要成型结构，模架的加载、定模板、动模板以及流道系统等的设计，最后完成冷却系统设计。主要设计流程是：调入参考模型与缩放模型→创建型腔型芯→调入模架→创建动模板→创建动模板→设计滑块机构→浇注系统设计→设计斜推杆机构→设计推出机构→创建镶件→其他标准件的加载→设计冷却系统→完成模具设计。

7.3.2 主要知识点

本例主要包含如下知识点：

1）如何通过"缩放体"、"创建方块"、"替换面"、"求差"、"拉伸"、"扩大"、"修剪片体"、"缝合"、"拆分体"、"移除参数"等功能完成产品的分型。

2）如何通过"HB_MOULD"外挂完成模架（模坯）的调用、镶针设计等功能的使用完成模架的加载及定模板、动模板、镶针、推杆和冷却系统的创建。

3）如何通过"HB_MOULD"外挂、"拔模"、"求和"、简单干涉、"偏置面"、"边倒圆"、"移动对象"、"变换"、"拆分体"等功能完成滑块机构的设计。

4）如何通过"HB_MOULD"外挂、"相交曲线"等功能完成斜推杆机构的设计。

5）如何通过"HB_MOULD"外挂、"管道"、"球"等功能完成浇注系统的设计。

6）"图层"和组合键的应用。

7.4 刀片盒模具设计实操

7.4.1 调入刀片盒上盖产品模型与设置收缩率

（1）在 Windows 界面选择"开始"→"所有程序"→"Siemens NX 8.5"→"NX 8.5"命令，进入 NX 8.5 初始化环境界面。

（2）调入参考模型：按〈Ctrl + O〉组合键弹出【打开部件文件】对话框，选择刀片盒上盖产品文件（随书附带光盘中"example\07\cp-07-1. prt"），然后单击 OK 按钮调入参考模型，如图 7-7 所示。

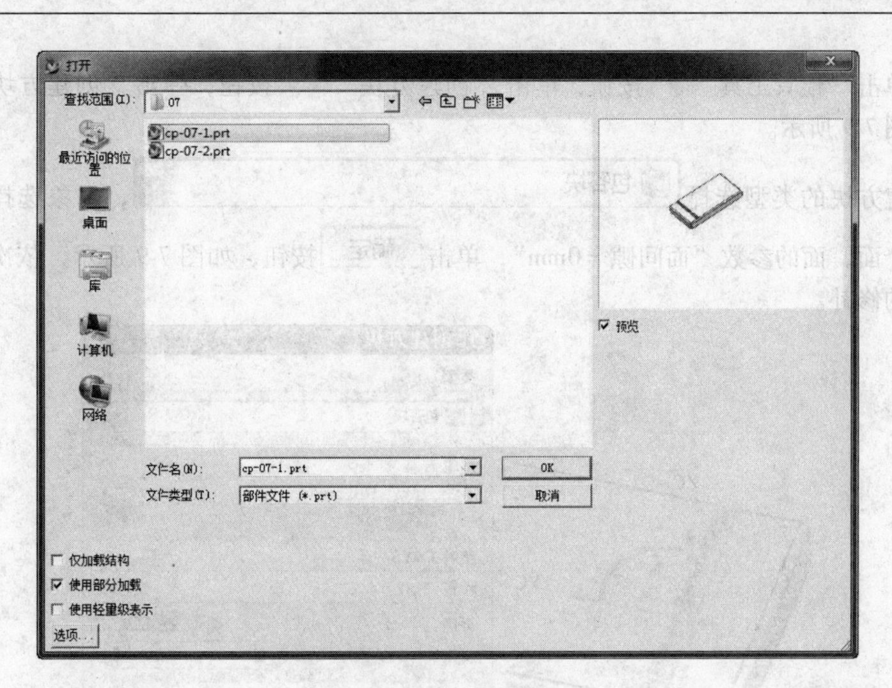

图 7-7　调入参考模型

(3) 在“标准”工具条中单击“建模”按钮或按〈Ctrl + M〉组合键进入建模模块。

(4) 设置收缩率：在菜单栏中选择“插入”→“偏置/缩放”→“缩放体”选项，弹出“缩放体”对话框，选择刀片盒上盖产品文件，设置比例因子为 1.018，如图 7-8 所示。

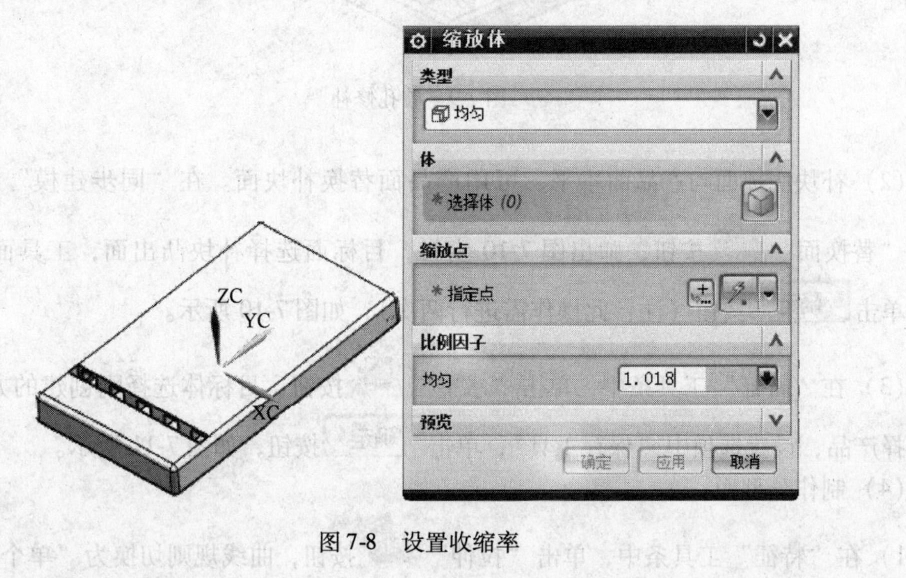

图 7-8　设置收缩率

7.4.2　刀片盒上盖产品分型

(1) 产品的外表面有一个缺口，可采用补块的方式进行修补。在“注射模向导”工具条中，单击“模具工具”按钮，单击“创建方块”按钮，弹出“创建方块”对话框，如图 7-9 所示。

创建方块的类型选择 包容块，对象选择产品缺口的四个面，面的参数“面间隙 = 0mm”，单击 确定 按钮，如图 7-9 所示，依次完成四个破孔的修补。

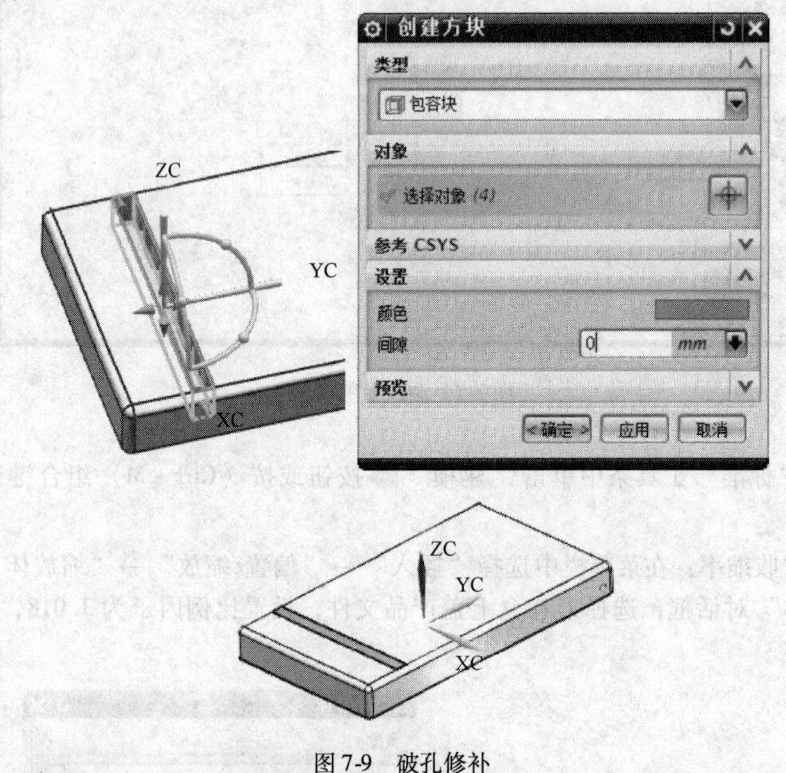

图 7-9　破孔修补

（2）补块底部面与产品面不平，可用产品面替换补块面。在“同步建模”工具条中，单击“替换面”按钮，弹出图 7-10 窗口，目标面选择补块凸出面，工具面选择产品面，单击 确定 按钮（注：此操作需进行两次），如图 7-10 所示。

（3）在“特征”工具条中，单击“求差”按钮，目标体选择刚创建的方块，工具体选择产品，设置选项中“保存工具”，单击 确定 按钮，如图 7-11 所示。

（4）制作分型面：

1）在“特征”工具条中，单击“拉伸”按钮，曲线规则切换为“单个曲线”，拉伸的截面选择产品 + *Y* 方向的分型线，如图 7-12 所示，拉伸的方向选择 + *Y*，拉伸的深度为 50mm，单击 确定 按钮。

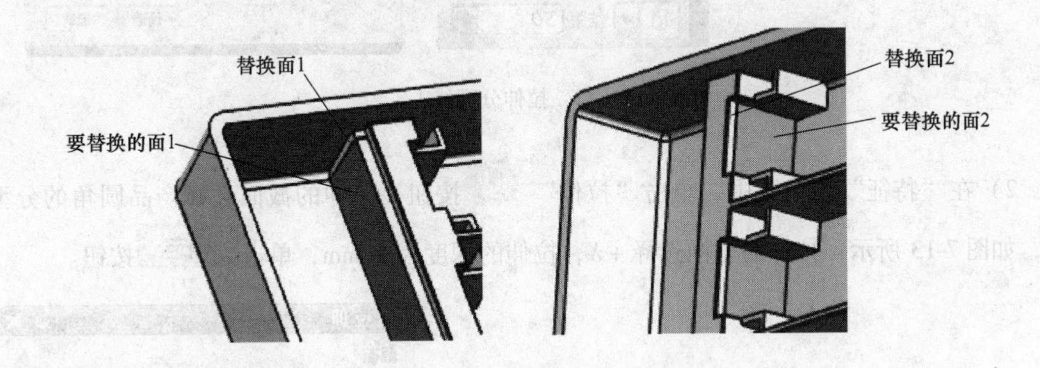

图 7-10　替换面

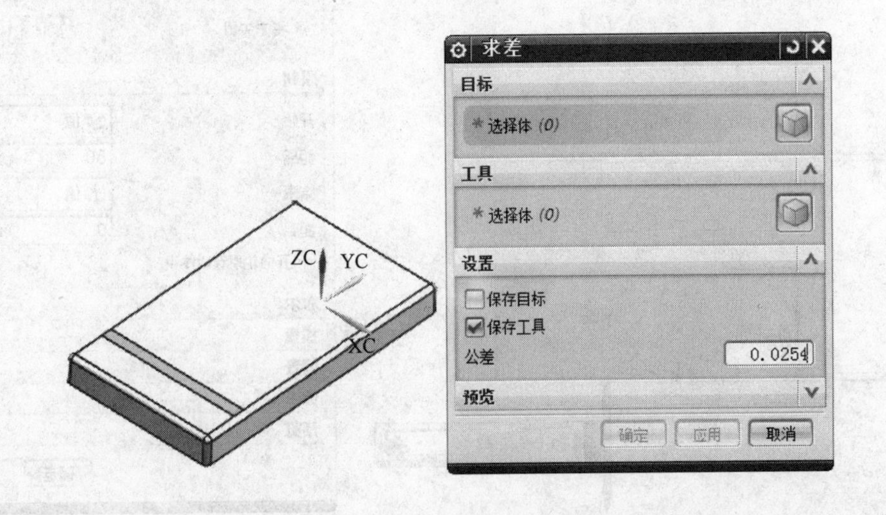

图 7-11　补块求差

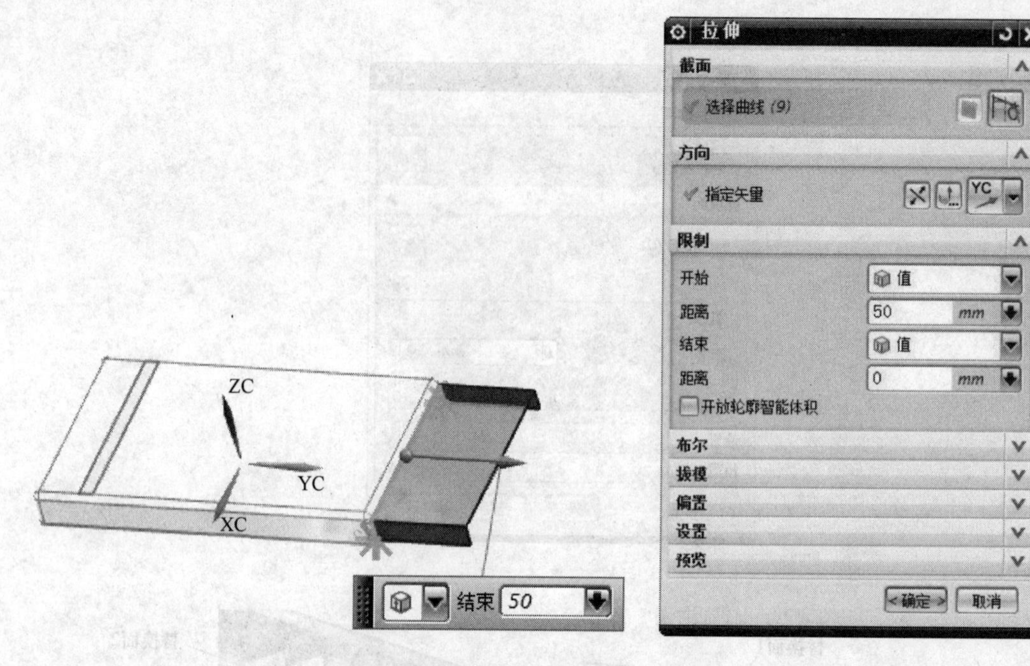

图 7-12　拉伸分型线 1

2）在“特征”工具条中，单击“拉伸” 按钮，拉伸的截面选择产品圆角的分型线，如图 7-13 所示，拉伸的方向选择 + X，拉伸的深度为 50mm，单击 确定 按钮。

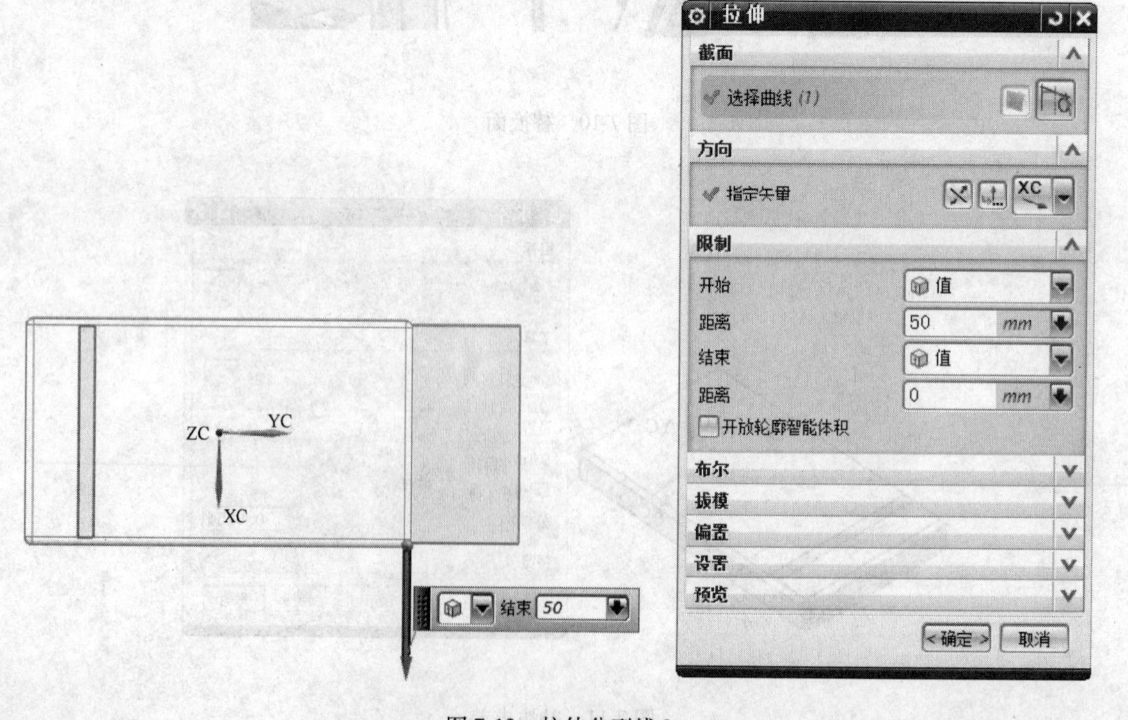

图 7-13　拉伸分型线 2

3）在“特征”工具条中，单击“拉伸”按钮，拉伸的截面选择分型线的边缘线，如图 7-14 所示，拉伸的方向选择 + Y，拉伸的深度为 50mm，单击“确定”按钮。

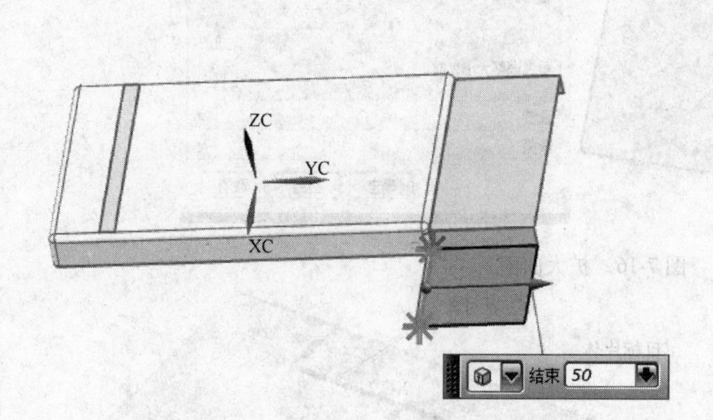

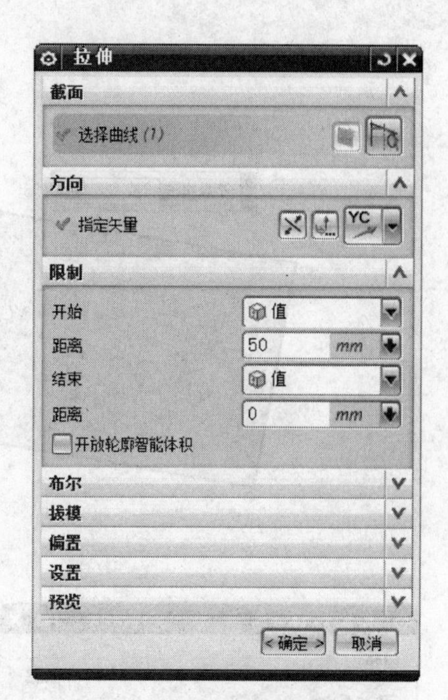

图 7-14　拉伸分型线 3

4）同上述 2 和 3 步骤相同，将 $-X$ 方向的分型线拉伸，结果如图 7-15 所示。

5）在菜单栏中选择“编辑”→“曲面”，单击“扩大”按钮，需要扩大的面选择产品底面（分型面），如图 7-16 所示。

6）在“特征”工具条中，单击“修剪片体”按钮，弹出修剪片体对话框，如图 7-17 所示。修剪的目标片体选择刚创建的扩大面（鼠标点选片体需要保留的部分），边界对象选择产品和分型面的边缘，如图 7-18 所示。

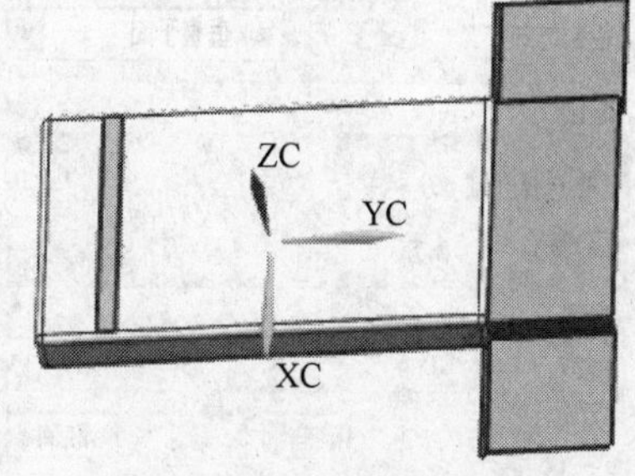

图 7-15　拉伸分型线 4

注意：在图 7-17 所示的修剪片体对话框中，如果选择区域将被“保留的”，在选择修剪片体时，鼠标选择点的区域即为被“保留的”。反之，如果选择区域将被“舍弃的”，在选择修剪片体时，鼠标选择点的区域即为被“舍弃的”。

7）在“特征”工具条中，单击“缝合”，将刚修剪后的所有片体缝合，即完成分型面的创建。

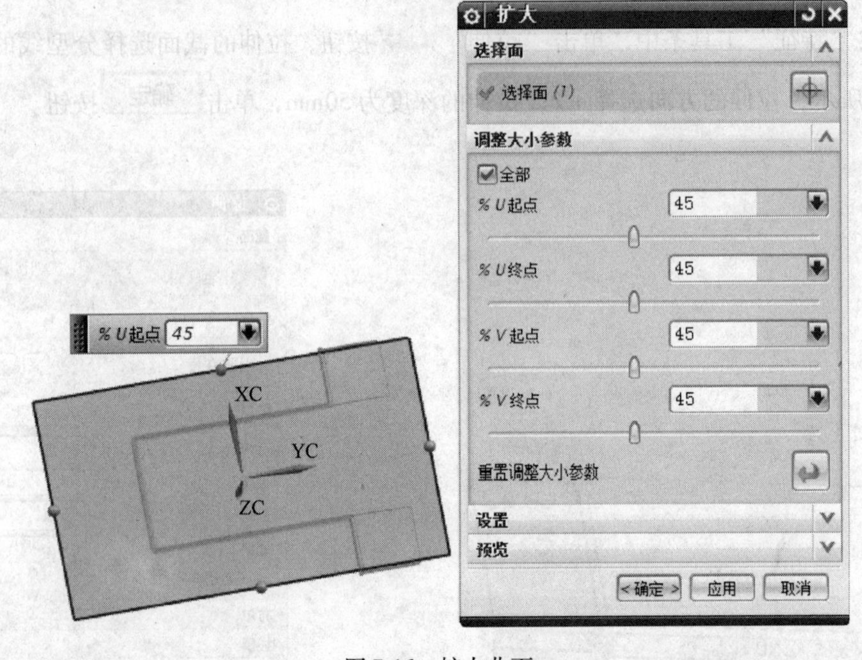

图 7-16 扩大曲面

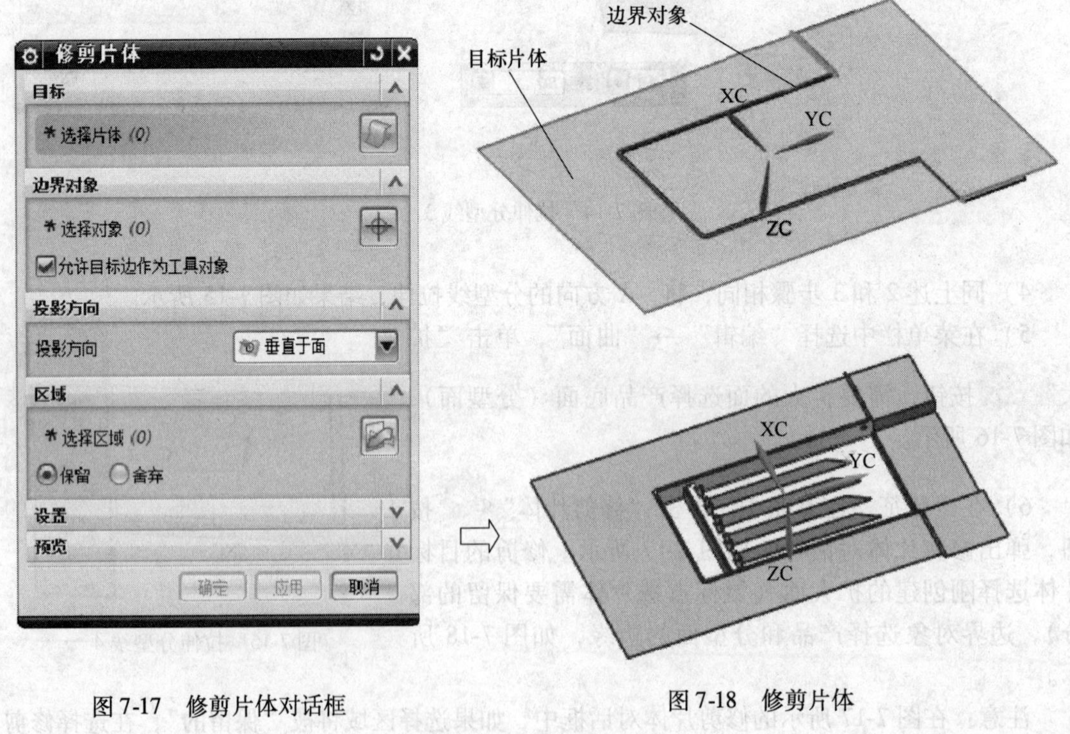

图 7-17 修剪片体对话框

图 7-18 修剪片体

（5）创建型腔型芯：在“注射模向导”工具条中，单击“模具工具”，单击“创建方块”，弹出“创建方块”对话框。在面规则示意图中，选择“体的面”，设置间隙参数为 15mm，对象选择产品，如图 7-19 所示。

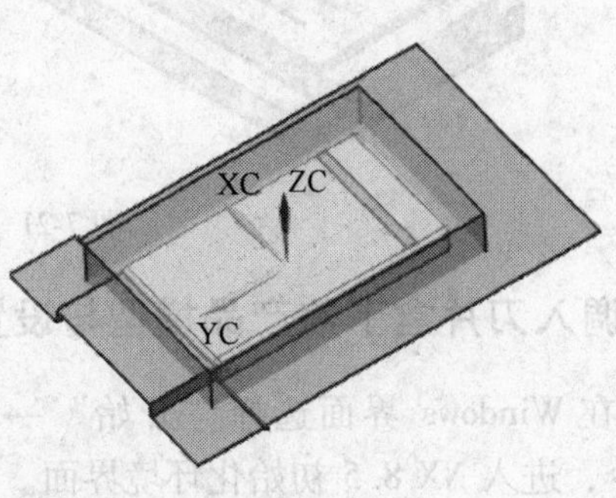

图 7-19　创建型腔型芯

（6）在“特征”工具条中，单击“求差”按钮，目标体选择刚创建的箱体，工具体选择产品，设置选项中“保存工具”，单击确定。

（7）在“特征”工具条中，单击“求差”按钮，目标体选择刚创建的箱体，工具体选择产品的补实体，设置选项中“保存工具”，单击确定按钮。

（8）将型腔型芯实体分割：在菜单栏中选择“插入”→“修剪”→“拆分体”，目标选择刚创建的型腔型芯，工具选项选择面或平面，选择分型面，完成动模型芯、定模型腔的分割，如图 7-20 所示。

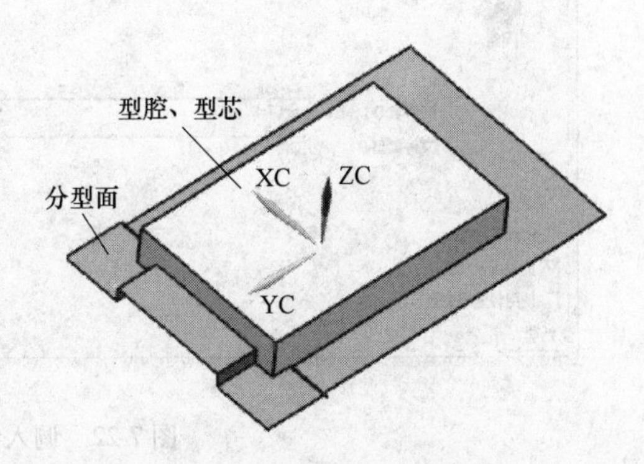

图 7-20　分割型腔型芯

（9）在“编辑特征”工具条中，单击“移除参数”按钮，对象选择型腔型芯，单击确定按钮，如图 7-21 所示。

（10）将分型面移动到 255 层（255 作为垃圾图层），或者将分型面删除。

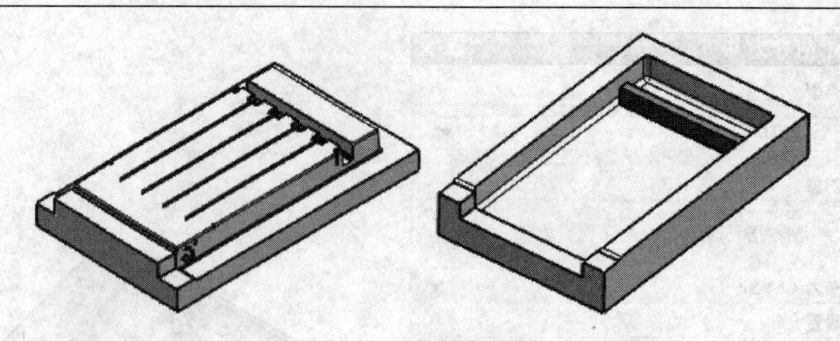

图 7-21　型芯、型腔

7.4.3　调入刀片盒下盖产品模型与设置收缩率

（1）在 Windows 界面选择“开始”→“所有程序”→“Siemens NX 8.5”→“ NX 8.5”命令，进入 NX 8.5 初始化环境界面。

（2）调入参考模型：按〈Ctrl + O〉组合键弹出【打开部件文件】对话框，选择刀片盒上盖产品文件（随书附带光盘中“example\07\cp-07-2. prt”），然后单击 OK 按钮调入参考模型，如图 7-22 所示。

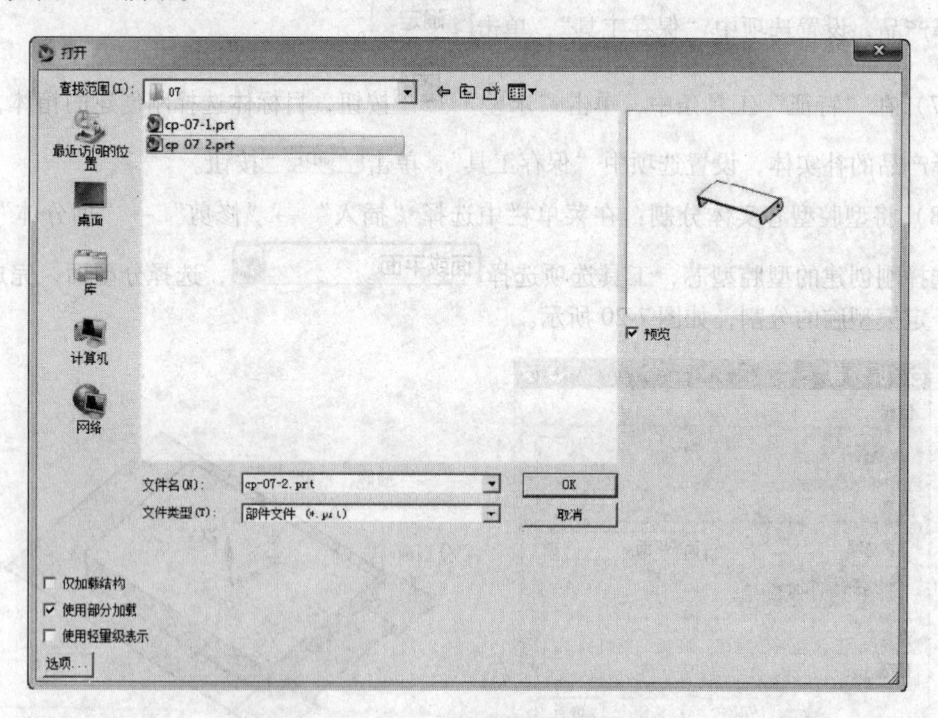

图 7-22　调入参考模型

（3）在“标准”工具条中单击“建模”按钮或按 Ctrl + M 组合键进入建模模块。

（4）设置收缩率：在菜单栏中选择“插入”→“偏置/缩放”→“缩放体”选项，弹出“缩放体”对话框，选择刀片盒下盖产品文件，设置比例因子为 1.018，如图 7-23 所示。

图 7-23　设置收缩率

7.4.4　刀片盒下盖产品分型

（1）绘制分型面草图：在“草图”工具条中，单击“草图”按钮，草图放置平面选择产品侧面，利用“投影曲线”、“约束”、“快速修剪”、“快速延伸”等命令，绘制草图如图 7-24 所示。

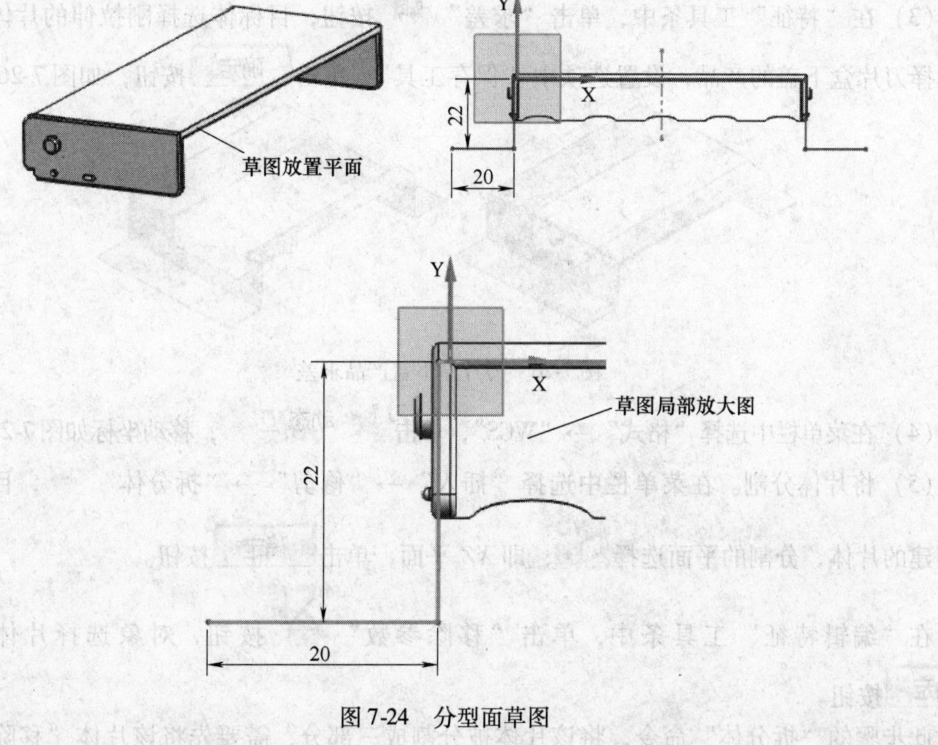

图 7-24　分型面草图

（2）在“特征”工具条中，单击“拉伸”按钮，拉伸的截面选择刚创建的草图曲线，如图 7-25 所示，拉伸的方向选择 +*Y*，拉伸的起始深度为 -25mm，结束深度为 50mm，单击 确定 按钮。

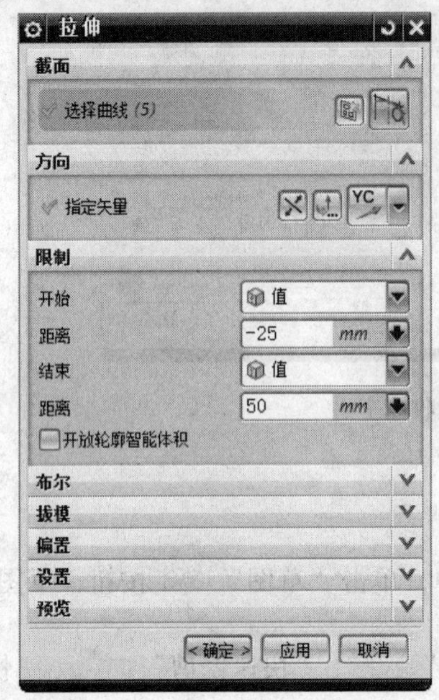

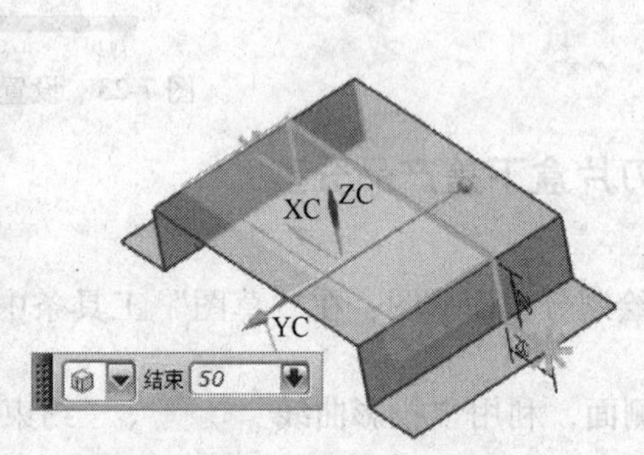

图 7-25　拉伸草图

（3）在“特征”工具条中，单击“求差”按钮，目标体选择刚拉伸的片体，工具体选择刀片盒下盖的产品，设置选项中“保存工具”，单击 确定 按钮，如图 7-26 所示。

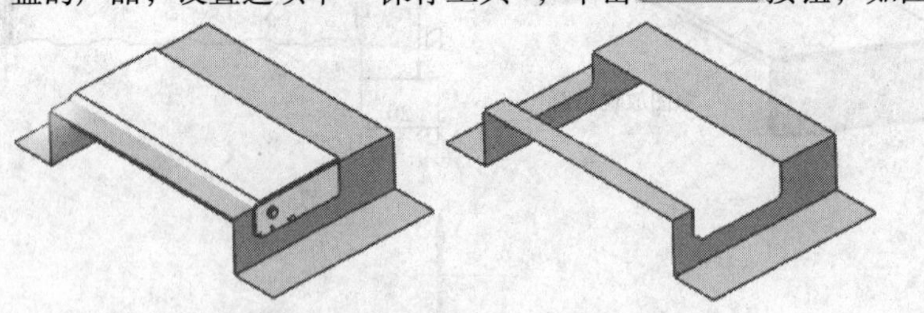

图 7-26　刀片盒下盖产品求差

（4）在菜单栏中选择“格式”→“WCS”，单击 动态(D)...，移动坐标如图 7-27 所示。

（5）将片体分割。在菜单栏中选择“插入”→“修剪”→“拆分体”，目标选择刚创建的片体，分割的平面选择，即 *XZ* 平面，单击 确定 按钮。

在“编辑特征”工具条中，单击“移除参数”按钮，对象选择片体，单击 确定 按钮。

此步骤的“拆分体”命令，将该片体被分割成三部分，需要先将该片体“移除参数”，然后删除多余的两部分，结果如图 7-28 所示。

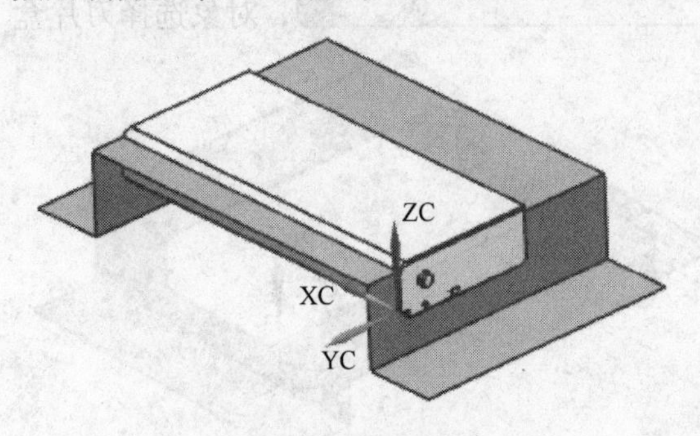

图 7-27　移动坐标

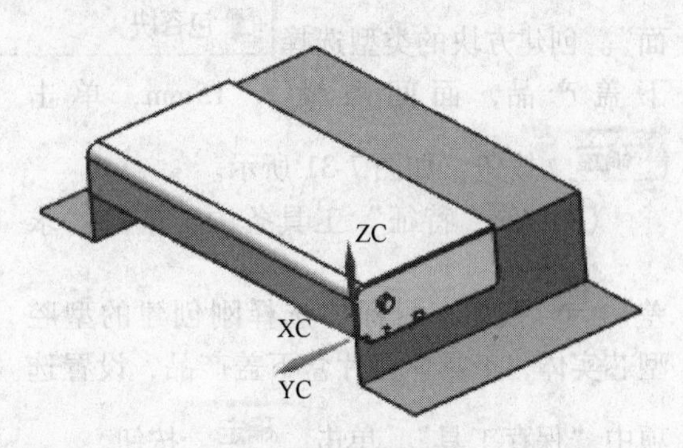

图 7-28　分割片体

（6）在“特征”工具条中，单击“拉伸”按钮，拉伸截面选择产品 +*Y* 方向分型线，如图 7-29 所示，拉伸方向选择 +*Y*，拉伸深度输入为 25mm，单击 确定 按钮，如图 7-29 所示。

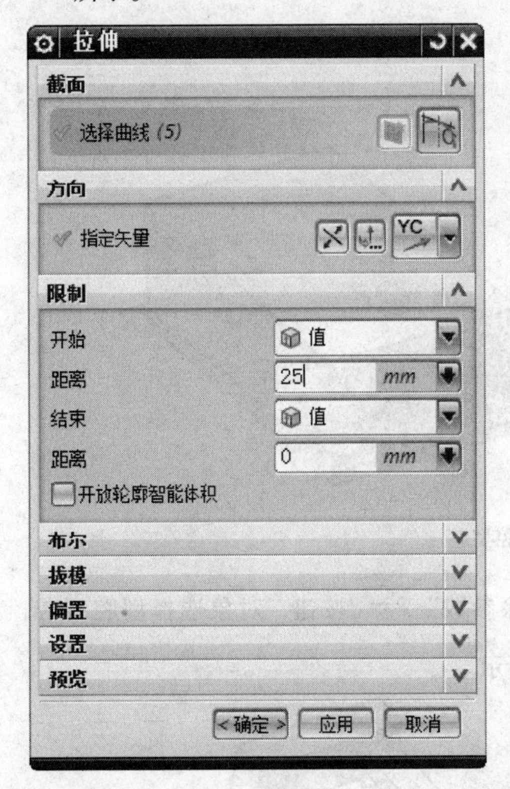

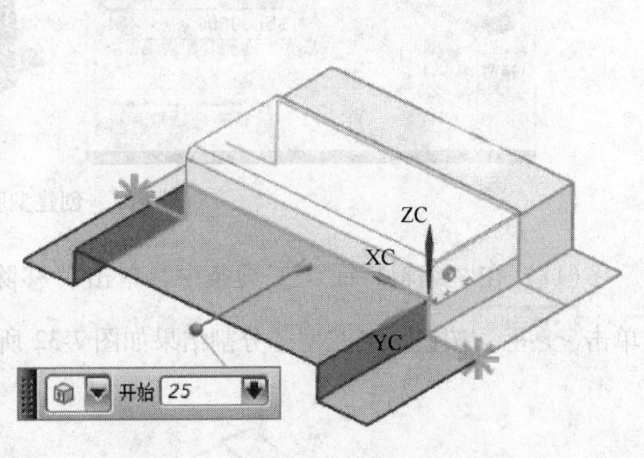

图 7-29　拉伸分型线

（7）在“特征”工具条中，单击“缝合”按钮，将刚创建的分型面所有片体缝合，即完成分型面的创建，如图 7-30 所示。

（8）创建型腔型芯：在“注射模向导”工具条中，单击“模具工具”按钮，单击“创建方块”按钮，弹出“创建方块”对话框。在面规则选择示意图中，选择“体的面”。创建方块的类型选择 包容块 ，对象选择刀片盒下盖产品，面间隙输入 15mm，单击 确定 按钮，如图 7-31 所示。

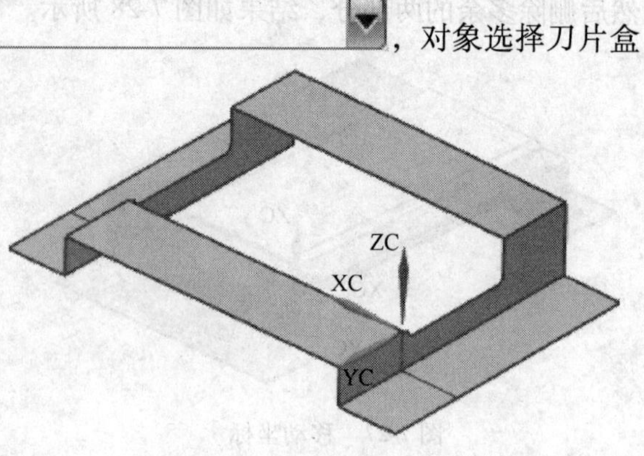

图 7-30　缝合分型面片体

(9) 在“特征”工具条中，单击“求差” 按钮，目标体选择刚创建的型腔型芯实体，工具体刀片盒下盖产品，设置选项中“保存工具”，单击 确定 按钮。

(10) 将型腔型芯分割。在菜单栏中选择“插入”→“修剪”→“拆分体” ，目标选择刚创建型腔型芯实体，工具选项选择 面或平面 ，选择创建的分型面，单击 确定 按钮。

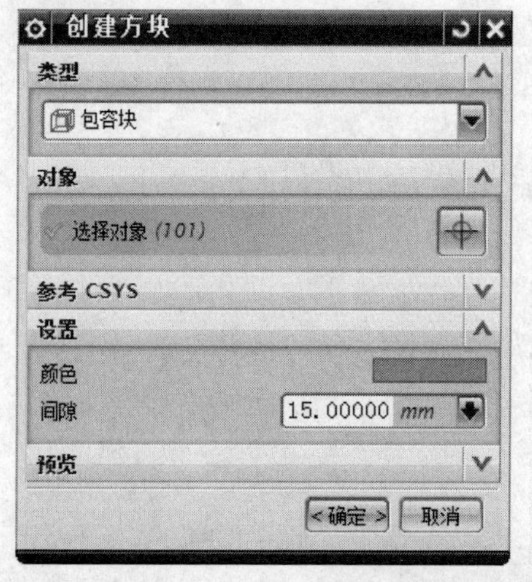

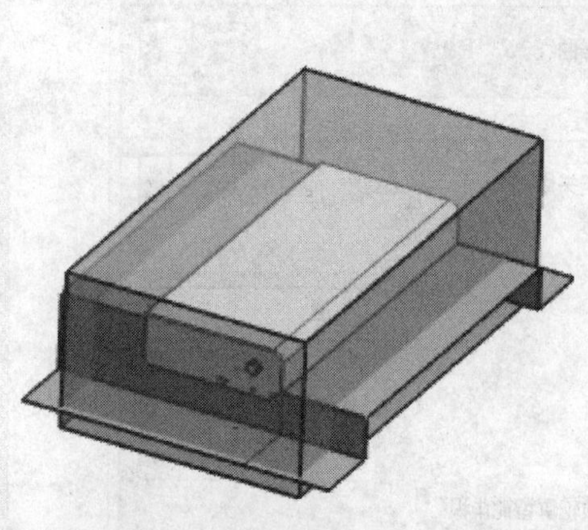
图 7-31　创建型腔型芯

(11) 在“编辑特征”工具条中，单击“移除参数” 按钮，对象选择型腔型芯，单击 确定 按钮，型腔型芯分割结果如图 7-32 所示。

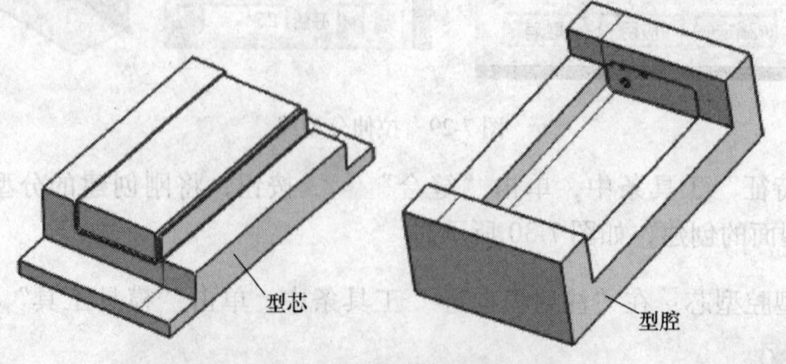

图 7-32　型腔型芯分割效果图

(12) 将分型面移动到 255 层（作为垃圾图层），或者将分型面删除。

(13) 将坐标恢复到绝对的坐标原点。在菜单栏中选择“格式”→“WCS”，单击 WCS 设置为绝对(A)。

7.4.5　型腔型芯合并

(1) 在菜单栏中选择“文件”→“新建”，新建一个模型文件，文件名输入 cp-07. prt，单击 确定 按钮。

(2) 在菜单栏中选择“文件”→“导入”→“部件”，弹出导入部件对话框，如图 7-33 所示，单击 确定 按钮。导入部件为刀片盒上盖产品文件 cp-07-1. prt，单击 OK 按钮。弹出定义导入目标点对话框，输入坐标为（0，-55，4）单击 确定 按钮。

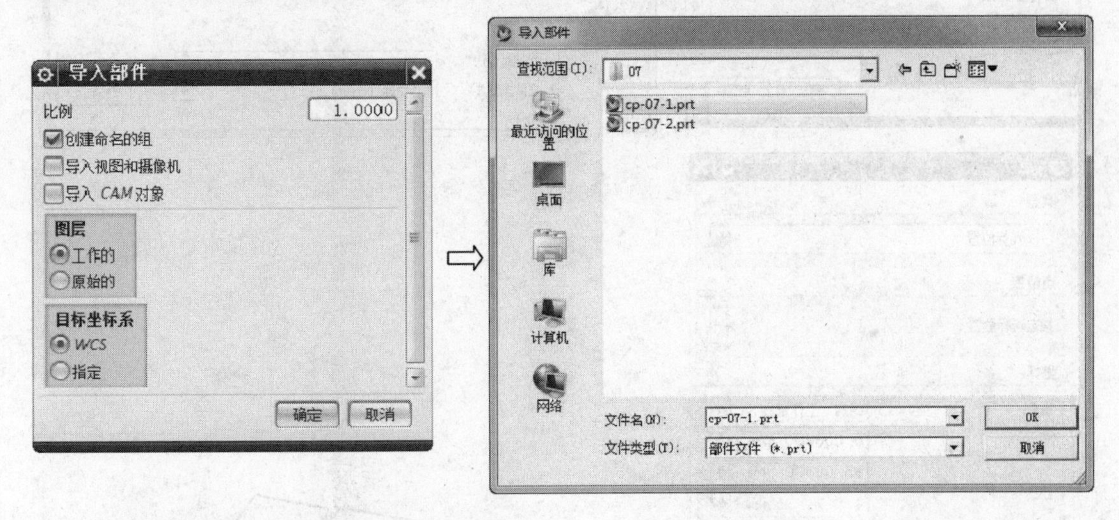

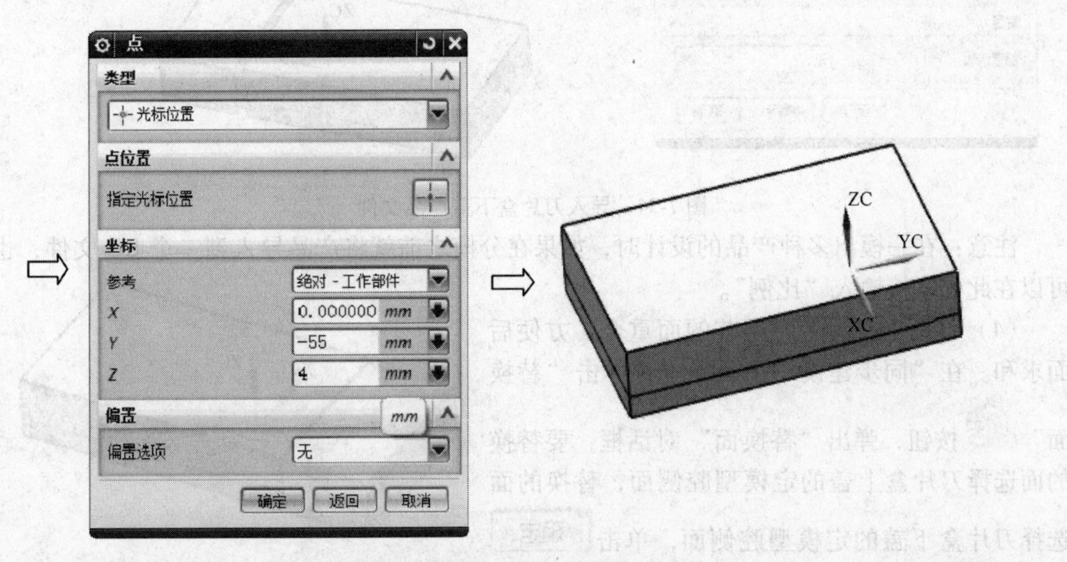

图 7-33　导入刀片盒上盖产品文件

（3）在菜单栏中选择“文件”→“导入”→“部件”，弹出导入部件对话框，如图 7-34 所示，单击 确定 按钮。导入部件为刀片盒下盖产品文件 cp-07-2. prt，单击 OK 按钮。弹出定义导入目标点对话框，输入坐标为（0，95，4）单击 确定 按钮。

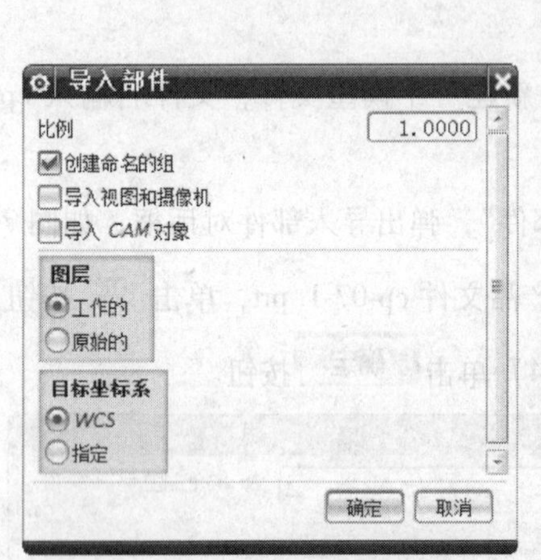

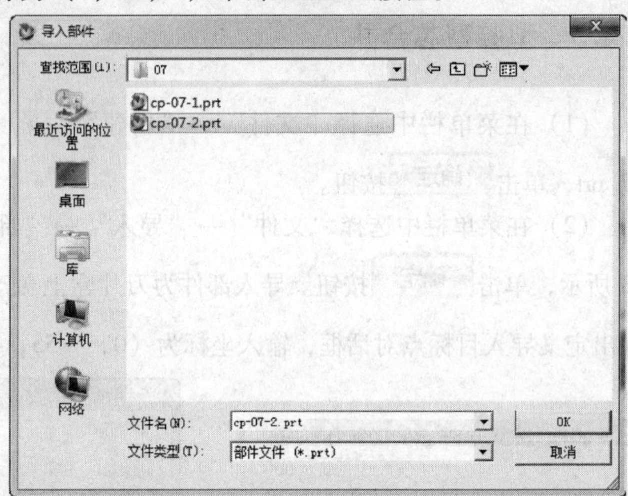

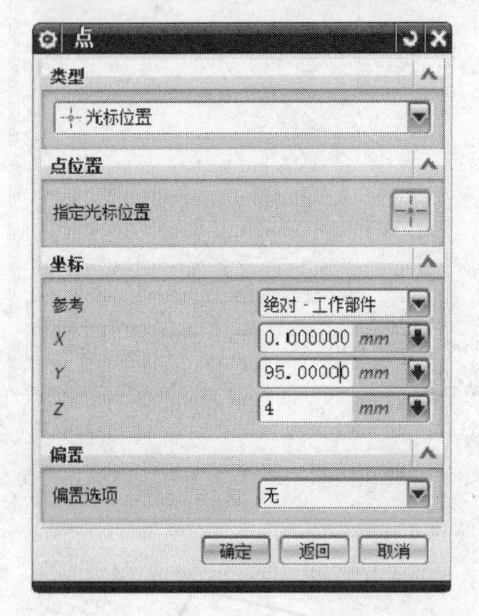

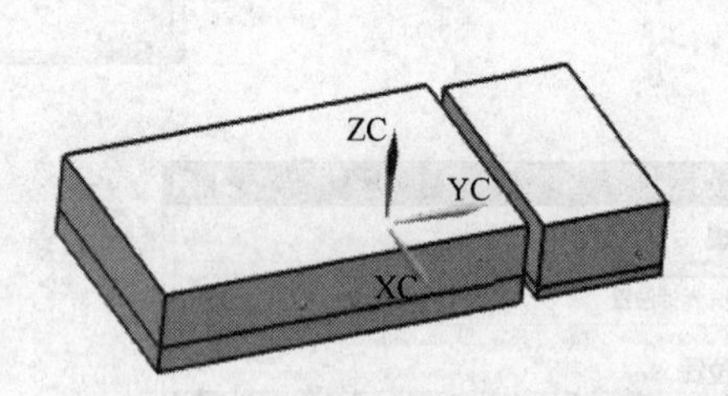

图 7-34　导入刀片盒下盖产品文件

注意：在一模出多种产品的设计时，如果在分模之前就将产品导入到一个 UG 文件，也可以在此处直接输入“比例”。

（4）将两个产品型腔型芯的面重合，方便后面求和。在“同步建模”工具条中，单击“替换面”按钮，弹出“替换面”对话框，要替换的面选择刀片盒上盖的定模型腔侧面，替换的面选择刀片盒下盖的定模型腔侧面，单击 确定 按钮，如图 7-35 所示。

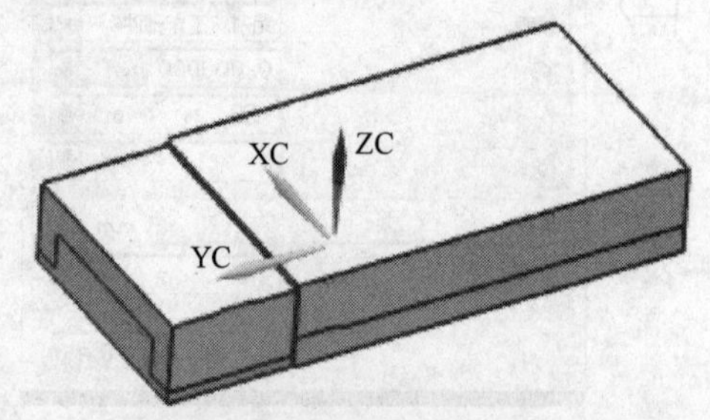

图 7-35　替换型腔与型芯的侧面

同样的方法，将两个产品的动模型芯面用“替换面”命令使其面重合。

（5）在“特征”工具条中，单击“求和”按钮，将两个产品的定模型腔求和。同理，将两个产品的动模型芯求和。

（6）将型腔型芯表面替换平齐。在“同步建模”工具条中，单击“替换面”按钮，弹出“替换面”对话框，要替换的面选择刀片盒上盖的定模型腔表面，替换的面选择刀片盒下盖的定模型腔表面，单击 确定 按钮。

同样的方法，将型腔型芯的其他面用“替换面”命令使其平齐，如图 7-36 所示。

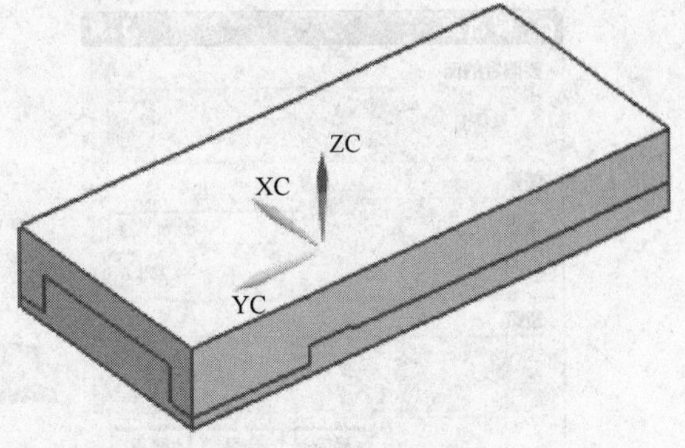

图 7-36　型腔型芯求和

（7）调整型腔型芯高度尺寸。调整定模型腔高为 30mm，动模型芯高为 40mm。

1）测量动模型芯的底面距离绝对原点的高度。在“实用工具”工具条中单击“测量距离”按钮，弹出测量距离对话框，如图 7-38 所示。测量的起点选择动模型芯的底面，终点单击“点对话框”，弹出点对话框窗口，输入坐标为 绝对 - 工作部件 的原点（0，0，0），单击 确定 按钮，如图 7-37 所示，测量结果为 11mm。

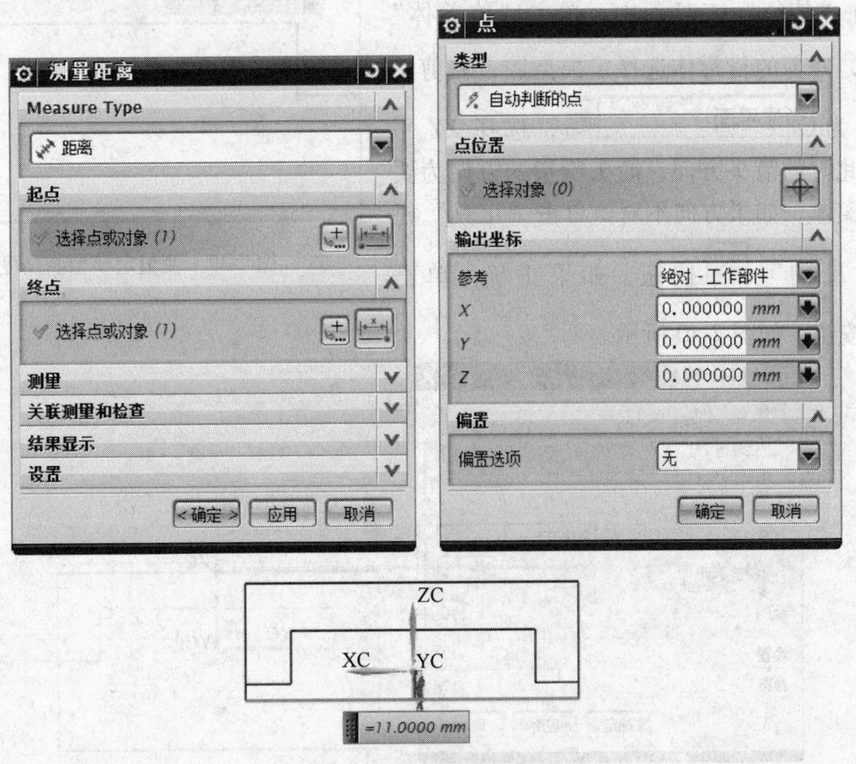

图 7-37　测量动模型芯高度

2）在“特征”工具条中，单击“偏置面”按钮，偏置值输入为29mm，单击“反向”按钮，选择动模型芯的底面，单击“确定”按钮，如图7-38所示。

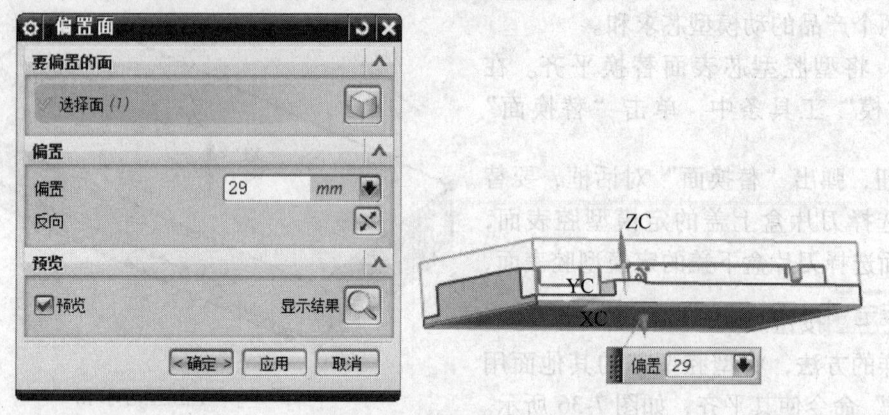

图7-38 调整动模型芯高度

3）测量定模型腔的顶面距离绝对原点的高度。在“实用工具”工具条中单击“测量距离”按钮，测量的起点选择定模型腔的顶面，终点单击“点对话框”按钮，弹出点对话框窗口，输入坐标为“绝对 - 工作部件”的原点（0，0，0），单击“确定”按钮，如图7-39所示，测量结果为33.761mm。

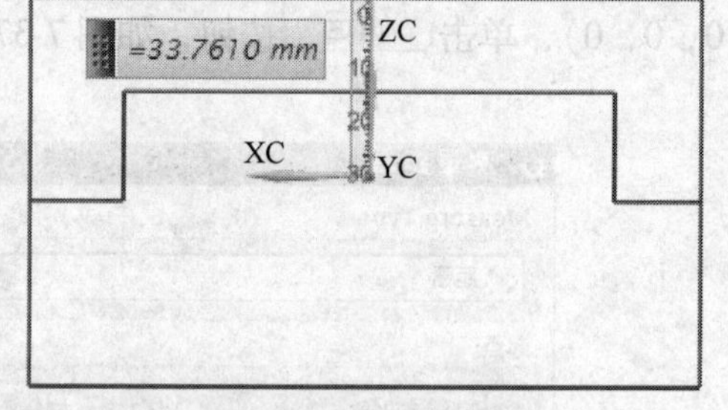

图7-39 测量定模型腔高度

4）在“特征”工具条中，单击“修剪体”按钮，修剪的目标体选择定模型腔，修剪的工具选项为“新建平面”，选择 *XY* 平面，注意此时的箭头方向，箭头所指的方向为要修建掉的实体，如果方向不对，单击“工具”栏目下的“反向”按钮，如果正确，单击“确定”按钮，如图7-40所示。

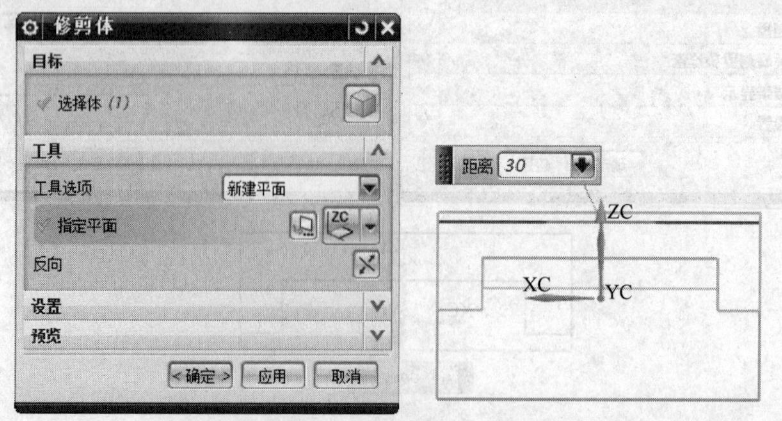

图7-40 调整定模型腔高度

（8）调整型腔型芯长宽尺寸：调整型腔型芯的长为290mm，宽为130mm。

1）在“草图”工具条中，单击“草图”按钮，在*XY*平面建草图，绘制两个矩形，尺寸如图7-41所示。其中，小矩形的尺寸为型腔型芯的长和宽，大矩形的尺寸为模板的长和宽。

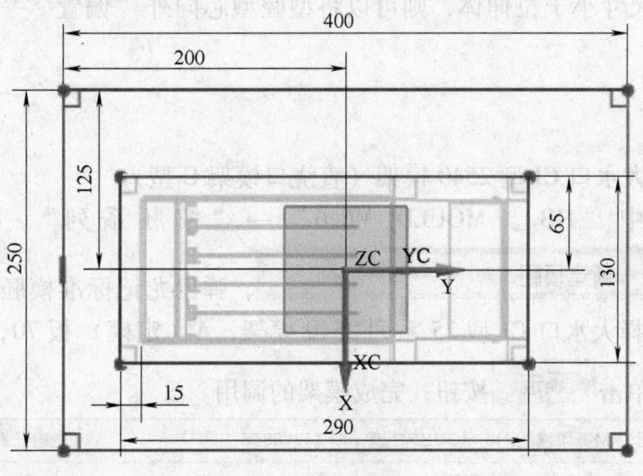

图 7-41　草图

2）在“特征”工具条中，单击“拉伸”按钮，截面选择刚创建的草图，方向选择+*Z*方向，限制结束选择“对称值”，输入距离为50mm，单击“确定”按钮，如图7-42所示。

图 7-42　拉伸草图

3）在“特征”工具条中，单击“求差”按钮，目标体选择定模型腔，工具体选择刚创建的拉伸体，设置选项中“保存工具”，单击“确定”按钮。

4）在“特征”工具条中，单击“求差” 按钮，目标体选择动模型芯，工具体选择刚创建的拉伸体，单击 确定 按钮。此时，型腔型芯的长为290mm，宽为130mm。

注意：由于前面做型腔型芯设计时，并没有进行详细的尺寸设计，如果在求差时发现最初创建的型腔型芯尺寸小于拉伸体，则可以将型腔型芯向外“偏置”一定的尺寸，再进行求差操作。

7.4.6 模架设计

（1）调入龙记大水口CI型2540模架（直浇口模架C型）

单击菜单栏中“HB _ MOULD M6.6”→“模胚系列”→“龙记”，单击 新建模胚 ，弹出龙记标准模胚对话框，设置参数如图7-43所示。选择大水口CI型25系列2540模架，A（定模）板70，B（动模）板90，C（垫块）板80，单击 确定 按钮，完成模架的调用。

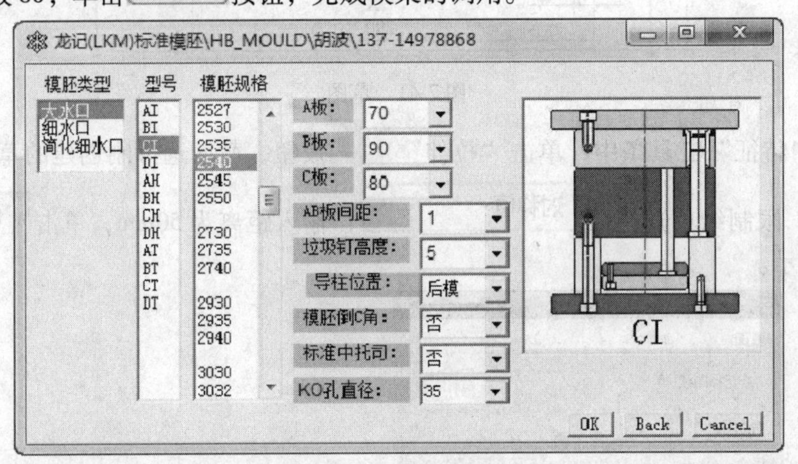

图7-43 模架导入

（2）动模开框设计

单击菜单栏中“HB_MOULD M6.6”→“模具建模特征”→“开框” ，弹出开框间隙对话框，单击 确定 按钮，弹出类选择对话框，根据状态栏提示，选择动模型芯，单击 确定 按钮。弹出开框类型对话框，单击 圆角型 ，弹出圆角参数对话框，输入圆角半径为10mm，单击 确定 按钮，单击 取消 按钮，完成操作，如图7-44所示。

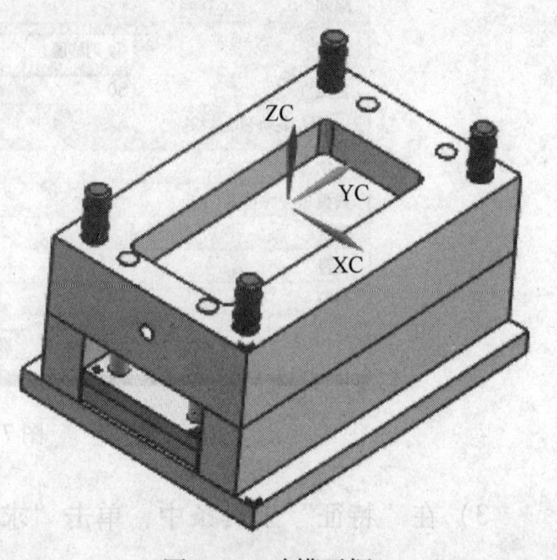

图7-44 动模开框

(3) 动模型芯脱模斜度设计

由于动模型芯有一部分需要深入到动模板，需将动模型芯深入到动模板部分进行拔模。

1) 在菜单栏中选择“编辑”→“WCS”，单击 动态(D)...，将坐标移动到动模型芯上表面，即分型面上。单击 Z 轴 ，输入 Z 轴移动的距离为 -4mm，单击鼠标中键确认，如图 7-45 所示。

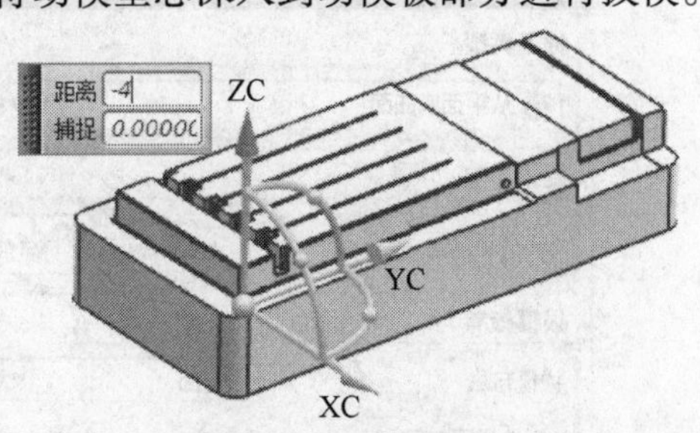

图 7-45　移动坐标

2) 在菜单栏中选择“插入”→“修剪”→“拆分体”，目标选择动模型芯，分割的平面选择 XY 平面，动模型芯分割成上、下两部分。

在“编辑特征”工具条中，单击“移除参数”按钮，对象选择动模型芯，单击 确定 按钮。分割后的动模型芯，如图 7-46 所示。

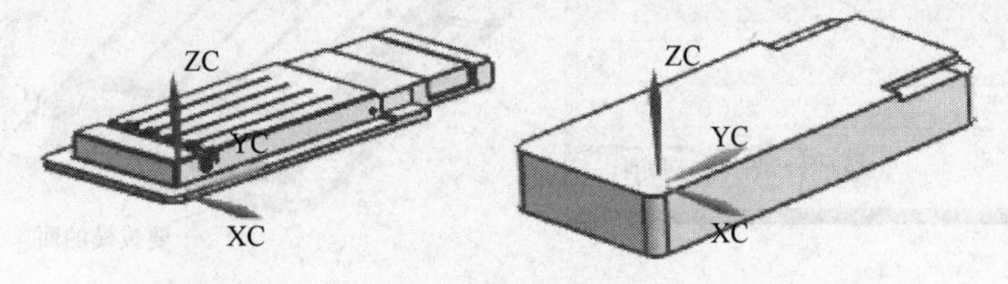

图 7-46　分割动模型芯

3) 在“特征”工具条中，单击“拔模”按钮，拔模类型选择 从平面或曲面，方向选择 ZC，拔模方法选择 固定面，选择 XY 平面（即动模型芯上部分的底面），拔模角度输入 3°，单击 确定 按钮，要拔模的面选择动模型芯深入到动模板的部分，如图 7-47 所示。

4) 在菜单栏中选择“编辑”→“WCS”，单击 WCS 设置为绝对(A)，将坐标恢复到绝对的原点。

5) 在“特征”工具条中，单击“求和”按钮，将动模型芯的两部分求和，如图 7-48 所示。

(4) 定模开框设计

1) 创建滑块头：在“注射模向导”工具条中，单击“模具工具”按钮，单击“创建方块”按钮，弹出“创建方块”对话框。在面规则选择示意图中，选择“单个面”。创建方块的类型选择 包容块，对象选择定模型腔突出的一个面（见图 7-49，面 1），面间隙输入 0mm，单击产品 +Z 方向的面参数，将参数改成 60（即箱体的长度超出型腔即可），单击 确定 按钮，如图 7-49 所示。

2）同样的方法，选择面 2，创建第二个箱体，如图 7-49 所示。

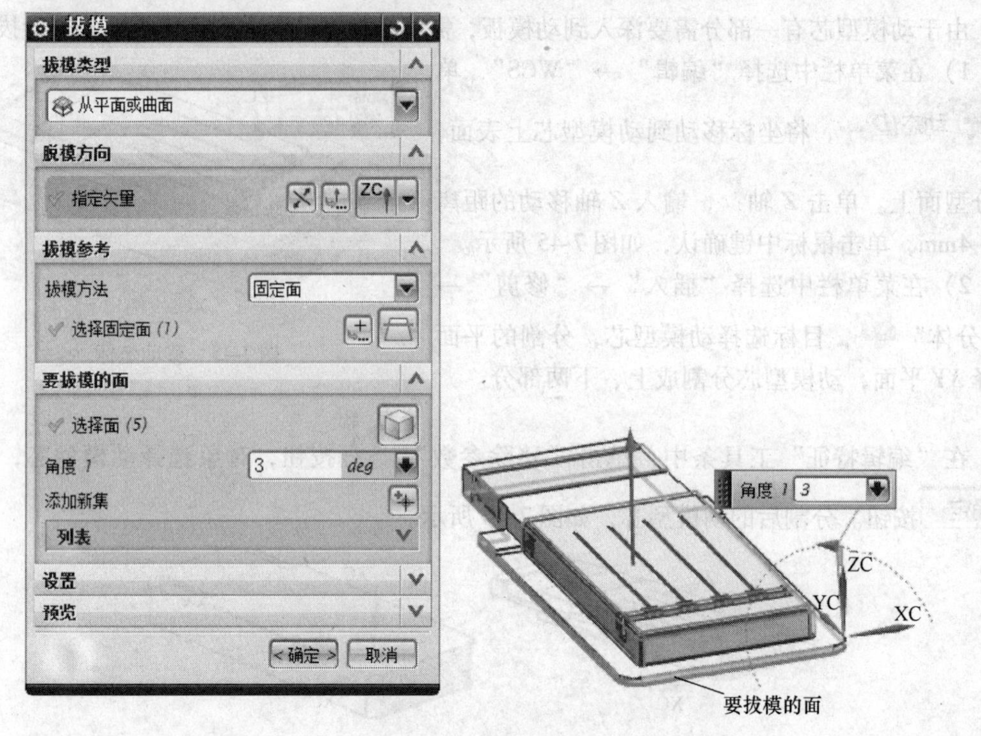

图 7-47　动模型芯拔模

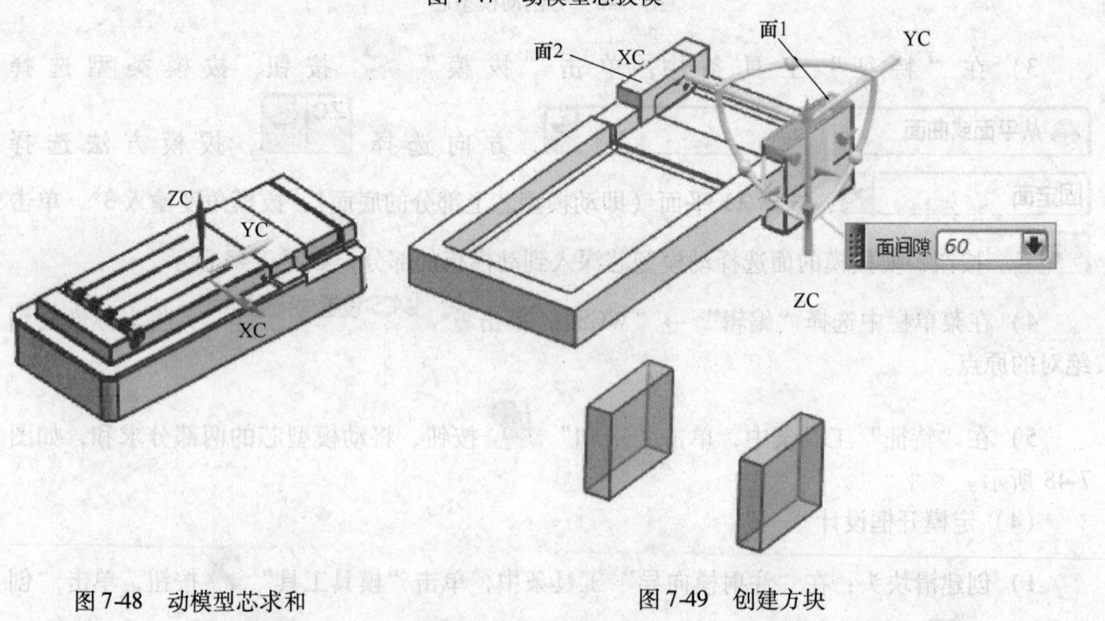

图 7-48　动模型芯求和　　图 7-49　创建方块

3）创建滑块成型块：在菜单栏中选择“分析”→“简单干涉”，干涉结果检查对象选择 干涉体 ，第一体选择定模型腔，第二体选择刚创建的一个方块实体，单击 应用 按钮。同样的方法，创建定模型腔与第二个方块的干涉体，如图 7-50 所示。这两个干涉体，即为滑块成型块。

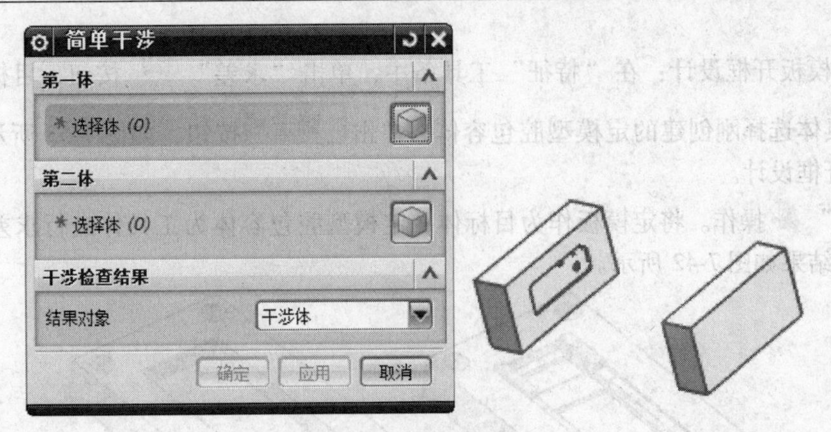

图 7-50　创建干涉体

4）在“特征”工具条中，单击“求差”按钮，目标体选择定模型腔，工具体选择刚创建的两个方块，单击确定按钮，如图 7-51 所示。

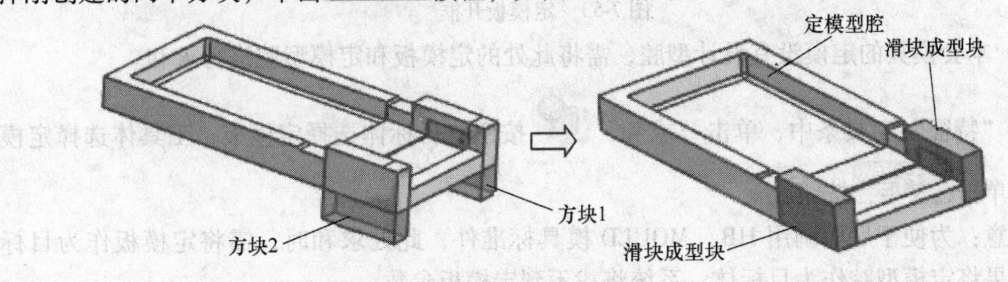

图 7-51　求差操作

5）创建定模型腔包容体：在“注射模向导”工具条中，单击“模具工具”按钮，单击“创建方块”按钮，弹出“创建方块”对话框。在面规则选择示意图中，选择“体个面”。创建方块的类型选择包容块，对象选择定模型腔和两个滑块成型块，面间隙输入 0，面间隙输入 0，单击确定按钮，如图 7-52 所示。

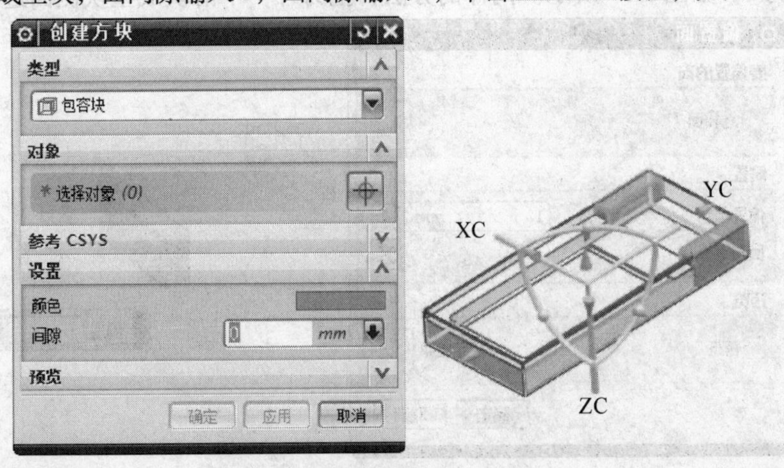

图 7-52　创建定模型腔包容体

6）定模板开框设计：在“特征”工具条中，单击“求差”按钮，目标体选择定模板，工具体选择刚创建的定模型腔包容体，单击确定按钮，如图 7-53 所示，完成定模型腔的开框设计。

“求差”操作。将定模板作为目标体，定模型腔包容体为工具体进行求差（不保留工具体），结果如图 7-42 所示。

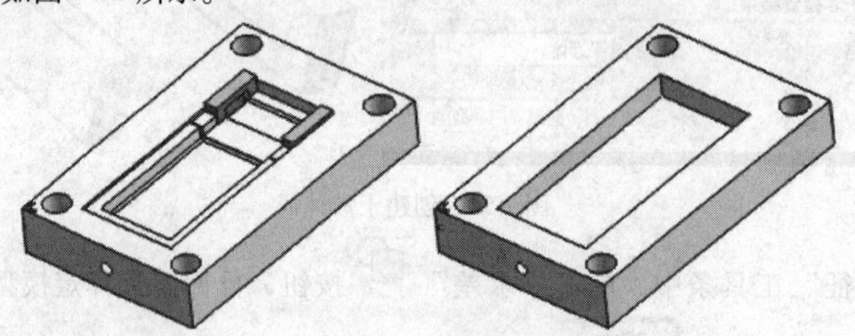

图 7-53　定模板开框

7）本套模具的定模没有设计型腔，需将此处的定模板和定模型腔进行求和。

在“特征”工具条中，单击“求和”按钮，目标体选择定模板，工具体选择定模型腔，单击确定按钮。

注意：为便于后面调用 HB_ MOULD 模具标准件，此处求和时，需将定模板作为目标体，如果将定模型腔作为目标体，系统将找不到定模板参数。

8）由于动模型芯要深入到定模板，动模型芯已经做过拔模处理，此处需要将定模板进行拔模。

为防止在拔模设计时误将滑块位置拔模，在拔模设计前，先对两个滑块头的侧面进行“偏置面”操作。

在“特征”工具条中，单击“偏置面”按钮，偏置的面选择一个滑块成型块的侧面，偏置值为 1，如图 7-54 所示。同样的方法，把另外一个滑块成型块侧面进行偏置。

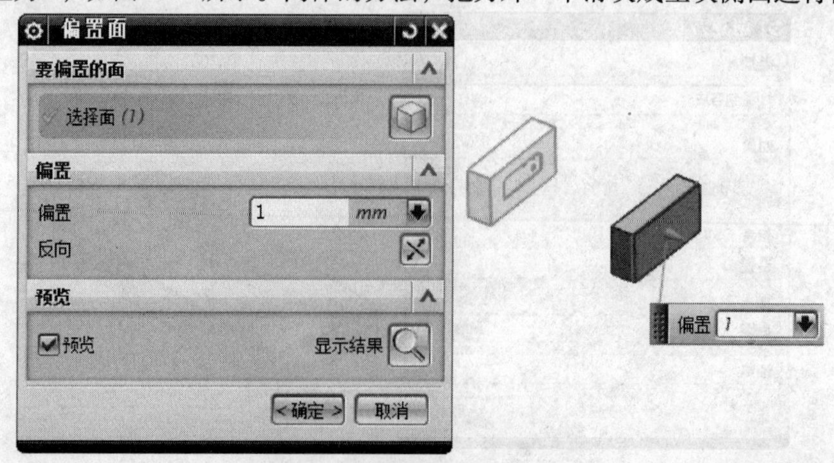

图 7-54　偏置滑块成型块侧面

9）在“特征”工具条中，单击“求差”按钮，目标体选择定模板，工具体选择两个滑块成型块，设置选项中“保存工具”，单击确定按钮。

注意：此处求差的目的是将需要拔模的面和滑块面做出台阶，防止下一步进行拔模设计时，误将滑块面拔模。在拔模操作后，应将两个滑块成型块恢复到原来数据。

10）在“特征”工具条中，单击“拔模”按钮，拔模类型选择从平面或曲面，方向选择ZC，拔模方法选择固定面，选择定模板的底面，拔模角度输入 -3°，单击确定按钮，要拔模的面选择动模型芯深入到定模板的三个面，如图7-55所示。

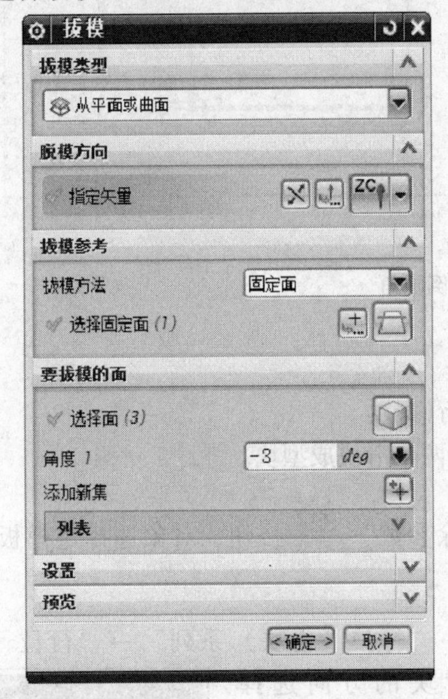

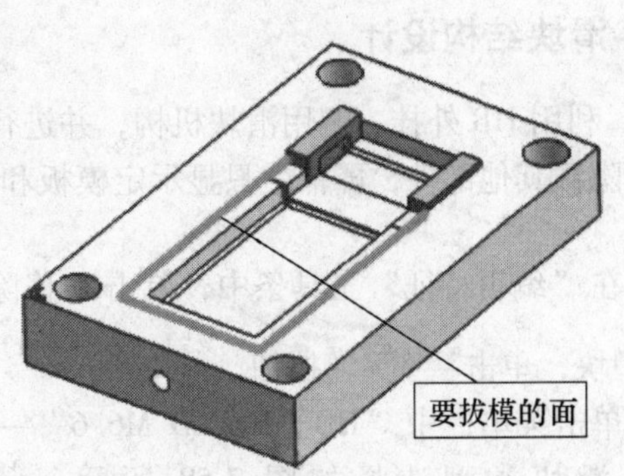

图7-55 定模板拔模

11）修整滑块成型块的宽度，将滑块成型块设计成与动模板开框处平齐。在“同步建模”工具条中，单击“替换面”按钮，目标面选择一个滑块头的侧面，工具面选择动模板的里侧面，单击确定按钮。同样的方法，将另外一个滑块头设计成与动模板开框处平齐，如图7-56所示。

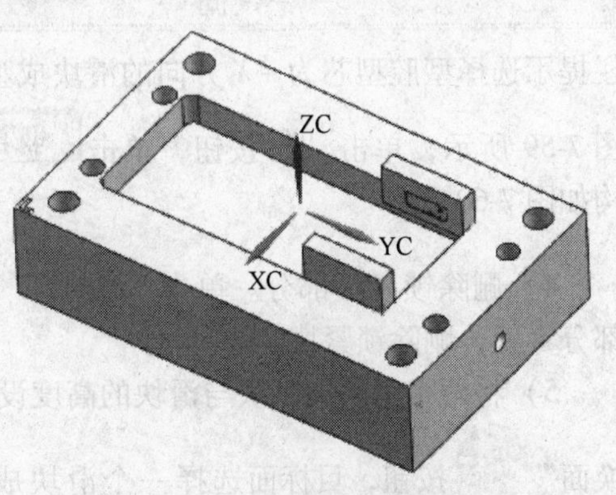

图7-56 修整滑块头的宽度

12）在“特征”工具条中，单击“边倒圆”按钮，倒圆角的边缘选择定模板拔模面的两个拐角，倒角的半径输入为9mm，如图7-57所示。

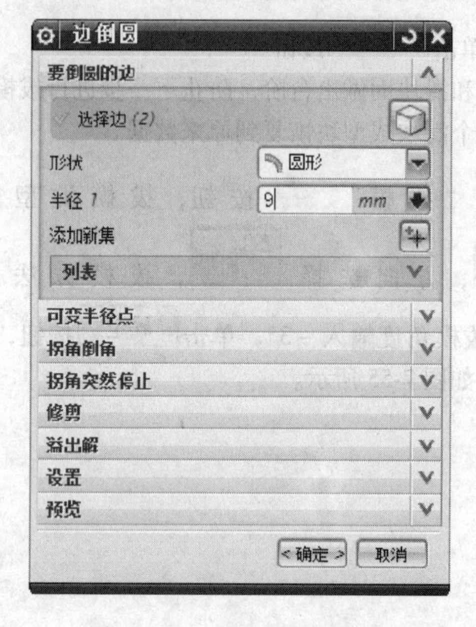

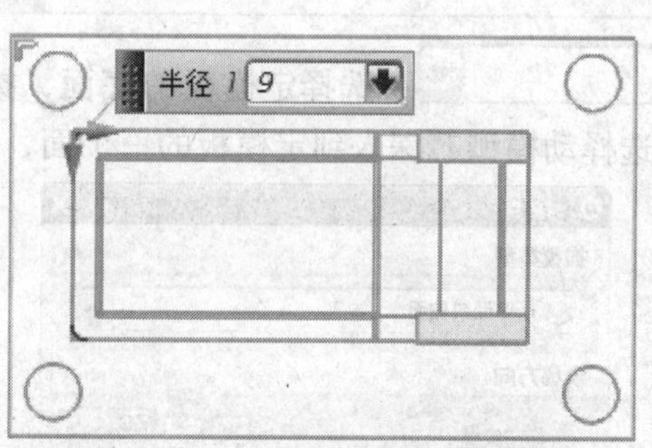

图7-57 倒圆角

7.4.7 滑块结构设计

（1）利用HB外挂，调用滑块机构，并进行修整：

1）隐藏其他部件，屏幕中只显示定模板和两个滑块成型块。

2）在“编辑特征”工具条中，单击“移除参数”按钮，对象选择定模板和两个滑块成型块，单击 确定 按钮。

3）单击菜单栏中“HB_MOULD M6.6”→“行位（滑块）系列”→“行位（滑块）铲基”，滑块类型选择如图7-58所示，滑块的方向选择

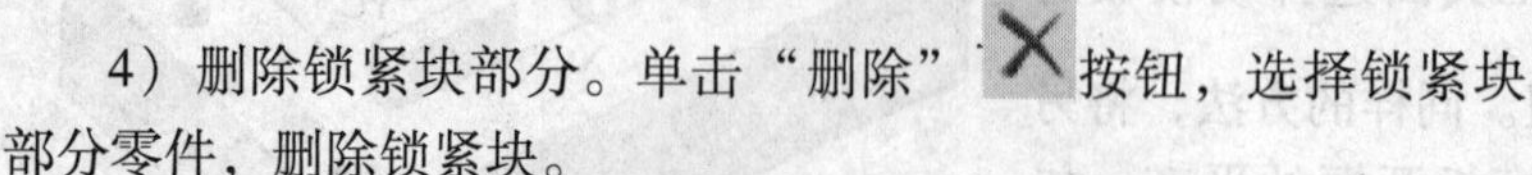

，根据状态栏提示选择型腔型芯为+X方向的滑块成型块，输入滑块参数如图7-59所示，单击 OK 按钮，单击 取消 按钮，调入滑块机构如图7-60所示。

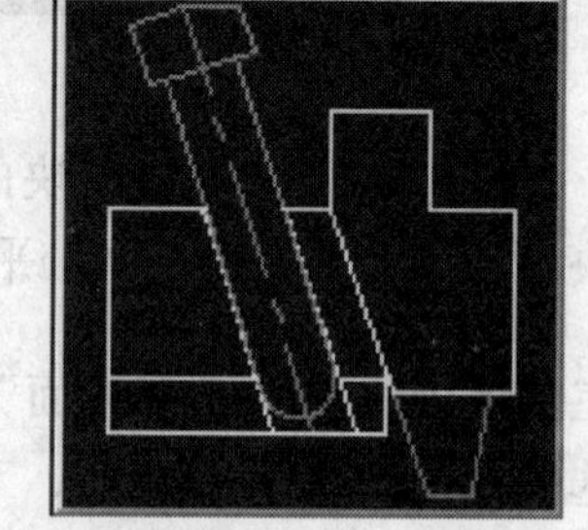

图7-58 滑块类型

4）删除锁紧块部分。单击“删除”按钮，选择锁紧块部分零件，删除锁紧块。

5）将两个滑块成型块与滑块的高度设计成等高：在“同步建模”工具条中，单击“替换面”按钮，目标面选择一个滑块成型块的上表面，工具面选择滑块上表面，单击 确定 按钮。同样的方法，将另外一个滑块成型块与滑块高度设计平齐。

6）单击菜单栏中“编辑”→“移动对象”，弹出“移动对象”对话框。移动的对象选择滑块和斜导柱，变换运动选择 点到点，出发点选择滑块的角点，终止点选择滑块成型块的角点，移动原先的，单击 确定 按钮，如图 7-61 所示。

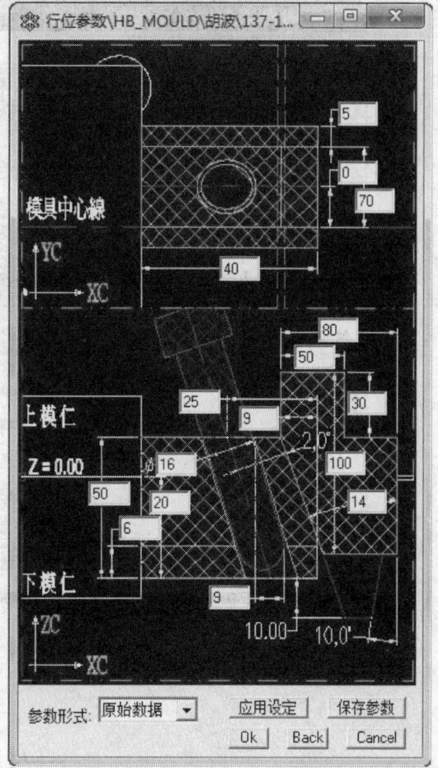

图 7-59　滑块参数

7）将两个滑块成型块与滑块的宽度设计平齐：在“同步建模”工具条中，单击“替换面”按钮，目标面选择一个滑块成型块的侧面，工具面选择滑块侧，单击 确定 按钮，如图 7-62 所示。

（2）设计导滑槽：

1）隐藏其他部件，屏幕中只显示动模板、滑块和斜导柱。

2）在“特征”工具条中，单击“拉伸”按钮，选择意图示意图中，选择“面的边”，选择滑块正面，如图 7-63 所示。拉伸方向为 + X 方向，拉伸距离为 80mm。在拉伸类型中，选择 求差，求差的实体选择动模板，单击 确定 按钮。

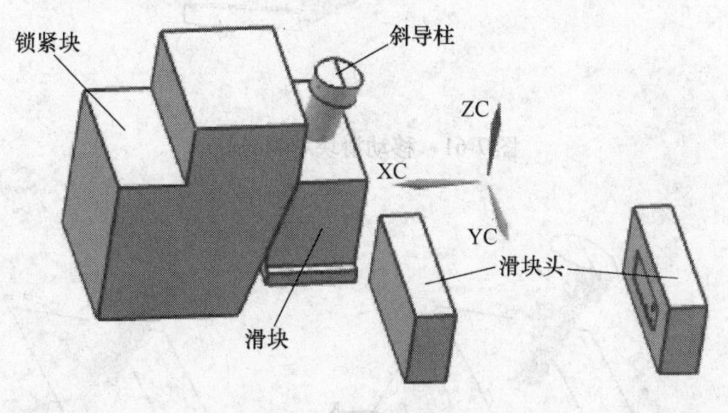

图 7-60　调入滑块机构

（3）设计滑块座：

1）在“特征”工具条中，单击“拉伸”按钮，选择意图示意图中，选择“面的边”，选择滑块正面，如图 7-64 所示。拉伸方向为 + X 方向，拉伸开始值为 0mm，结束选择 直至延伸部分，单击 确定 按钮。

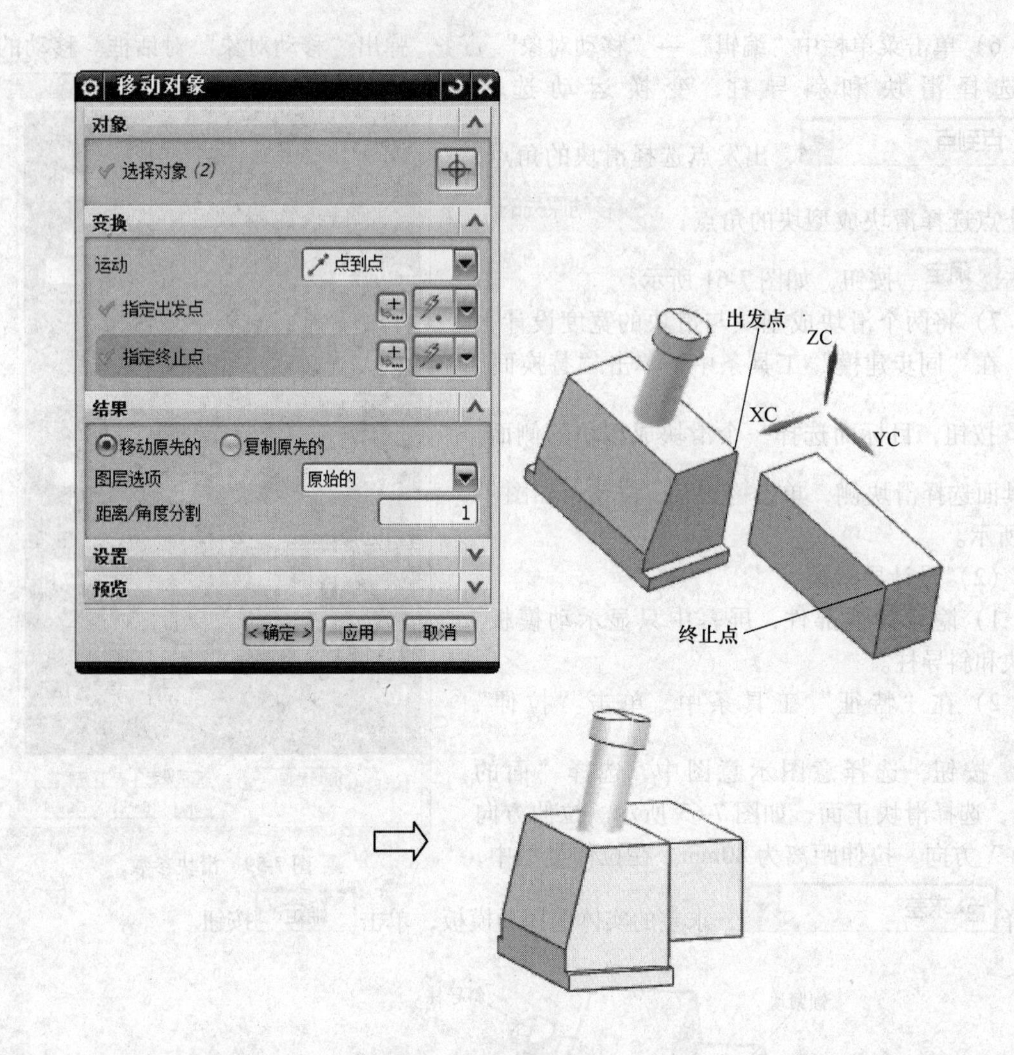

图 7-61　移动滑块和斜导柱

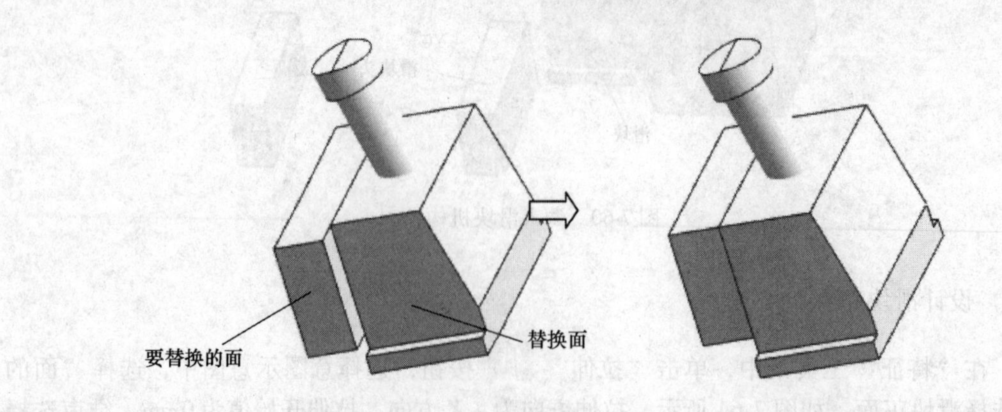

图 7-62　修整滑块成型块尺寸

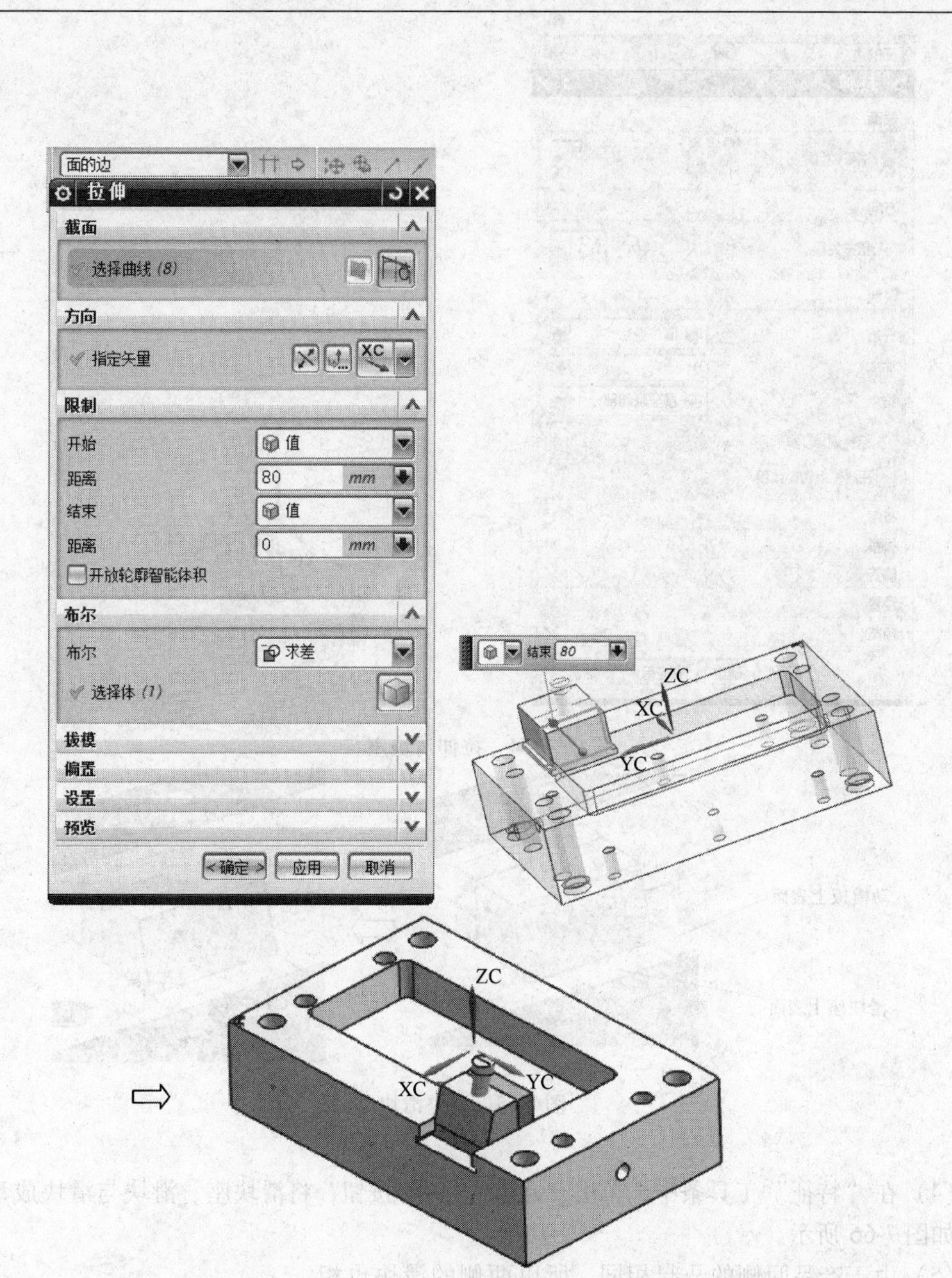

图 7-63　设计导滑槽

2）在“特征”工具条中，单击“求和”按钮，将滑块和刚拉伸的滑块座求和。

3）调整滑块尺寸：在“同步建模”工具条中，单击“替换面”按钮，目标面选择滑块座上表面，工具面选择动模板上表面，单击 确定 按钮，如图 7-65 所示。

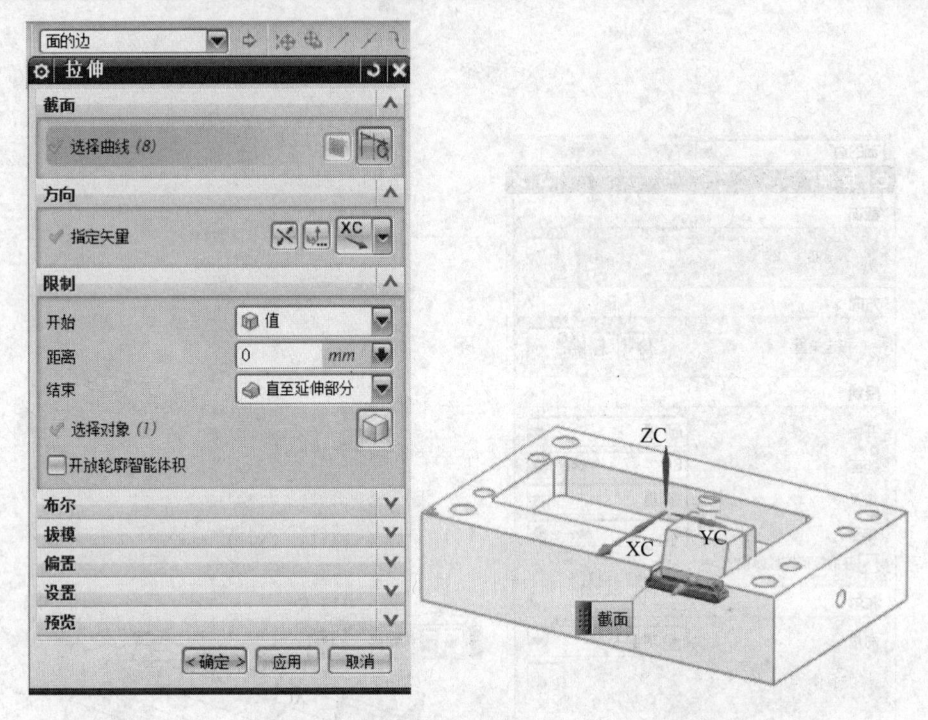

图 7-64　拉伸滑块座

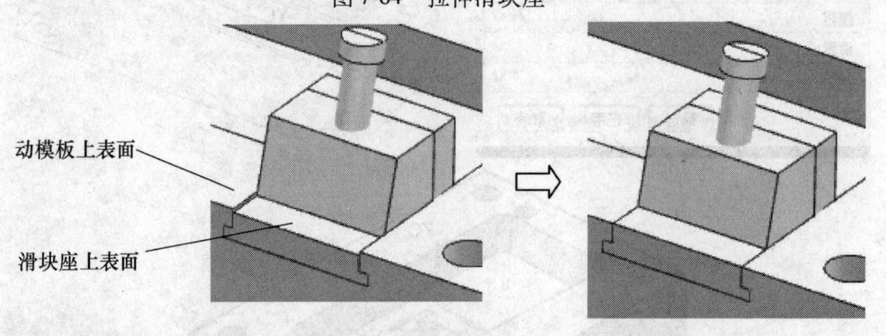

图 7-65　调整滑块

（4）在“特征”工具条中，单击“求和” 按钮，将滑块座、滑块与滑块成型块求和，如图 7-66 所示。

（5）由于产品两侧的凸起相同，所以两侧的滑块也相同，可以利用镜像命令，创建 $-X$ 方向的滑块机构：

1）在“编辑特征”工具条中，单击“移除参数” 按钮，对象选择动模板和滑块，单击 确定 。

2）删除 $-X$ 方向的滑块成型块。

3）在菜单栏中选择“编辑”→“变换” ，弹出变换的选择对话框，选择滑块和斜导柱，单击 确定 按钮，选择

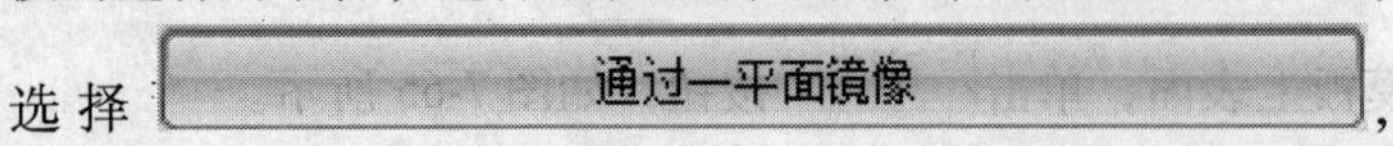

，

图 7-66　滑块求和

镜像的平面选择[YC-ZC 平面]，单击[确定]按钮，单击[复制]，如图 7-67 所示。

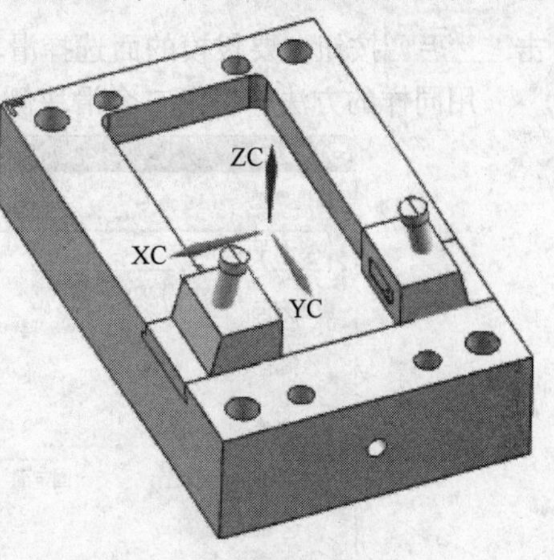

图 7-67　镜像滑块机构

4）设计 $-X$ 方向的滑块导滑槽。在"特征"工具条中，单击"求差"按钮，目标体选择动模板，工具体选择刚镜像的滑块，设置选项中"保存工具"，单击[确定]按钮。

5）隐藏其他部件，屏幕中只显示定模板和两个滑块。在"编辑特征"工具条中，单击"移除参数"按钮，对象选择定模板和两个滑块，单击[确定]按钮。

（6）在"特征"工具条中，单击"求差"按钮，目标体选择定模板，工具体选择两个滑块，设置选项中"保存工具"，单击[确定]按钮。

（7）滑块顶部需要深入到定模板，为方便滑块运动，需要将滑块顶部做斜度：

1）在菜单栏中选择"插入"→"修剪"→"拆分体"，目标选择两个滑块，分割的平面选择滑块座顶面，如图 7-68 所示。

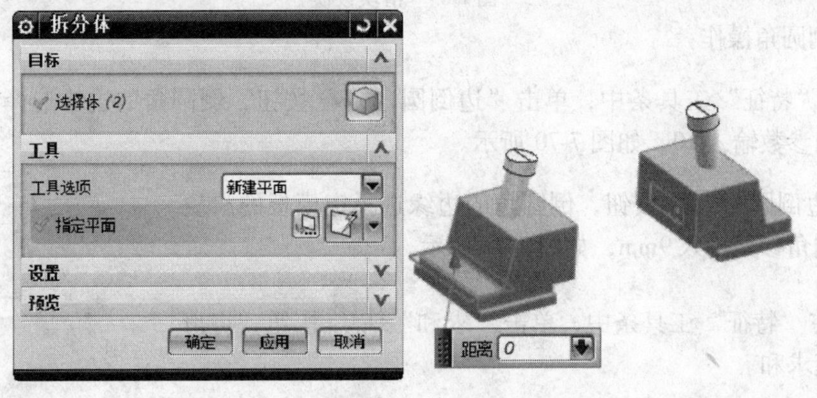

图 7-68　分割滑块

2）在"编辑特征"工具条中，单击"移除参数"按钮，对象选择两个滑块，单击[确定]按钮。

3）在"特征"工具条中，单击"拔模"按钮，拔模类型选择[从平面或曲面]，方向选择[ZC]，拔模方法选择固定面，选择滑块座顶面（即刚才分割滑块的平面），拔模角度输入 3°，单击 确定 按钮，要拔模的面选择滑块的两个侧面，如图 7-69 所示。

用同样的方法，将第二个滑块侧面拔模。

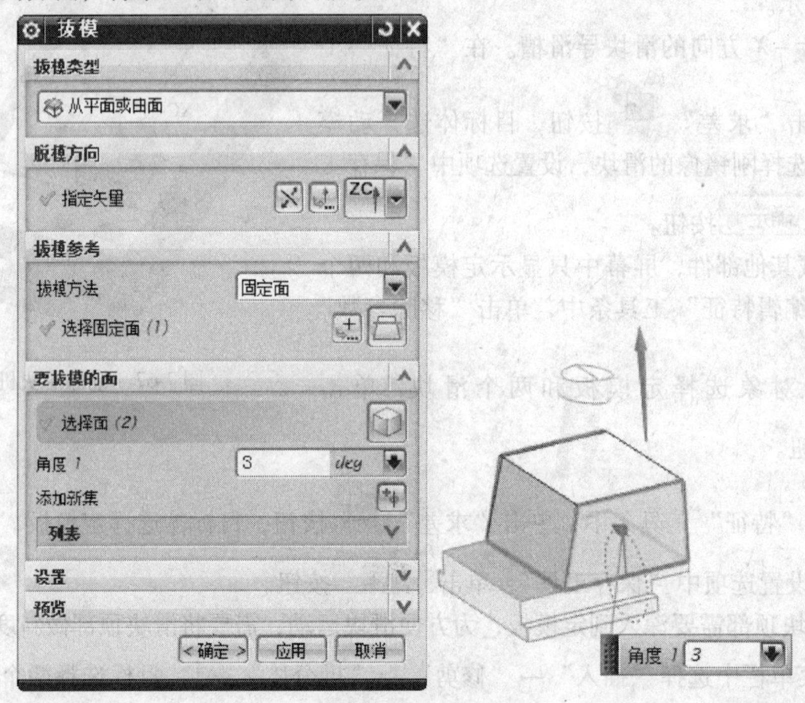

图 7-69　滑块拔模

（8）倒圆角操作：

1）在“特征”工具条中，单击“边倒圆” 按钮，倒圆角的边缘选择滑块的两侧边缘，倒角参数输入 10，如图 7-70 所示。

2）“边倒圆” 按钮，倒圆角的边缘选择定模板的滑块孔边缘，倒角参数输入 9mm，如图 7-71 所示。

（9）在“特征”工具条中，单击“求和” 按钮，将滑块和滑块座求和。

（10）在“特征”工具条中，单击“求差” 按钮，目标体选择滑块，工具体选择斜导柱，设置选项中“保存工具”，单击 确定 按钮，如图 7-72 所示。依次完成两个滑块和斜导柱的求差操作。

图 7-70　滑块倒圆角

（11）斜导柱孔未能完全贯穿，需要修整滑块上的斜导柱孔。在“特征”工具条中，单击“拉伸” 按钮，拉伸的截面选择斜导柱孔底边的圆弧，拉伸的方向选择“两点”

，依次选择斜导柱孔的两个圆弧的圆心，拉伸高度输入为 20mm，布尔运算选择 求差 ，选择滑块，单击 确定 按钮，如图 7-73 所示。

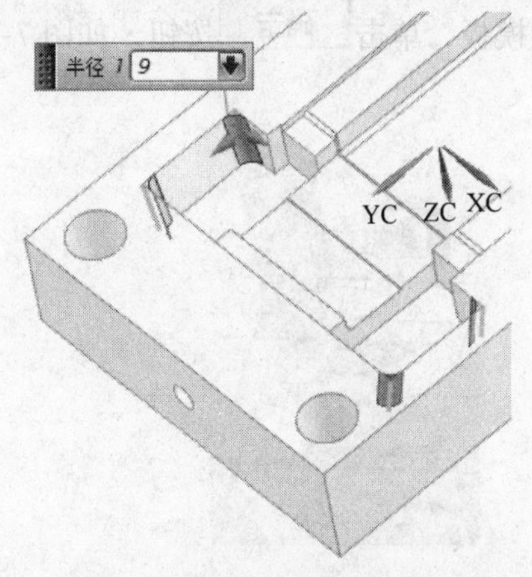

图 7-71　定模板的滑块孔倒角

图 7-72　斜导柱与滑块求差

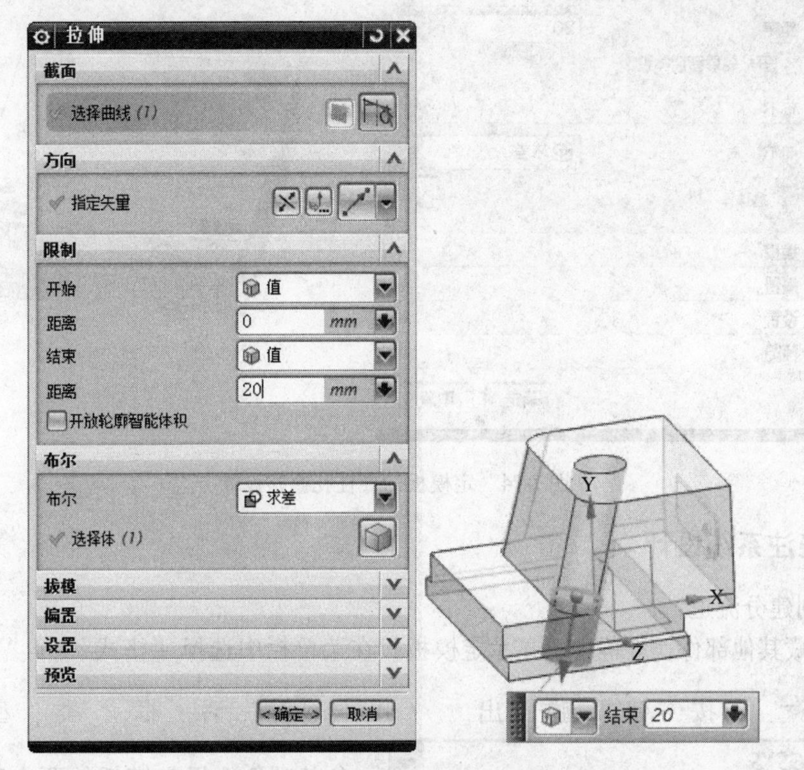

图 7-73　修整滑块斜导柱孔

（12）在“特征”工具条中，单击“求差” 按钮，目标体选择定模板，工具体选择斜导柱，设置选项中“保存工具”，单击 确定 按钮。

（13）修整定模板上的斜导柱孔：在“特征”工具条中，单击“拉伸” 按钮，选择意图示意图中，选择“面的边”，拉伸的截面选择斜导柱在定模板上未贯穿的顶面，拉伸的方向选择“两点”，依次选择斜导柱上的两个圆弧的圆心，拉伸高度输入为20mm，布尔运算选择 求差，选择定模板，单击 确定 按钮，如图7-74所示。依次完成定模板上的斜导柱孔的修整操作。

图7-74 定模板的导柱孔修整设计

7.4.8 浇注系统设计

（1）创建分流道：

1）隐藏其他部件，屏幕中只显示定模板。在菜单栏中选择“格式”→“WCS”，单击 定向(N)... 按钮，弹出CSYS对话框，类型选择 对象的 CSYS，参考对象选择定模板的两个产品交界面，将坐标移动到该平面的中心，如图7-75所示。

2）在“草图”工具条中，单击“草图”按钮，在*XY*平面建草图，尺寸如图7-76所示。

3）在菜单栏中选择“插入”→“扫掠”，单击“管道”按钮，路径选择刚创建的

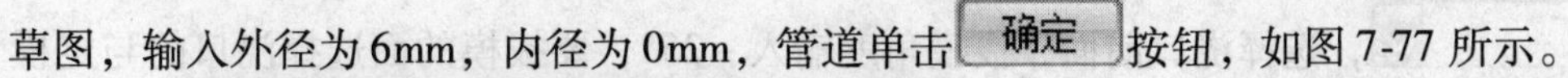
草图，输入外径为6mm，内径为0mm，管道单击 确定 按钮，如图7-77所示。

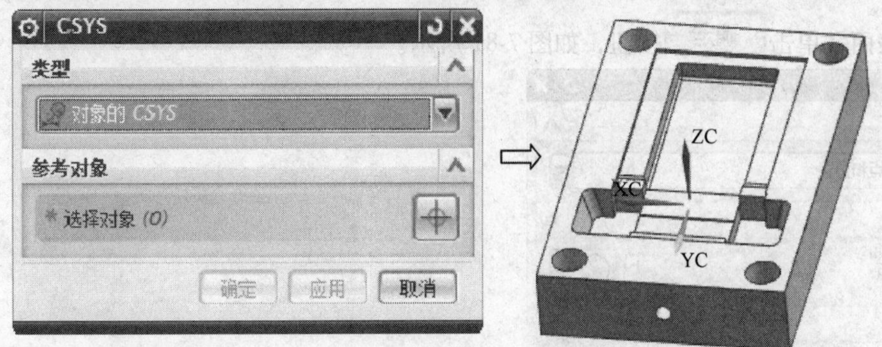

图7-75　移动坐标

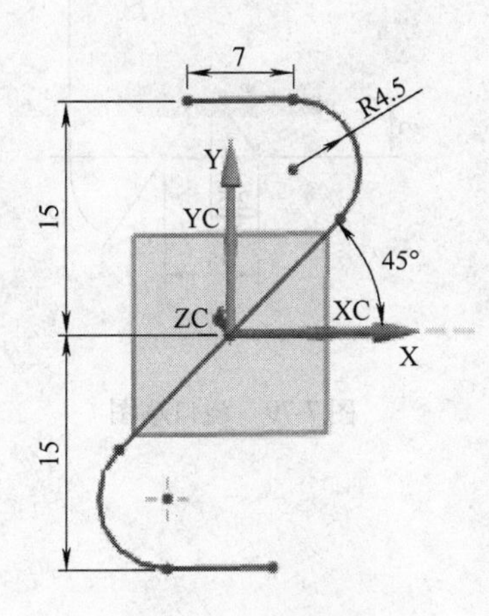

图7-76　流道草图

图7-77　创建管道

4）冷料穴设计：在菜单栏中选择“插入”→“设计特征”，单击“球” 按钮，球的类型选择 中心点和直径 中心点捕捉流道的截面圆心，布尔运算选择 求和，如图7-78所示。

（2）创建浇口：

1）在“草图”工具条中，单击“草图” 按钮，在 *XY* 平面建草图，尺寸如图7-79所示。

2）在“特征”工具条中，单击“拉伸” 按钮，拉伸的截面选择刚创建的浇口草图，拉伸方向为 $-Z$，拉伸的深度输入为0.25mm，单击 确定 按钮，如图7-80所示。

3）在“特征”工具条中，单击“拔模” 按钮，拔模类型选择 从平面或曲面，方向选择 YC，拔模方法选择固定面，选择浇口前面，拔模角度输入 -25°，要拔模的面选择浇口的与定模接触的表面，单击确定按钮，如图 7-81 所示。

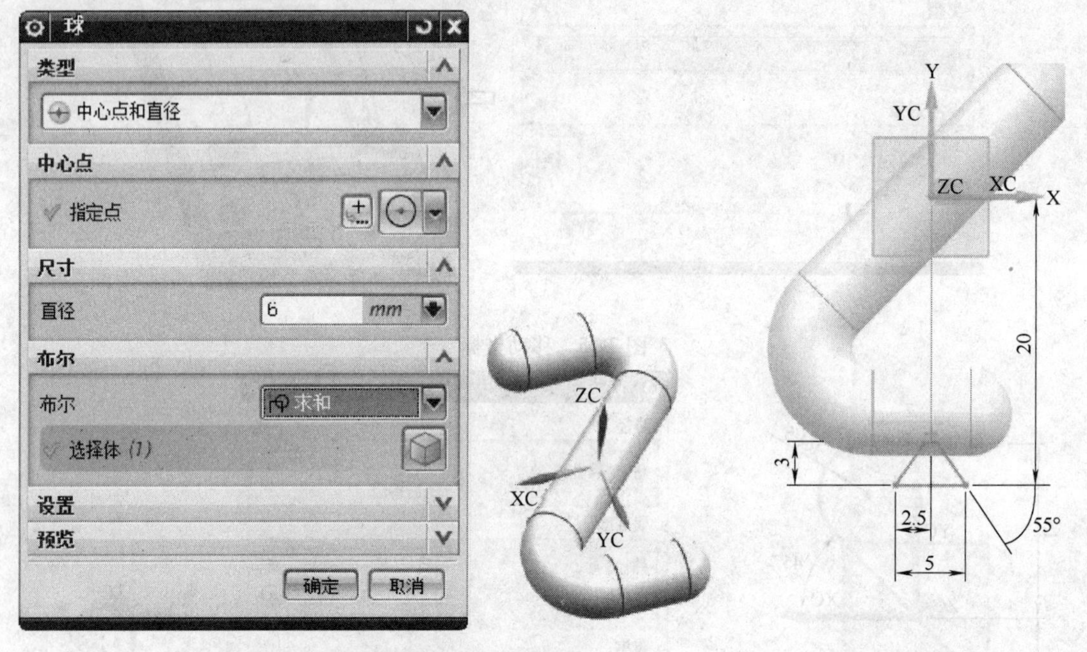

图 7-78　创建冷料穴倒角

图 7-79　浇口草图

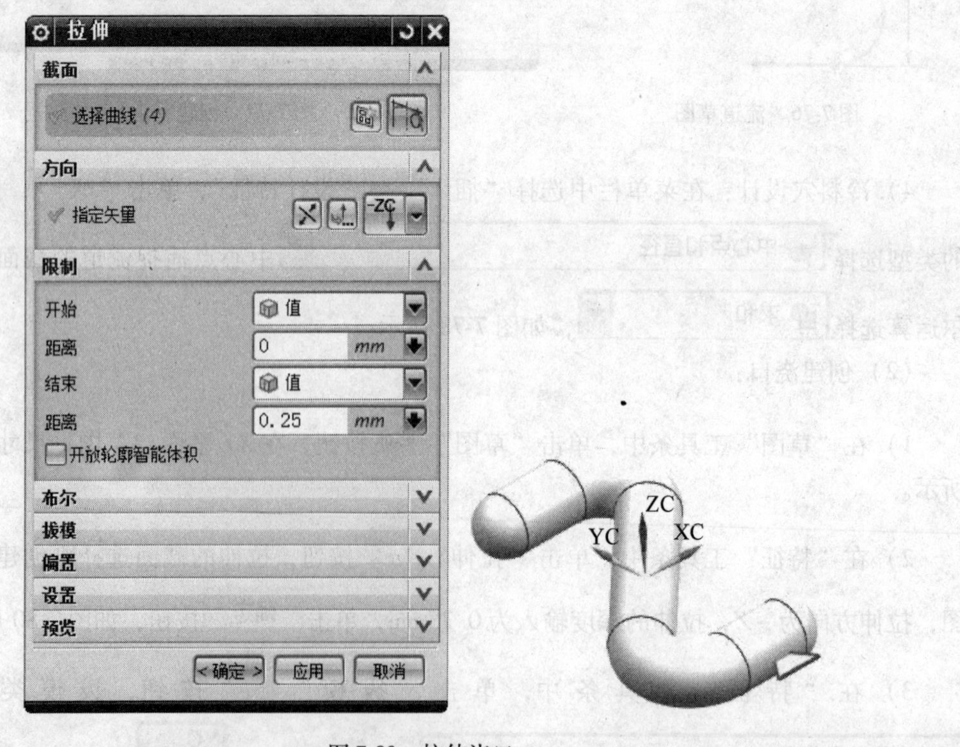

图 7-80　拉伸浇口

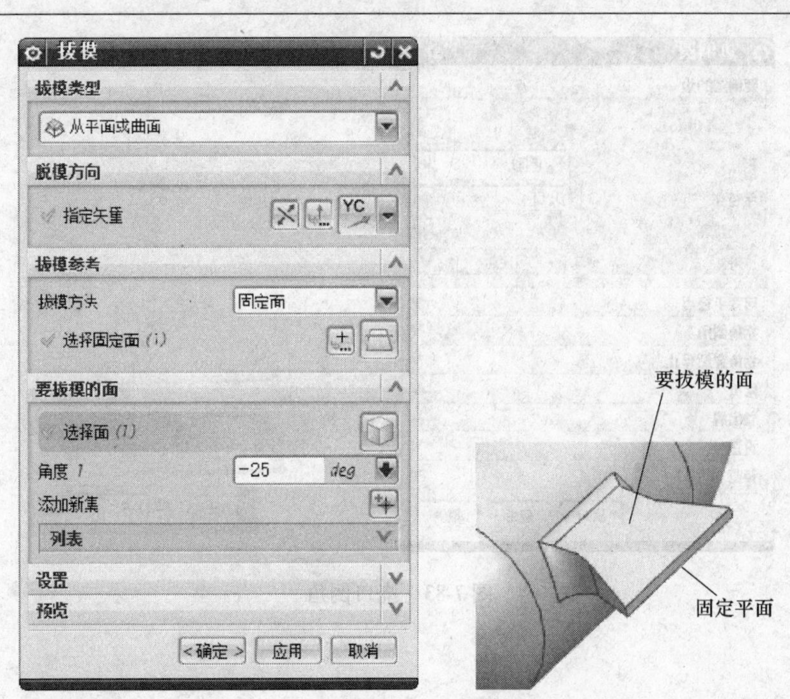

图 7-81　浇口拔模

4）在菜单栏中选择“编辑”→“变换”，弹出变换的选择对话框，选择浇口，单击 确定 ，选择 通过一平面镜像 镜像的平面选择 XC-ZC 平面 ，单击 确定 按钮，单击 复制 ，如图 7-82 所示。

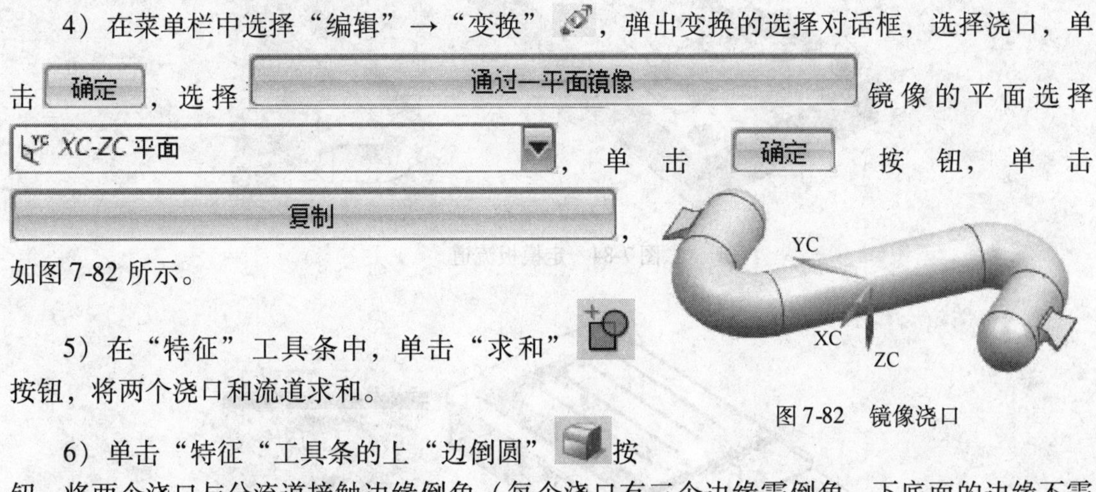

图 7-82　镜像浇口

5）在“特征”工具条中，单击“求和”按钮，将两个浇口和流道求和。

6）单击“特征“工具条的上“边倒圆”按钮，将两个浇口与分流道接触边缘倒角（每个浇口有三个边缘需倒角，下底面的边缘不需倒角），倒角半径为 0.5mm，如图 7-83 所示。

(3) 在“特征”工具条中，单击“求差”按钮，目标体选择定模板，工具体选择刚创建的流道实体，设置选项中“保存工具”，单击 确定 按钮，如图 7-84 所示。

单击“求差”按钮，目标体选择动模型芯，工具体选择刚创建的流道实体，设置选项中“保存工具”，单击 确定 按钮，如图 7-85 所示。

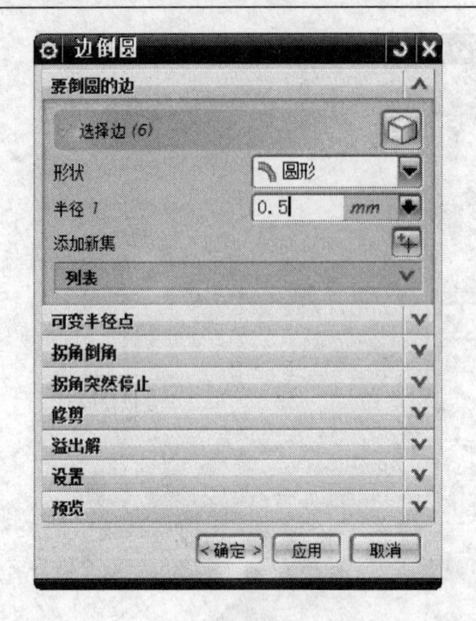

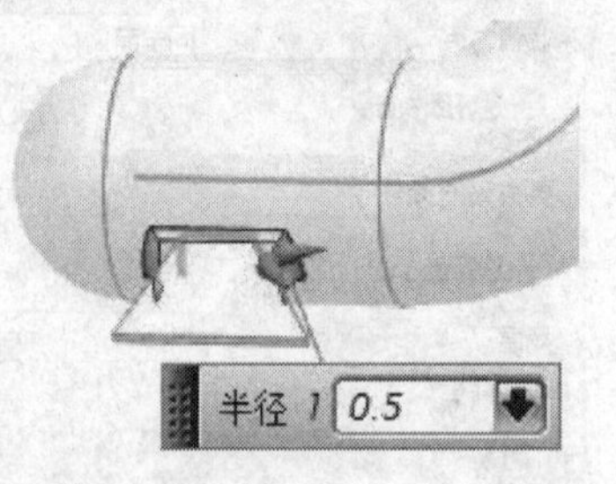

图 7-83　浇口倒角

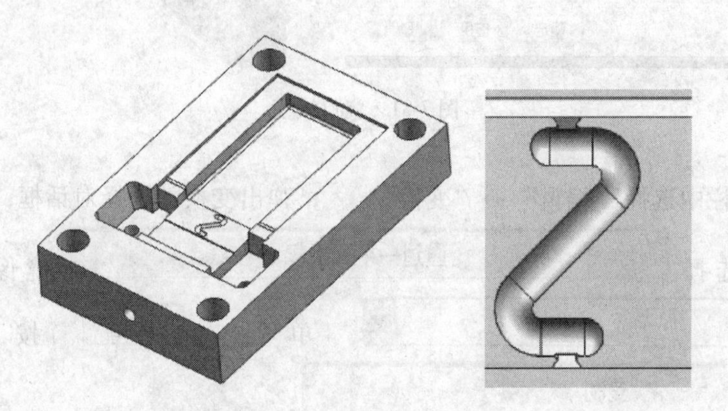

图 7-84　定模板流道

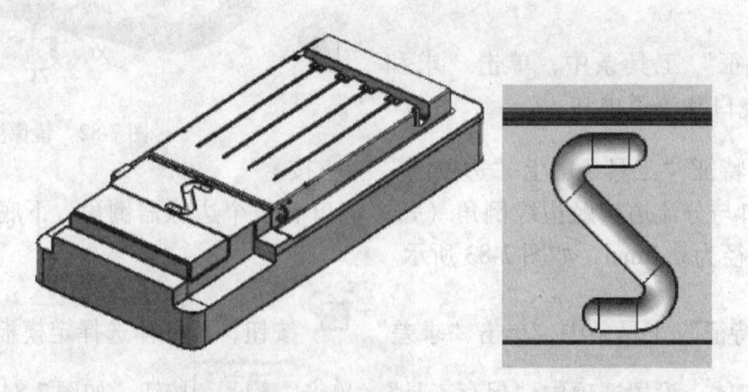

图 7-85　动模型芯流道

（4）调整坐标，使 Z 轴的正方向朝向定模。在菜单栏中选择“格式”→“WCS”，单击，单击 旋转(R)...，将 Z 轴旋转 180°，如图 7-86 所示。

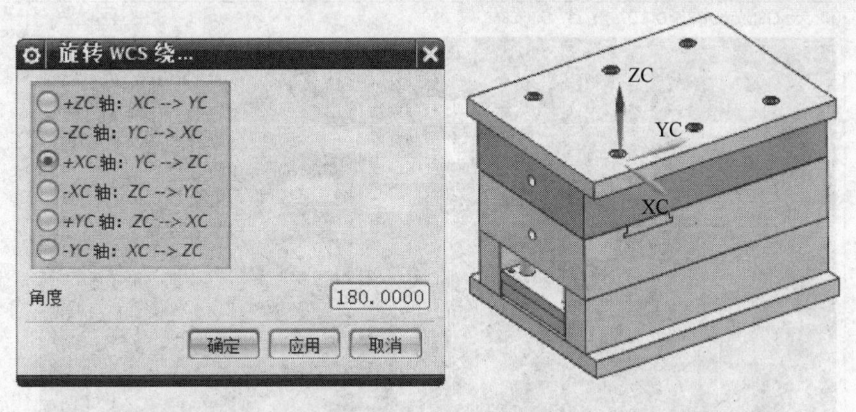

图 7-86　调整坐标

（5）单击菜单栏中“HB_MOULD M6.6”→“模具标准件”→“定位环”（定位圈），选择“B 型定位环”，弹出定位环参数对话框，如图 7-87 所示，单击 OK 按钮，插入定位环的位置默认为当前的原点，单击 取消 按钮，结果如图 7-88 所示。

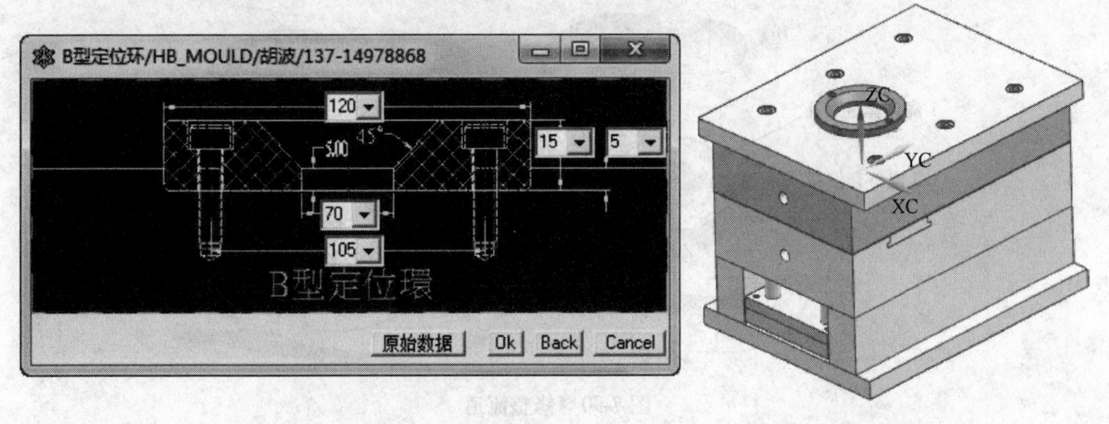

图 7-87　定位环参数　　　　　　　　　　图 7-88　定位环装配图

（6）单击菜单栏中“HB_ MOULD M6.6”→“模具标准件”→“唧嘴（浇口套）”，选择“B 型灌嘴（浇口套）”，选择 唧嘴放置于A板 ，弹出浇口套参数对话框，如图 7-89 所示，单击 OK 按钮。

（7）修整浇注系统：

1）隐藏其他部件，屏幕中只显示定模板和浇口套，如图 7-79 所示。在调用浇口套时，系统自动将定模板避空，由于本套模具是一体式，无定模型芯，所以需要将此处的避空去除。

在“特征”工具条中，单击“偏置面” 按钮，偏置值输入 0.25，偏置的面选择定模板的浇口套孔，单击 确定 按钮，如图 7-90 所示。

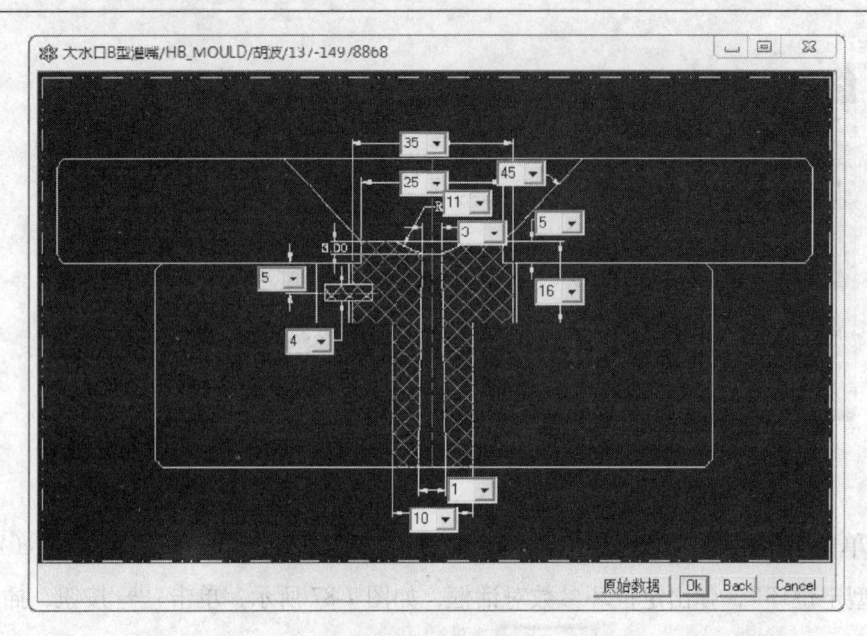

图 7-89　浇口套参数

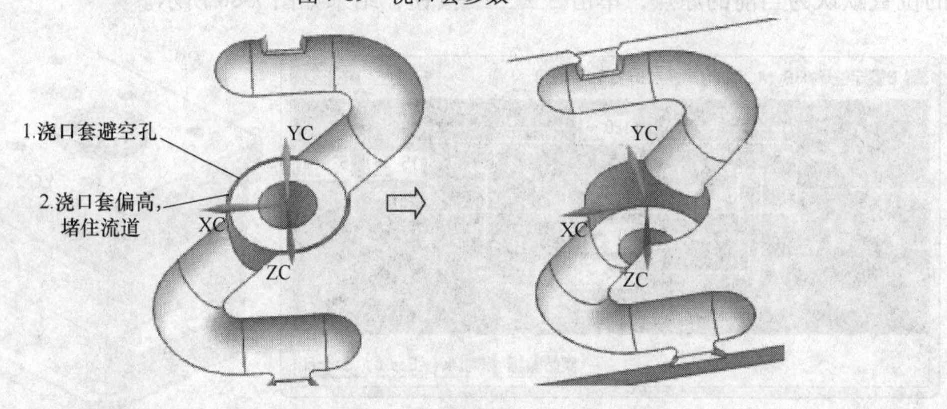

图 7-90　修整流道

2）在“特征”工具条中，单击“偏置面”按钮，偏置值输入 -5，偏置的面选择浇口套底面，单击 确定 按钮，如图 7-90 所示。

3）在“特征”工具条中，单击“求和”按钮，将主流道和分流道求和，如图 7-4 所示。

7.4.9　斜推杆机构设计

（1）隐藏其他部件，屏幕中只显示动模型芯。刀片盒上盖产品有侧凹，即动模型芯上有凸起，如图 7-91 所示，由于产品无法正常脱模，此处需设计斜推杆机构。

在“注射模向导”工具条中，单击“模具工具”按钮，单击“创建方块”按钮，弹出“创建方块”对话框。在面规则示意图中，选择“单个面”，设置间隙参数为 1mm，对象选择动模型芯上产品侧凹的左右两个面，单击 确定 按钮，如图 7-91 所示。

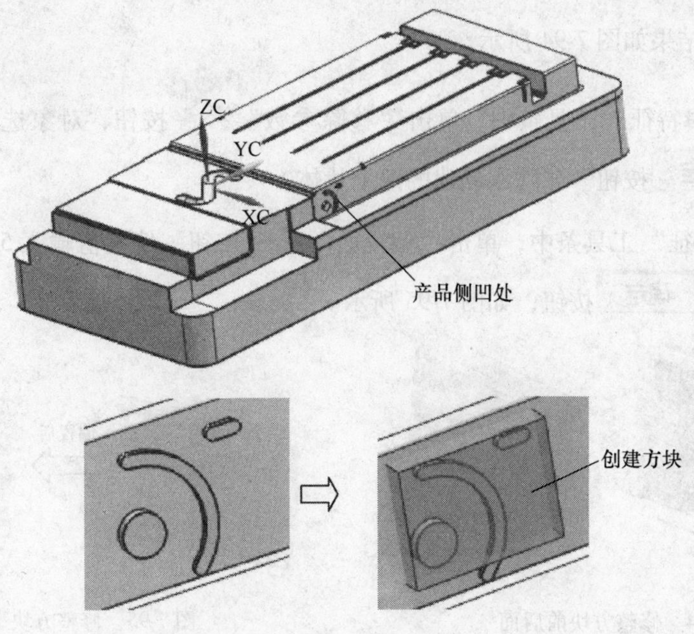

创建方块

图 7-91　创建方块

（2）调整方块上下尺寸：在“同步建模”工具条中，单击“替换面”按钮，目标面选择方块的上表面，工具面选择动模型芯的上表面，单击确定按钮。

单击“替换面”按钮，目标面选择方块的下表面，工具面选择动模型芯的分型面，单击确定按钮，如图 7-92 所示。

（3）调整箱体前后尺寸：

1）创建两个参考片体。在“特征”工具条中，单击“拉伸”按钮，拉伸的方向为 $+Z$，拉伸的高度为 2mm，拉伸的截面选择动模型芯的产品侧凹处的两条曲线，如图 7-93 所示。

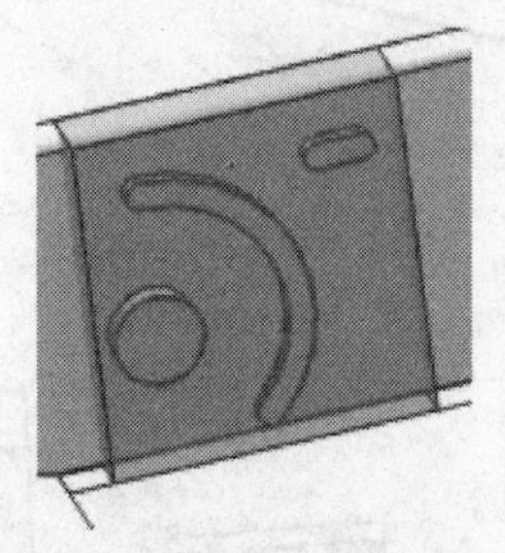

图 7-92　修整方块上下表面

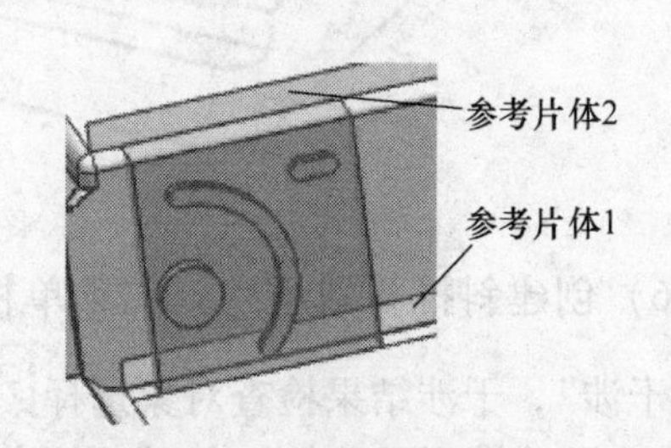

图 7-93　创建参考片体

2）在“同步建模”工具条中，单击“替换面”按钮，目标面选择方块的前表面，工具面选择参考片体 1，单击确定按钮。

单击“替换面”按钮，目标面选择方块的后表面，工具面选择参考片体 2，单击确定按钮，结果如图 7-94 所示。

3）在“编辑特征”工具条中，单击“移除参数”按钮，对象选择显示中的所有部件，单击确定按钮。删除刚创建的两个片体。

（4）在“特征”工具条中，单击“偏置面”按钮，偏置值输入 5，偏置的面选择方块底面，单击确定按钮，如图 7-95 所示。

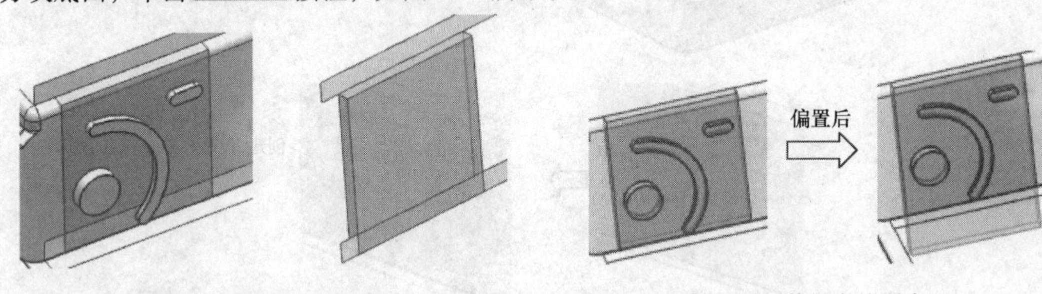

图 7-94　修整方块前后面　　图 7-95　修整方块下表面

（5）在菜单栏中选择“编辑”→“变换”，弹出变换的选择对话框，选择刚创建的箱体，单击确定按钮，选择通过一平面镜像，镜像的平面选择 YC-ZC 平面，单击确定按钮，单击复制按钮，如图 7-96 所示。

图 7-96　镜像箱体

（6）创建斜推杆成型块：在菜单栏中选择“分析”→“简单干涉”，干涉结果检查对象选择干涉体，第一体选择动模型芯，第二体选择刚创建的一个方块实体，单击应用按钮。依次创建两个方块与动模型芯的干涉体（图中橘黄色的两个干涉体即为斜推杆成型块），并删除两个箱体，如图 7-97 所示。

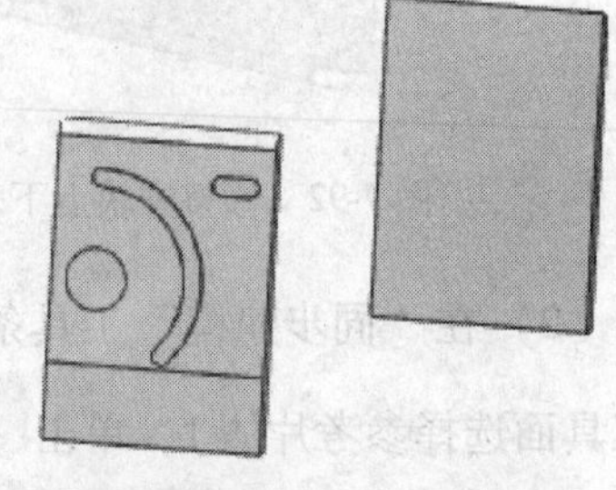

图 7-97　创建斜推杆成型块

（7）在“特征”工具条中，单击“求差”按钮，目标体选择动模仁，工具体选择两个斜推杆成型块，设置选项中“保存工具”，单击 确定 按钮。

（8）单击菜单栏中“HB_ MOULD M6. 6”→“模具标准件”→“斜顶（斜推杆）”，选择斜推杆类型如图 7-98 所示，根据命令行提示，依次选择斜推杆宽度方向两点，即为斜推杆成型块的左右两端点如图 7-99 所示，输入斜推杆参数如图 7-100 所示，单击 OK ，默认斜推杆 *XC* 位置值，单击 取消 按钮，单击 切削模板 。同样的方法和参数，将另一个斜推杆做好，如图 7-101 所示。

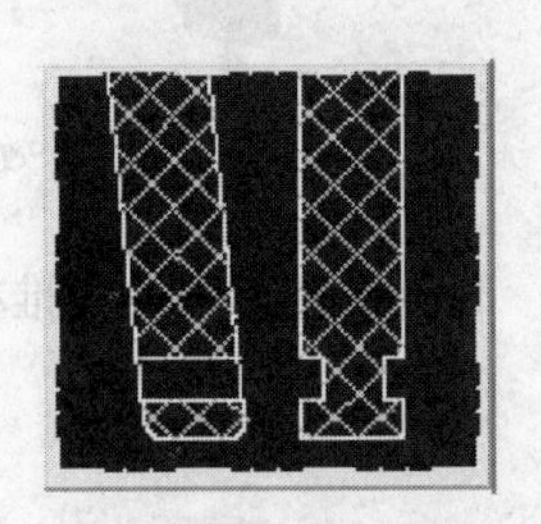

图 7-98　斜推杆类型

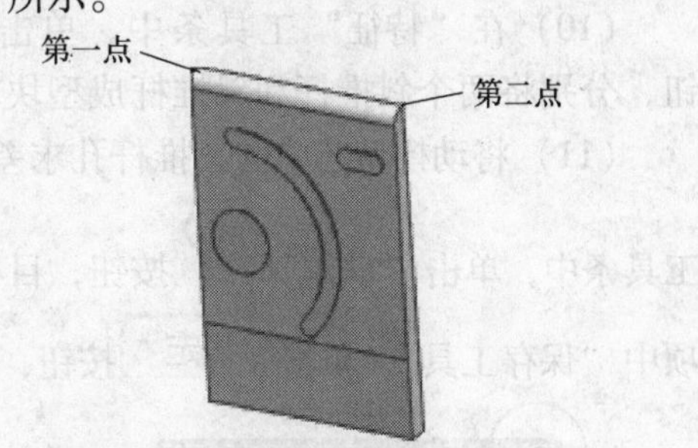

图 7-99　斜推杆成型块宽度两点

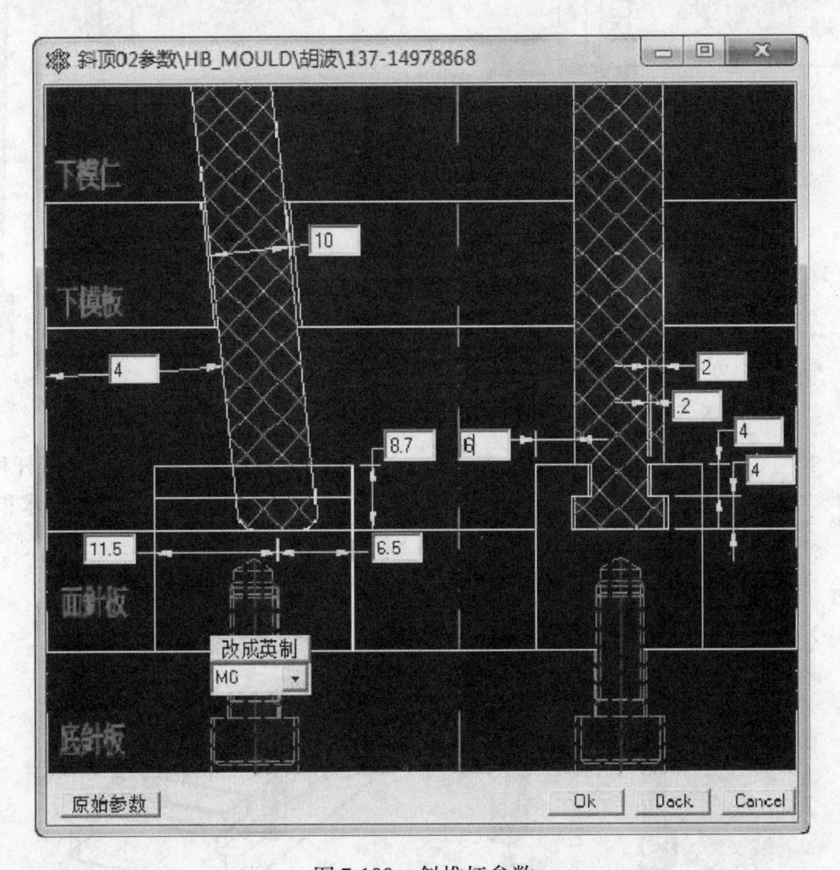

图 7-100　斜推杆参数

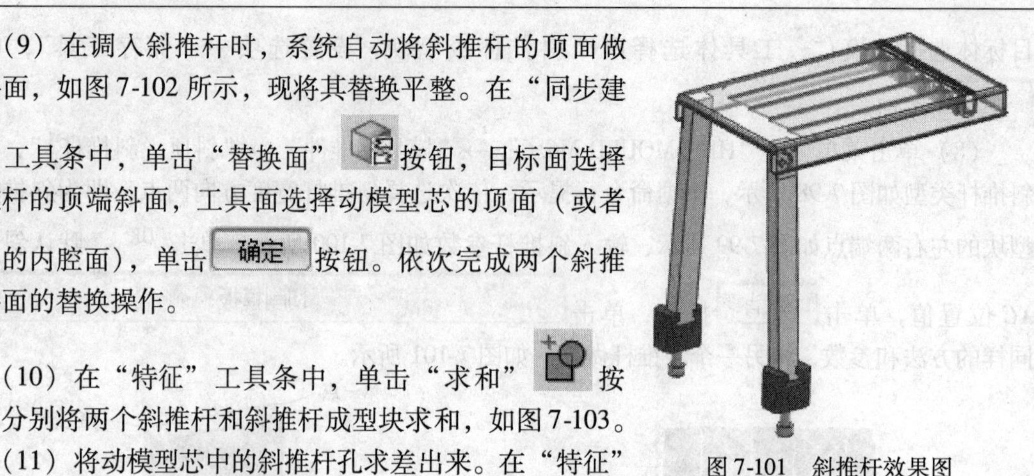

图 7-101　斜推杆效果图

(9) 在调入斜推杆时，系统自动将斜推杆的顶面做成斜面，如图 7-102 所示，现将其替换平整。在“同步建模”工具条中，单击“替换面”按钮，目标面选择斜推杆的顶端斜面，工具面选择动模型芯的顶面（或者产品的内腔面），单击确定按钮。依次完成两个斜推杆斜面的替换操作。

(10) 在“特征”工具条中，单击“求和”按钮，分别将两个斜推杆和斜推杆成型块求和，如图 7-103。

(11) 将动模型芯中的斜推杆孔求差出来。在“特征”工具条中，单击“求差”按钮，目标体选择动模型芯，工具体选择两个斜推杆，设置选项中“保存工具”，单击确定按钮，如图 7-104 所示。

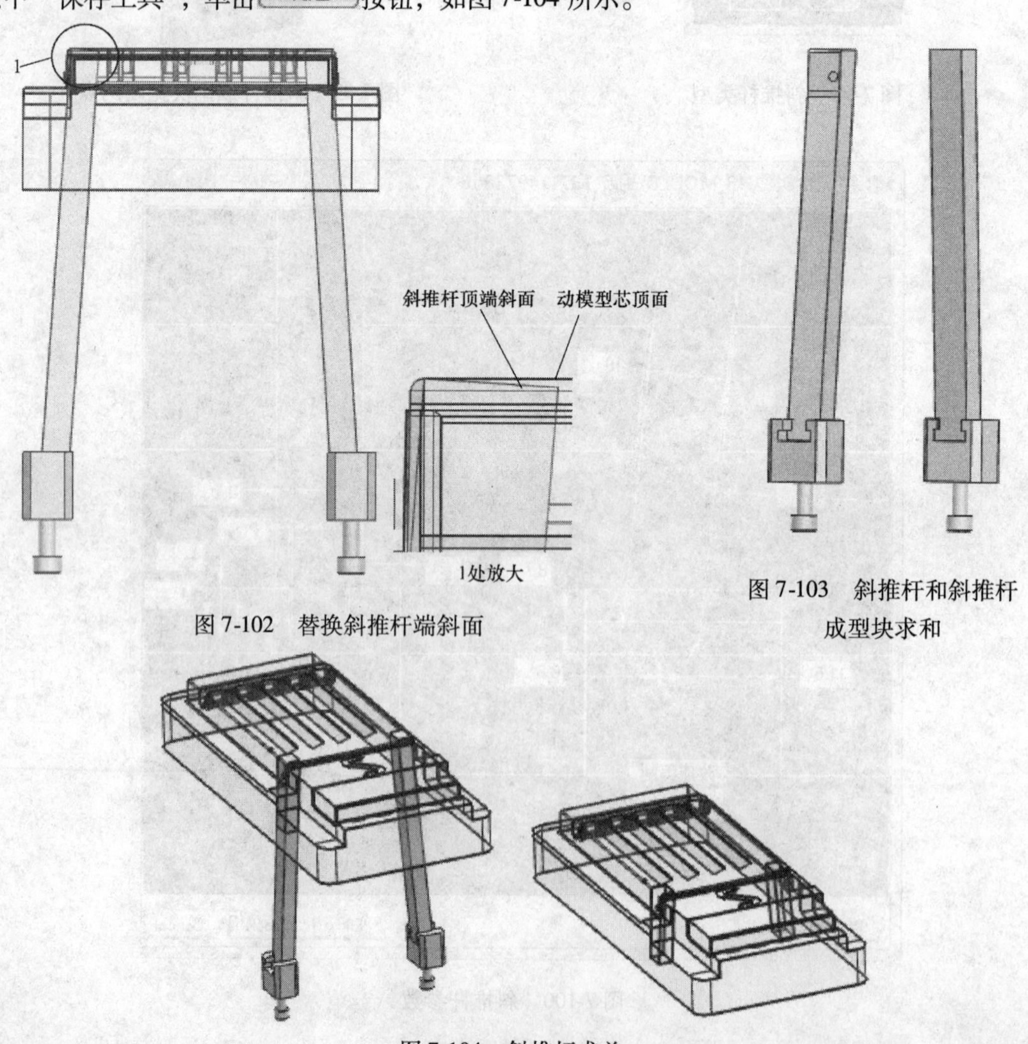

图 7-102　替换斜推杆端斜面

图 7-103　斜推杆和斜推杆成型块求和

图 7-104　斜推杆求差

（12）动模板的斜推杆孔设计。隐藏其他部件，屏幕中只显示斜推杆和动模板：

1）在“曲线”工具条中单击“相交曲线”，弹出相交曲线对话框，如图 7-105 所示。第一组平面选择一个斜推杆与动模板接触的四个面，第二组平面选择动模板推面，单击 确定 按钮，依次完成两个斜推杆与定模板的相交曲线，如图 7-105 所示。

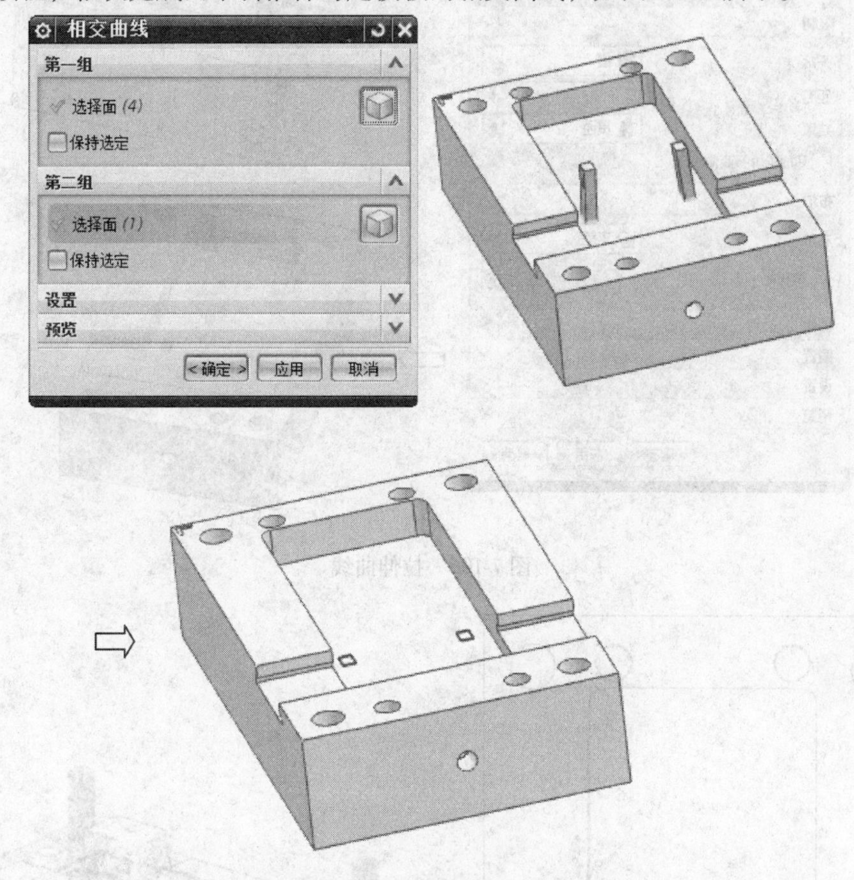

图 7-105　斜推杆与动模板的相交曲线

2）在“特征”工具条中，单击“拉伸”按钮，拉伸的截面选择刚创建的 8 条曲线，拉伸的方向选择 $-Z$，限制结束值为 贯通，单击 确定 按钮，如图 7-106 所示。

3）对动模板的斜推杆孔进行避空设计：在“特征”工具条中，单击“偏置面”按钮，偏置值输入 -5，偏置的面选择动模板斜推杆孔的两个内侧面，单击 应用 按钮。偏置值输入 -3，偏置的面选择动模板斜推杆孔的两个外侧面，单击 应用 按钮。偏置值输入 -1，偏置面选择动模板斜推杆孔的其余四个面，单击 确定 按钮，如图 7-107 所示，斜推杆机构的效果图如图 7-108 所示。

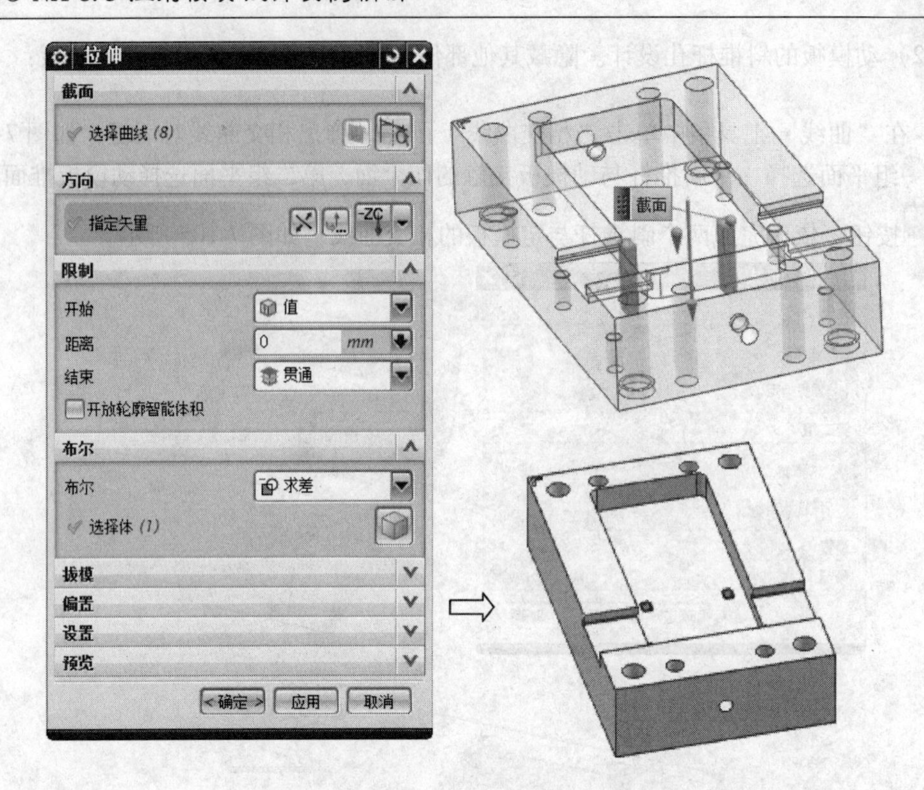

图 7-106　拉伸曲线

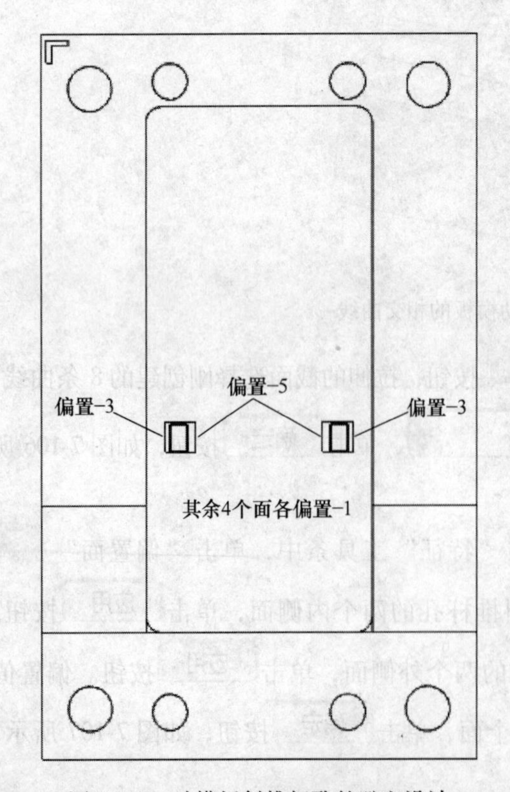

图 7-107　动模板斜推杆孔的避空设计

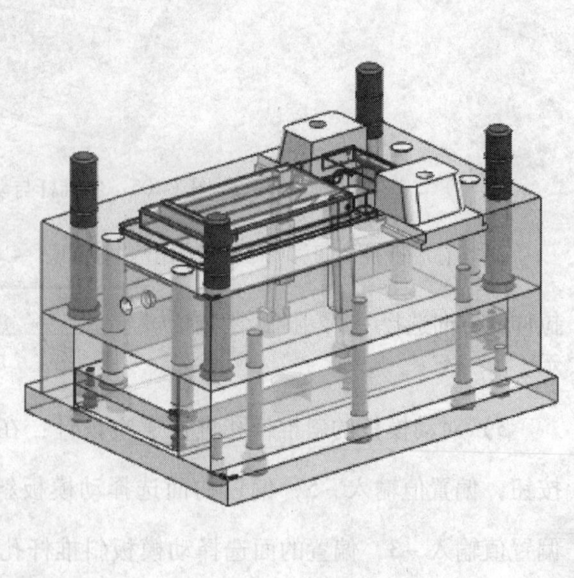

图 7-108　斜推杆装配图

7.4.10　推出机构设计

（1）隐藏其他部件，屏幕中只显示动模型芯：在“草图”工具条中，单击“草图”按钮，在 *XY* 平面建草图，尺寸如图 7-109 所示。共创建 12 根 ϕ8mm 的推杆，4 根 ϕ6mm 的推杆，1 根 ϕ6mm 的拉料杆。

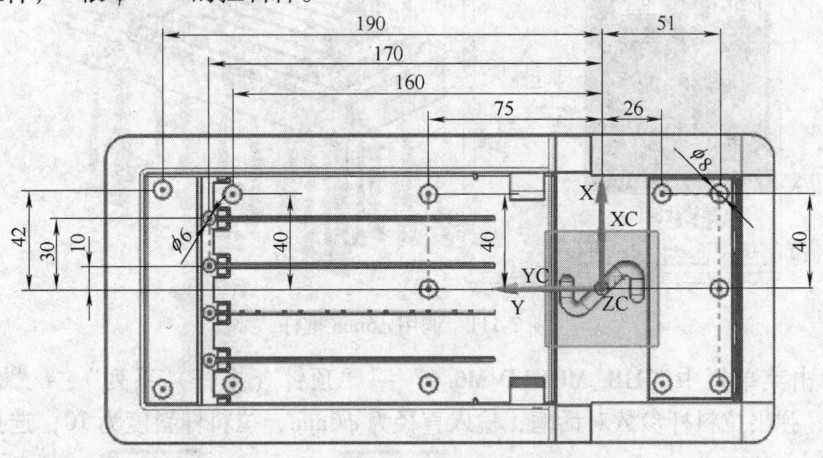

图 7-109　推杆位置草图

（2）单击菜单栏中“HB_MOULD M6.6”→“顶针（推杆）系列”→“顶针（推杆）”，单击 多点式公制顶针 ，弹出推杆参数对话框，输入推杆直径为 8，推杆高出坐标原点为 30（高出动模型芯即可，高出部分可以修剪），单击 OK 按钮。根据提示，选择放置推杆点的位置，捕捉刚创建草图上 12 个 ϕ8mm 圆的圆心，完成共 8 根推杆的设置，单击 取消 按钮，单击 取消 按钮，如图 7-110 所示。

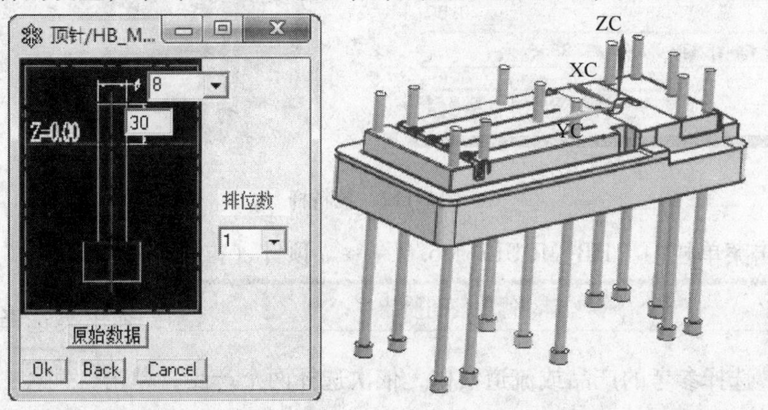

图 7-110　调用 ϕ8mm 推杆

（3）单击菜单栏中“HB_ MOULD M6.6”→“顶针（推杆）系列”→“顶针（推杆）”，单击 多点式公制顶针 ，弹出推杆参数对话框，输入推杆直径为 6mm，推杆高出坐标原点为 30mm（高出动模型芯即可，高出部分可以修剪），单击 OK 。根据提示，选择放置推杆点的位置，捕捉刚创建草图上四个 ϕ6mm 圆的圆心，完成共六根推杆的设置，单击 取消 按钮，单击 取消 按钮，如图 7-111 所示。

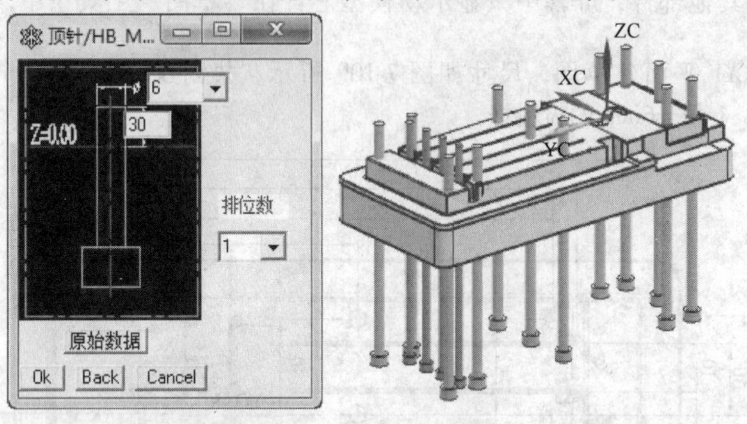

图 7-111　调用 ϕ6mm 推杆

（4）单击菜单栏中“HB_MOULD M6.6”→“顶针（推杆）系列”→“锥形勾料针（拉料杆）”，弹出拉料杆参数对话框，输入直径为 ϕ6mm，拉料杆斜度为 10，选择拉料杆的放置点为坐标原点，如图 7-112 所示，单击 确定 按钮，单击 取消 按钮。

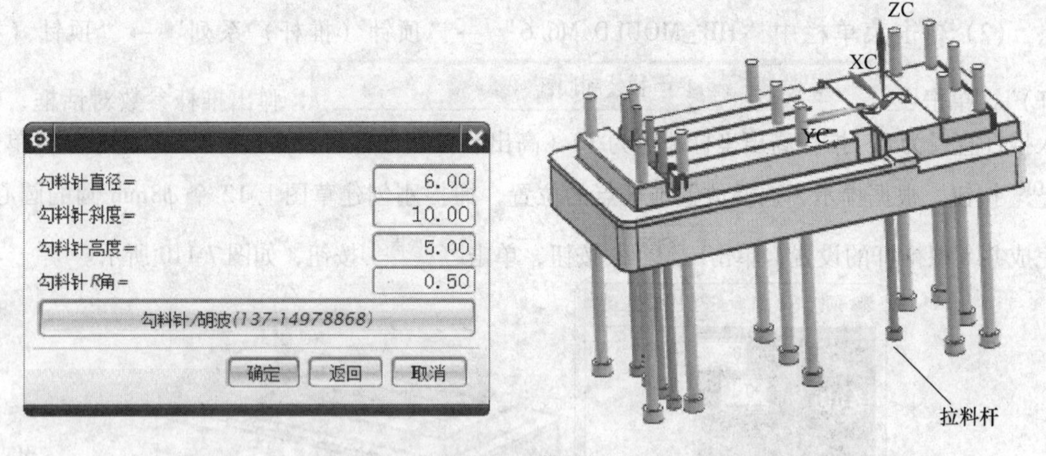

图 7-112　拉料杆

（5）单击菜单栏中“HB_MOULD M6.6”→“顶针（推杆）系列”→“修剪顶针（推杆）”，单击 自动修剪公制顶针 ，弹出类选择对话框，根据状态栏提示，选择参考的产品或流道实体，依次选择两个产品，单击 确定 按钮，如图 7-113 所示。

（6）单击菜单栏中“HB_MOULD M6.6”→“顶针（推杆）系列”→“顶针（推杆）避空”，单击 避空公制顶针 ，输入动模板和推杆板的避空间隙为 0.5mm（双边），推杆高度避空值为 0mm，软件自动将推杆位的避空位做好。

（7）单击菜单栏中“HB_MOULD M6.6”→“顶针（推杆）系列”→“模仁（型芯）

避空”，输入避空间隙（双边）为 2mm，料位预留高度为 20mm。根据状态栏提示，选择 16 根推杆和 1 根拉料杆，单击 确定 按钮，选择动模型芯，软件自动将动模型芯上的推杆避空孔做好。

（8）在“特征”工具条中，单击“求差” 按钮，目标体选择动模型芯，工具体选择 16 根推杆和 1 根拉料杆，设置选项中“保存工具”，单击 确定 按钮，如图 7-114 所示。

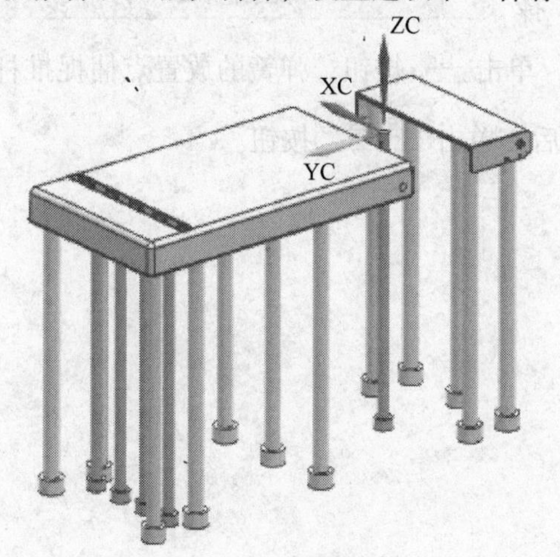

图 7-113　修剪推杆

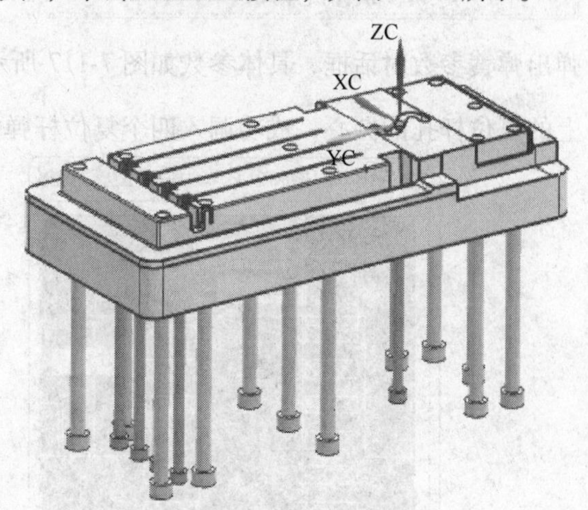

图 7-114　推杆求差

7.4.11　镶件设计

（1）隐藏其他部件，屏幕中只显示镶件和定模板，如图 7-115 所示。

（2）镶件需要镶嵌在动模板上面：在“同步建模”工具条中，单击“替换面” 按钮，弹出“替换面”对话框，要替换的面选择镶件底面，替换的面选择定模板顶面，单击 确定 按钮，如图 7-116 所示。

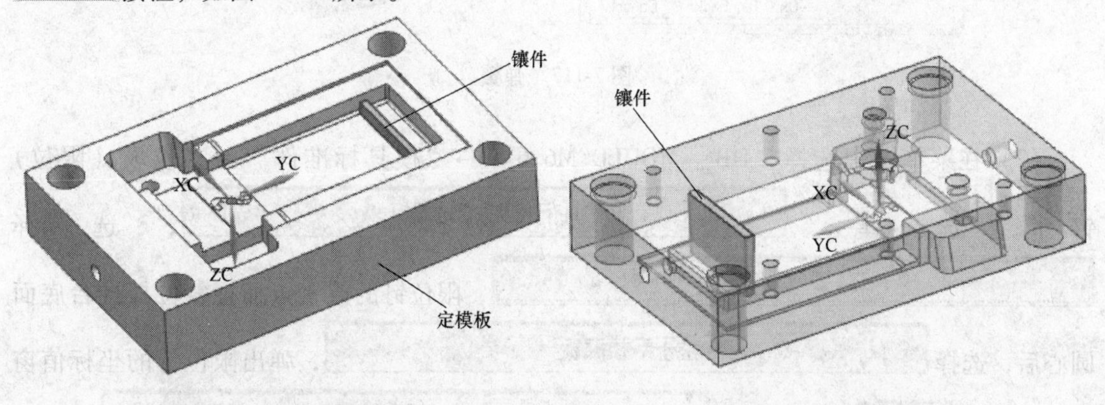

图 7-115　镶件和定模板　　　　图 7-116　替换面

（3）在“特征”工具条中，单击“求差” 按钮，目标体选择定模板，工具体选择镶件，设置选项中“保存工具”，单击 确定 按钮。由于镶件是带斜度的，固不用设计挂台机构或者螺栓，只需将镶件镶嵌到定模板，底面按照尺寸磨平即可。

7.4.12 其他结构设计

（1）在菜单栏中选择“HB_MOULD M6.6”→“模具标准件”→“弹簧”，选择 顶针板弹簧，选择 回针弹簧，弹出弹簧参数对话框，具体参数如图 7-117 所示，单击 OK 按钮，弹簧的放置点捕捉推杆板上的复位杆孔的圆心，成功调入四个复位杆弹簧后，单击 取消 按钮。

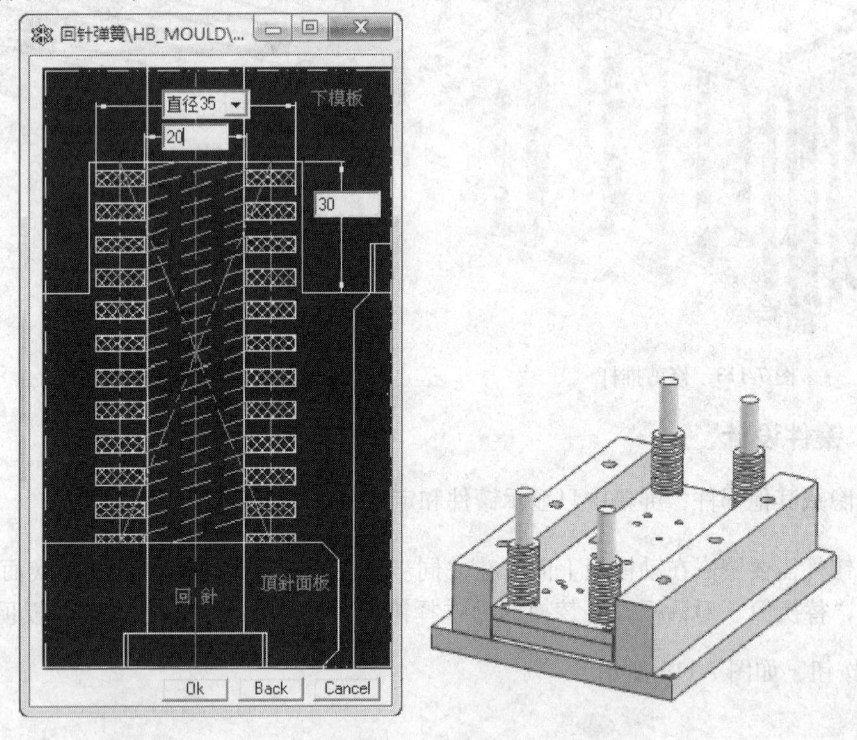

图 7-117　弹簧

（2）在菜单栏中选择“HB_ MOULD M6.6”→“模具标准件”→“垃圾（限位）钉”，选择 几何排列式 垃圾钉，选择 STA-D20-PTM6，限位钉的放置点捕捉复位杆挂台底面圆心后，选择 位于下模底板，弹出限位钉的坐标值窗口后，点击 取消 按钮，选择 X2-Y2，如图 7-118 所示。

(3) 滑块压条设计：

1）隐藏其他部件，屏幕中只显示动模板和两个滑块。

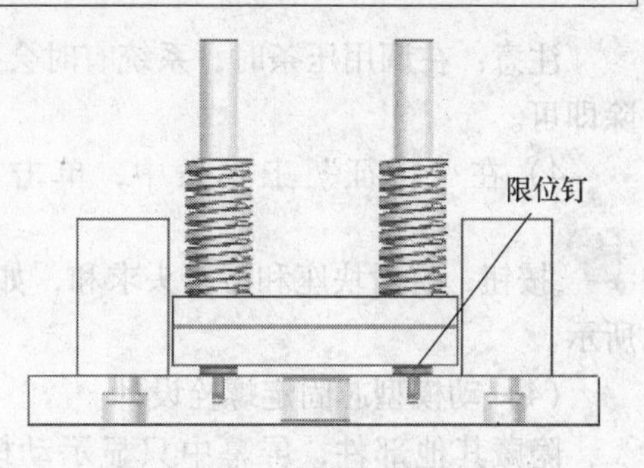

图 7-118　限位钉效果图

在“编辑特征”工具条中，单击“移除参数”按钮，对象选择动模板和两个滑块，单击 确定 按钮。

2）在菜单栏中选择“插入”→“修剪”→“拆分体”，目标选择两个滑块，分割的工具选择 新建平面 ，选择动模板的上表面（即分型面），单击 确定 按钮。

在“编辑特征”工具条中，单击“移除参数”按钮，对象选择两个滑块，单击 确定 。隐藏两个滑块成型块，如图 7-119 所示。

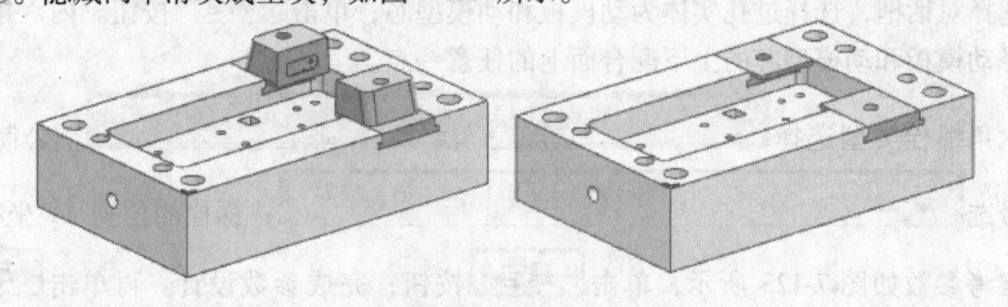

图 7-119　分割滑块

3）在菜单栏中选择“HB_MOULD M6.6”→“行位（滑块）系列”→“压条”，选择压条的类型如图 7-120 所示，根据状态栏提示，选择滑块出模方向的棱线，选择滑块座，弹出滑块参数窗口，如图 7-121 所示，单击 OK 按钮。

同样的方法，将另外一个滑块座的压条做好，如图 7-122 所示。

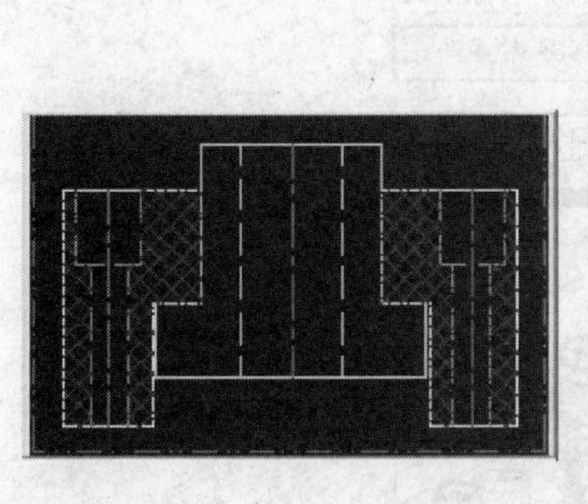

图 7-120　压条类型

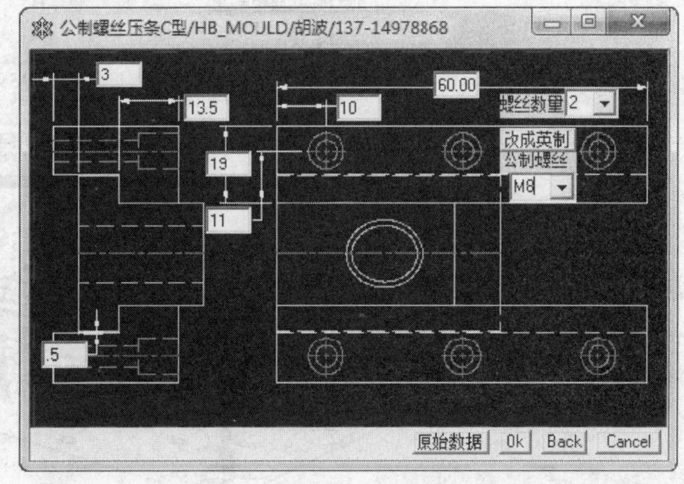

图 7-121　压条参数

注意：在调用压条时，系统有时会弹出错误，在定模部分产生一些多余的实体，只需删除即可。

4）在“特征”工具条中，单击“求和”按钮，将滑块座和滑块头求和，如图 7-122 所示。

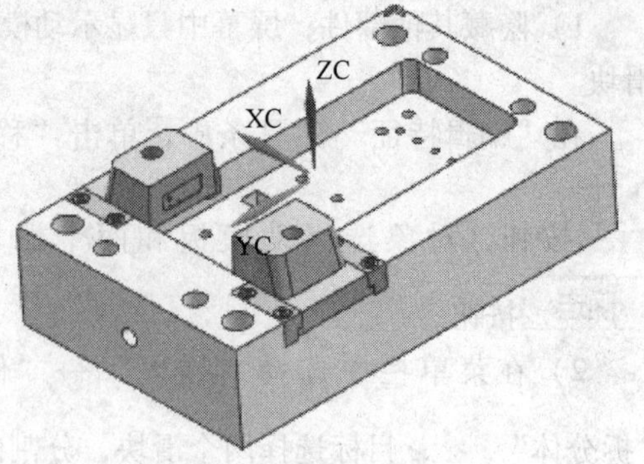

图 7-122　滑块装配图

（4）动模型芯固定螺栓设计。

隐藏其他部件，屏幕中只显示动模板和动模型芯。

在菜单栏中选择“HB_MOULD M6.6”→“螺丝（螺栓）系列”→“正向螺丝”，根据命令行的提示，选择螺栓放置实体面选择动模板的底面，螺栓的定位类型单击 指定平面定位 ，定位平面同样选择动模型芯的底面，弹出类选择对话框，选择过孔实体为动模板和动模型芯，单击 确定 按钮。内六角螺栓孔断点选择动模板和动模型芯的上下配合面上的任意一点。

内六角螺栓类型选择 公制 ，公制内六角螺栓型号选 M10 ，螺栓的位置 *XY* 坐标（55，120），参考参数如图 7-123 所示，单击 确定 按钮，完成参数设计。再单击 取消 按

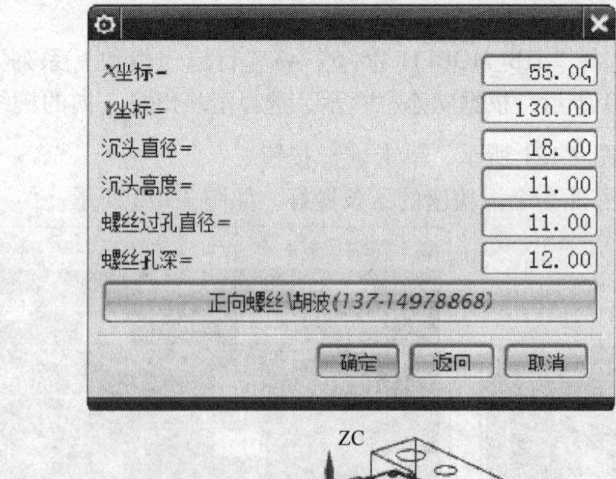

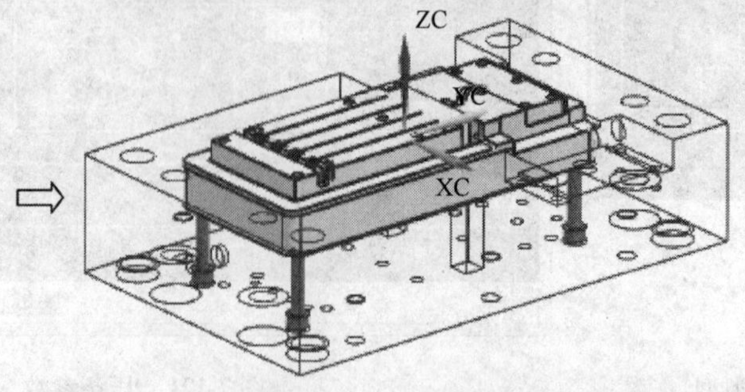

图 7-123　动模螺钉

钮，选择 四角镜相 。

（5）调用吊环：在菜单栏中选择“HB_MOULD M6.6”→“模具标准件”→“吊环”，选择 M16吊环 ，吊环方向选择 +Y ，根据命令行的提示，选择吊环放置点，依次捕捉 +*Y* 方向的两个吊环孔，单击 取消 按钮。同样，完成 -*Y* 方向的两个吊环的调用，如图 7-124 所示。

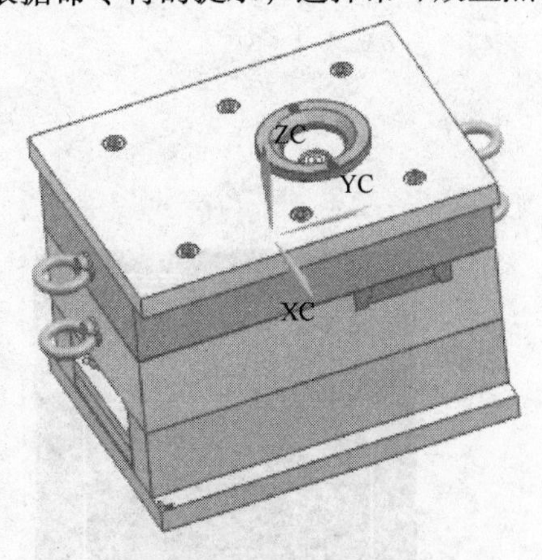

图 7-124　吊环装配图

7.4.13　冷却系统设计

（1）动模冷却系统设计

1）隐藏其他部件，屏幕中只显示动模板和动模型芯。单在菜单栏中选择“格式”→“WCS”，单击 WCS 设置为绝对(A)，将坐标切换到绝对的 WCS 原点。

2）在菜单栏中选择“HB_MOULD M6.6”→“运水（冷却系统）系列”→“运水”，选择图 7-125 所示的环绕型冷却系统方式，坐标放置方向选择 +Y方向 。根据命令行提示，选择动模型芯。冷却系统的具体参数可参考图 7-126，水道的直径为 ϕ8mm，单击 OK 按钮。如果对水道设计不满意，可选择 重新修改环绕型运水参数 ，如果对水道设计满意，选择 取消 按钮，单击 切削模胚及模仁 ，完成动模冷却系统设计，冷却系统结果参考图 7-6a。

（2）定模冷却系统设计

隐藏其他部件，屏幕中只显示定模板：

1）在“草图”工具条中，单击“草图” 按钮，草图平面选择定模板 +*Y* 方向的侧面，绘制冷却水孔 1 和冷却水孔 2 的定位点，如图 7-127 所示，单击 完成草图 。

在“特征”工具条中，单击“孔” 按钮，弹出孔参数对话框，如图 7-128 所示，草图的类型选择 常规孔 ，输入孔的直径为 8mm，深度为 300mm，孔的位置捕捉草绘的两点，单击 确定 按钮，如图 7-129 所示。

2）冷却水孔 3 的设计：在“草图”工具条中，单击“草图” 按钮，草图平面选择定模板 -*X* 方向的侧面，绘制冷却水孔 3 的定位点，如图 7-130 所示，单击 完成草图 。

在“特征”工具条中，单击“孔”按钮，弹出孔参数对话框，如图 7-131 所示，草图的类型选择 常规孔 ，输入孔的直径为 8mm，深度为 90mm，孔的位置捕捉草绘的点，单击 确定 按钮，如图 7-132 所示。

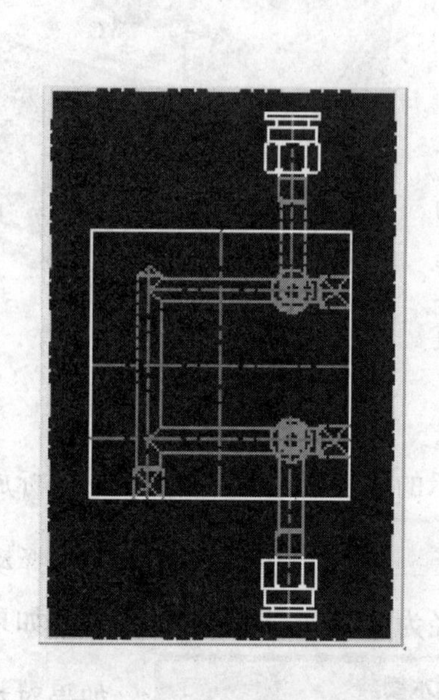

图 7-125　冷却系统方式

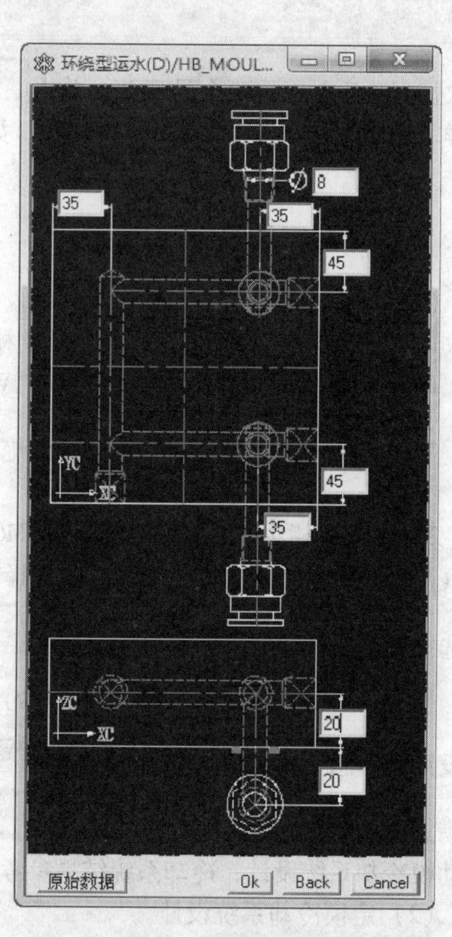

图 7-126　动模冷却系统参数

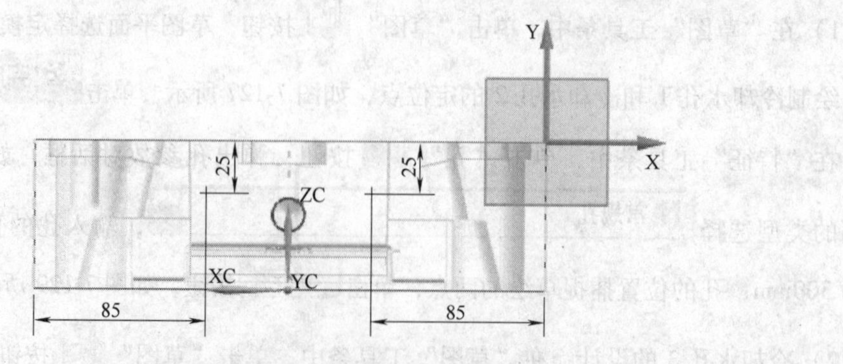

图 7-127　冷却水孔 1 和冷却水孔 2 定位尺寸

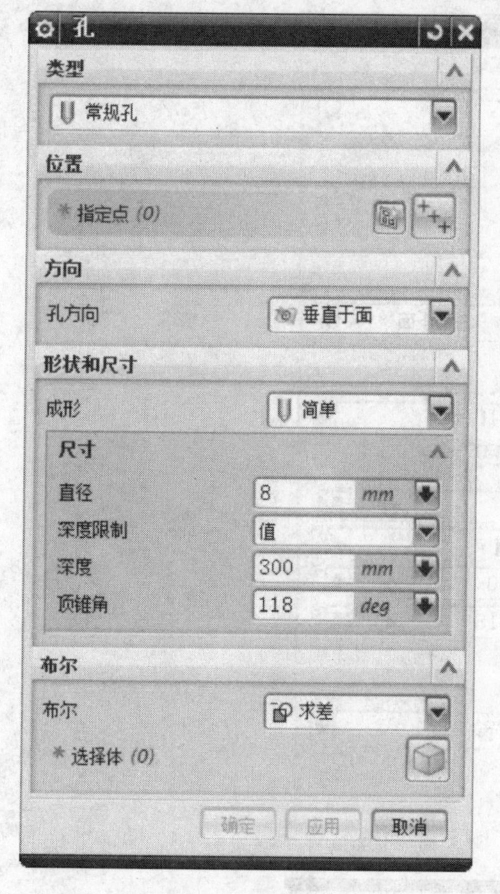

图 7-128　冷却水孔参数

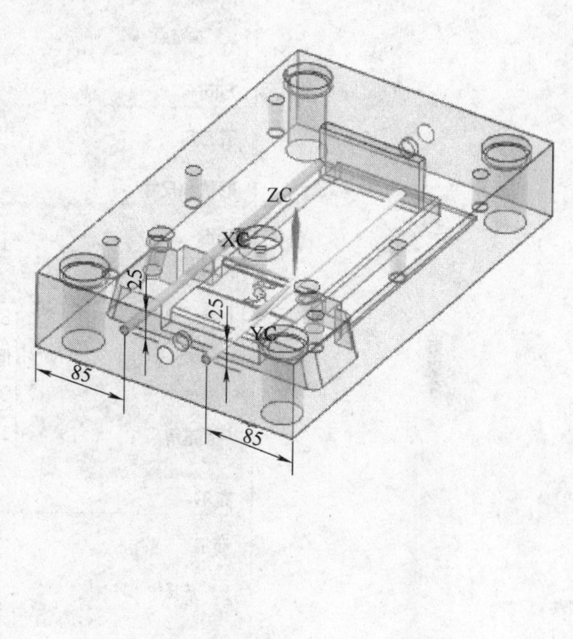

图 7-129　冷却水孔 1 和冷却水孔 2

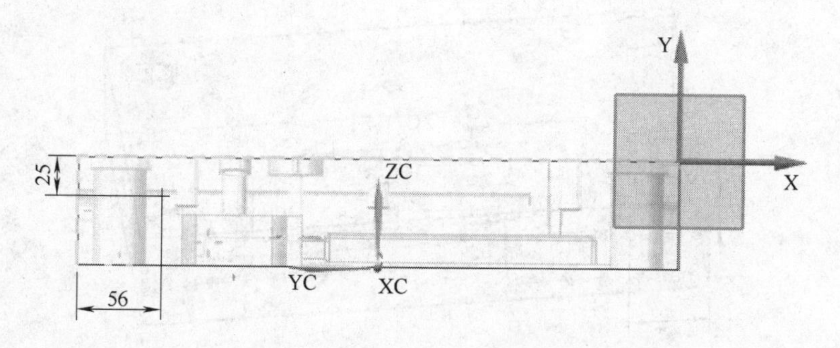

图 7-130　冷却水孔 3 定位尺寸

3）冷却水孔 4 的设计：在“草图”工具条中，单击“草图”按钮，草图平面选择定模板 + X 方向的侧面，绘制冷却水孔 4 的定位点，如图 7-133 所示，单击“完成草图”。

在“特征”工具条中，单击“孔”按钮，弹出孔参数对话框，参考图 7-131 所示，草图的类型选择“常规孔”，输入孔的直径为 8mm，深度为 90mm，孔的位置捕捉草绘的点，单击“确定”按钮，如图 7-134 所示。

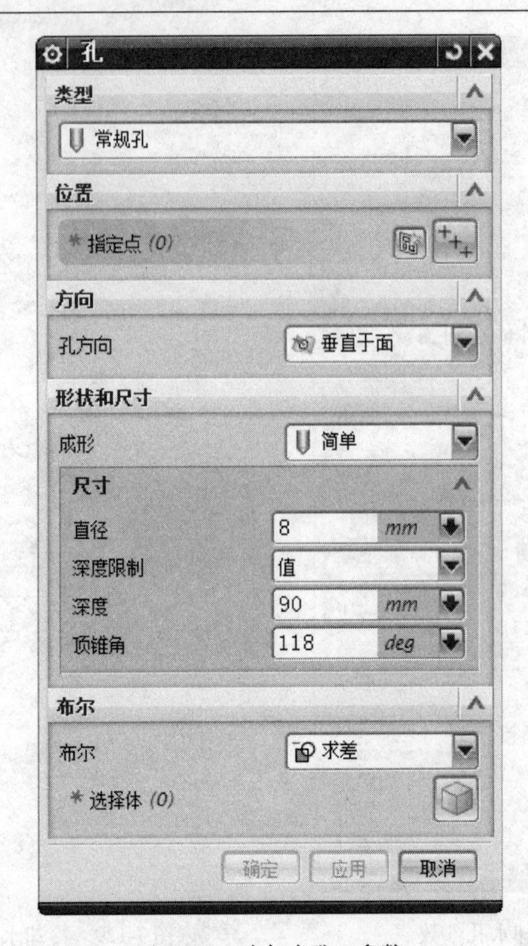

图 7-131　冷却水孔 3 参数

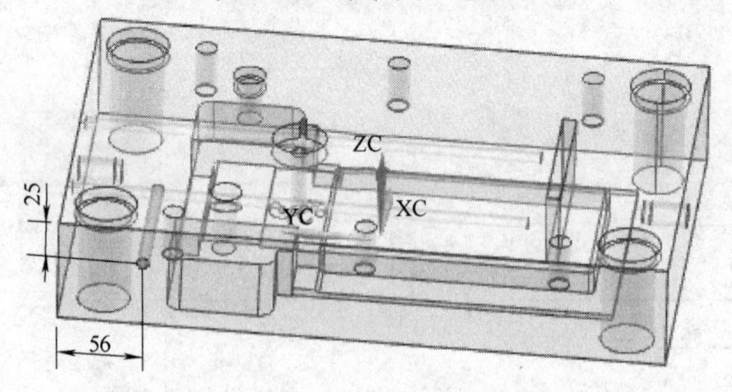

图 7-132　冷却水孔 3

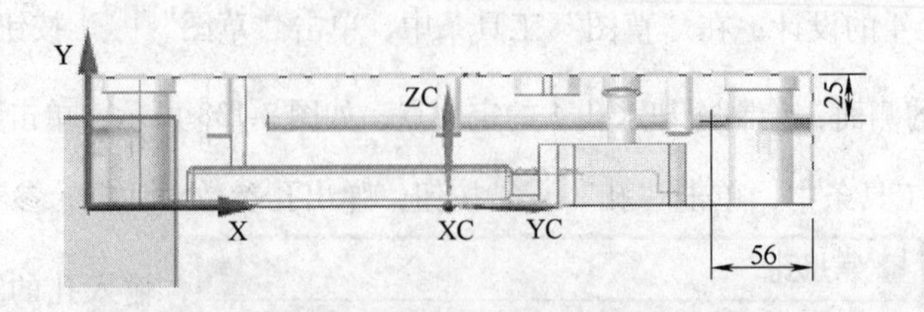

图 7-133　冷却水孔 4 定位尺寸

4）孔 5 的设计：在“草图”工具条中，单击“草图”按钮，草图平面选择定模板 $-X$ 方向的侧面，绘制冷却水孔 5 的定位点，如图 7-135 所示，单击完成草图。

在“特征”工具条中，单击“孔”按钮，弹出孔参数对话框，参考图 7-136 所示，草图的类型选择常规孔，输入孔的直径为 8mm，深度为 180mm，孔的位置捕捉草绘的点，单击确定按钮，如图 7-137 所示。

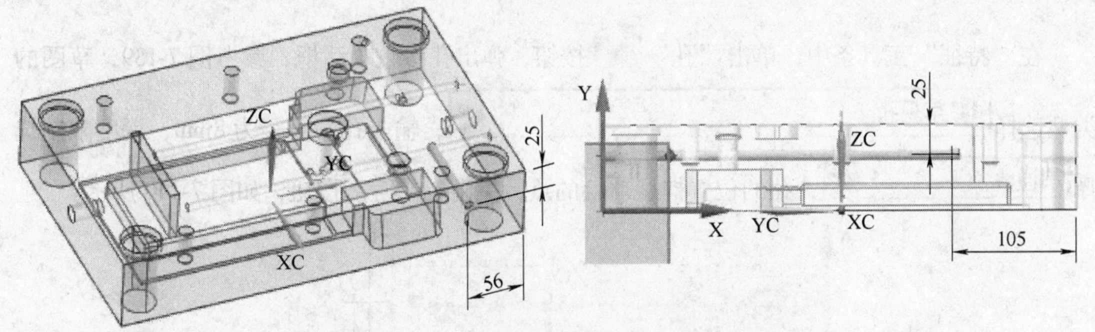

图 7-134　冷却水孔 4　　　　图 7-135　冷却水孔 5 定位尺寸

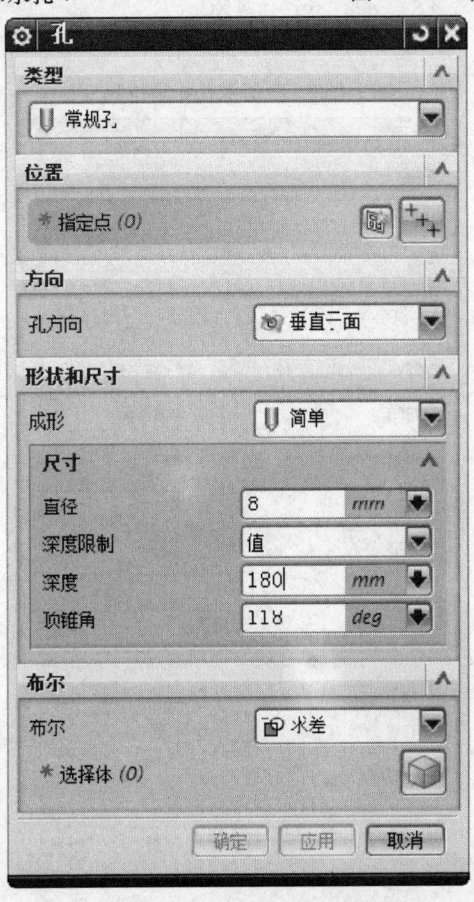

图 7-136　冷却水孔 5 参数

5）为使产品冷却均匀，另外再加一条冷却水路：孔 6 的设计。

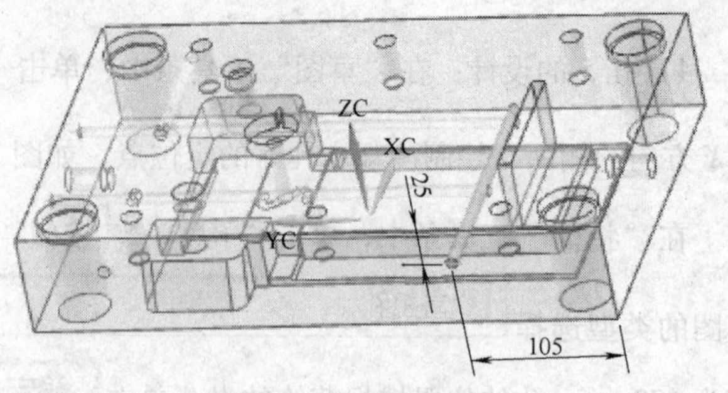

图 7-137　冷却水孔 5

在“草图”工具条中，单击“草图” 按钮，草图平面选择定模板 -*X* 方向的侧面，绘制冷却水孔 6 的定位点，如图 7-138 所示，单击 完成草图。

在“特征”工具条中，单击“孔” 按钮，弹出孔参数对话框，参考图 7-139，草图的类型选择 常规孔，输入孔的直径为 8mm，深度限制选择 贯通体，孔的位置捕捉草绘的点，单击 确定 按钮，如图 7-140 所示。

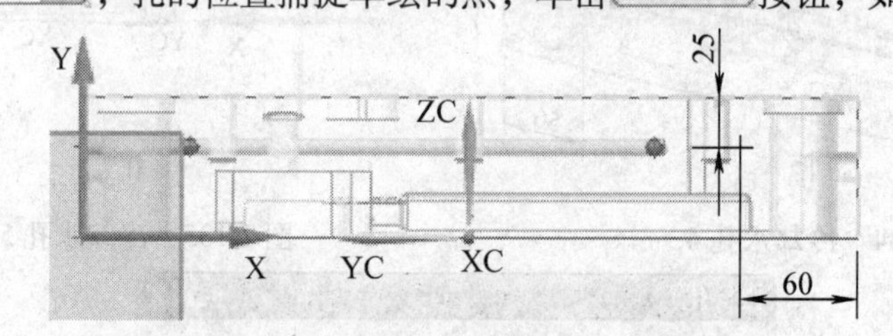

图 7-138　冷却水孔 6 定位尺寸

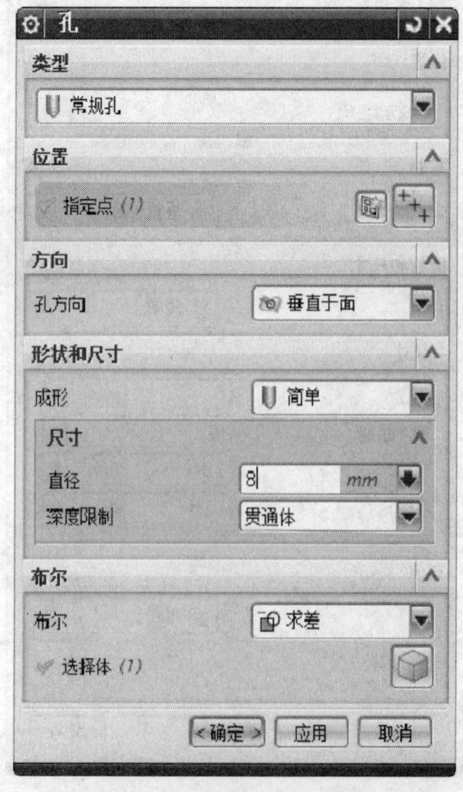

图 7-139　冷却水孔 6 参数

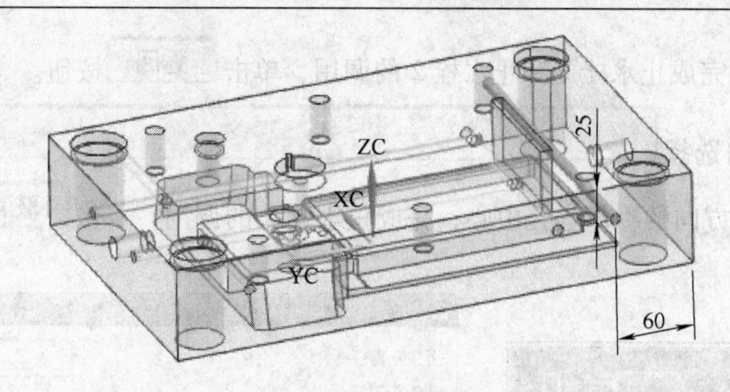

图 7-140　冷却水孔 6

定模冷却水道的总体设计如图 7-141 所示，设计结果如图 7-5b 所示。

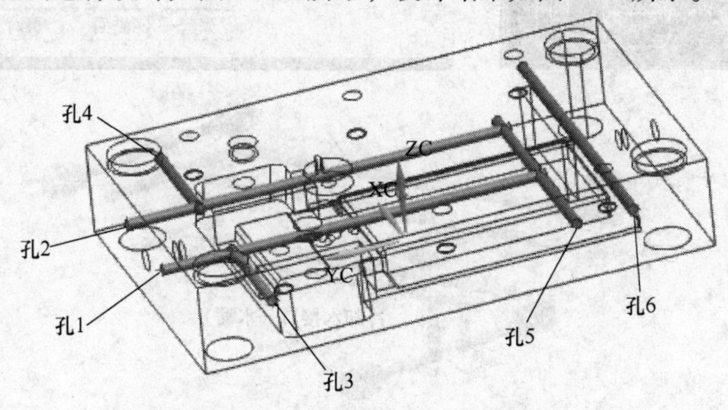

图 7-141　定模板冷却水孔设计

（3）调用冷却水接口

在菜单栏中选择“HB_MOULD M6.6”→“运水（冷却系统）系列”→“水嘴（冷却水接口）”，选择一个冷却水接口模式，如图 7-142，单击 PT1/4 水嘴，冷却水接口方向即为刚创建的水道进出口方向，单击 +X，根据命令行提示，选择切削的模板为定模板。根据命令行提示，选择冷却水接口放置点为刚建立的定模水道的进出水口，弹出冷却水接口的沉孔尺寸对话框，直径为 25mm，深度为 23mm，单击 取消 按钮，弹出冷却水接口放置点对话框，选择冷却水接口放置点为刚建立的定模水道的进出水口的圆心，单击 取消 按钮，完成定模板冷却水接口设计。

同样的方法，完成定模 $-X$ 方向冷却水接口的调用，完成动模冷却水接口的调用，结果如图 7-142 所示。

（4）调用止水栓

在菜单栏中选择“HB_MOULD M6.6”→“运水（冷却系统）系列”→“止水栓”，选择 直径 8 止水栓，止水栓的方向选择 +Y，止水栓的放置点捕捉定模板 $+Y$ 方向的冷却水孔中心，完成止水栓 1 和止水栓 2 的调用，单击 返回 按钮。

止水栓的方向选择 -X ，止水栓的放置点捕捉定模板 $-X$ 方向的冷却水孔中心，完成止水栓 3 的调用，单击 取消 按钮，结果如图 7-143 所示。

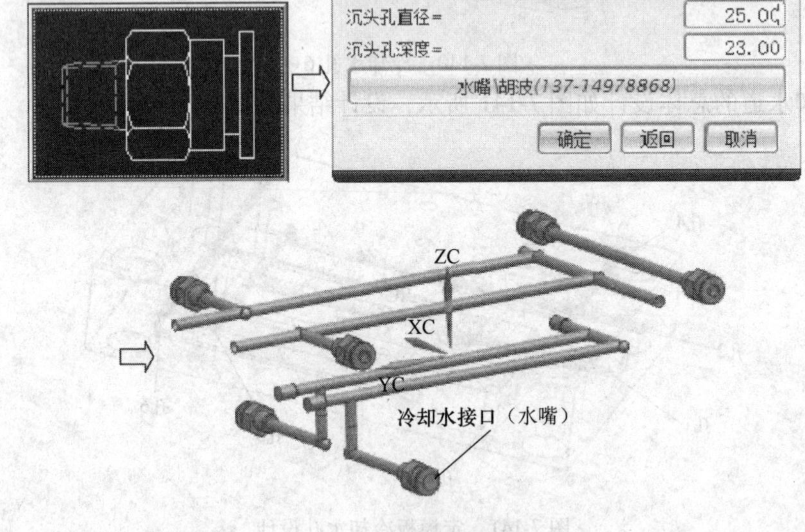

图 7-142　调用冷却水接口

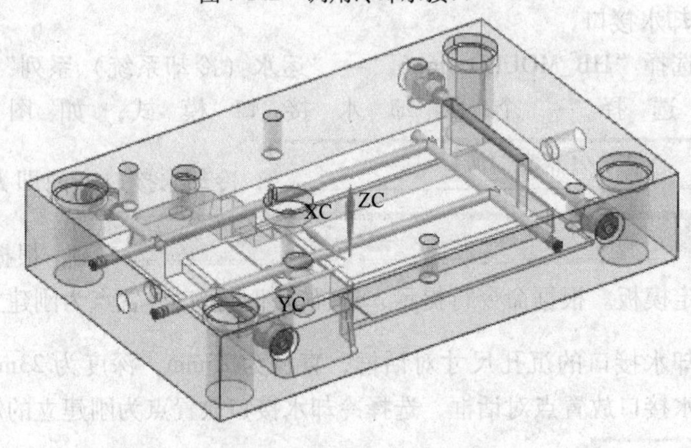

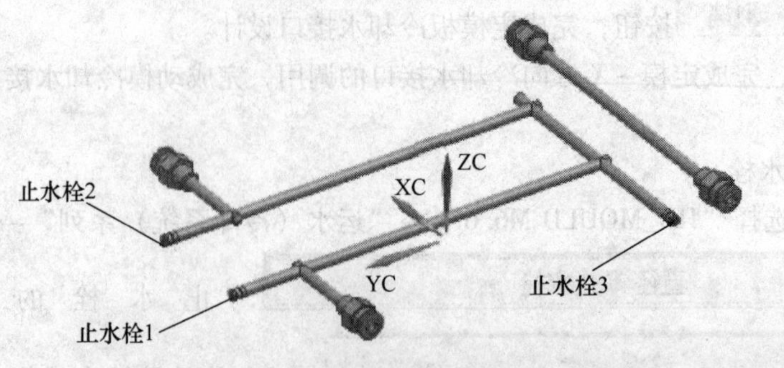

图 7-143　调用止水栓

7.5 小结

1）当制品侧面（相对开模方向而言）带有凹、凸形状等倒扣结构时，在成型后凹穴和凸台的模具零件将会阻碍制品从模内推出，除了弹性制品且倒扣量较小时（一般小于0.8mm），可以用强制脱模外，大部分必须在推出前将凹穴和凸台的成型零件先行退出，这些成型零件一般做成可以移动的组件，开模时先将成型侧面的组件有序地抽出，制品推出后再将组件恢复原位，这种借助推出力与合模力进行模具抽芯及其复位动作的机构称为斜推杆机构。

2）由斜推杆的定义来看，斜推杆是一种抽芯机构，只是它的动作完成是由模具的推出系统来完成的。一般来说，在产品的内表面有倒扣结构，产品周围用于抽芯机构的空间比较小时可优先考虑采用斜推杆来完成。根据斜推杆所处的模具位置，划分为动模斜推杆、定模斜推杆及滑块斜推杆三类，尤其以动模斜推杆最为常见。

3）为避免斜推杆在运动时由于受翻转力矩的作用而发生的损坏，甚至卡死的问题，传统设计的斜推杆角度 α 不能做的太大，一般不大于 12°，通常采用 $3° < \alpha < 8°$。采用特殊设计时，最大不超过 30°。

4）斜推杆的实际可以移动的空间 L：$L >$ 产品倒扣的深度 + （1 ~2）mm

7.6 综合练习

1. 滑块练习

设计任务是标牌模型，如图 7-144 所示（随书附带光盘中“exercise\cp-07-1. prt”），根据客户提出的设计任务，见表 7-2，选择合适的分型面，并设计出模具的浇注系统、推出系统、冷却系统，选用合适的模架完成三维总装图。

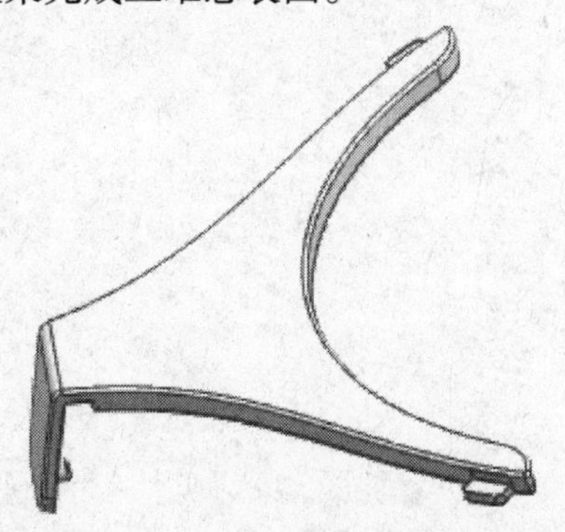

图 7-144 标牌产品图

表 7-2 标牌产品客户要求

产品材料	用途	产品外观要求	材料收缩率	模腔排位及数量	产量	备 注
ABS	标牌	产品外表面处理为亚亮面，内表面为光面	6‰	一模两腔	15 万	产品要求装配，且装配在偏差内，防止表面缩水

2. 斜推杆练习

设计任务是标牌模型，如图 7-145 所示（随书附带光盘中“exercise\cp-07-2. prt”），根据客户提出的设计任务，见表 7-3，选择合适的分型面，并设计出模具的浇注系统、推出系统、冷却系统，选用合适的模架完成三维总装图。

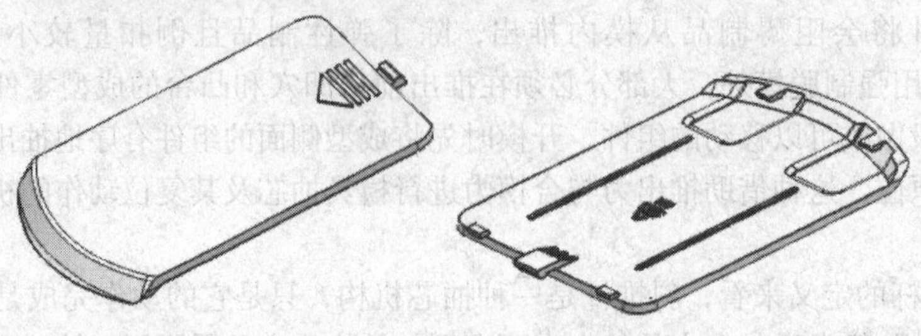

图 7-145　电池盖产品图

表 7-3　电池盖产品客户要求

产品材料	用途	产品外观要求	材料收缩率	模腔排位及数量	产量	备　注
ABS	电池盖	外表光滑，不允许有飞边	6‰	一模两腔	15 万	产品要求装配，且装配在偏差内，防止表面缩水

附录　专业技术术语与俗语对照表

技术术语	常用俗语
浇口衬套/浇口套	唧嘴/灌嘴
定位环/定位圈	法兰/定位导圈
复位杆	扶针/回针/复位顶针
限位钉	垃圾钉/顶针板止停销
内六角螺栓	杯头螺钉/内六角沉孔螺钉
螺栓、螺钉	螺丝
定模	前模/A 模/母模肉
动模	后模/B 模/公模肉
滑块	行位
型芯	铜/模仁（镶在后模上的芯子）/后模/公模模仁/柯
凸模	后模镶件/公模仁
凹模	前模镶件/母模仁
斜导柱	斜边/牛角
组件	铲鸡
锁紧块/楔紧块	行位锁紧块/定位块/铲基/撑鸡
回收章	环保标志
点浇口	细水口
镶件	入子
排气槽	逃气道
飞边	披锋
加料	加胶
推杆板导套	中托司
推杆板导柱	中托边
拉料杆	水口扣针/拉料顶针/勾针
方型辅助器	零度块
斜推杆	斜顶/斜方/斜顶块/斜顶杆/推方
斜滑块	弹块/胶杯
合模	飞模
顶棍孔（用来顶顶针板的）	KO 孔
套筒针	司筒针
支撑柱（防止 B 板变形的）	撑头
水管头	喉嘴
滑块斜器	行位波仔
流道板	水口板

分流道板	细水口板
定模板	A 板
动模板	B 板
定模座板	面板/上固定板
动模座板	底板/下固定板
二板模	大水口模
三板模	细水口模
垫圈	介子
模坯宽度	模坯阔度
推杆	顶针
推管	司筒/套筒
导柱	边钉
导套	托司/直司
限位螺栓	限位螺钉/山打螺钉
顶块	直方
精确定位块	边锁/顶锁
扁推杆	扁顶针
阶梯推杆	托针
浇口	水口/入水
开闭器	扣鸡
注射机	啤机
型腔	前模/母模模仁/模肉
密封圈	O 型环/胶圈/防水胶圈/O 型圈
铍铜模	公仔模
三板模前模拉料杆	吊针/三板模前模拉料针
装弹簧的斜滑块	弹啤
垫块	方铁/凳仔方/模脚
冷却水	运水
冷却水接口	水喉/水嘴
分型面	分模面/PL 面（音 啪啦面）
弹簧	弹弓
开模器	拉胶/拉模扣
定位珠	波子螺钉/弹弓波子
脱模斜度	啤把
电极	铜公
熔接痕	夹水纹
银纹	水花
蚀纹	咬花
填充不足	啤不满
塑料注射模	塑胶模

参考文献

[1] 彭智晶，等. 模具设计技能培训——UG 中文版［M］. 北京：人民邮电出版社. 2010.

[2] 野火科技. UG NX 6.0 产品模具设计［M］. 北京：清华大学出版社. 2009.

[3] 麓山科技. UG NX 8 中文版机械与产品造型设计实例精讲［M］. 北京：机械工业出版社. 2012.

[4] 吴中林. UG NX 6.0 注射模具设计［M］. 杭州：浙江大学出版社. 2012.

[5] 展迪优. UG NX 8.0 模具设计教程［M］. 北京：机械工业出版社. 2012.

[6] 朱光力，等. UG NX 8.0 产品造型及注射模具设计实例教程［M］. 北京：人民邮电出版社. 2013.

[7] 齐卫东. 简明塑料模具设计手册［M］. 北京：北京理工大学出版社. 2008.

[8] 中国机械工程协会，中国模具设计大典编委会. 中国模具设计大典［M］. 南昌：江西科学技术出版社，2006.